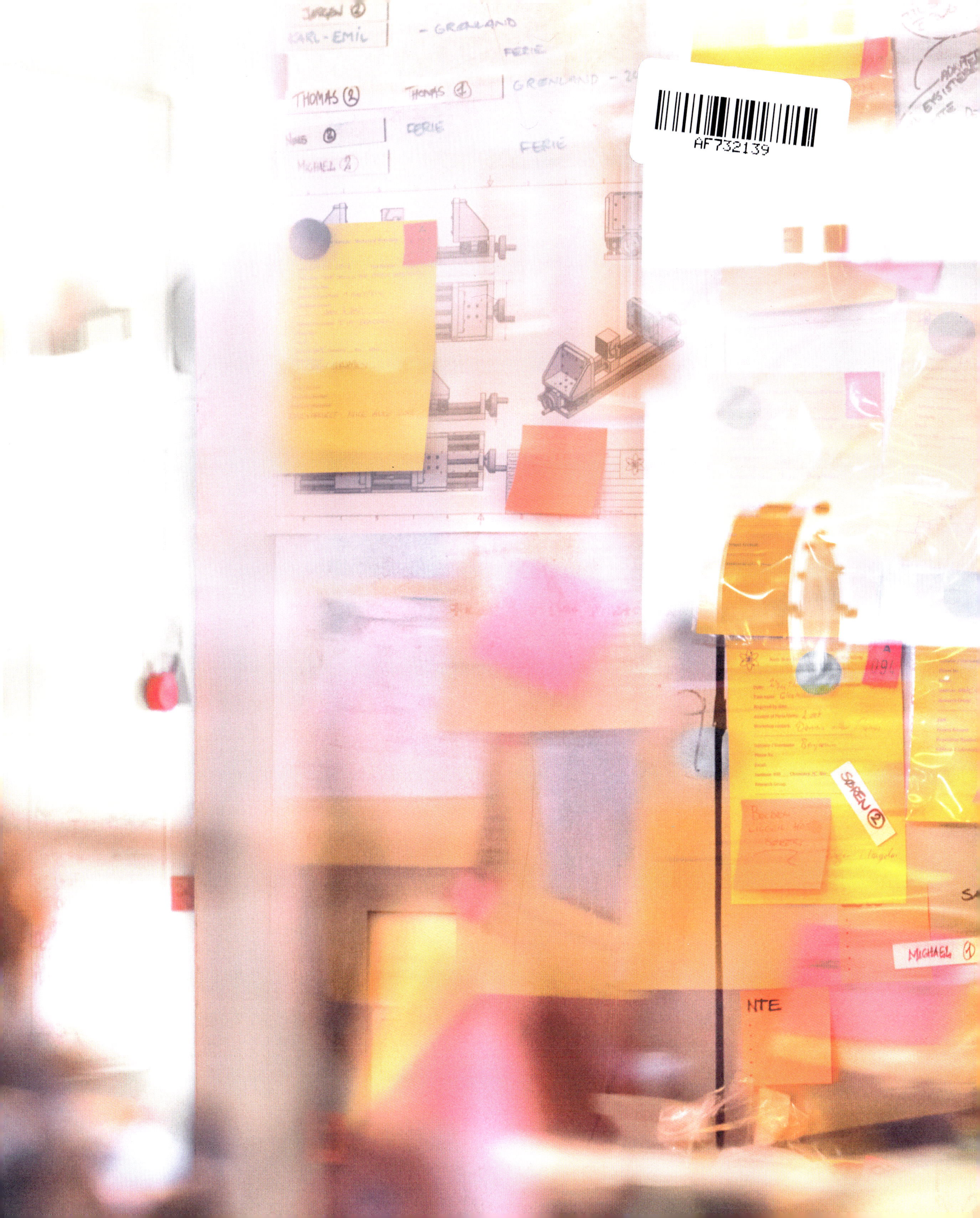
KARL-EMIL
- GRØNLAND
FERIE
THOMAS 2
THOMAS 1
FERIE
FERIE
SØREN 2
MICHAEL 1
NTE

UNITY OF KNOWLEDGE

UNITY OF KNOWLEDGE

– Scrapbook from the Niels Bohr Institute

Sculptor
Rikke Raben

Photographer
Anne Prytz Schaldemose

Author
Peter Høeg

The Niels Bohr Institute and Strandberg Publishing

This book has been made possible by the generous support of funds.
We wish to thank

AAGE OG JOHANNE LOUIS-HANSENS FOND

WILLIAM DEMANT FONDEN

KRONPRINS FREDERIKS OG KRONPRINSESSE MARYS FOND

KNUD HØJGÅRDS FOND

ERIK BIRGER CHRISTENSENS FOND

Rikke Raben and Anne Prytz Schaldemose wish to thank everyone for their willingness to take time out of their busy schedules to help, share, inspire and cooperate in the making of this book:

THE NIELS BOHR INSTITUTE at H.C Ørsted Institute (HCØ),
Rockefeller Complex, Niels Bohr Institute (NBI)
International and national researchers, PhD students & students
Library staff
Technical staff
Administrative staff

Head of the Niels Bohr Institute, Professor Jan W. Thomsen
Professor of Public Understanding of Science and Technology Anja C. Andersen

Professor Robert Feidenhans'l
Professor Niels Obers
Professor Andrew D. Jackson

The Niels Bohr Archive
including Director Emeritus Finn Aaserud, Archivist Emerita Felicity Pors
+
UNIVERSITY OF COPENHAGEN
Dean of the Faculty of Science 2019, John Renner Hansen
Rector of the University of Copenhagen, Henrik C. Wegener

Author Peter Høeg

&
Graphic Designer Jacob Birch, Spine Studio

Lars Erik Strandberg
Michael Juul Holm, for good initial talks and the introduction to Jacob Birch
Mille Bjørnstrup
Anders Kold
Marie Breyen
friends, family
& bybi

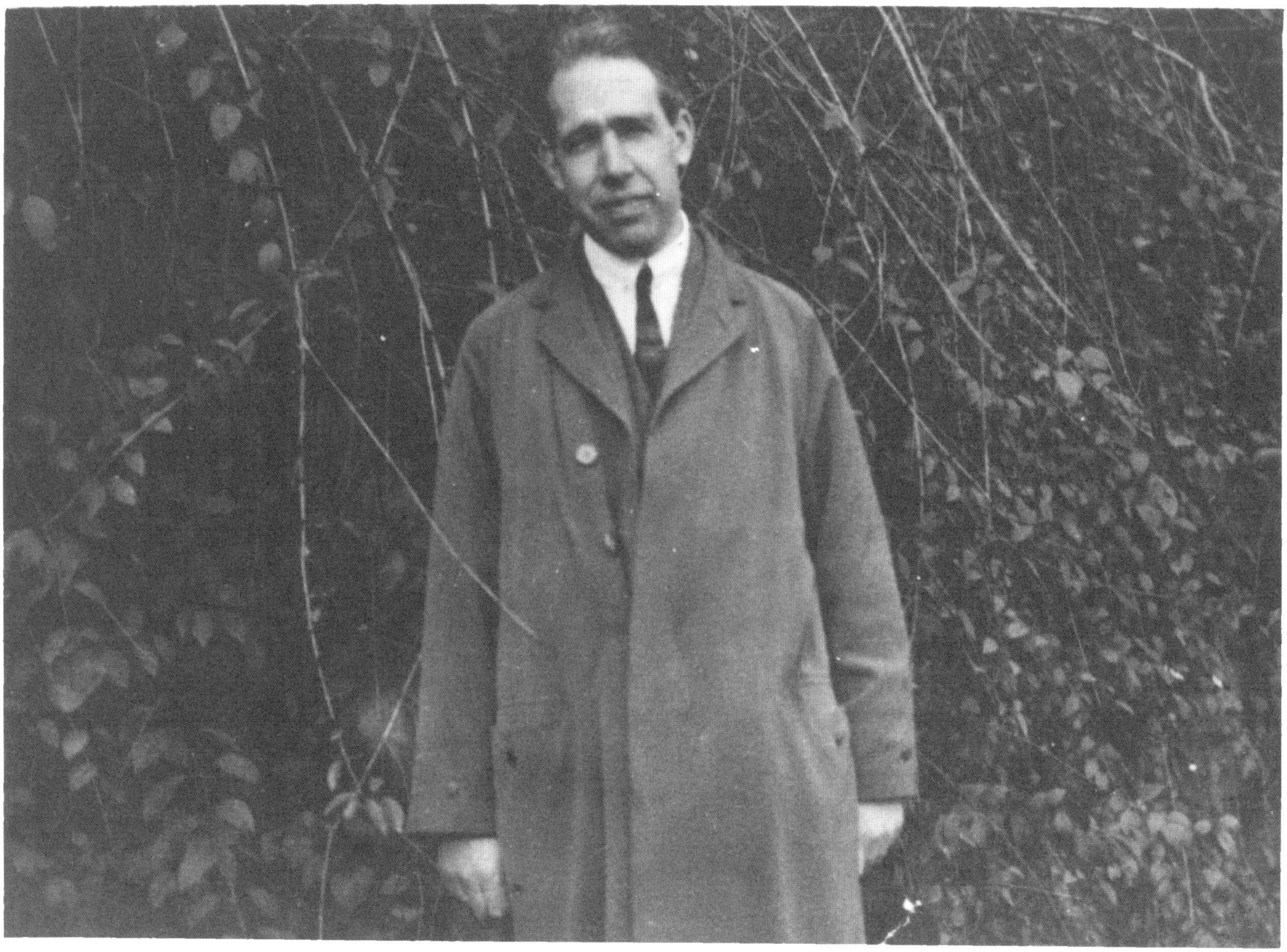

YOU MUST COME TO COPENHAGEN
TO WORK WITH US.
WE LIKE PEOPLE
WHO CAN ACTUALLY PERFORM
THOUGHT EXPERIMENTS.

Niels Bohr said to Otto R. Frisch, quoted in Otto R. Frisch, *What Little I Remember* (1979).

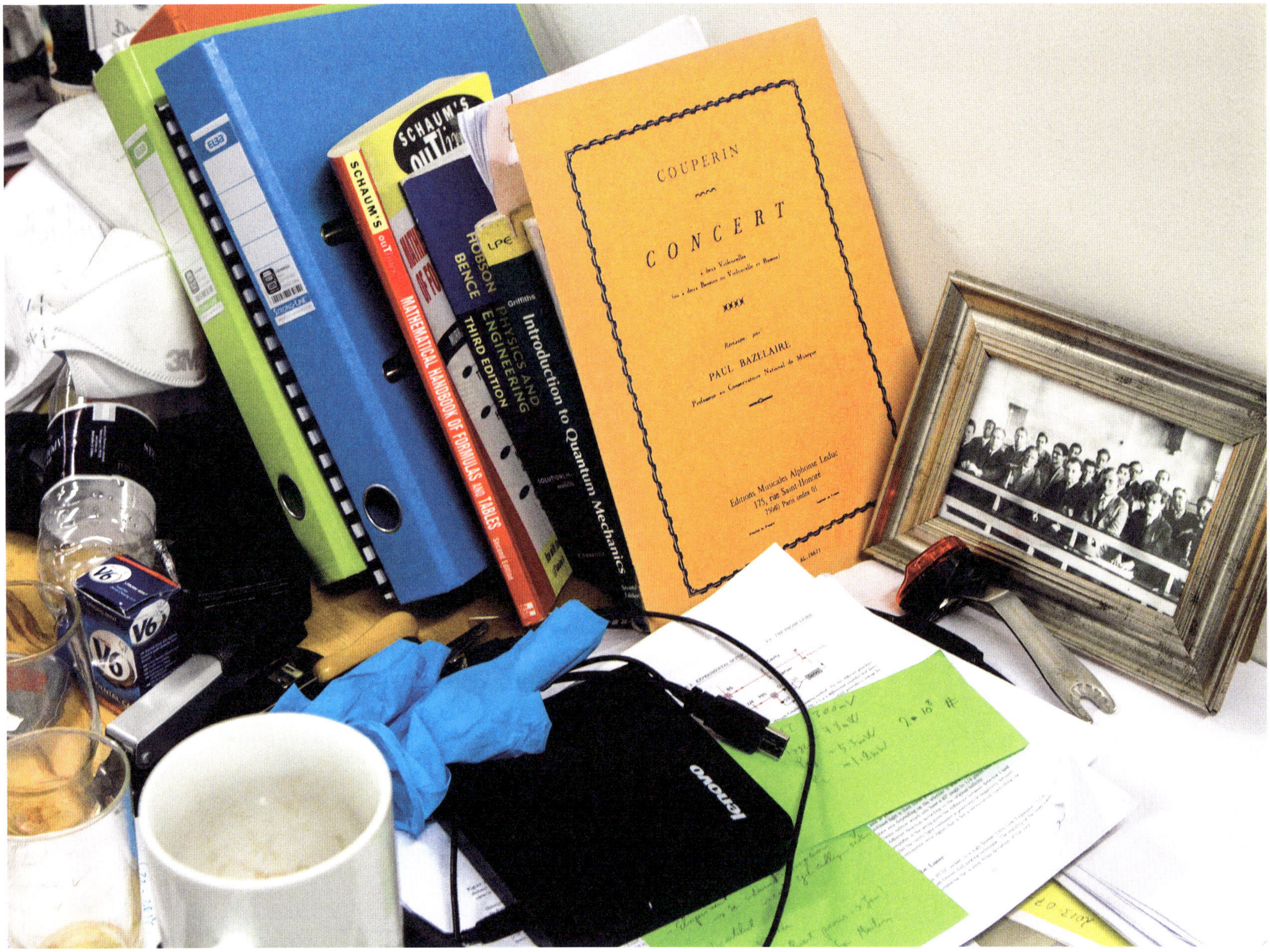
SCHAUM'S
MATHEMATICAL HANDBOOK OF FORMULAS AND TABLES
HOBSON
BENCE
PHYSICS AND
ENGINEERING
THIRD EDITION
Griffiths
Introduction to Quantum Mechanics
COUPERIN
CONCERT
PAUL BAZELAIRE
Editions Musicales Alphonse Leduc
175, rue Saint-Honoré
lenovo

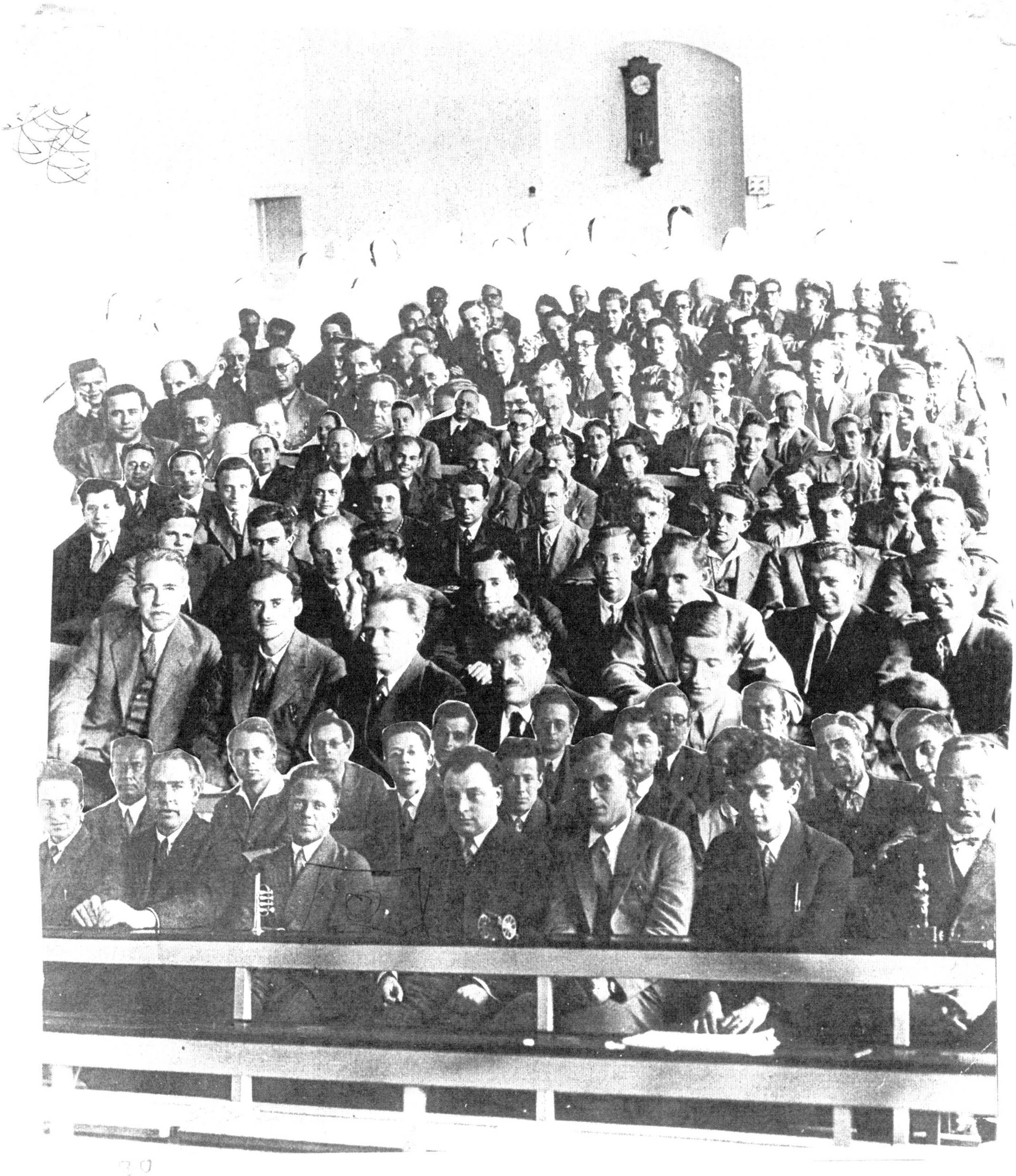

WHEN SEARCHING FOR HARMONY IN LIFE
ONE MUST NEVER FORGET
THAT IN THE DRAMA OF EXISTENCE
WE ARE OUR SELVES
BOTH ACTORS AND SPECTATORS.

Niels Bohr said in 'Discussion with Einstein on Epistemological Problems in Atomic Physics', in P.A. Schilpp (ed.) *Albert Einstein. Philosopher-Scientist* (1949).

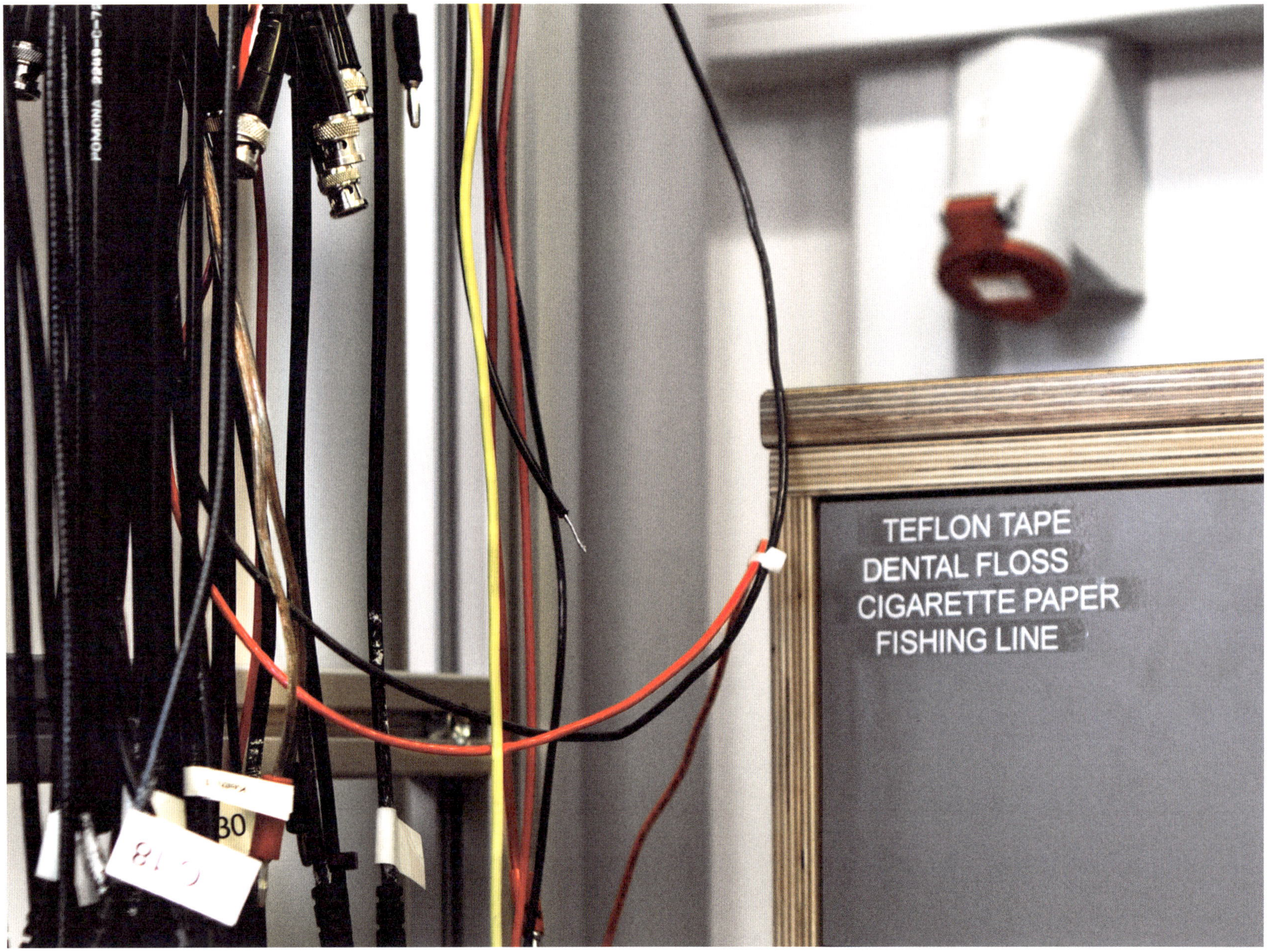
TEFLON TAPE
DENTAL FLOSS
CIGARETTE PAPER
FISHING LINE

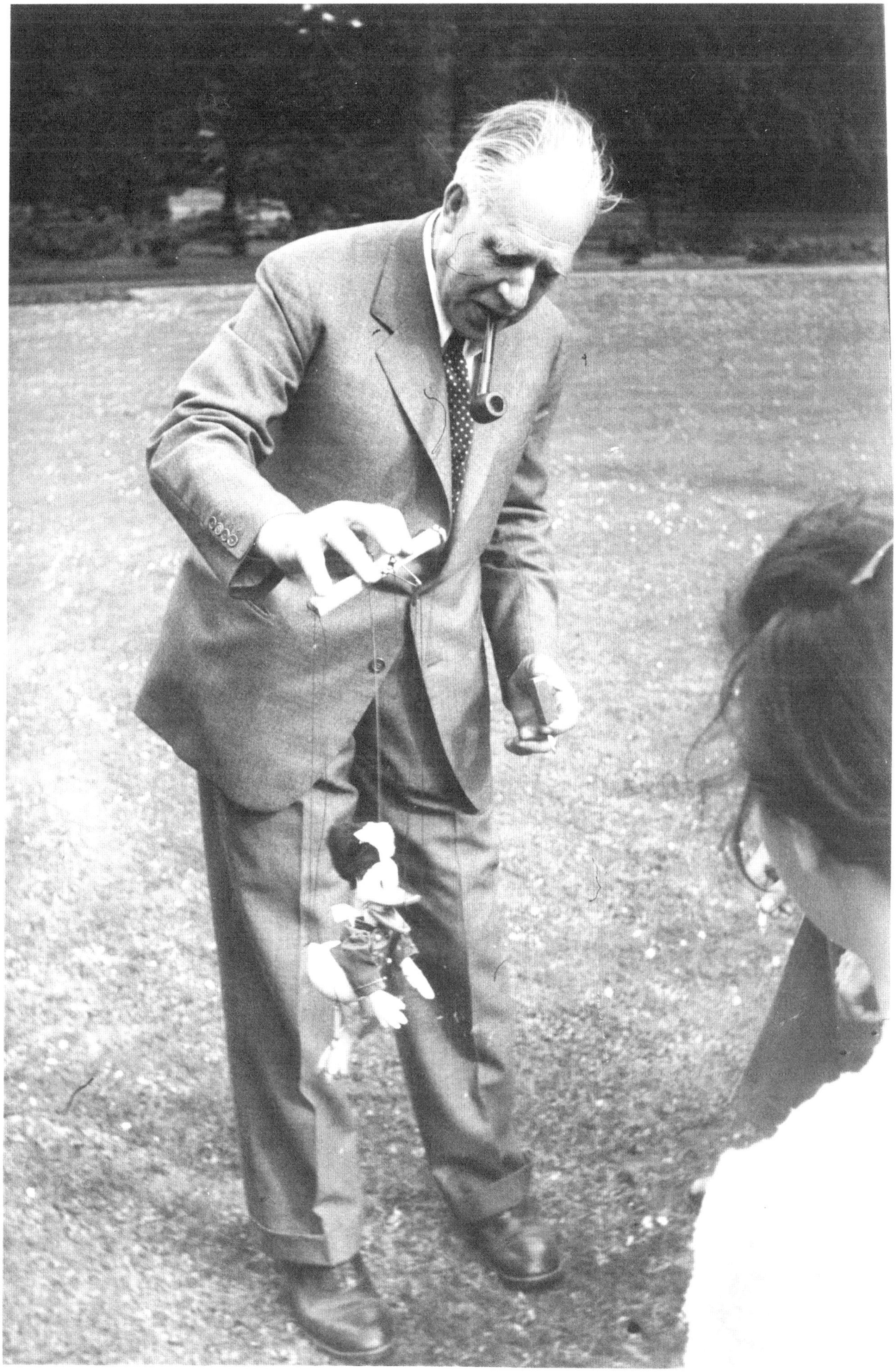

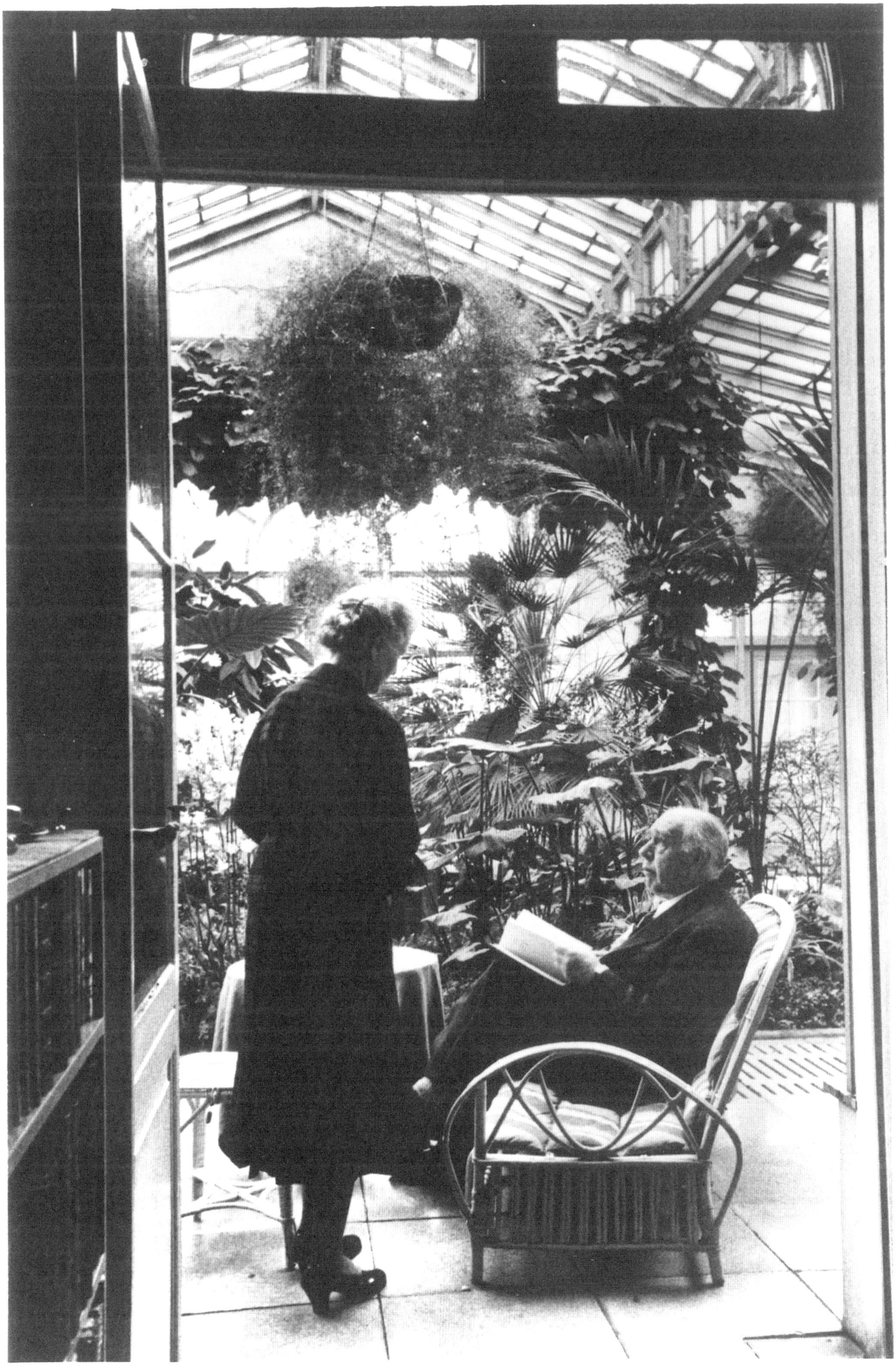

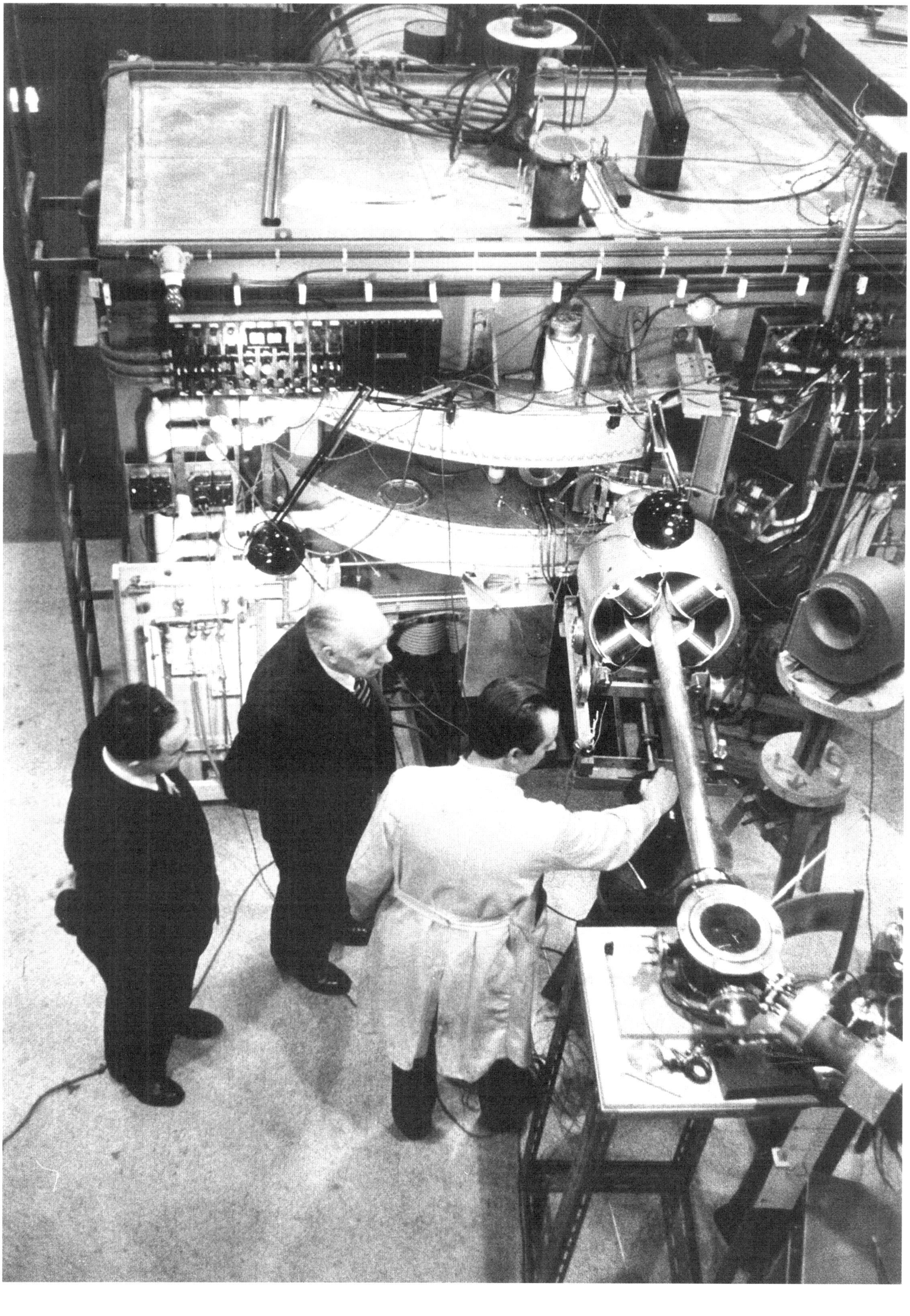

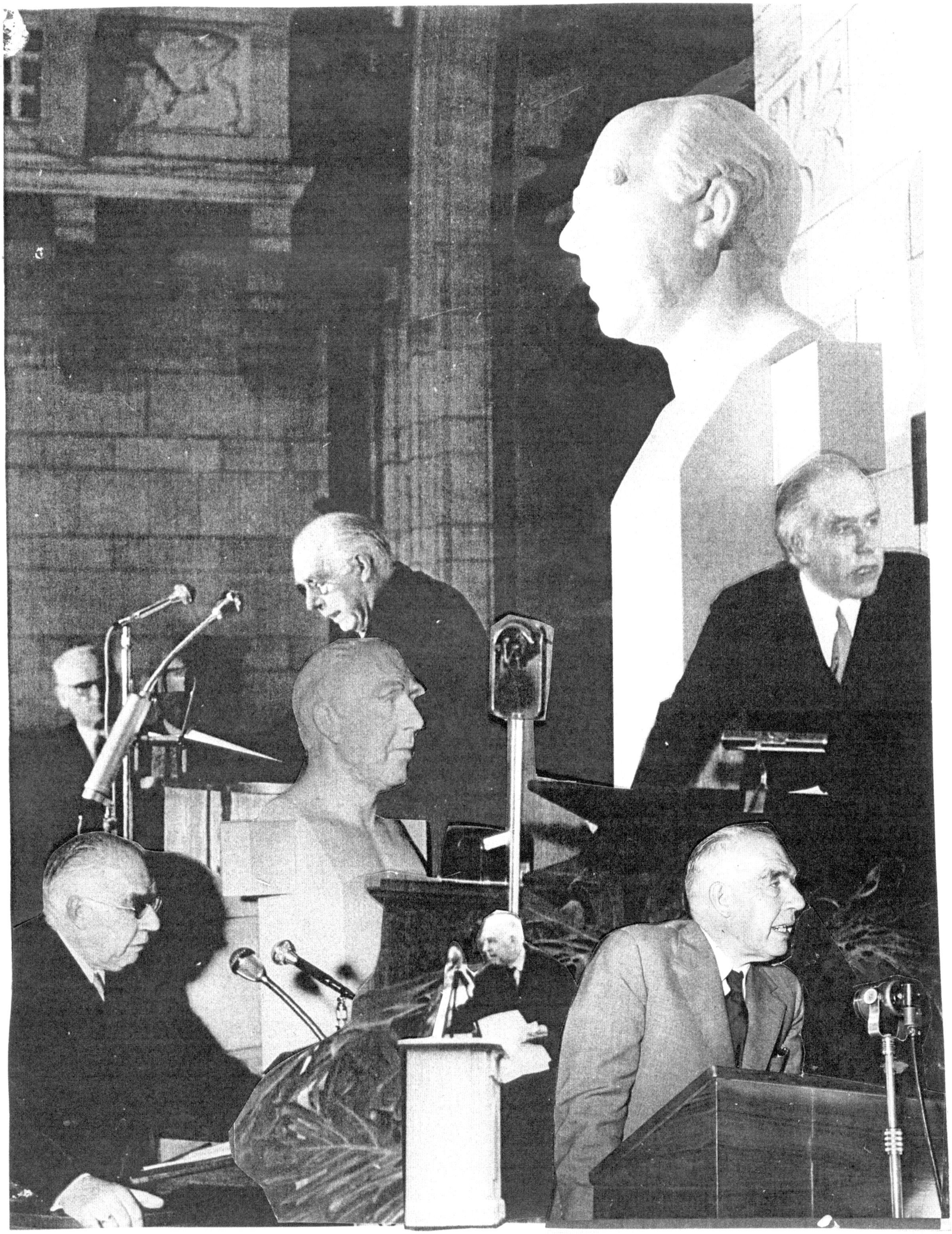

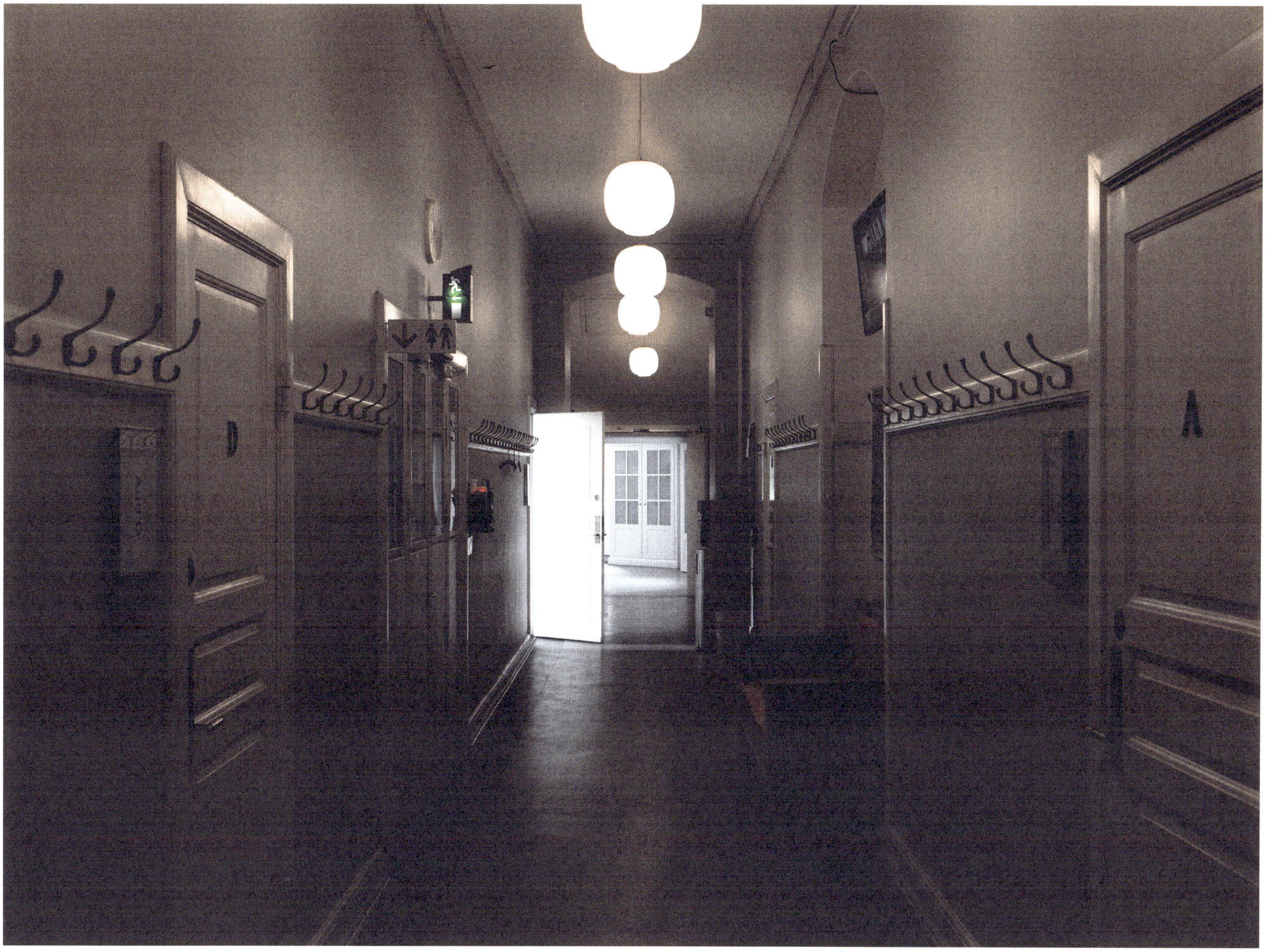
D
A

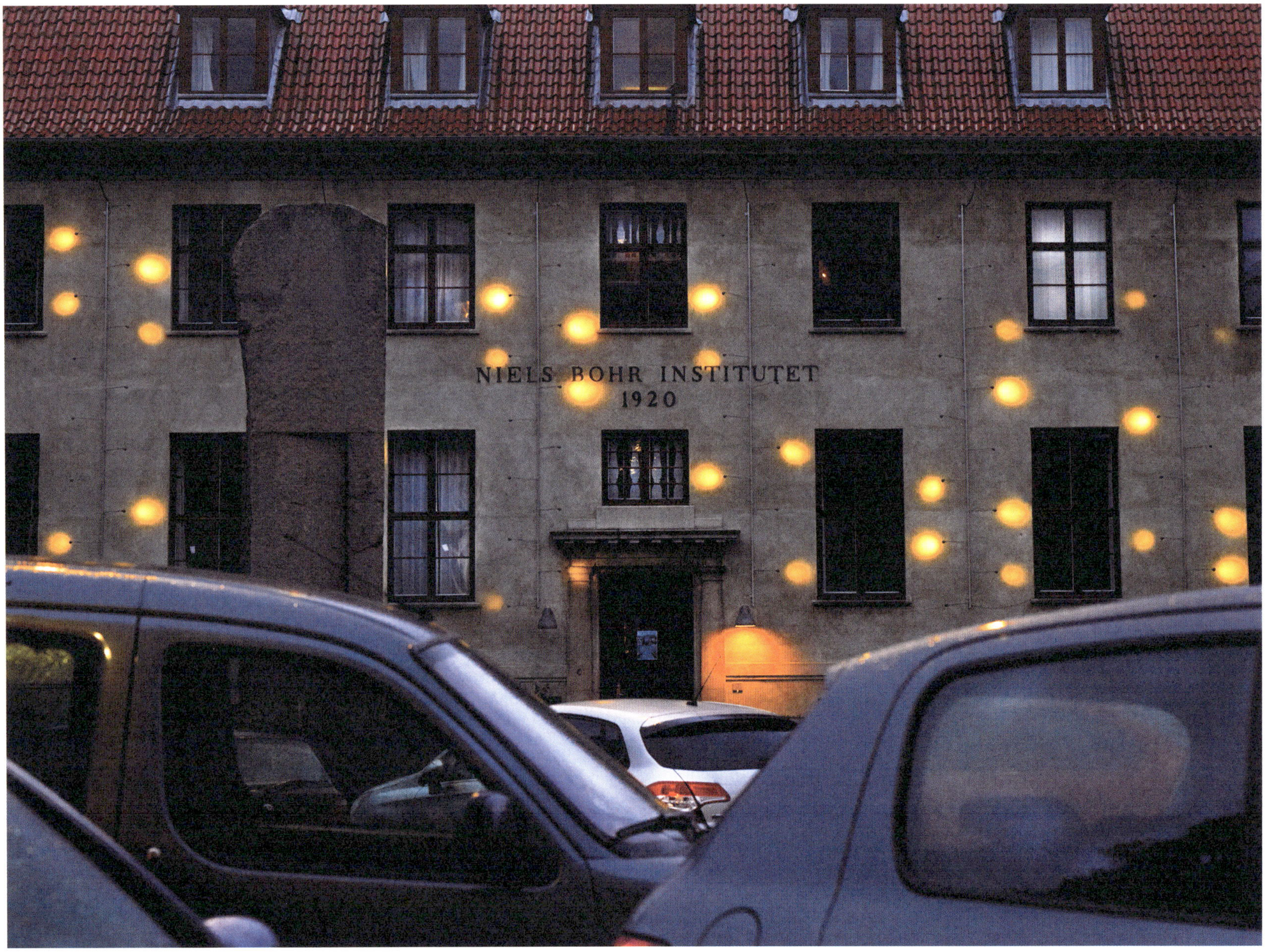
NIELS BOHR INSTITUTET
1920

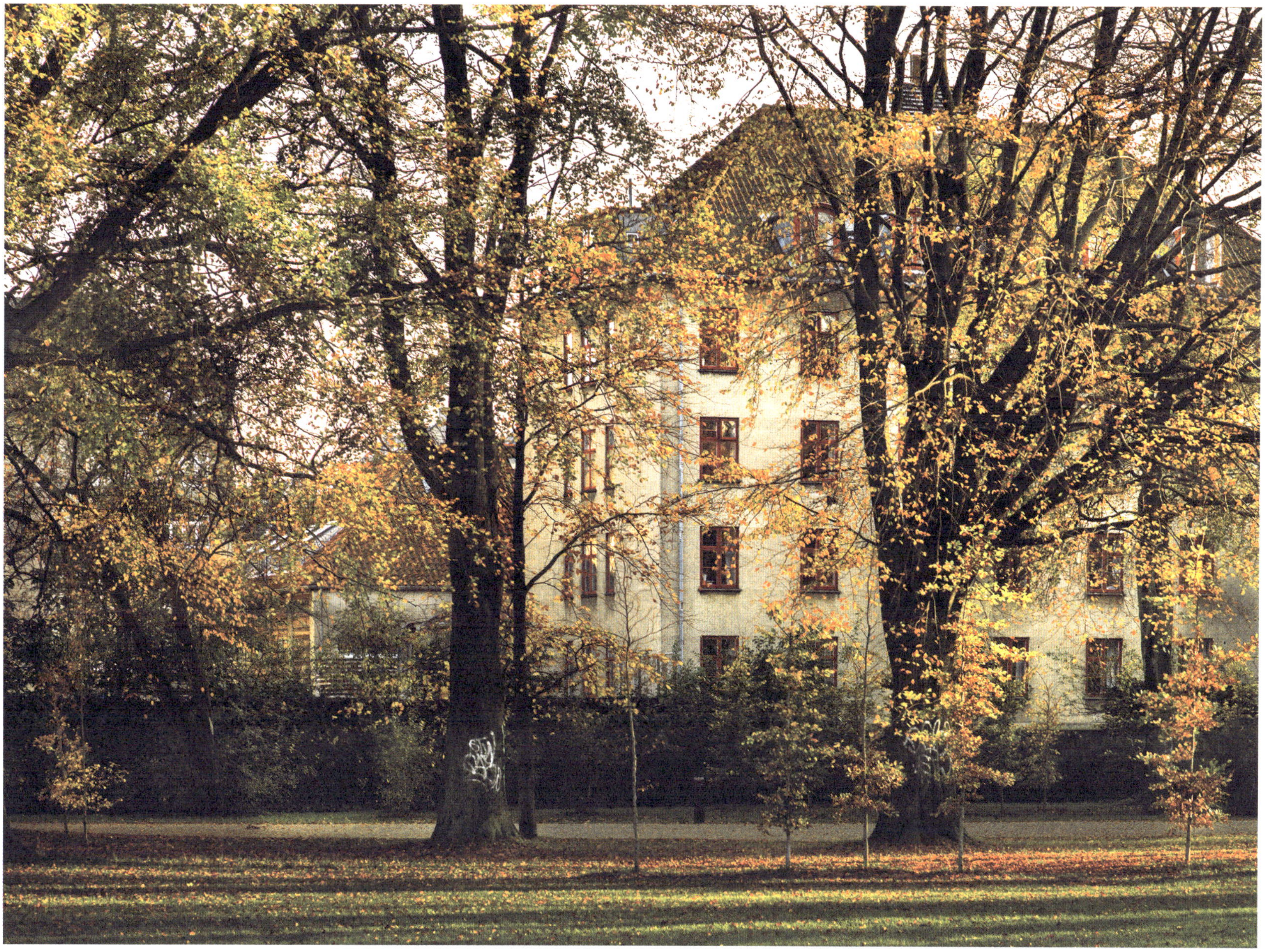

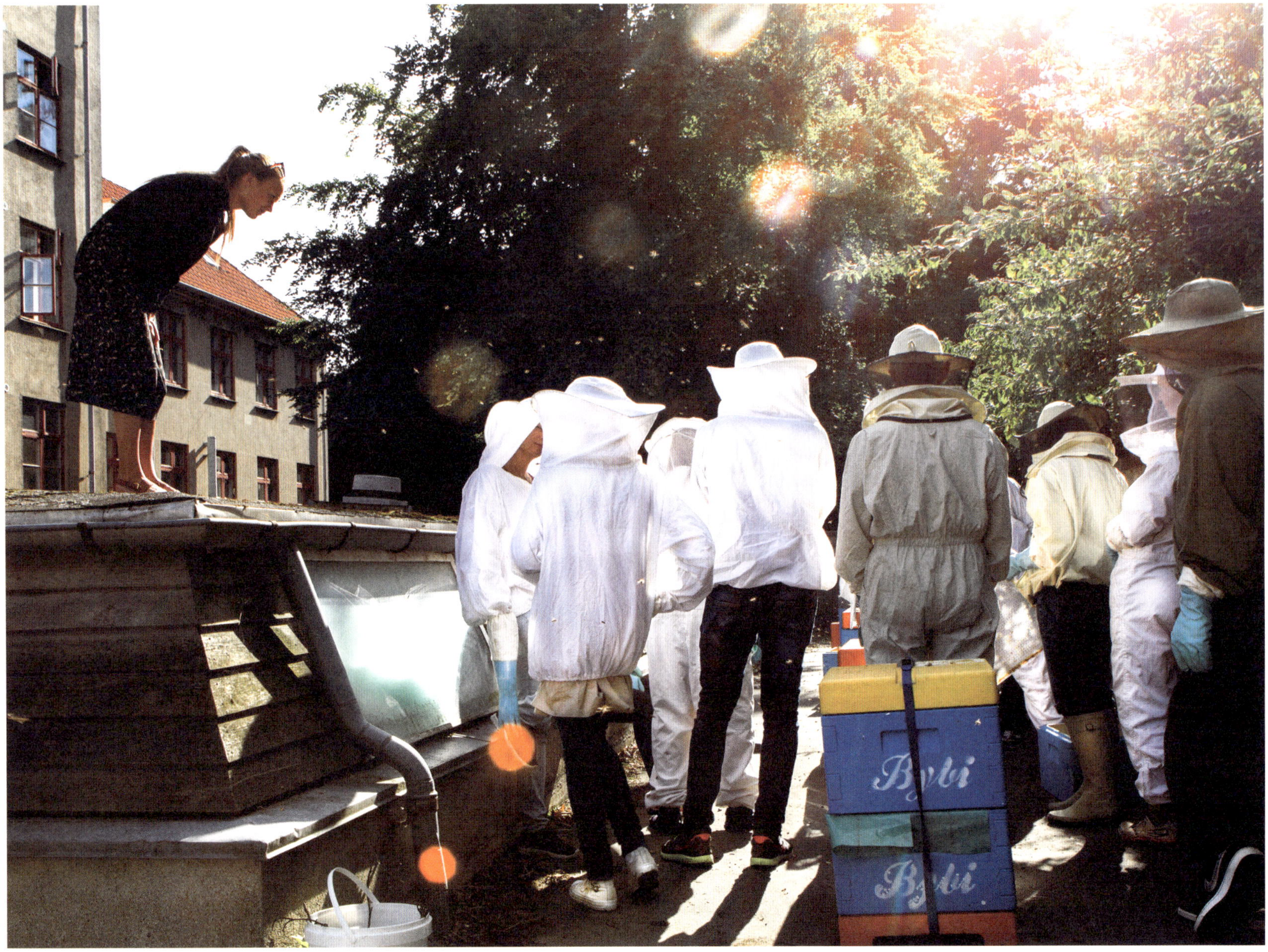
Bybi
Bybi

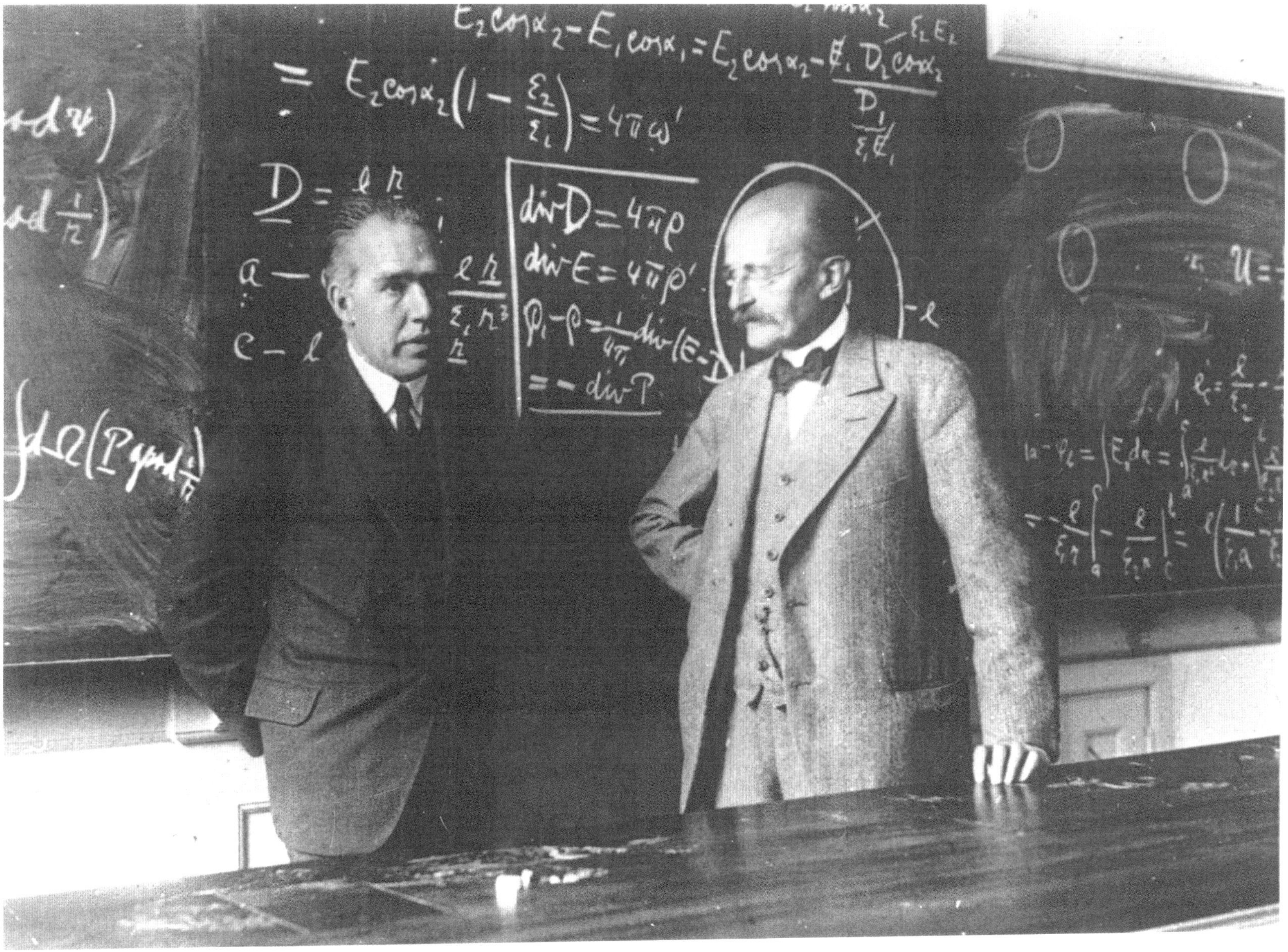
div D = 4πρ
div E = 4πρ'
= − div P

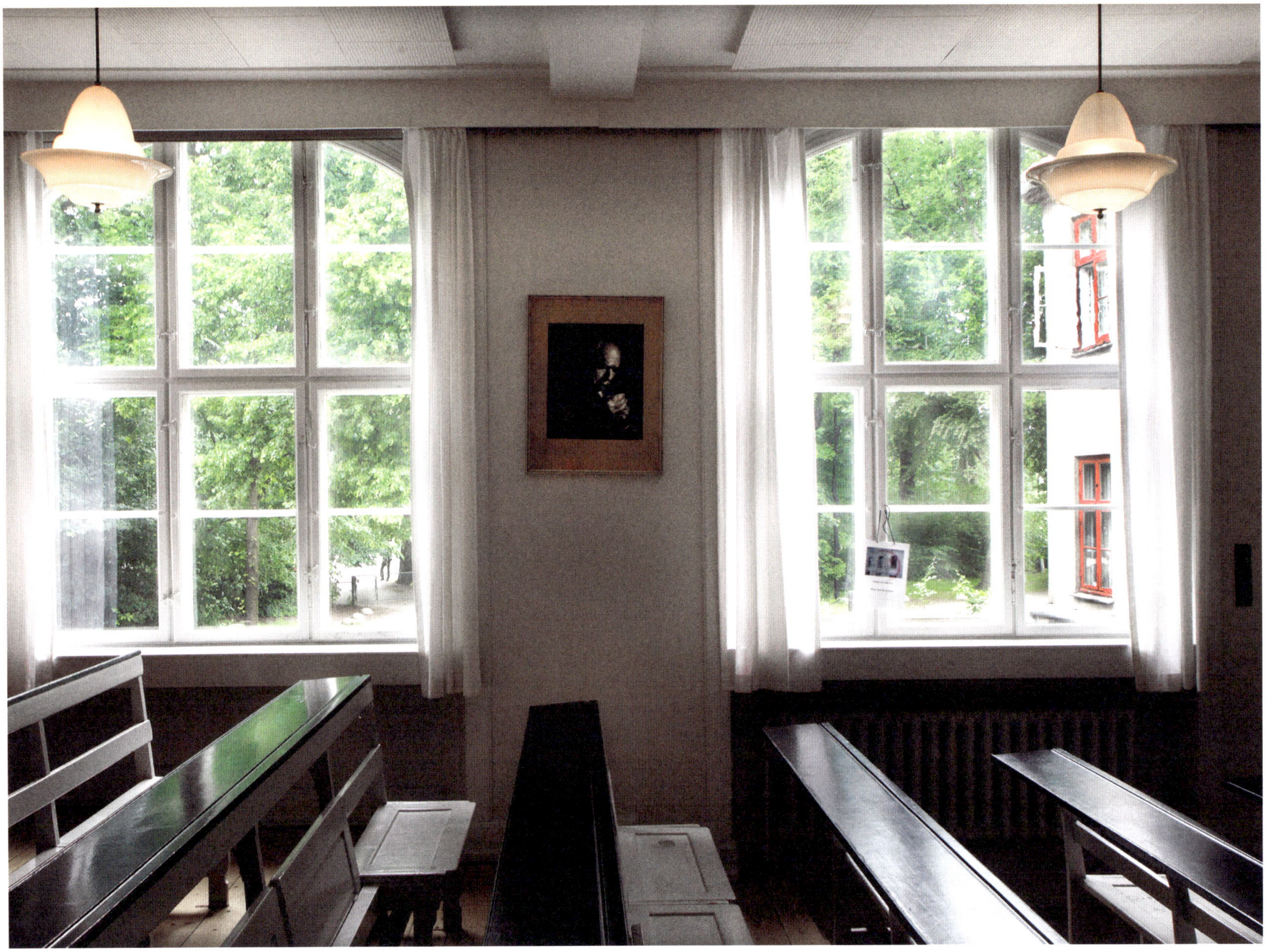

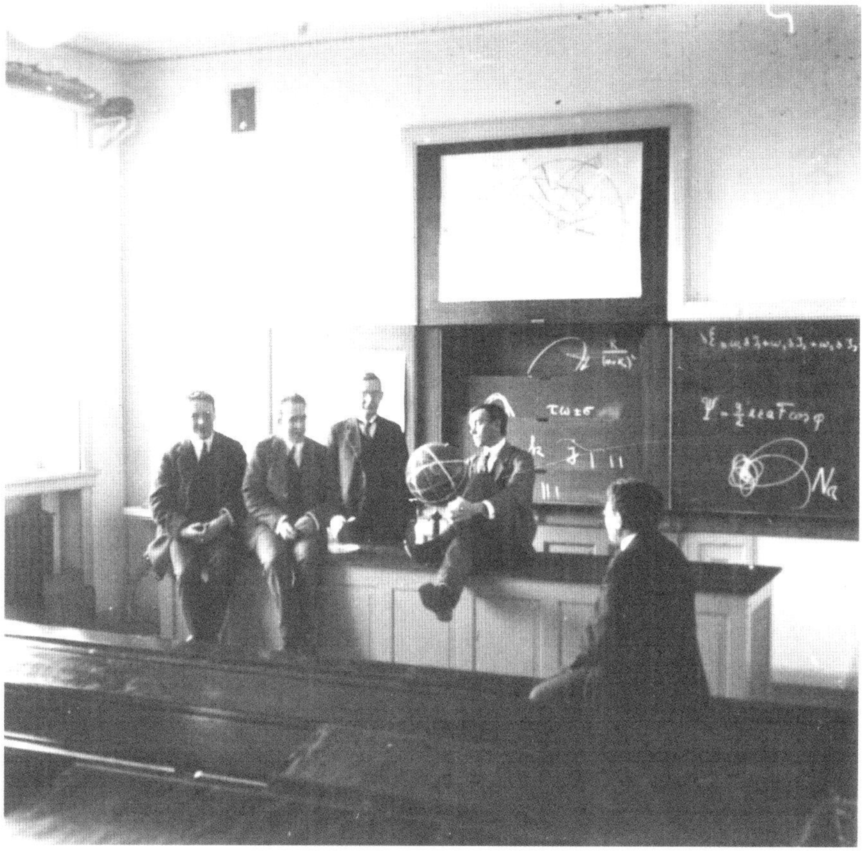
Na

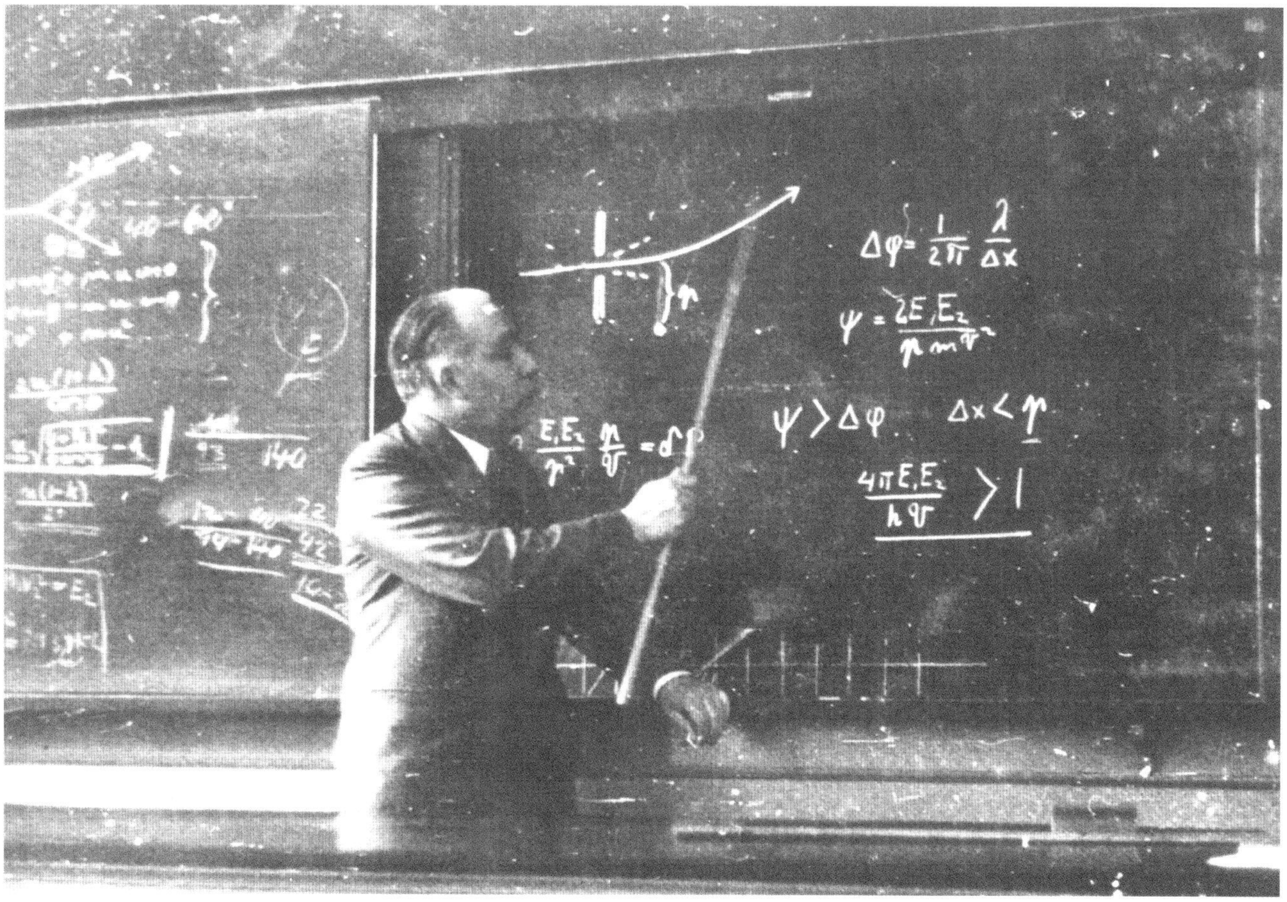
Δφ = 1/2π λ/Δx
ψ > Δφ
Δx < p
4πE₁E₂/hν > 1

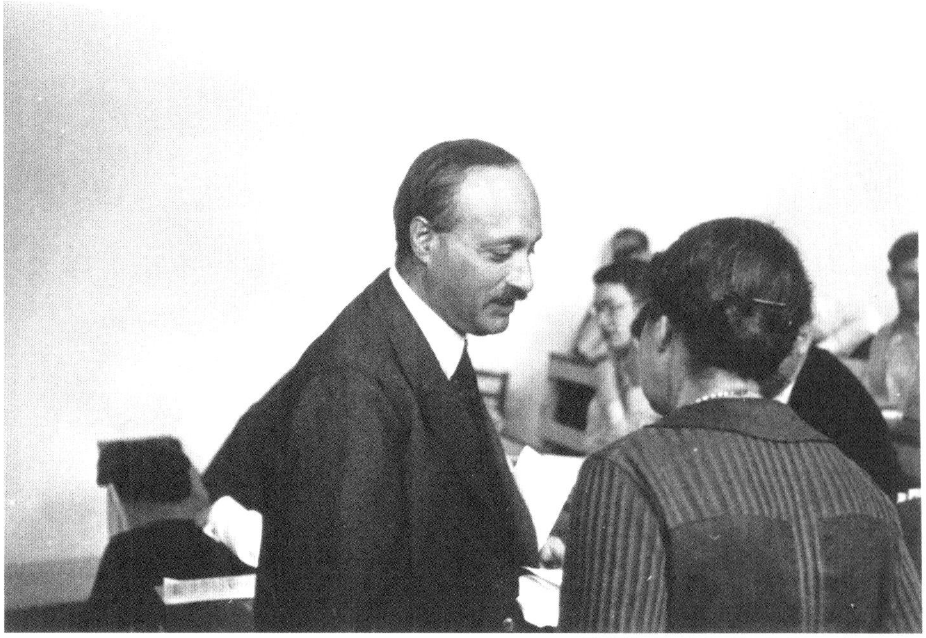

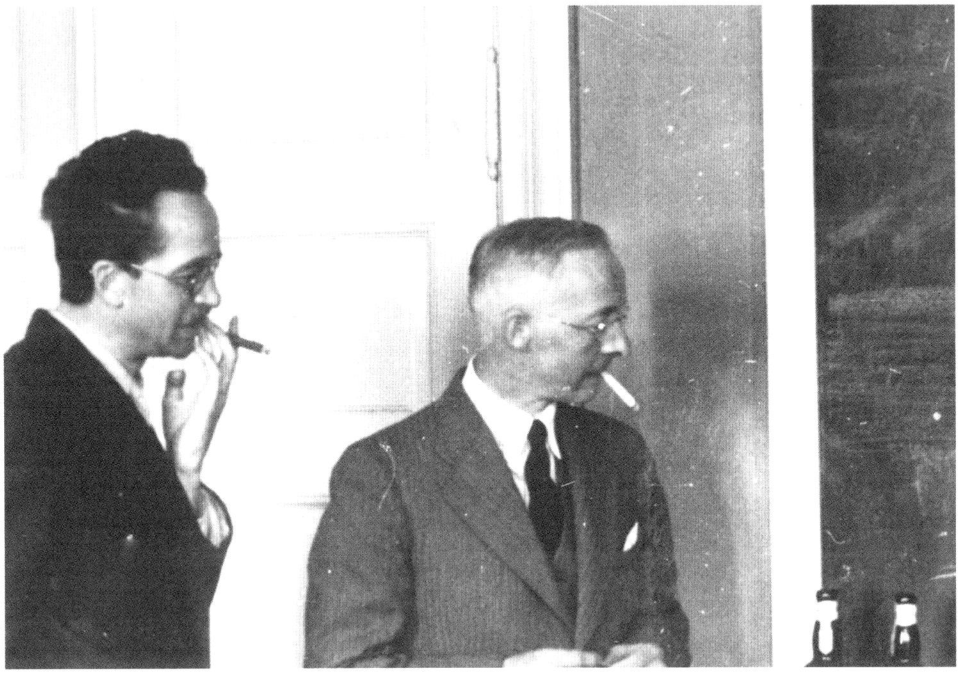

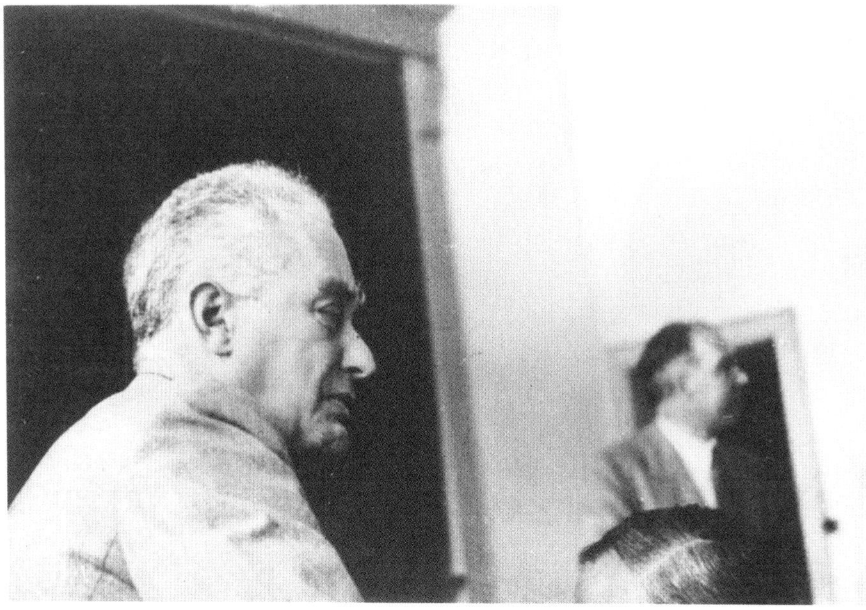

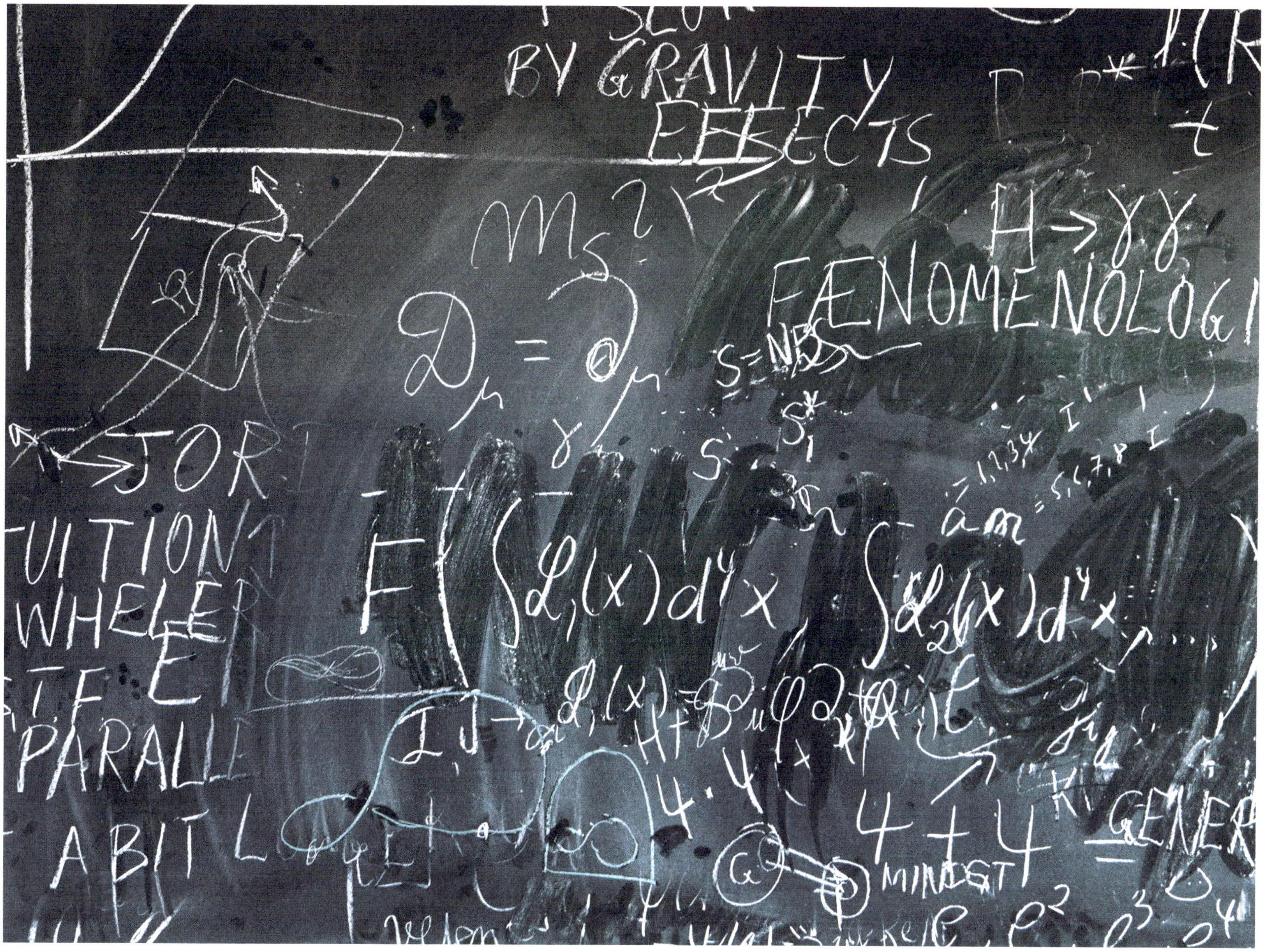
BY GRAVITY
EFFECTS
H→γγ
FÆNOMENOLOGI
JOR
TUITION
WHELER
PARALL
ABIT
MINDST
GENER

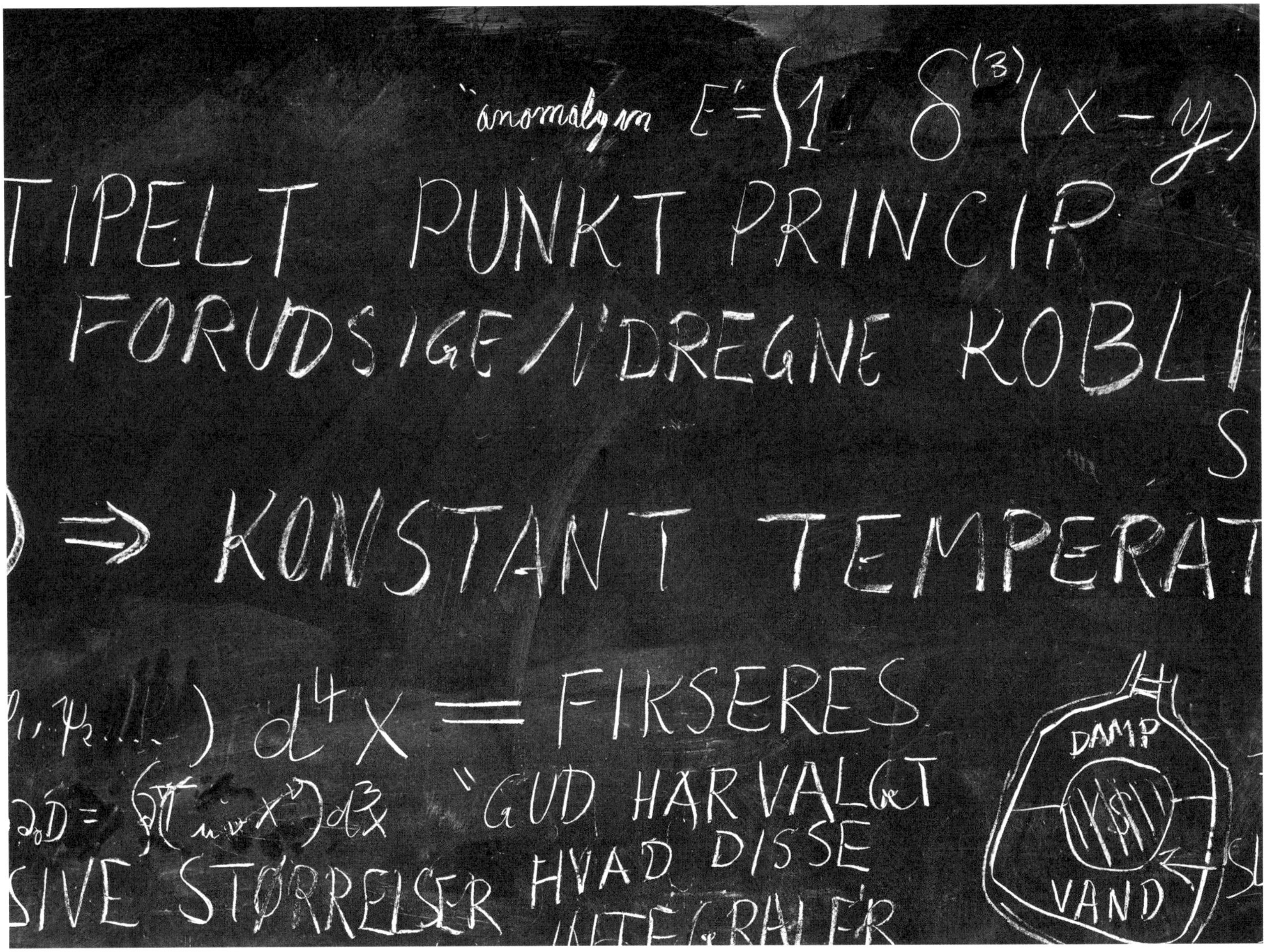
TIPELT PUNKT PRINCIP
FORUDSIGE/UDREGNE ROBL
KONSTANT TEMPERAT
FIKSERES
"GUD HAR VALGT
HVAD DISSE
SIVE STØRRELSER
DAMP
VAND

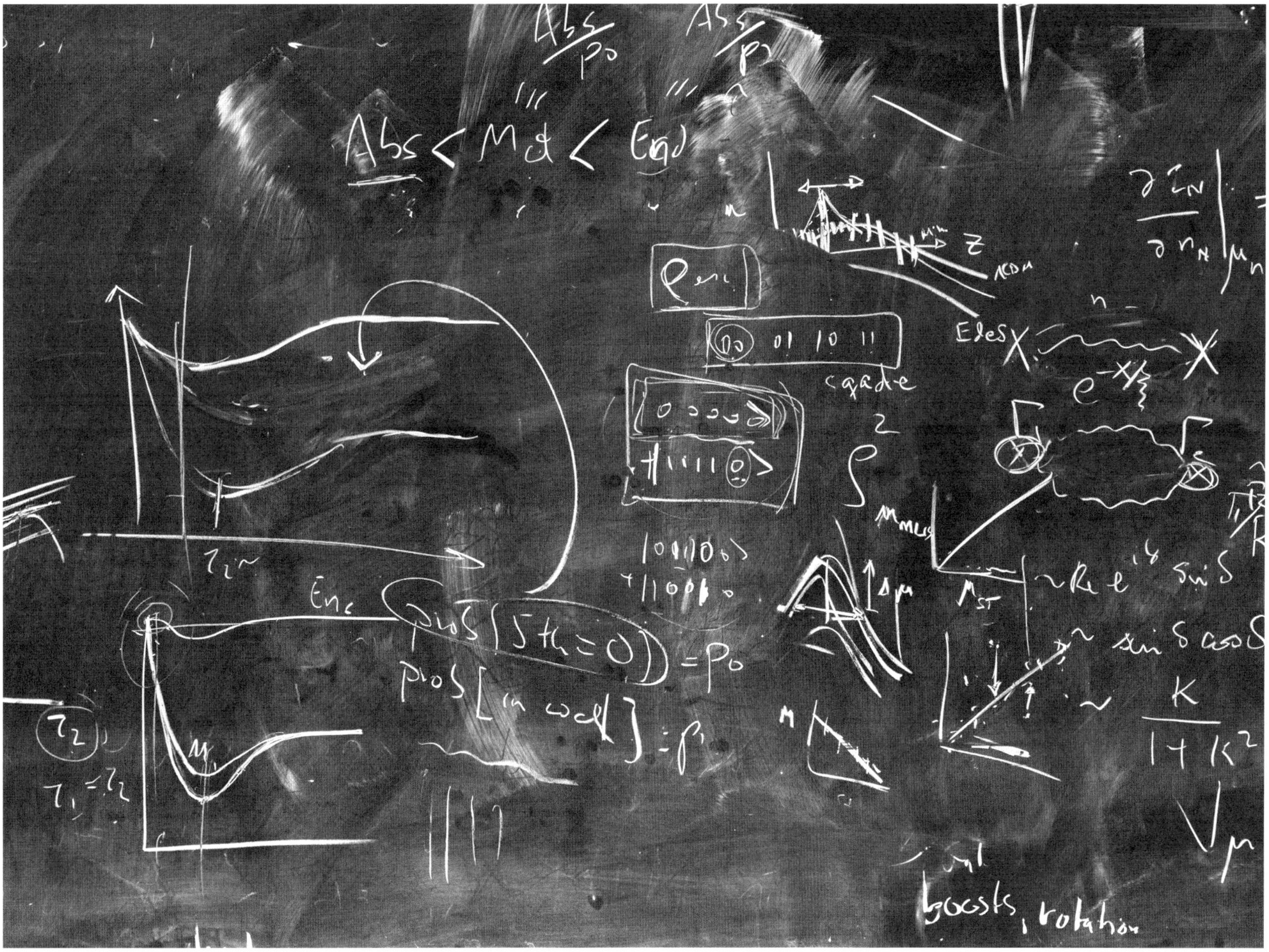
boosts, rotation

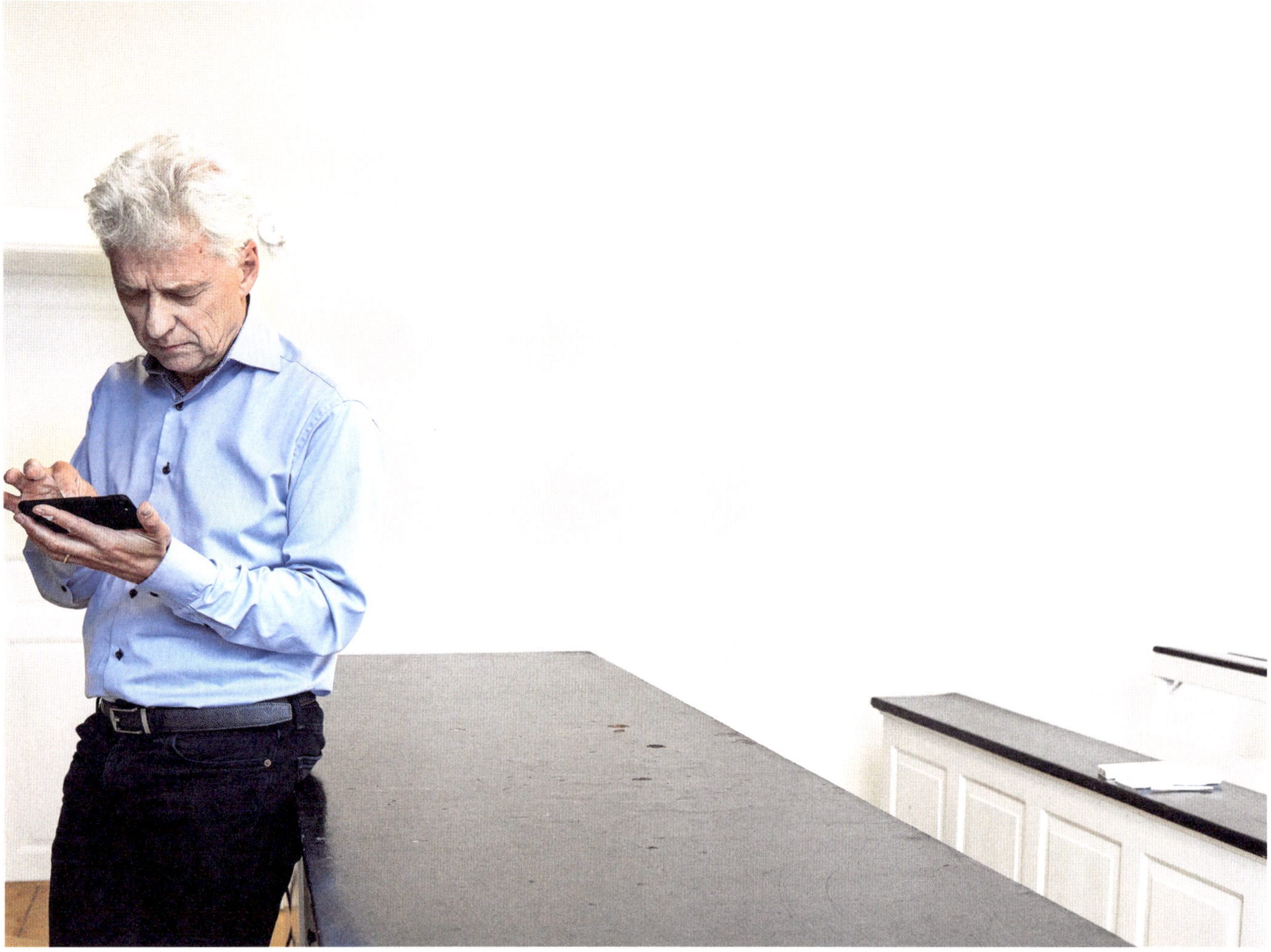

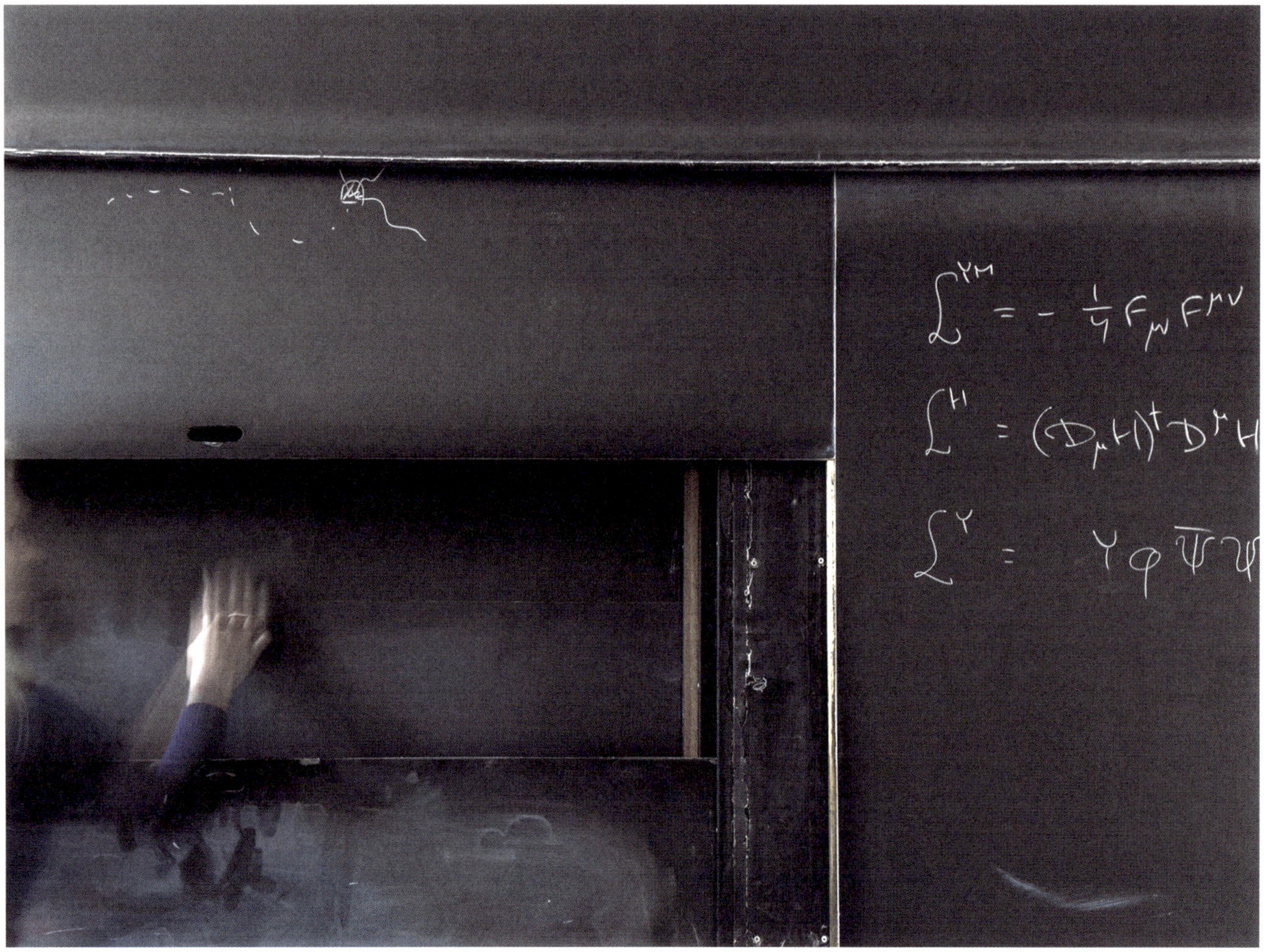
$\mathcal{L}^{YM} = -\frac{1}{4} F_{\mu\nu} F^{\mu\nu}$
$\mathcal{L}^{H} = (D_\mu H)^\dagger D^\mu H$
$\mathcal{L}^{Y} = Y \varphi \bar{\Psi} \Psi$

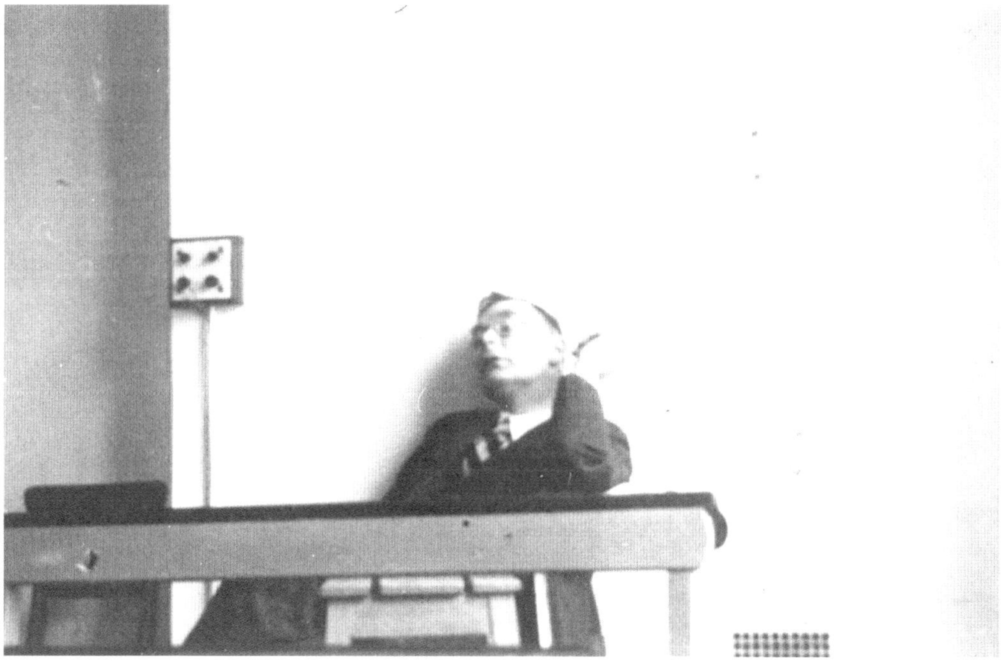

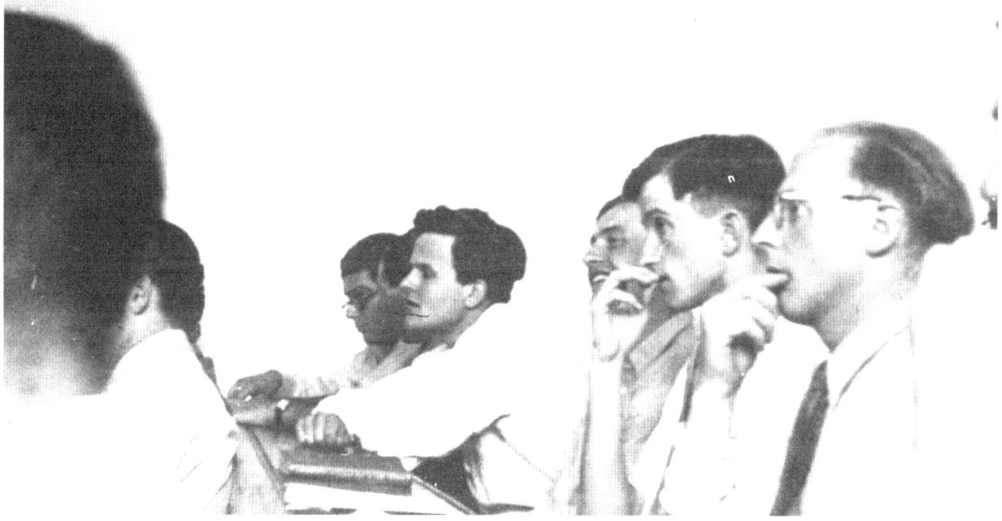

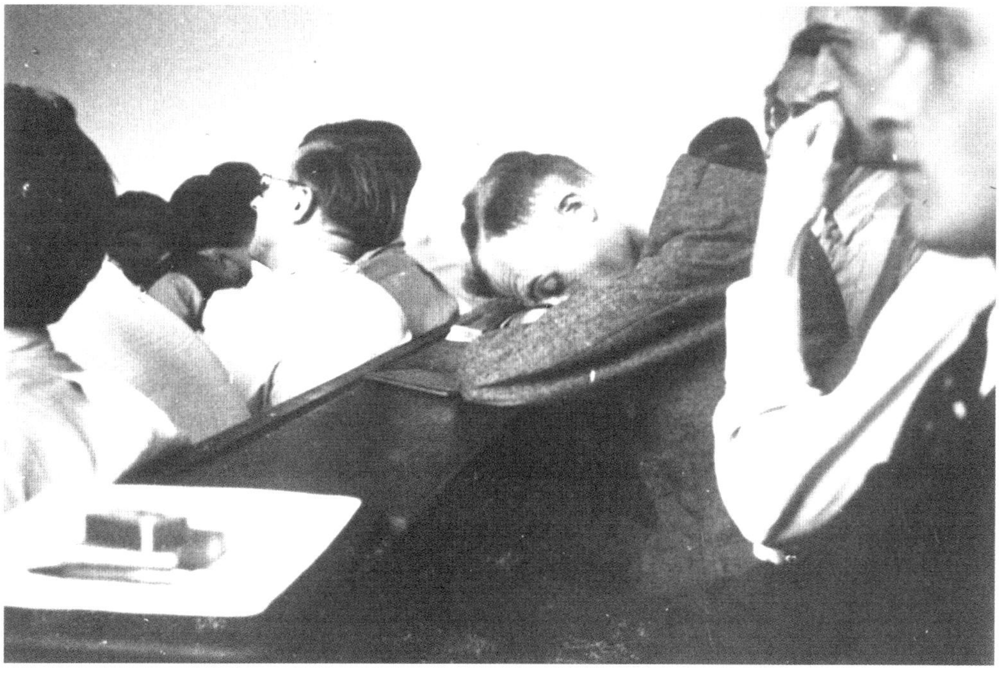

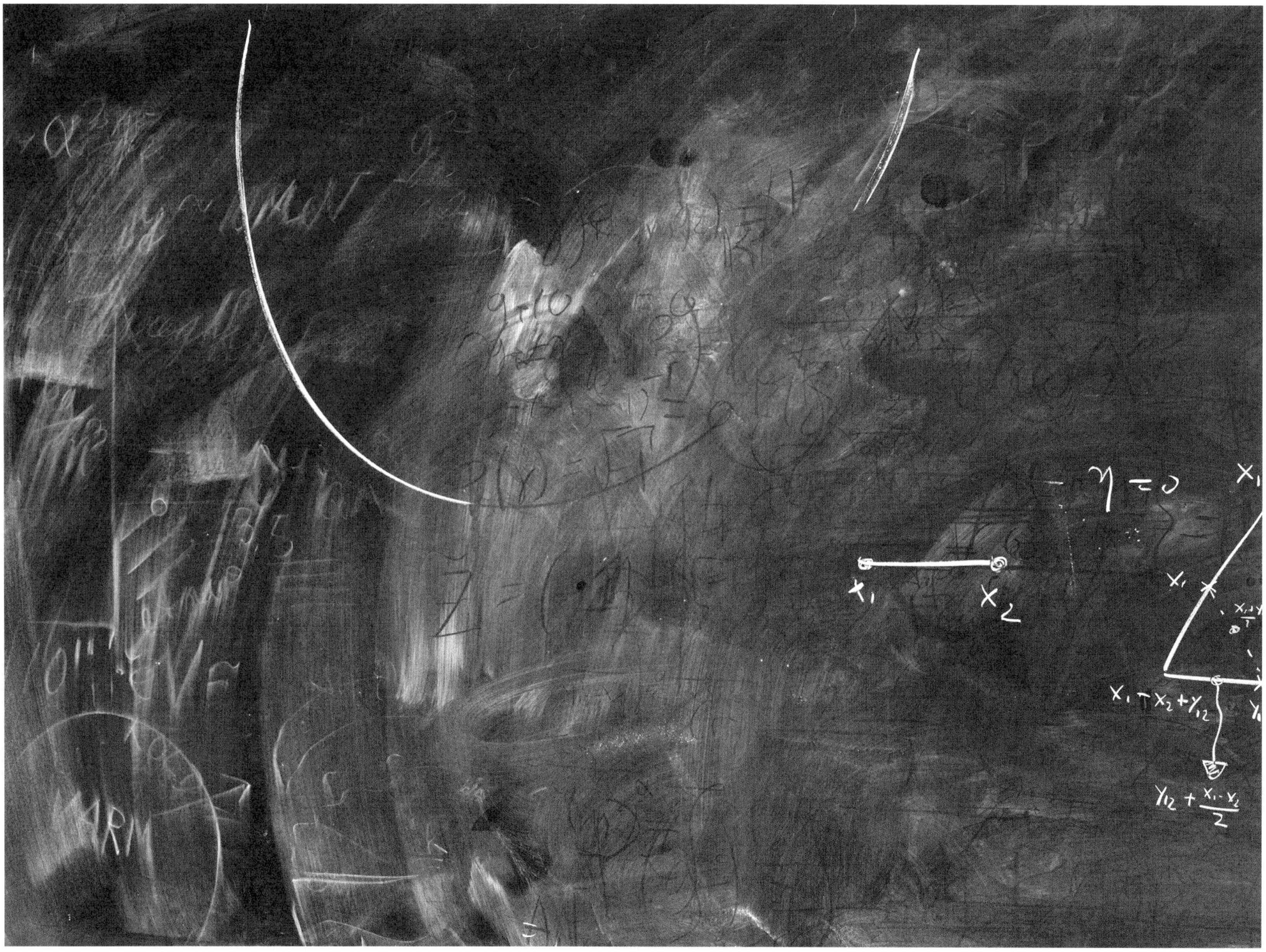
η = 0
x1
x2
ARM

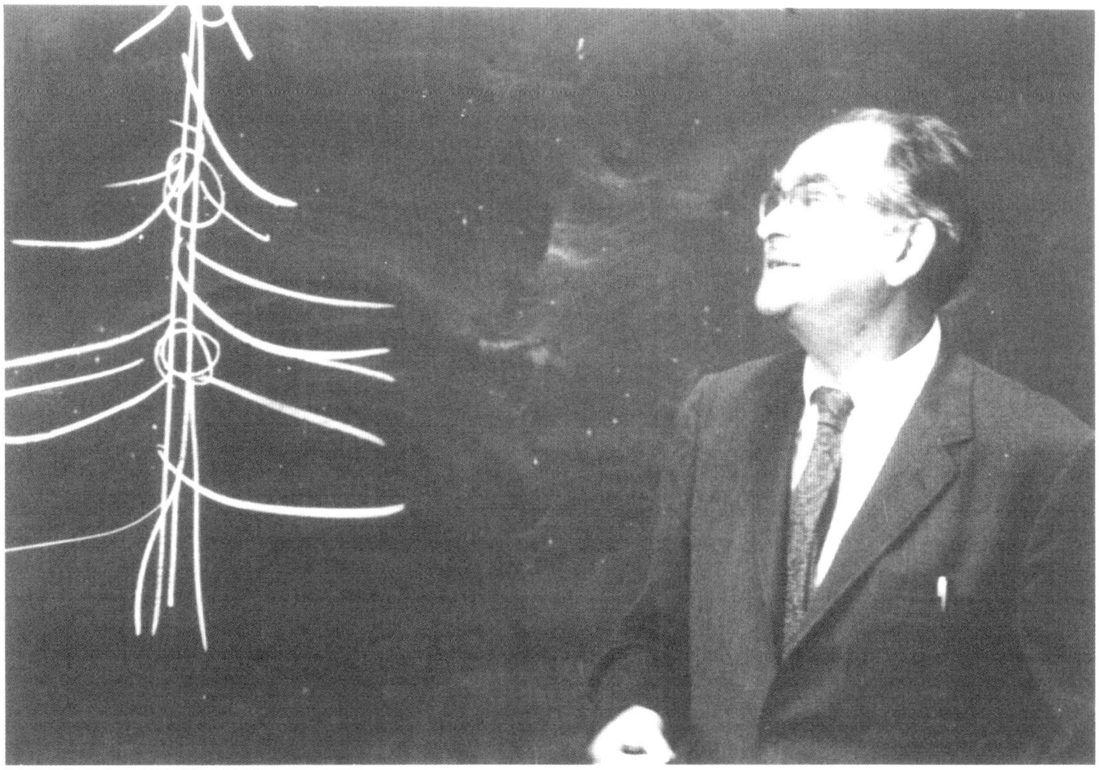

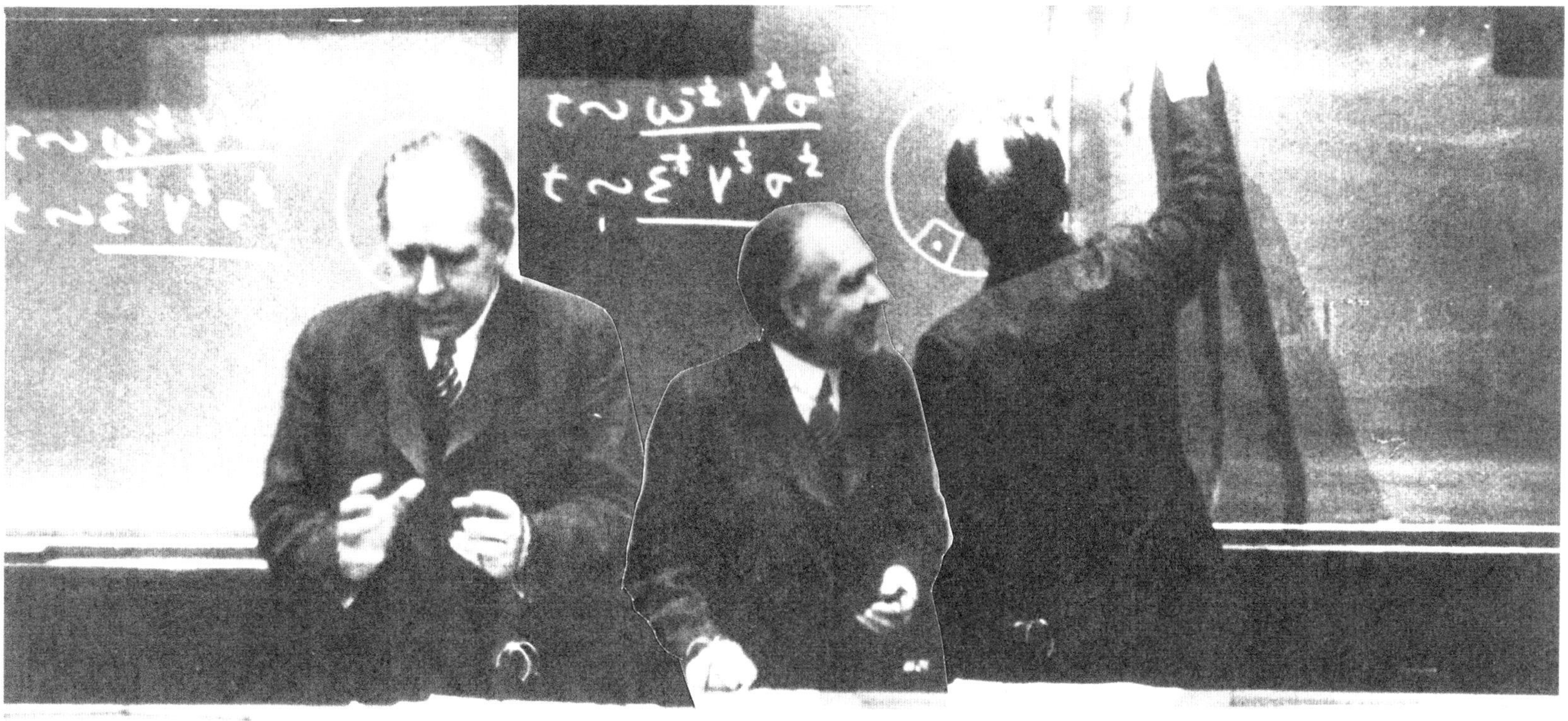

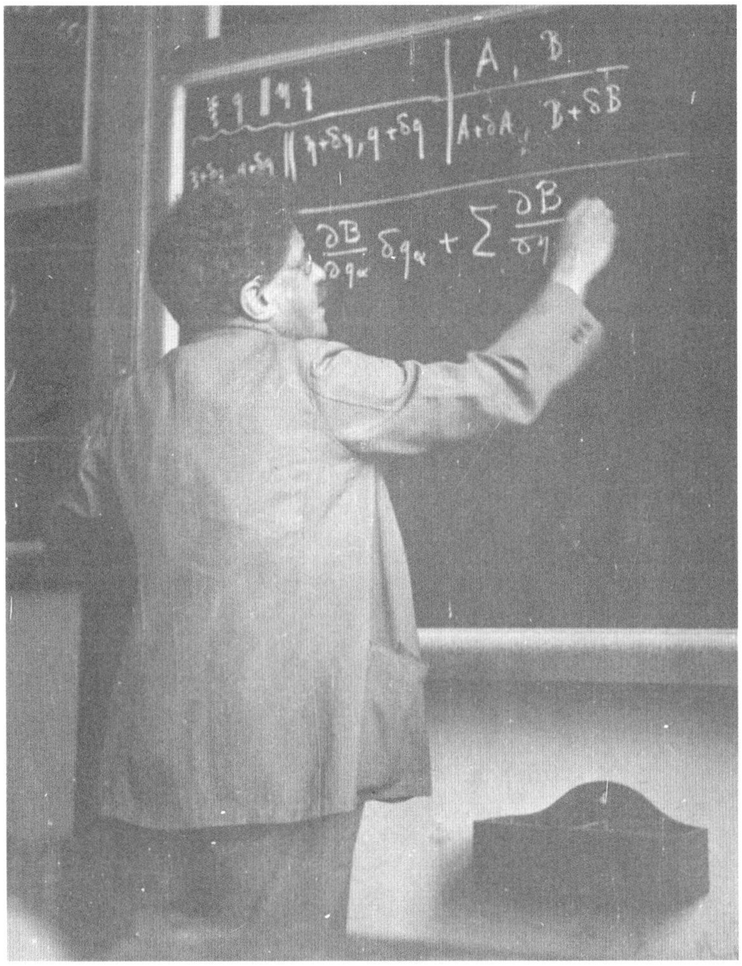

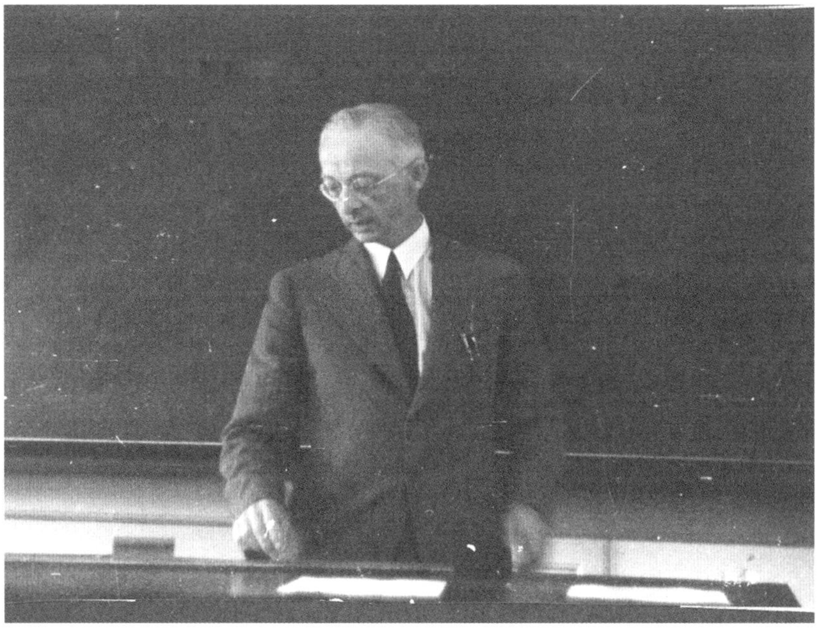

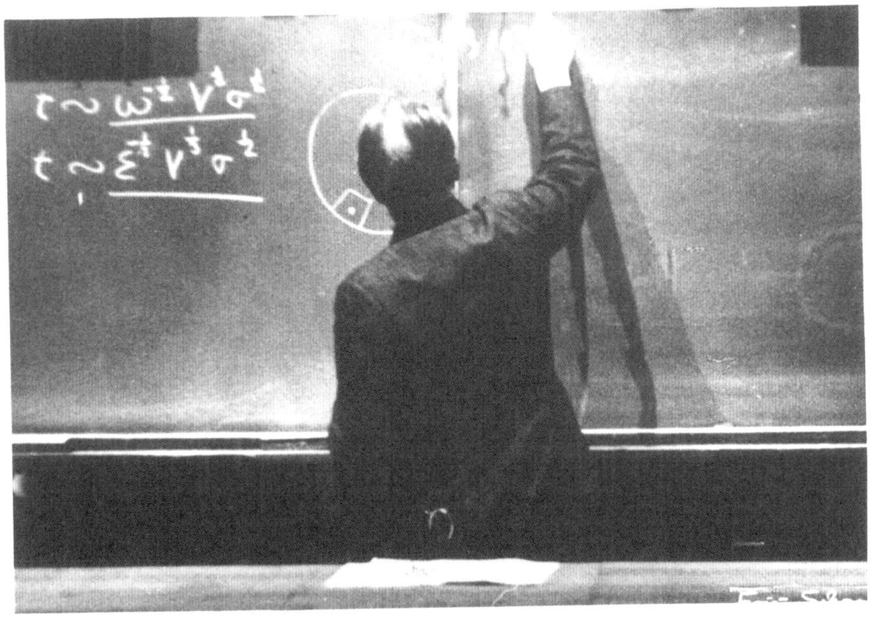

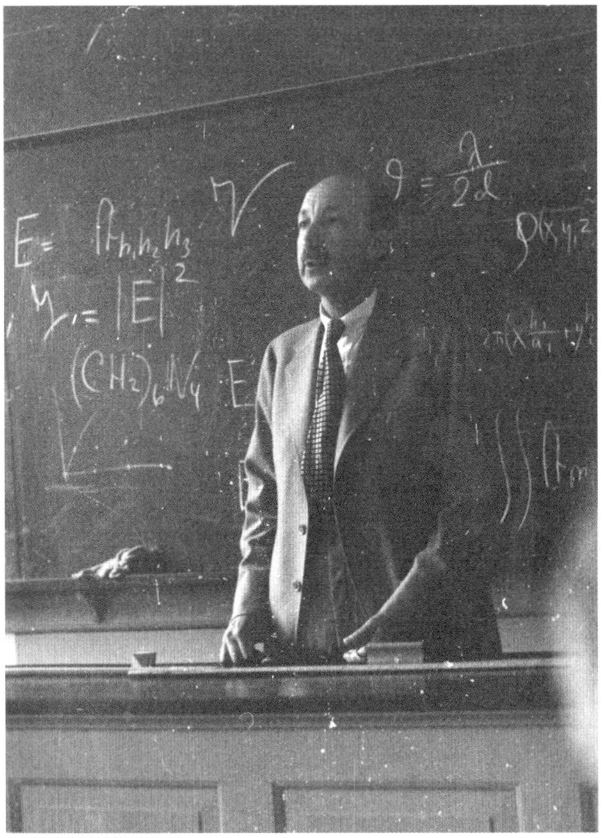

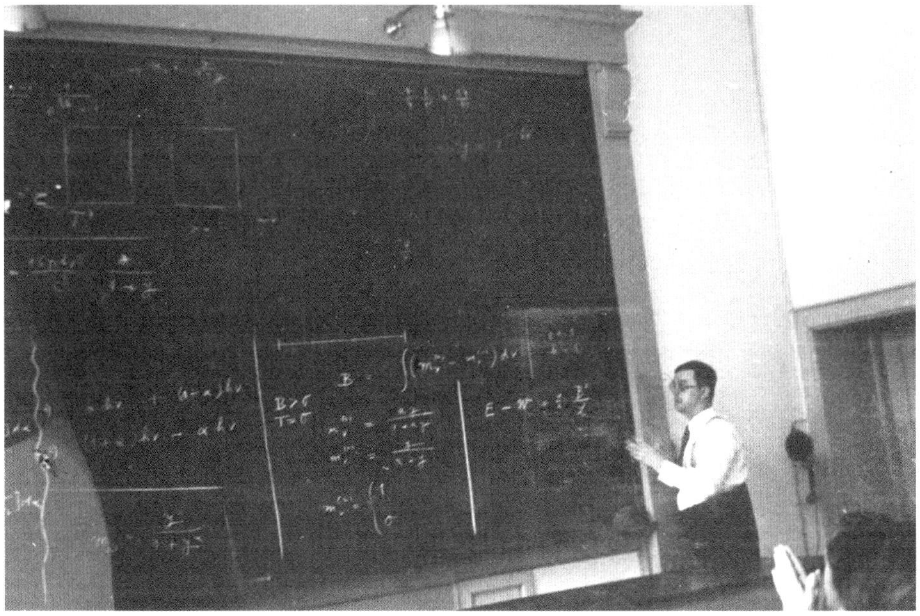

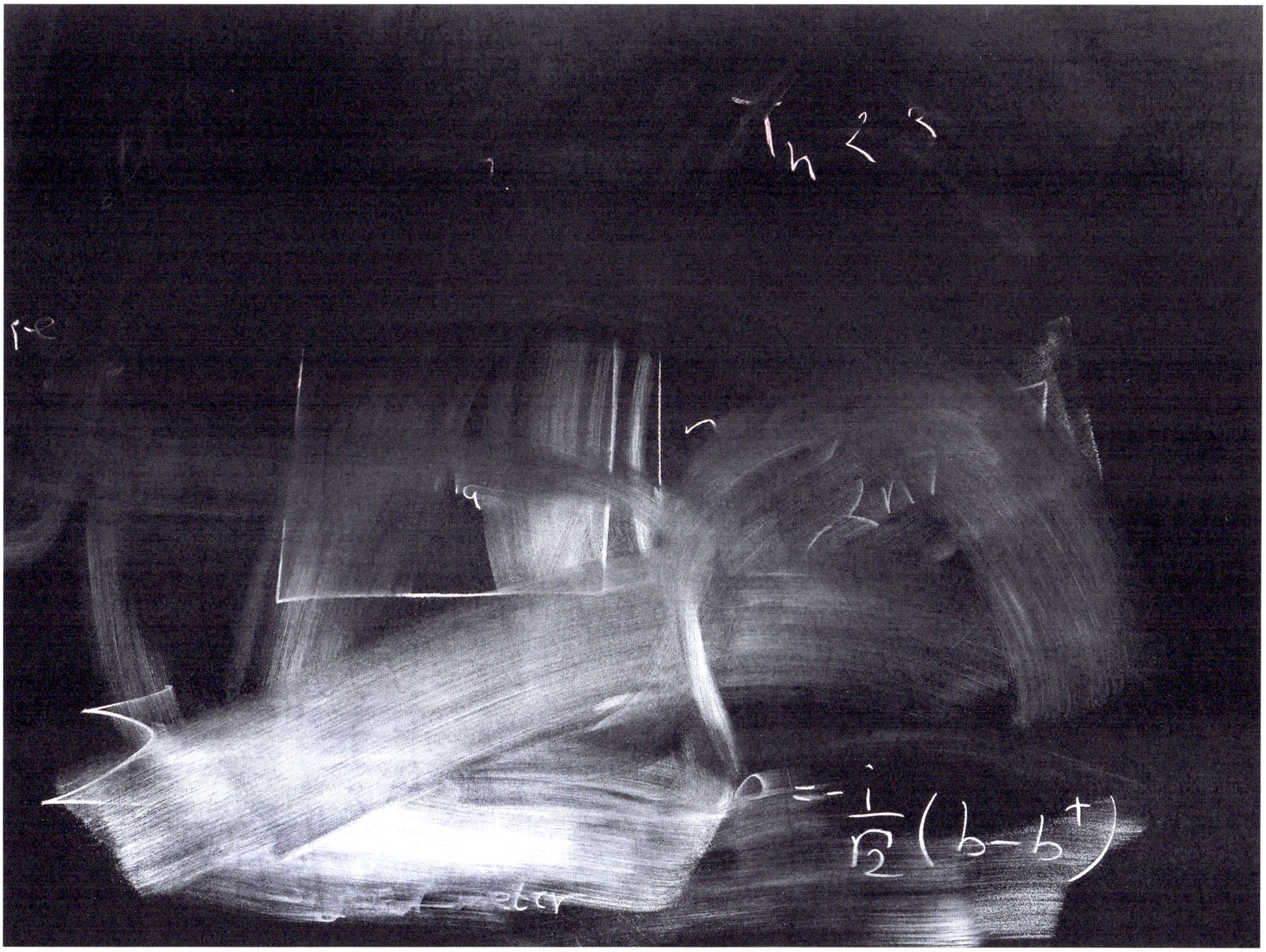
= -i/√2 (b-b†)

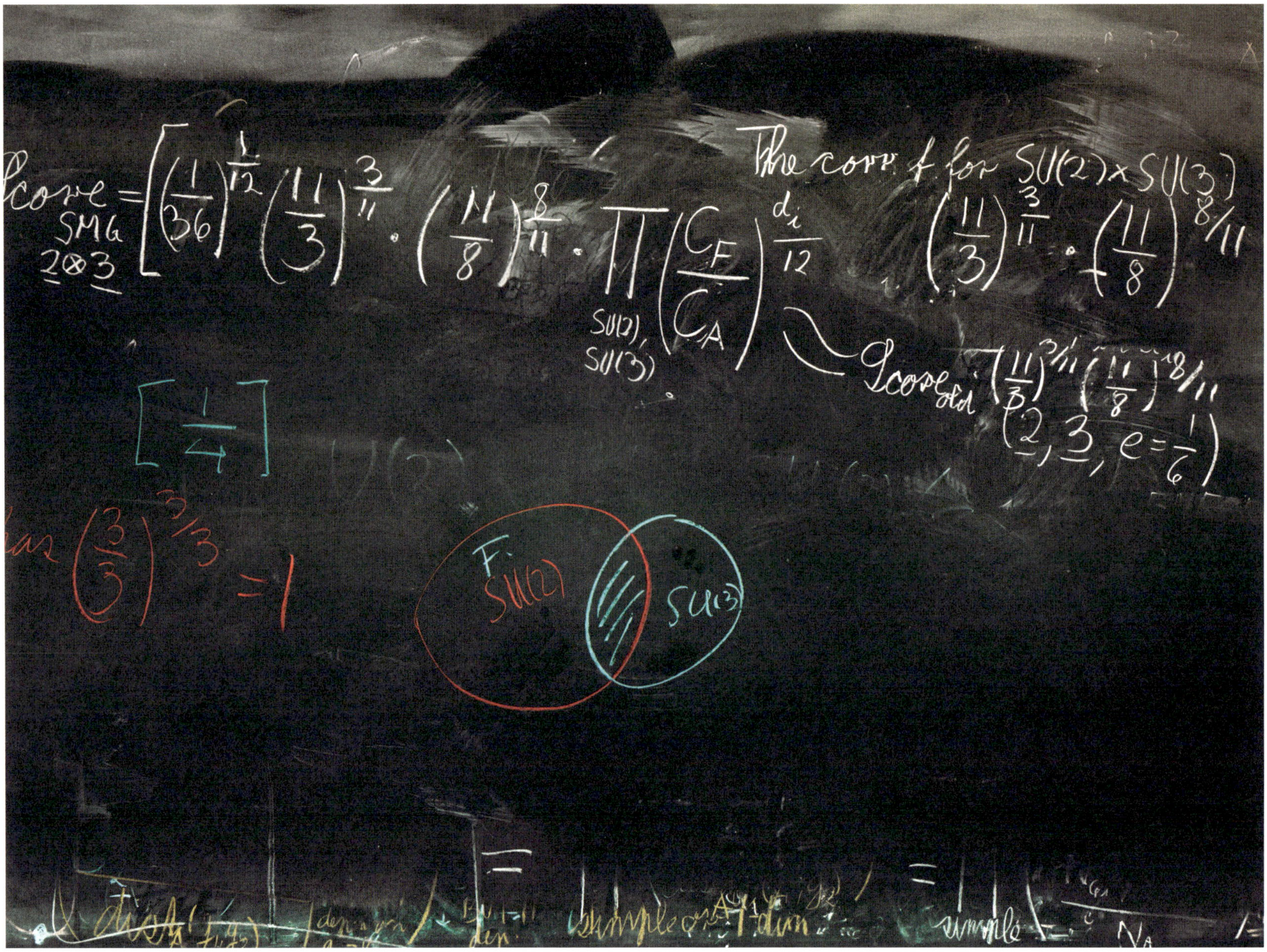
The corr. f. for SU(2)×SU(3)
SMG
SU(2),
SU(3)
F.
SU(2)
SU(3)
simple

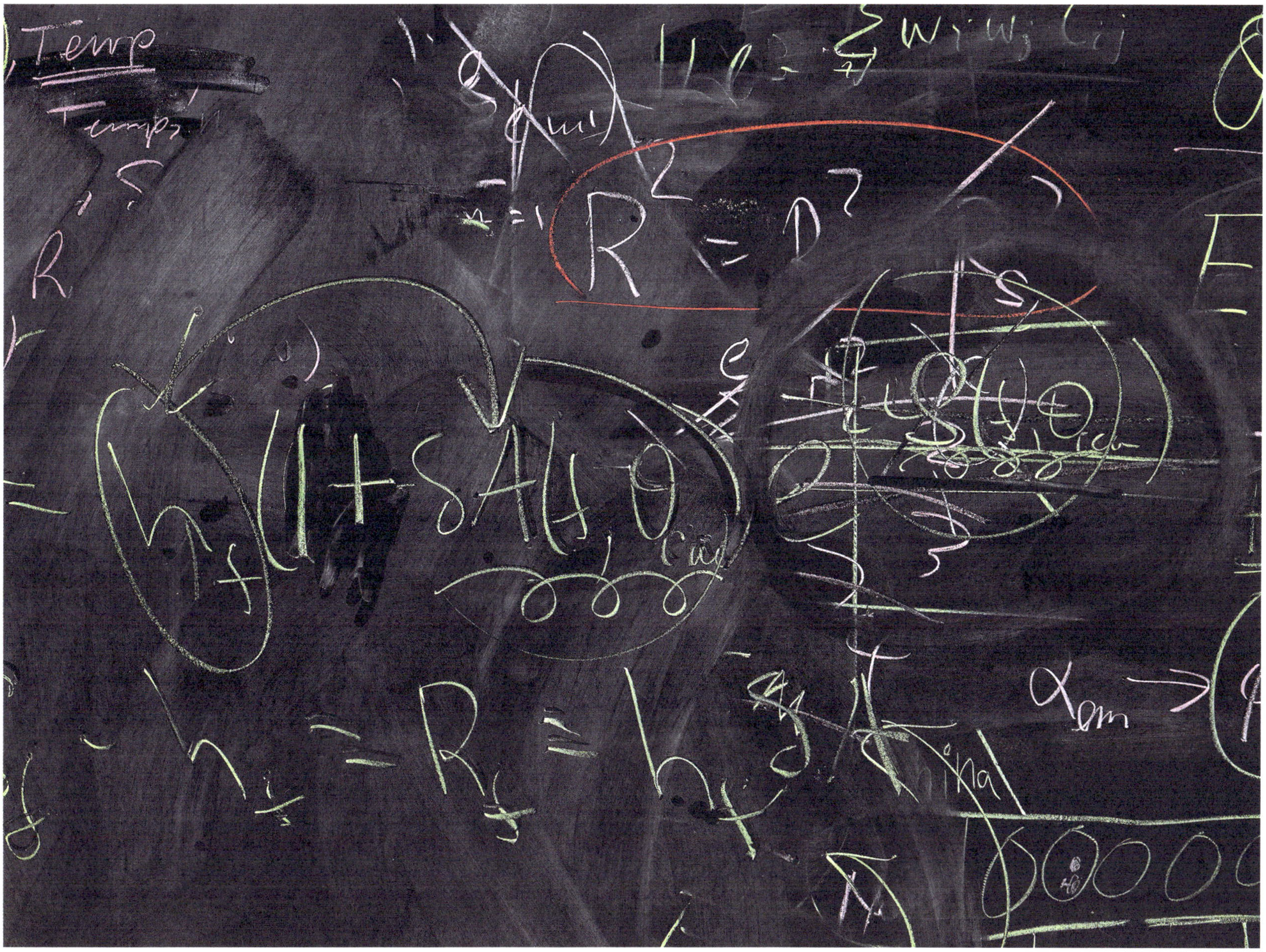

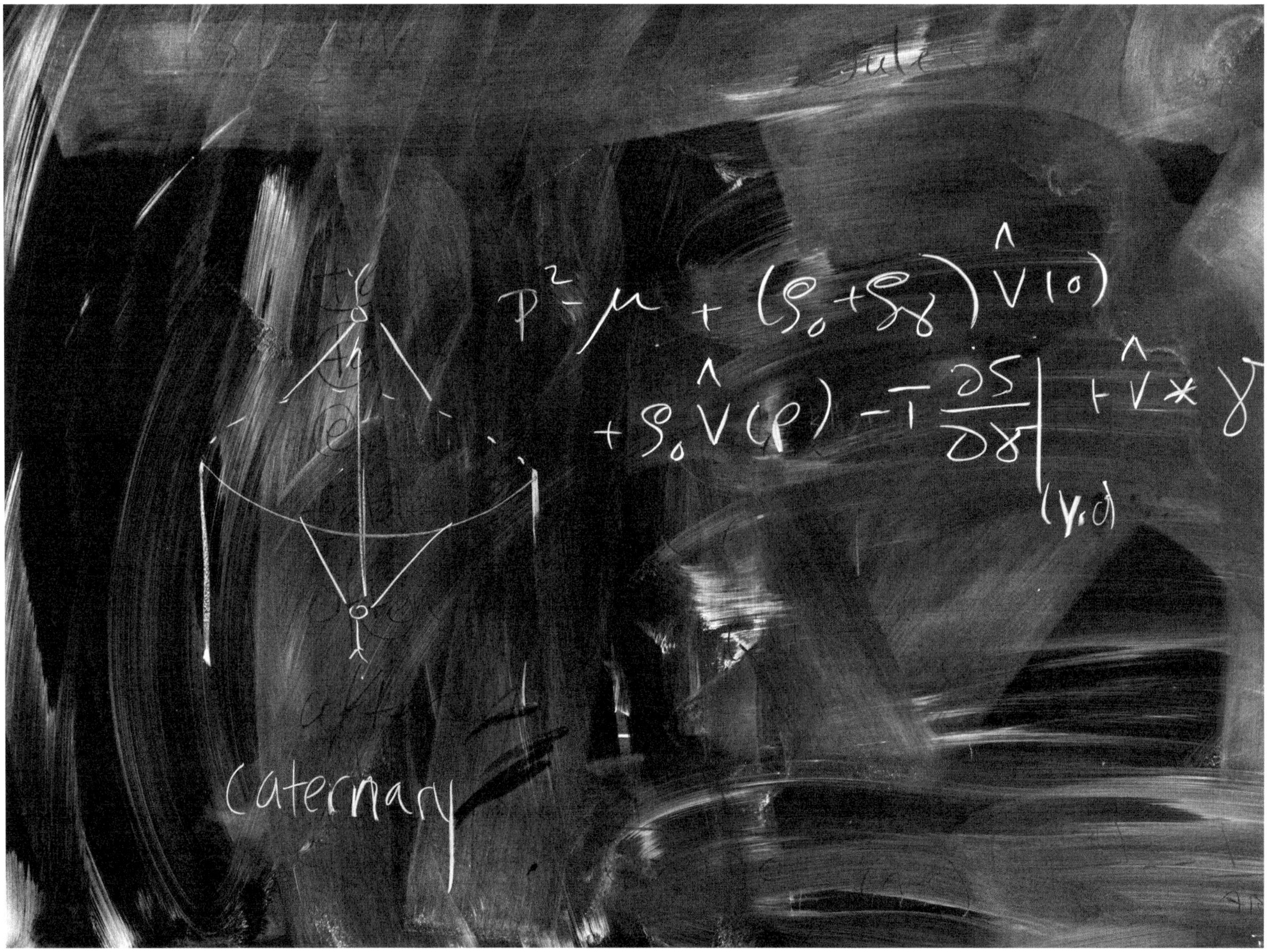
Caternary

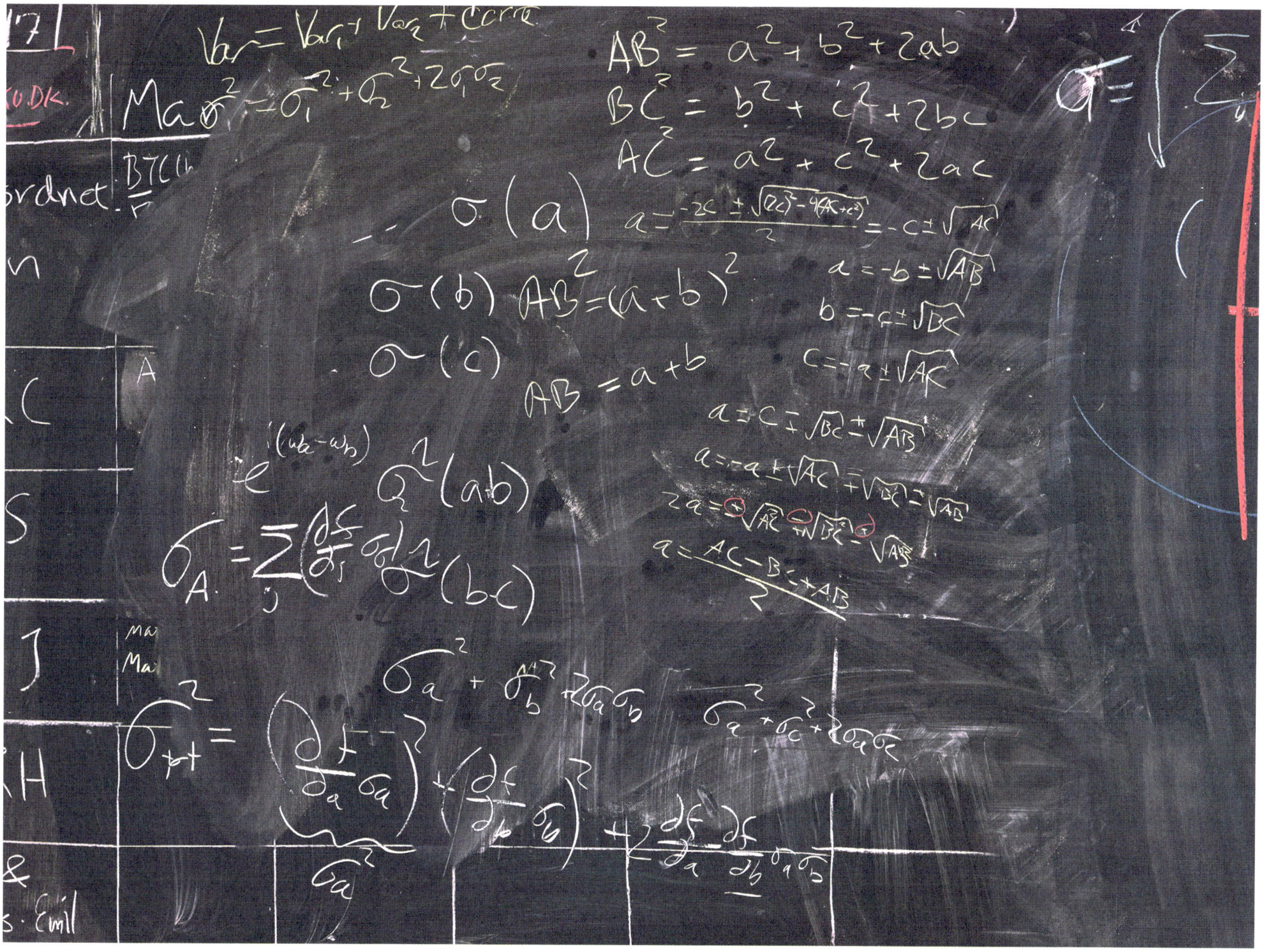
Var = Var1 + Var2 + Corr
AB² = a² + b² + 2ab
BC² = b² + c² + 2bc
AC² = a² + c² + 2ac
σ(a)
σ(b)
σ(c)
AB = a + b
Emil

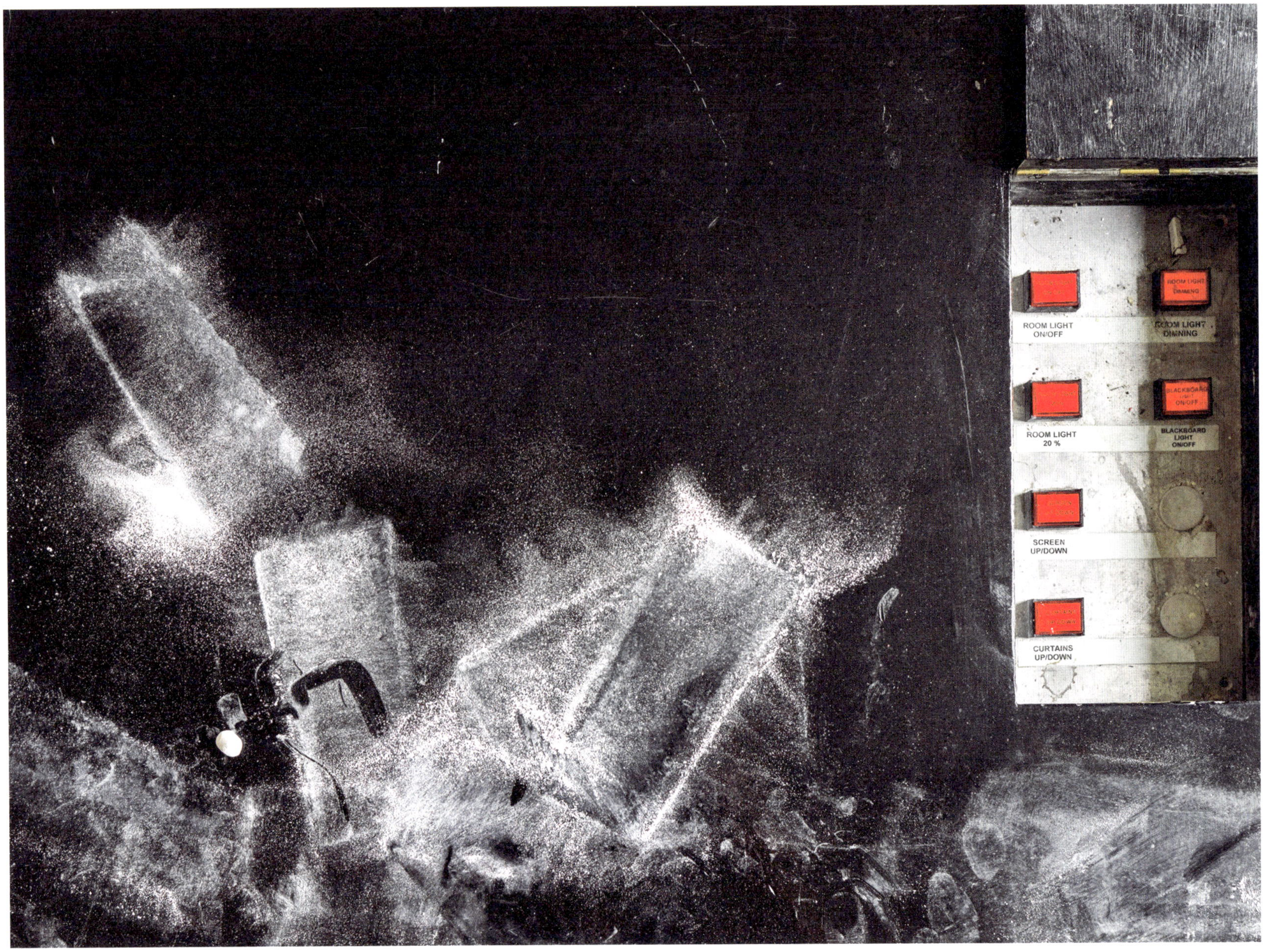
ROOM LIGHT
ON/OFF
ROOM LIGHT
DIMMING
ROOM LIGHT
20 %
BLACKBOARD
LIGHT
ON/OFF
SCREEN
UP/DOWN
CURTAINS
UP/DOWN

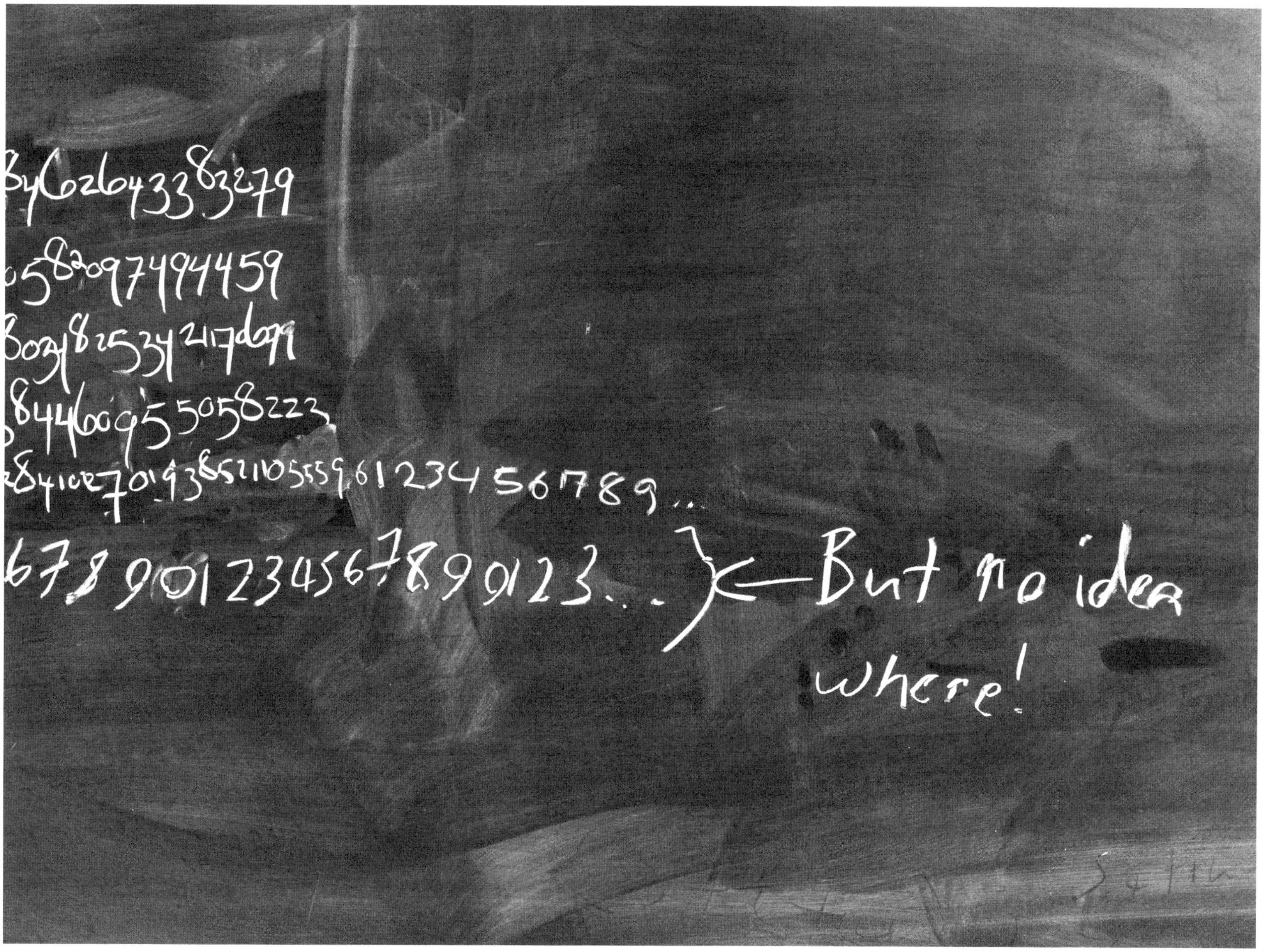
But no idea
where!

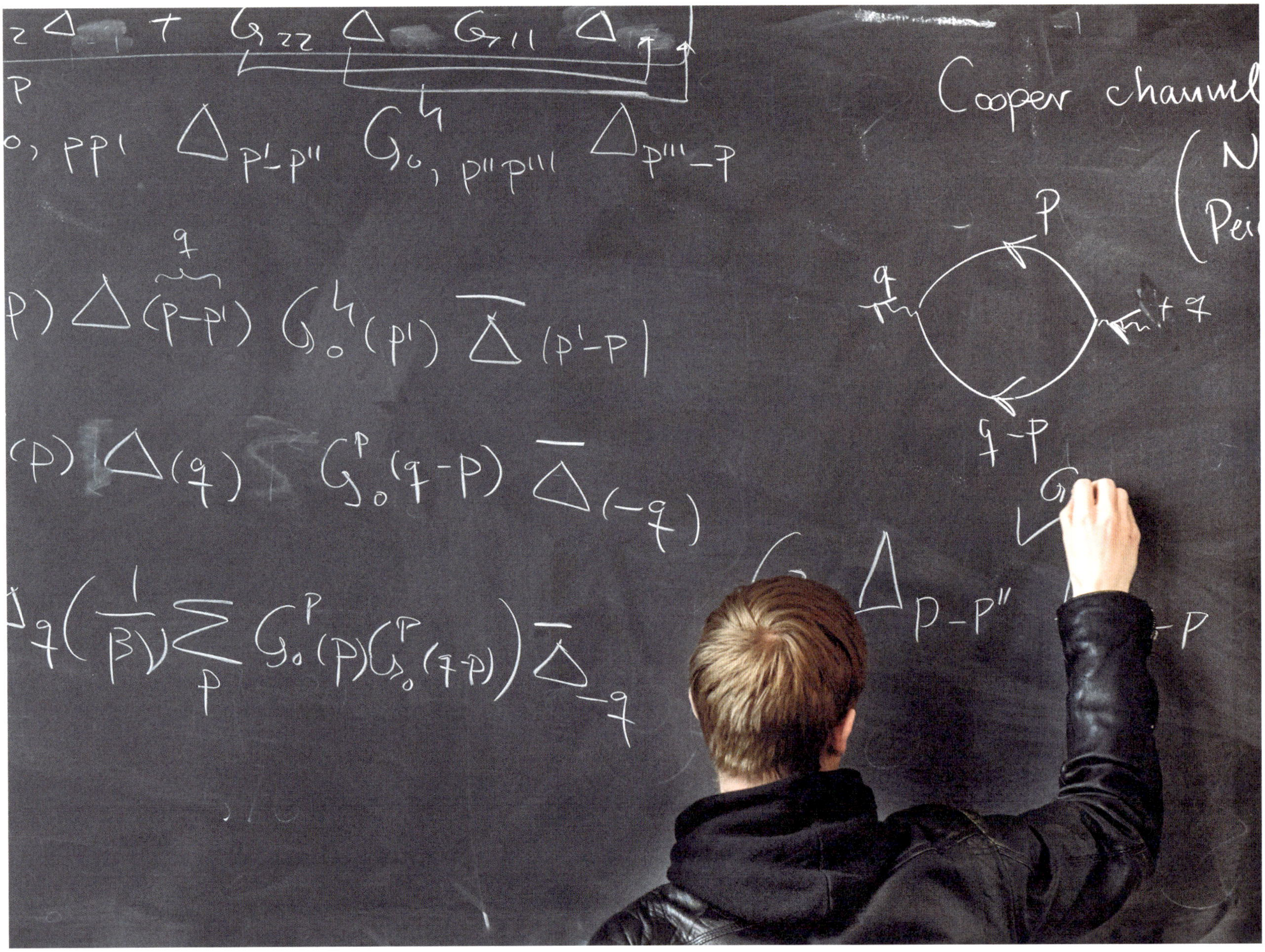
Cooper channel

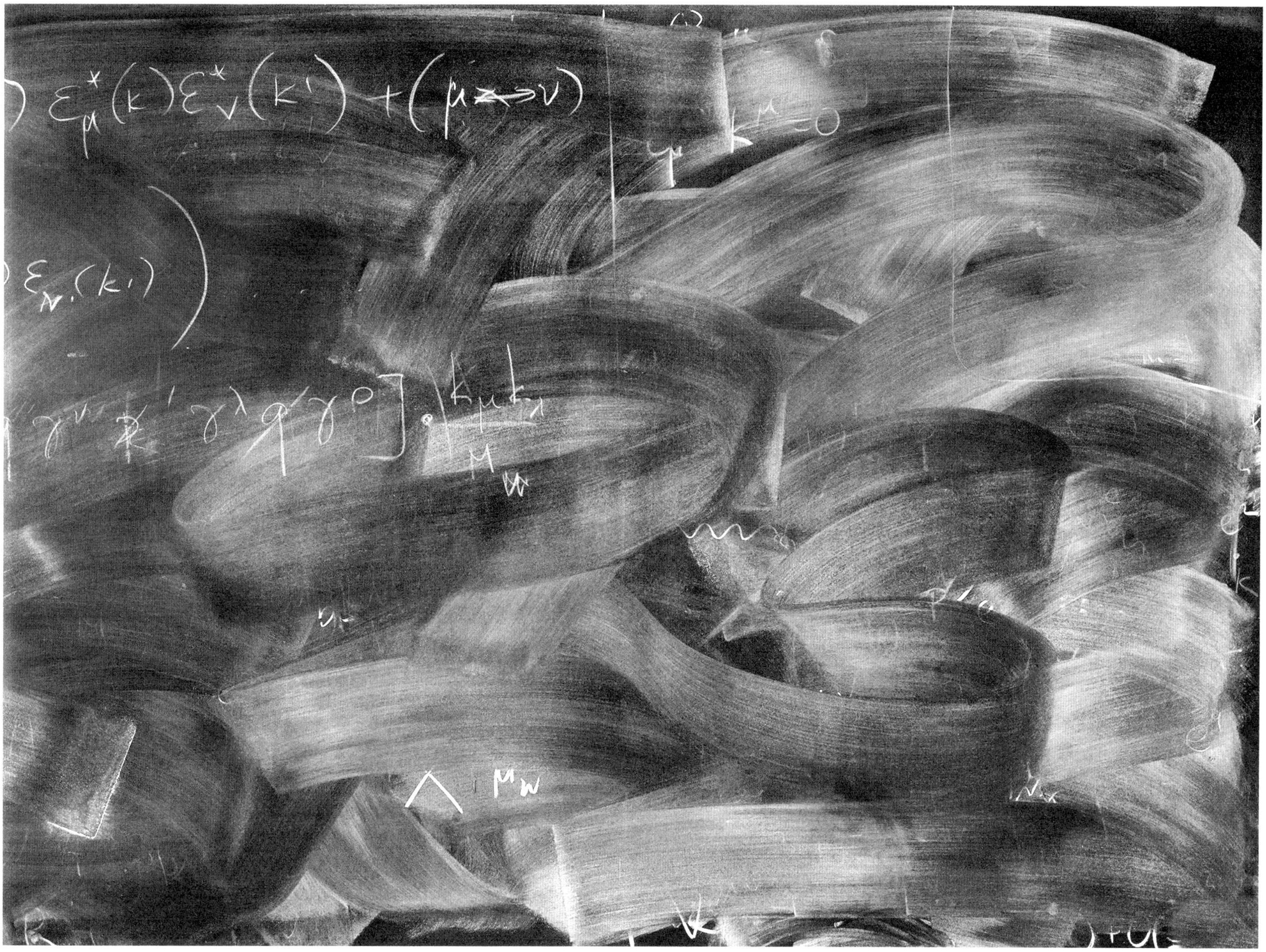

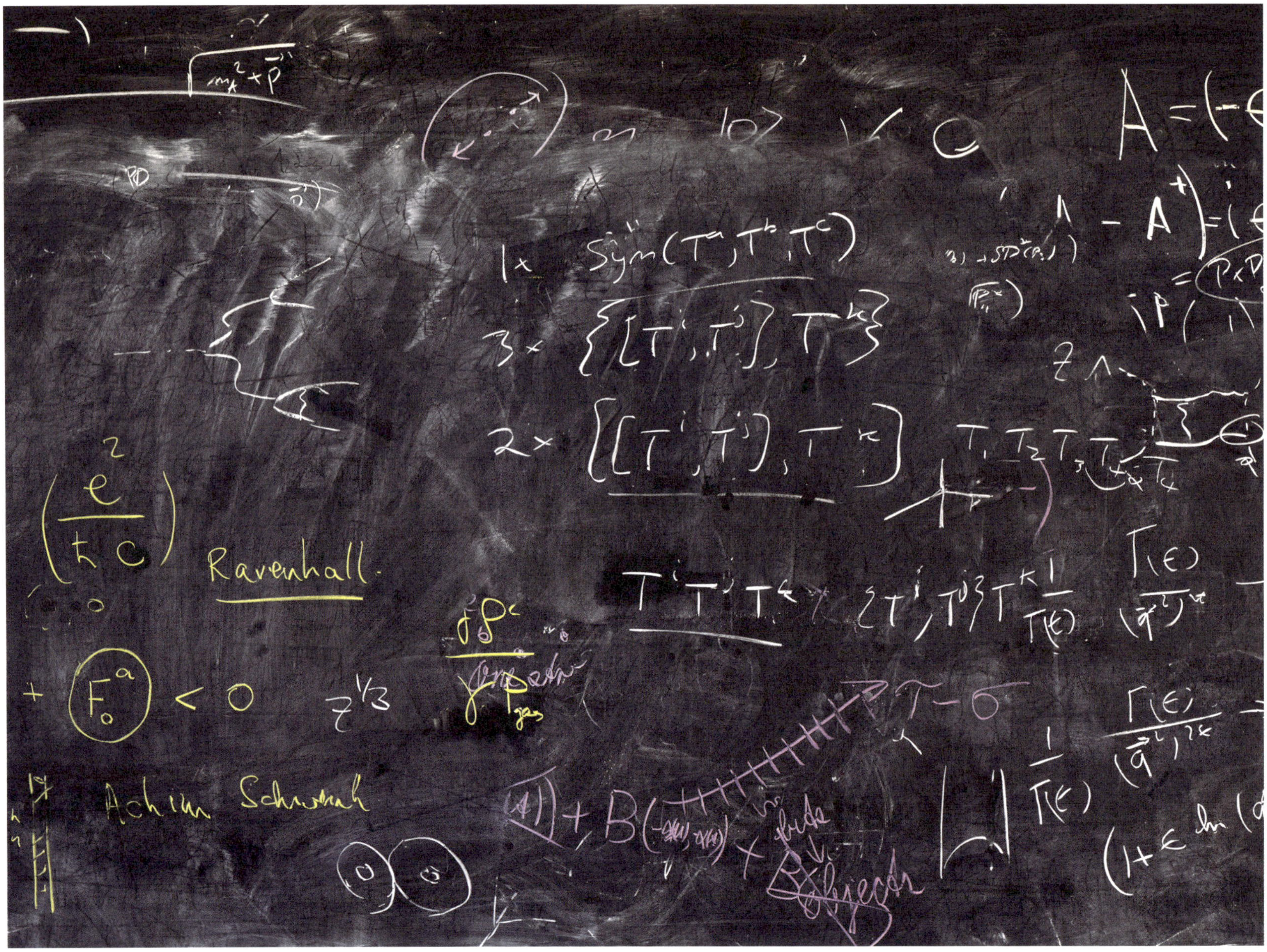
Ravenhall

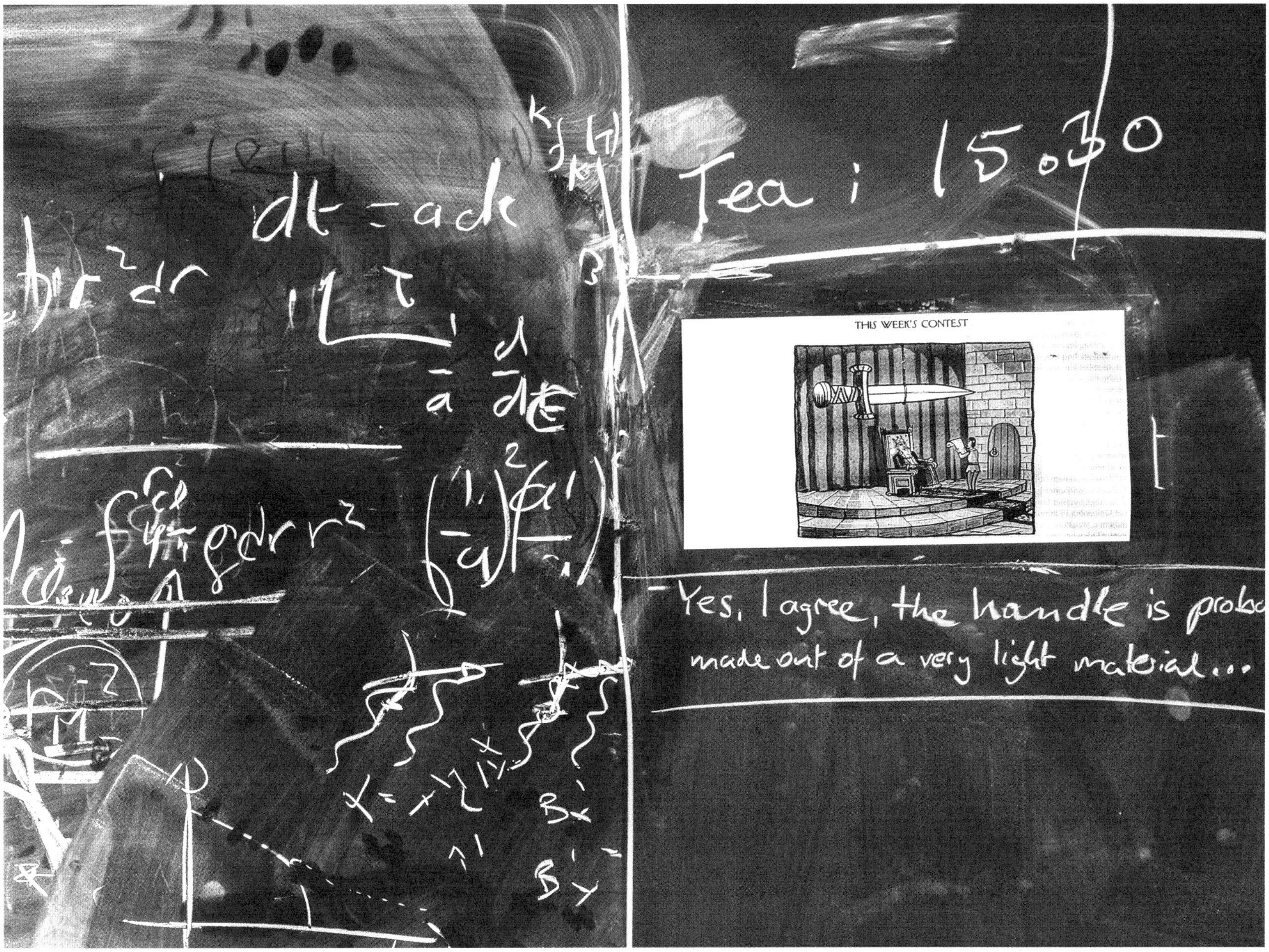
Tea : 15.30
THIS WEEK'S CONTEST
Yes, I agree, the handle is proba
made out of a very light material...

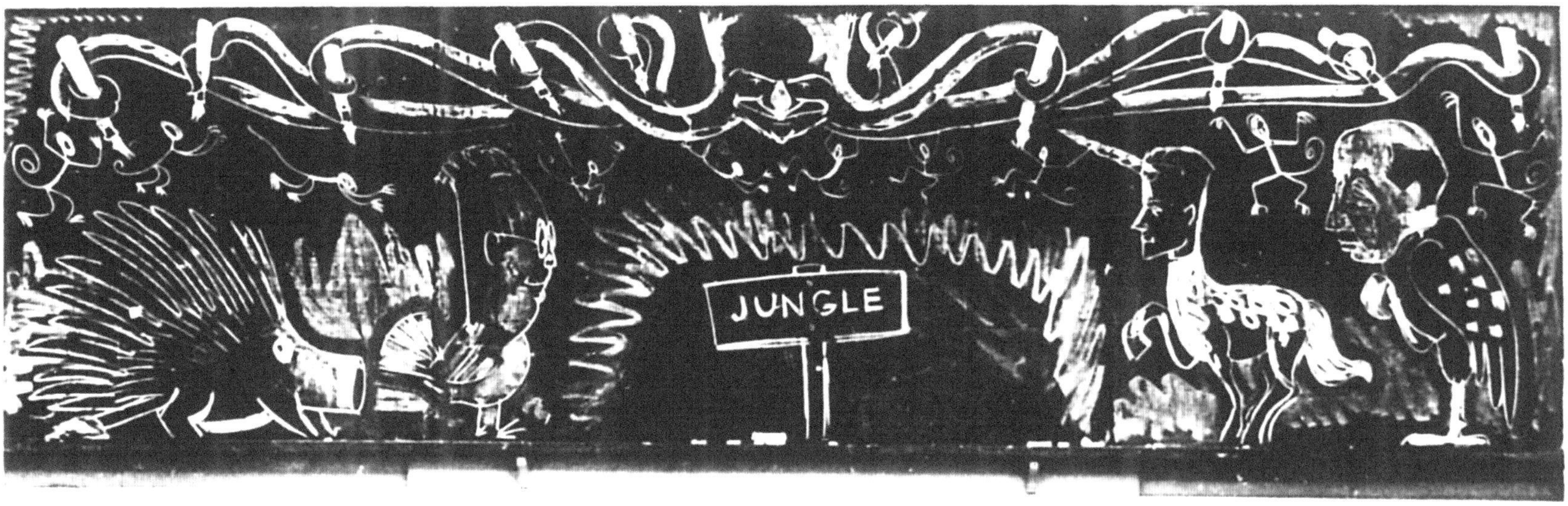
JUNGLE

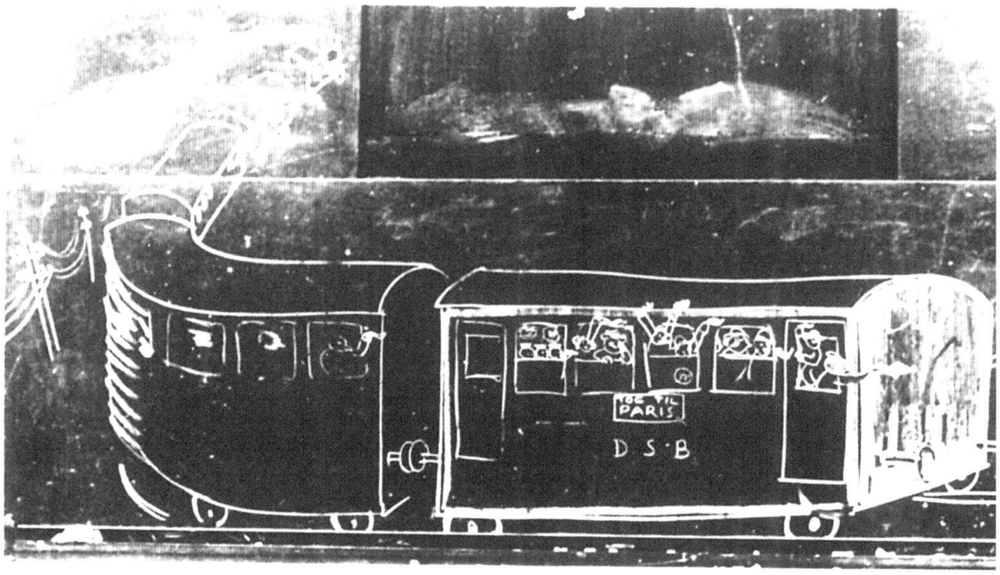
PARIS
D·S·B

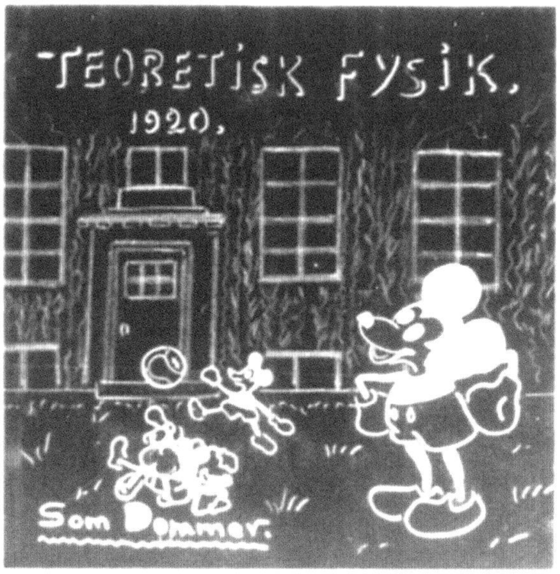
TEORETISK FYSIK.
1920.
Som

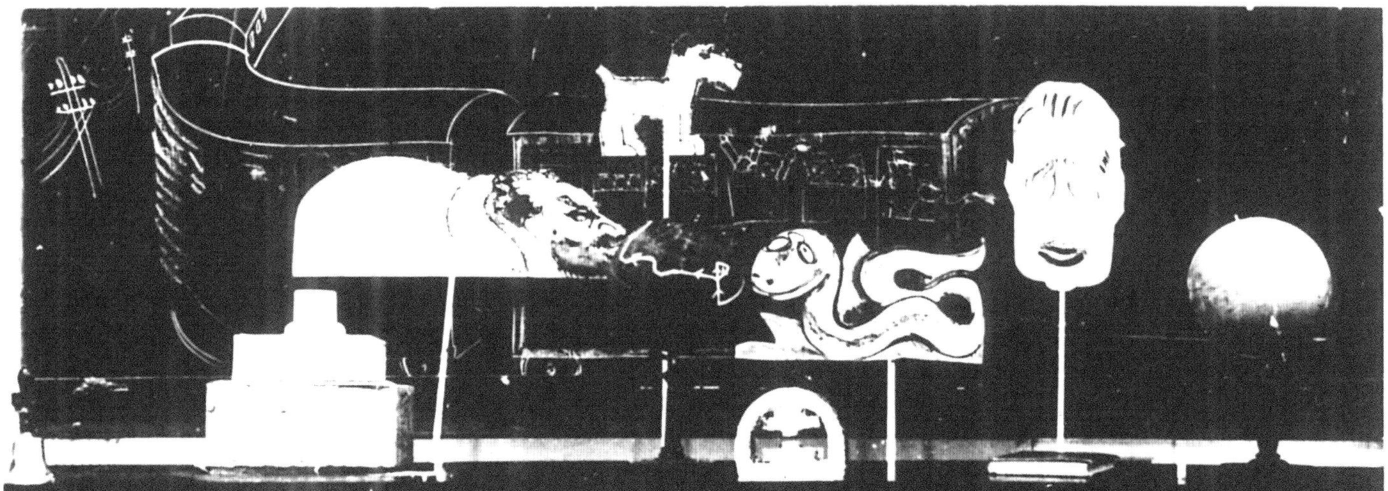

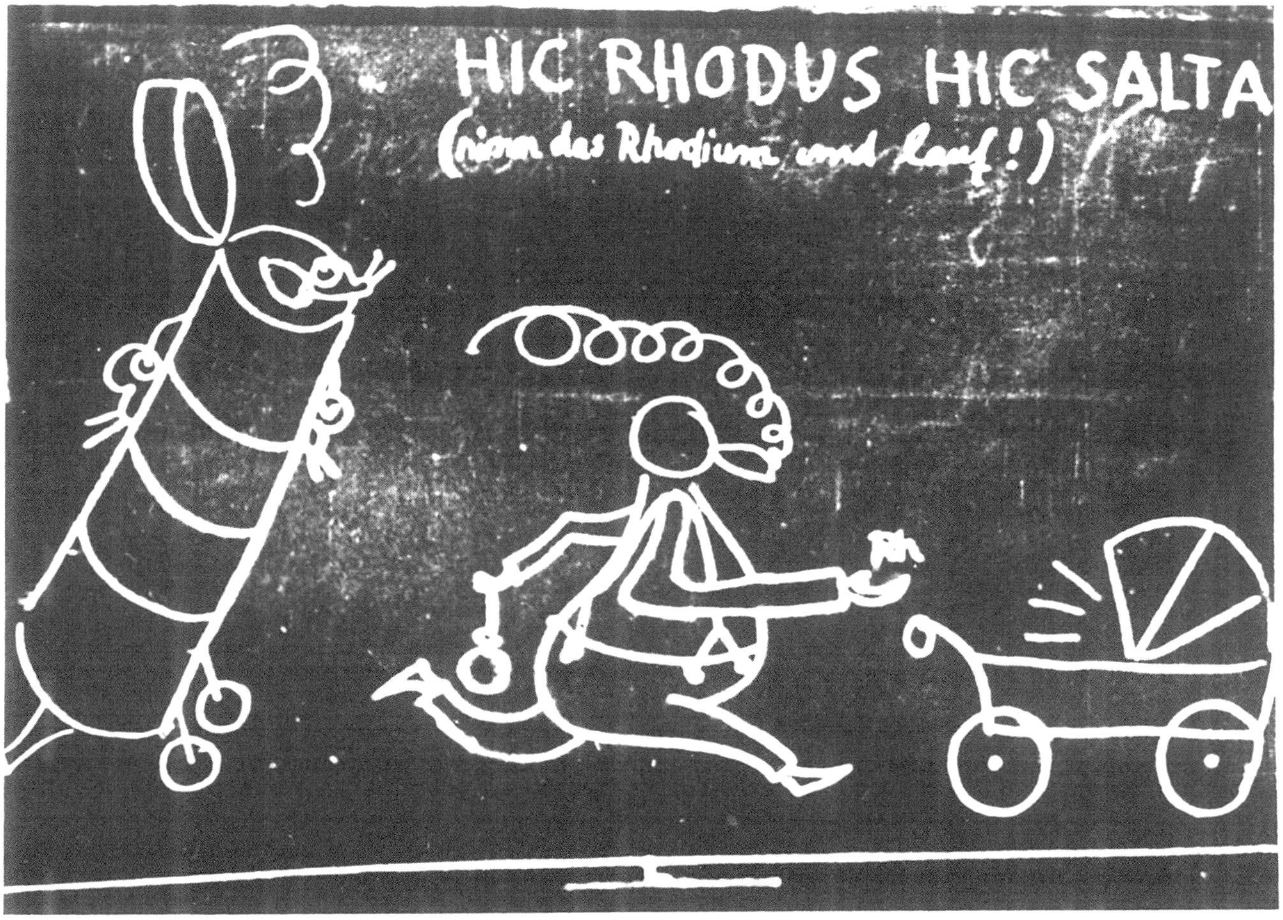
HIC RHODUS HIC SALTA
(nimm das Rhodium und lauf!)
Rh

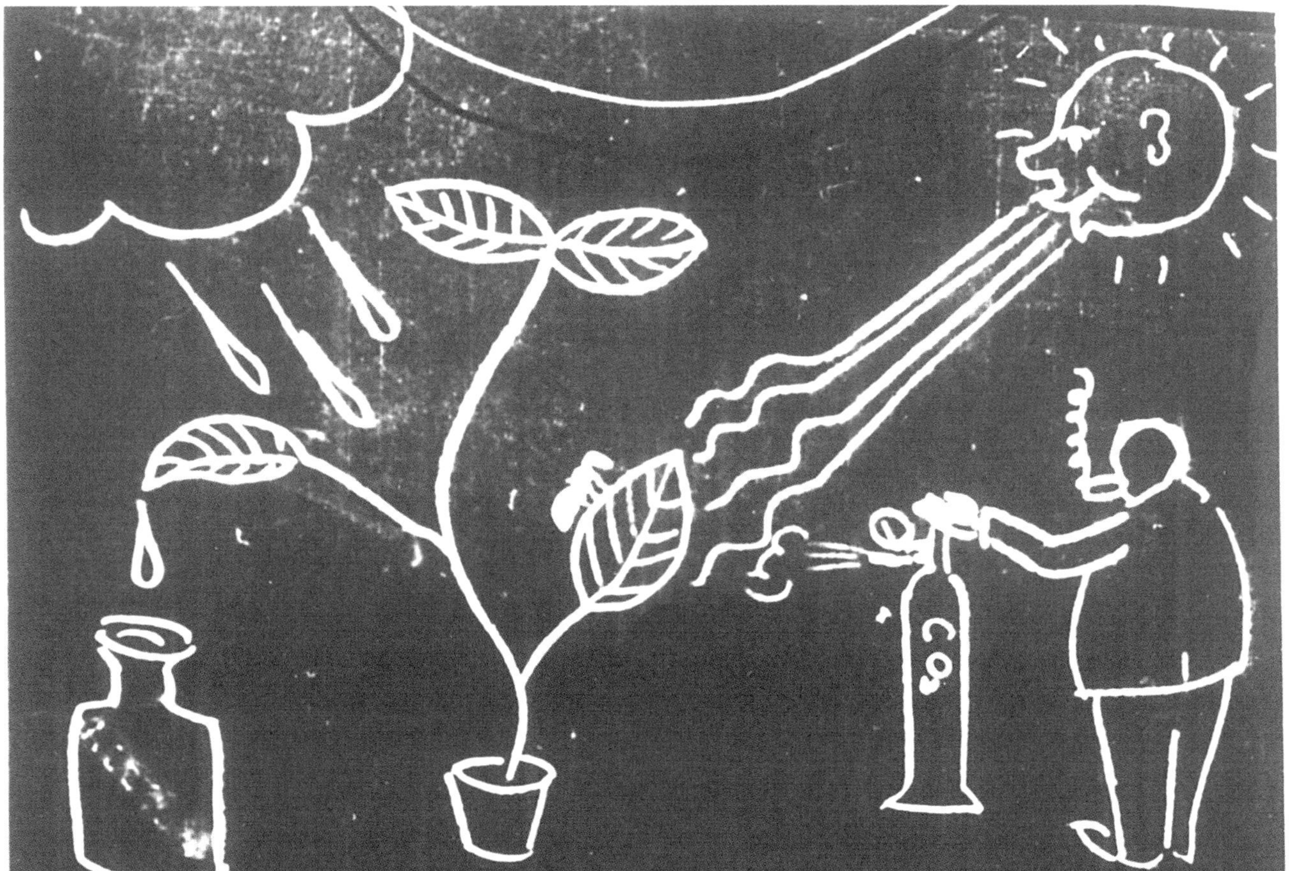
CO_2

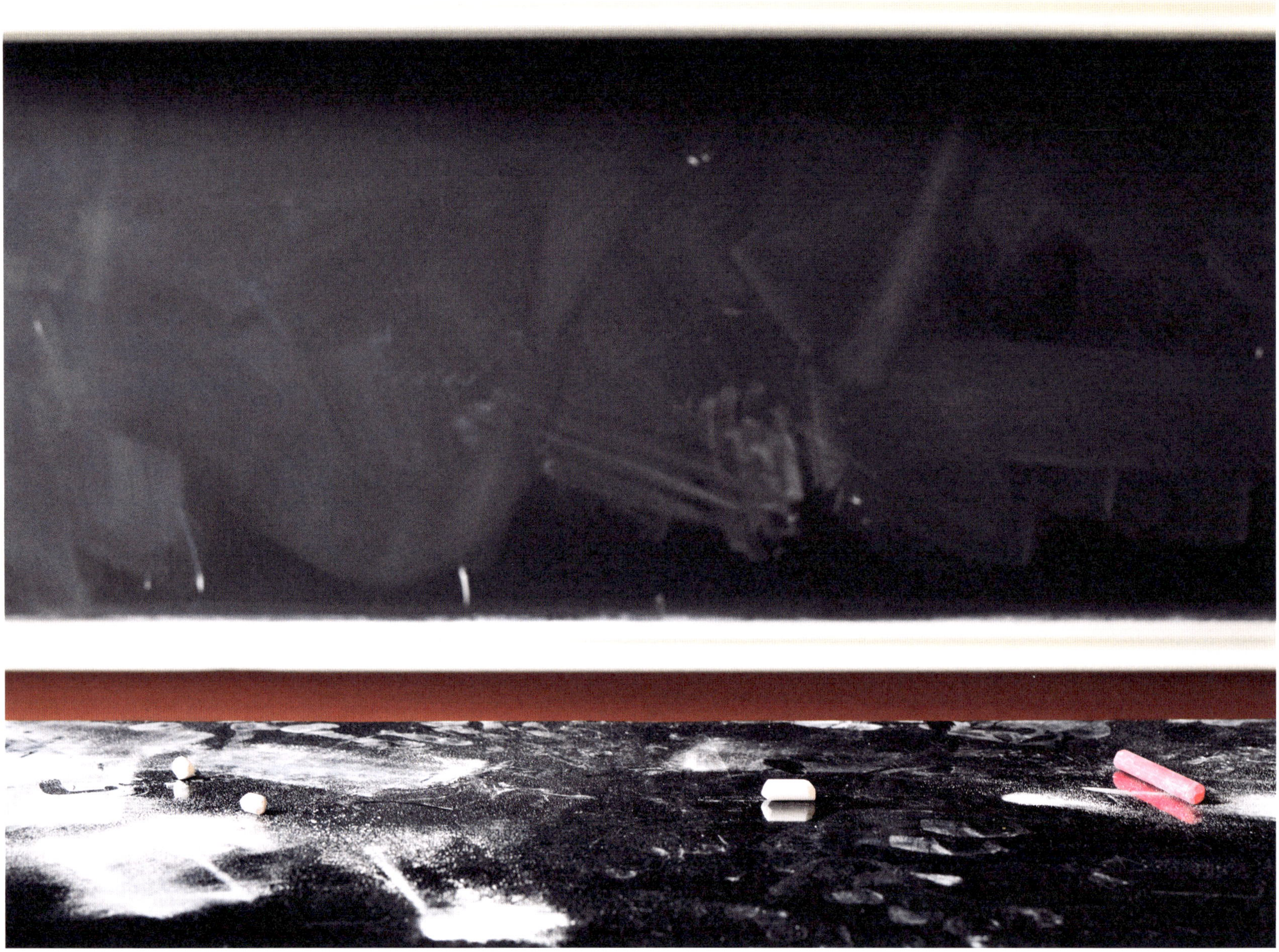

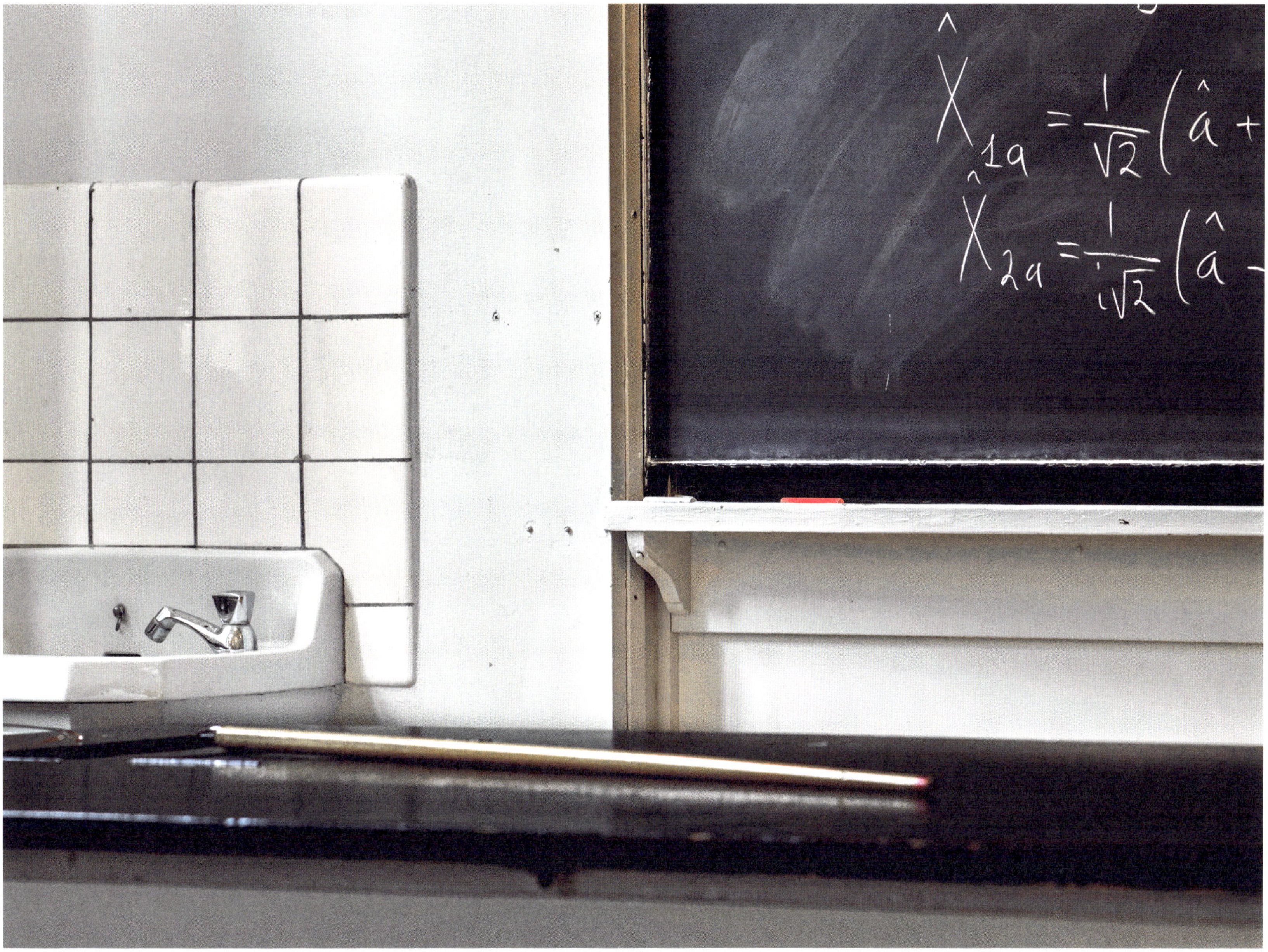
$\hat{X}_{1a} = \frac{1}{\sqrt{2}}(\hat{a} +$
$\hat{X}_{2a} = \frac{1}{i\sqrt{2}}(\hat{a} -$

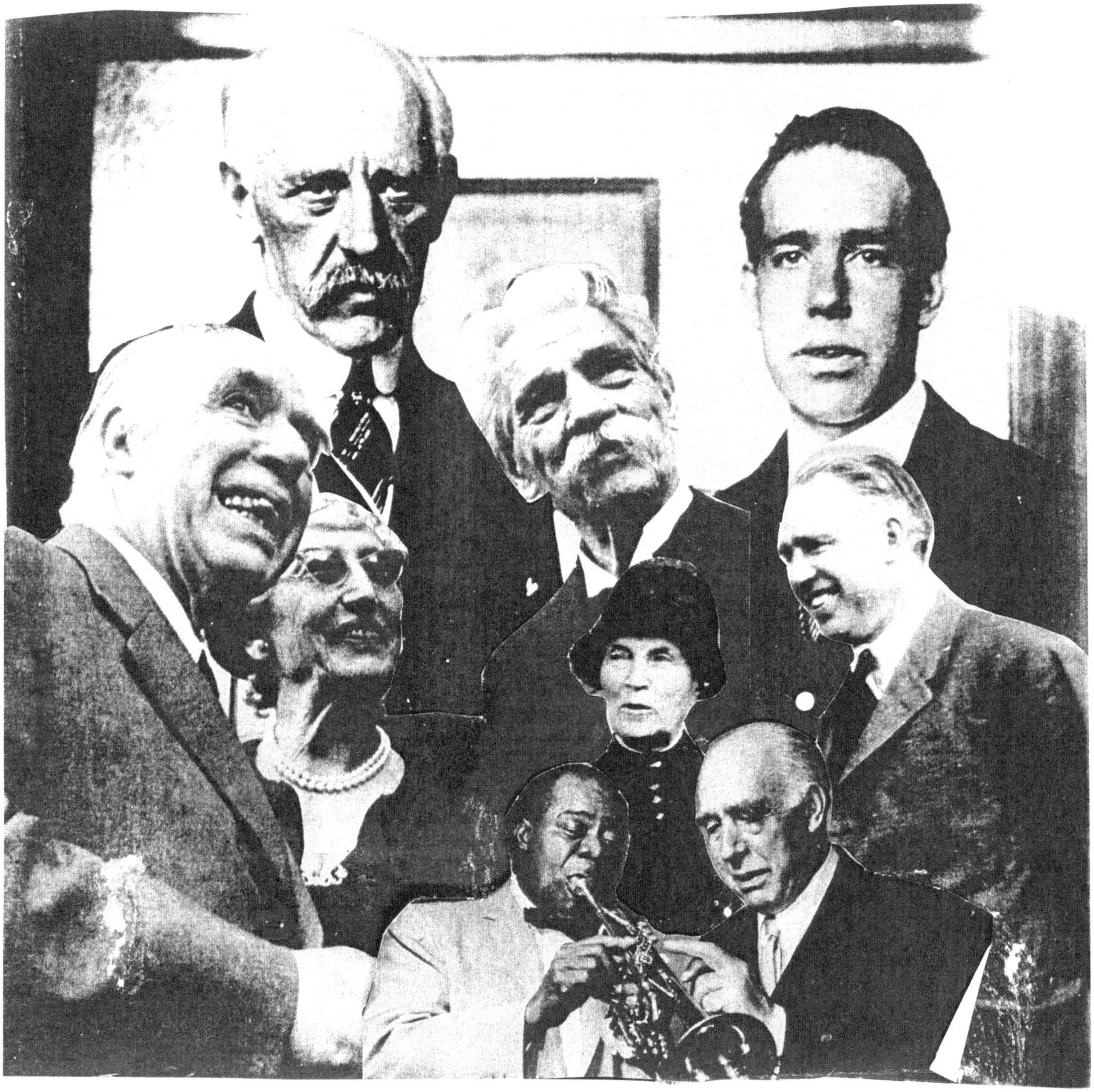

WHAT IS IT WE HUMAN BEINGS ULTIMATELY DEPEND ON?
WE DEPEND ON OUR WORDS.
WE ARE SUSPENDED IN LANGUAGE.
OUR TASK IS TO COMMUNICATE
EXPERIENCE AND IDEAS TO OTHERS.

Niels Bohr, as quoted in Aage Petersen, 'The Philosophy of Niels Bohr',
Bulletin of the Atomic Scientists, (1963).

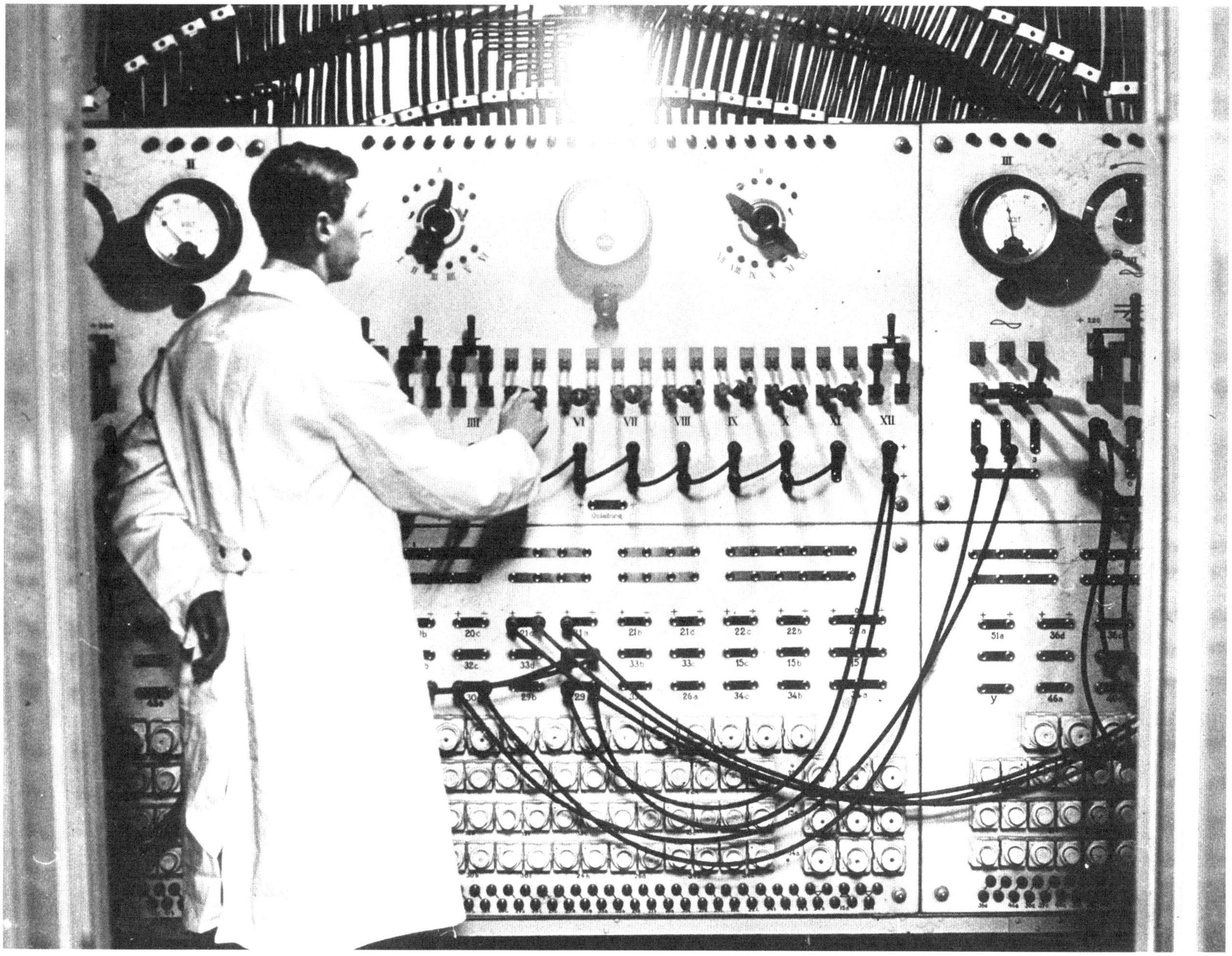

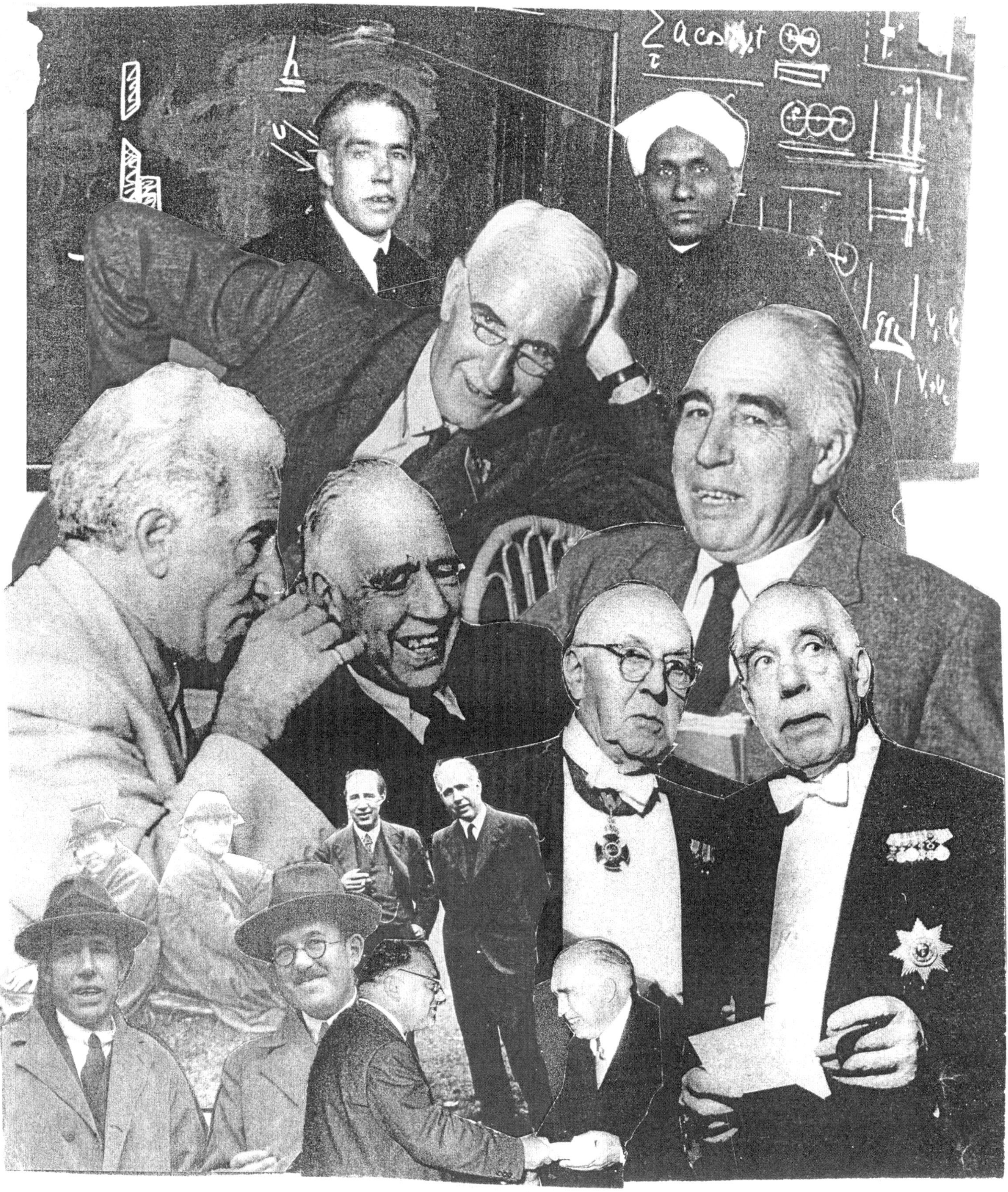

5

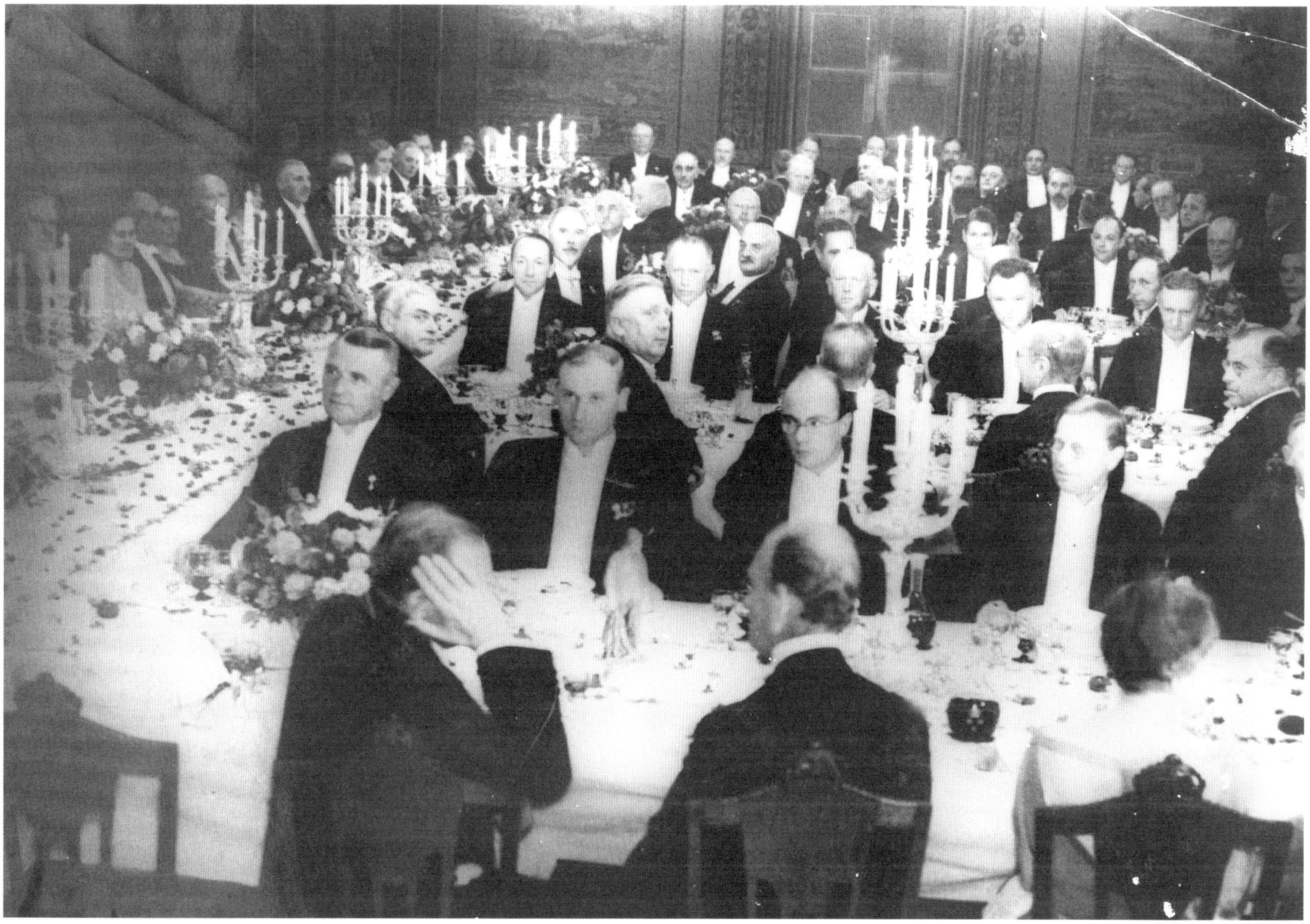

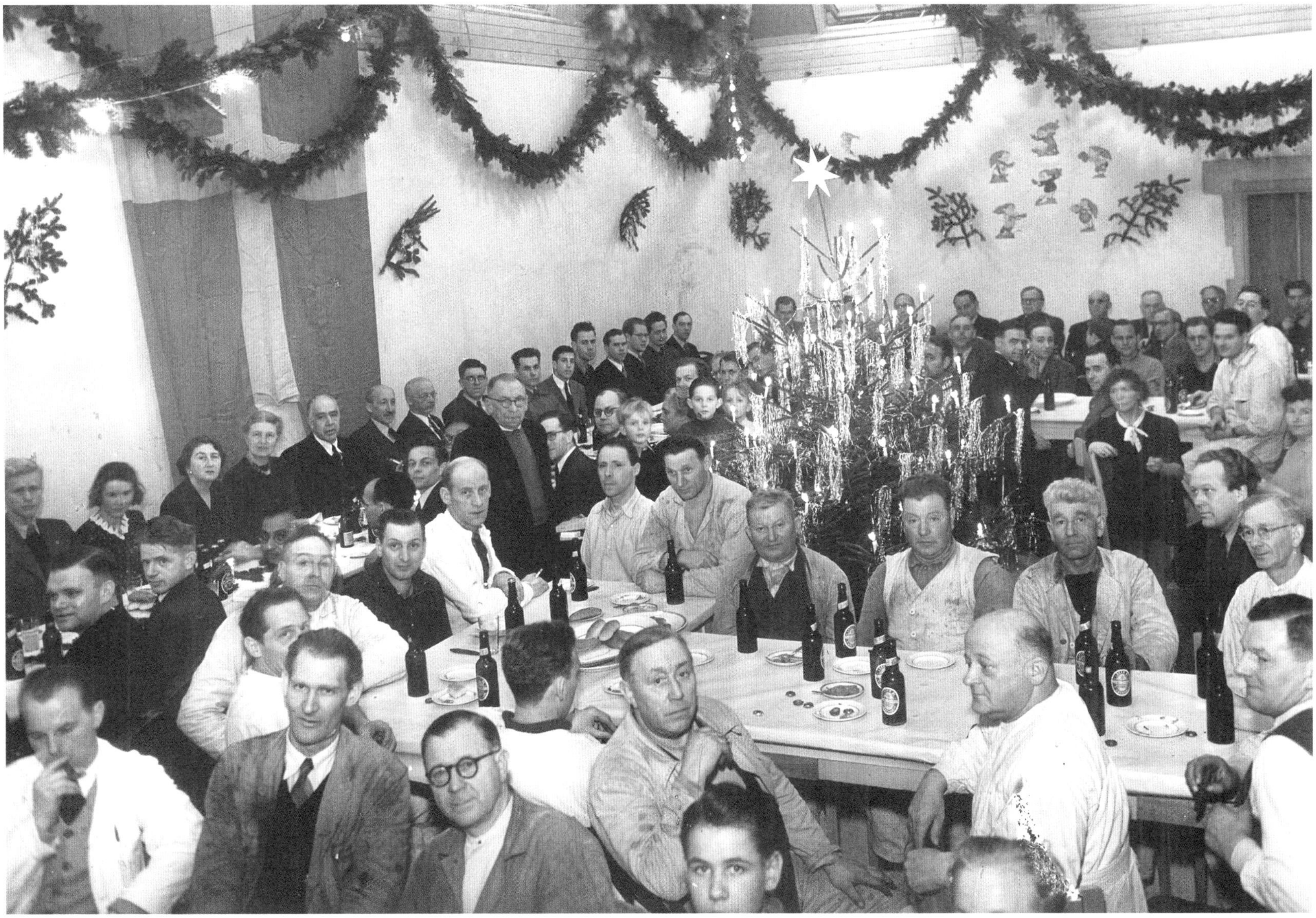

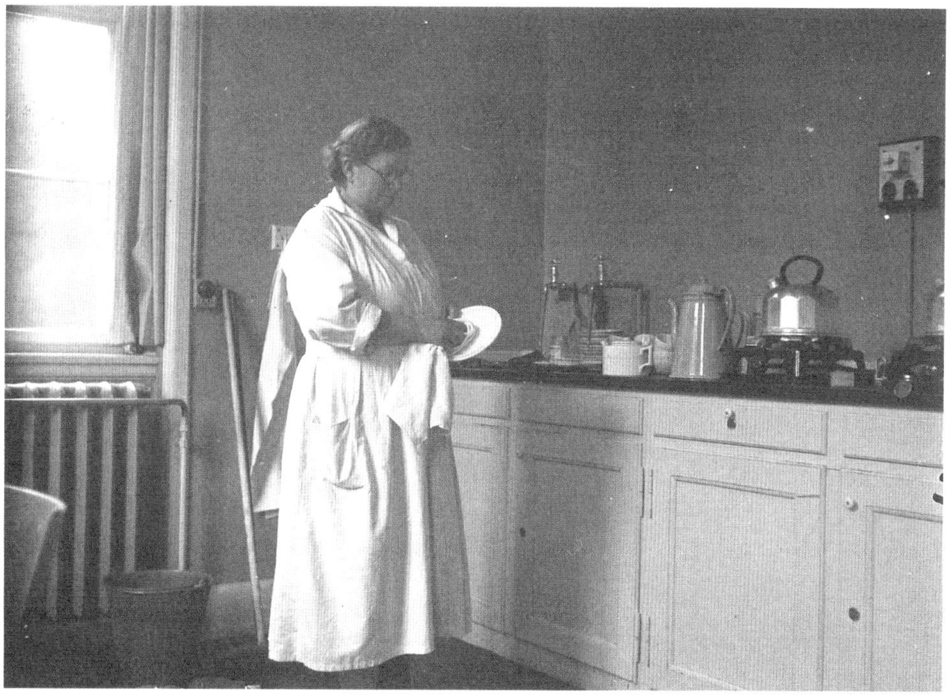

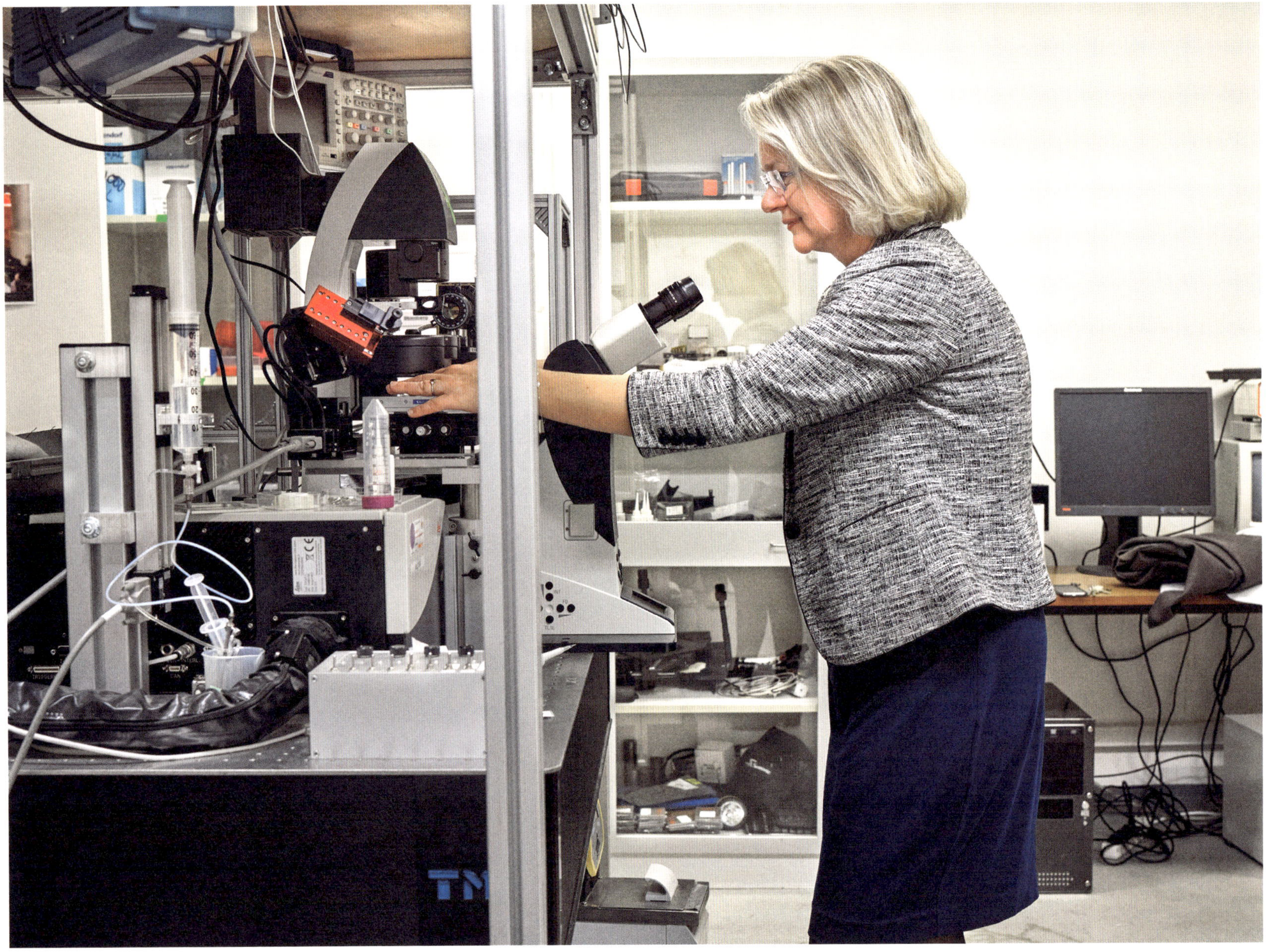

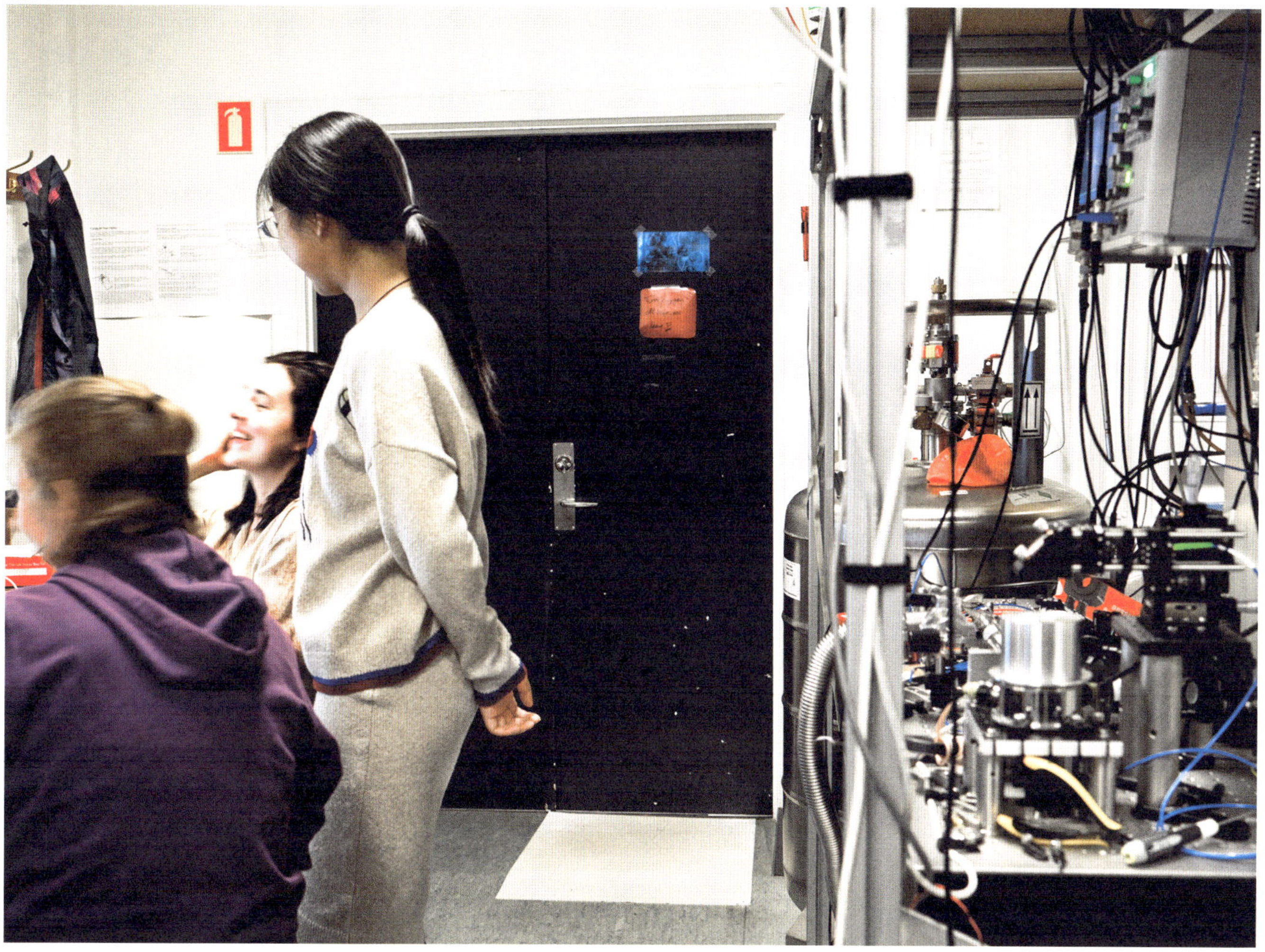

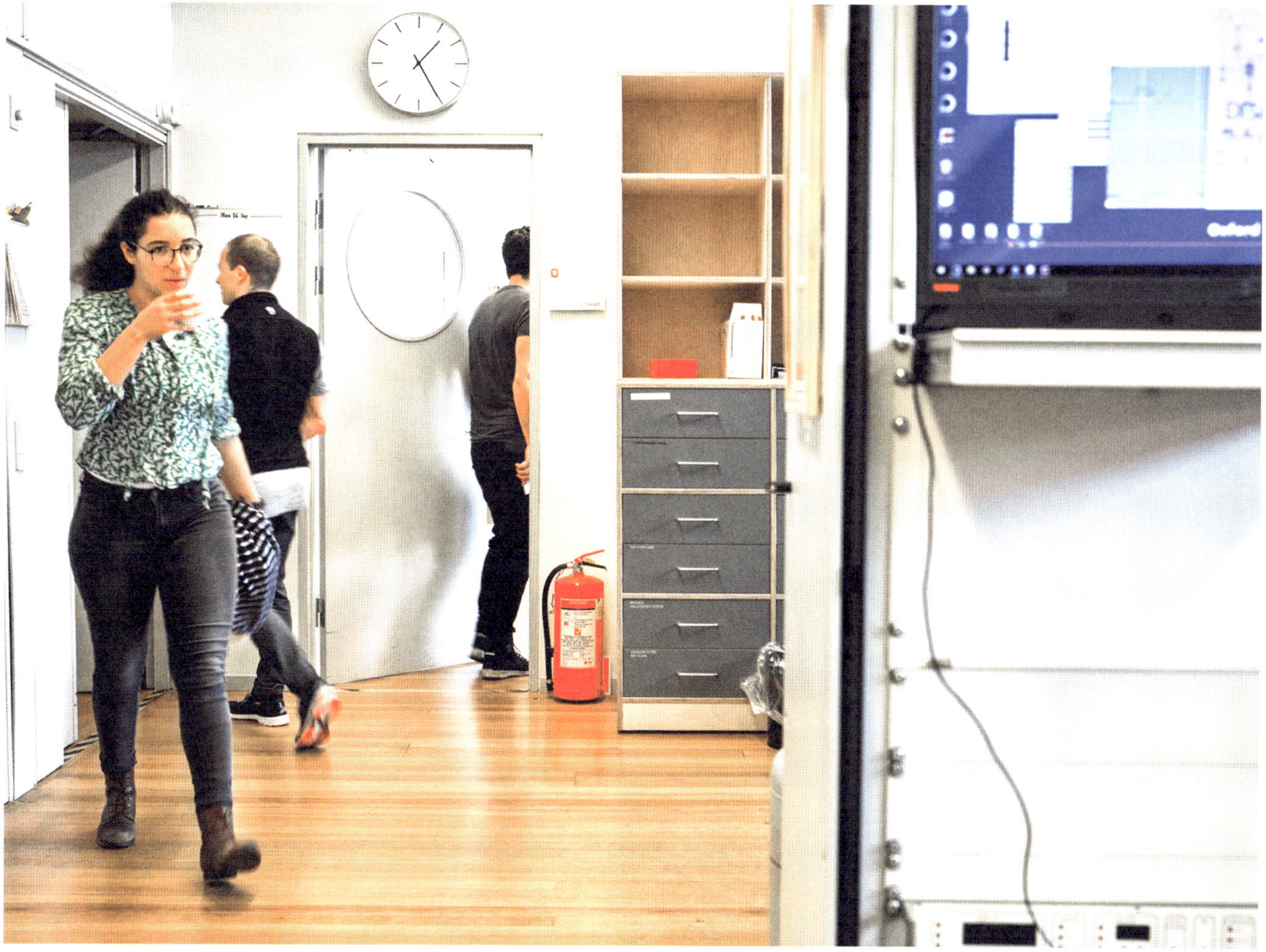

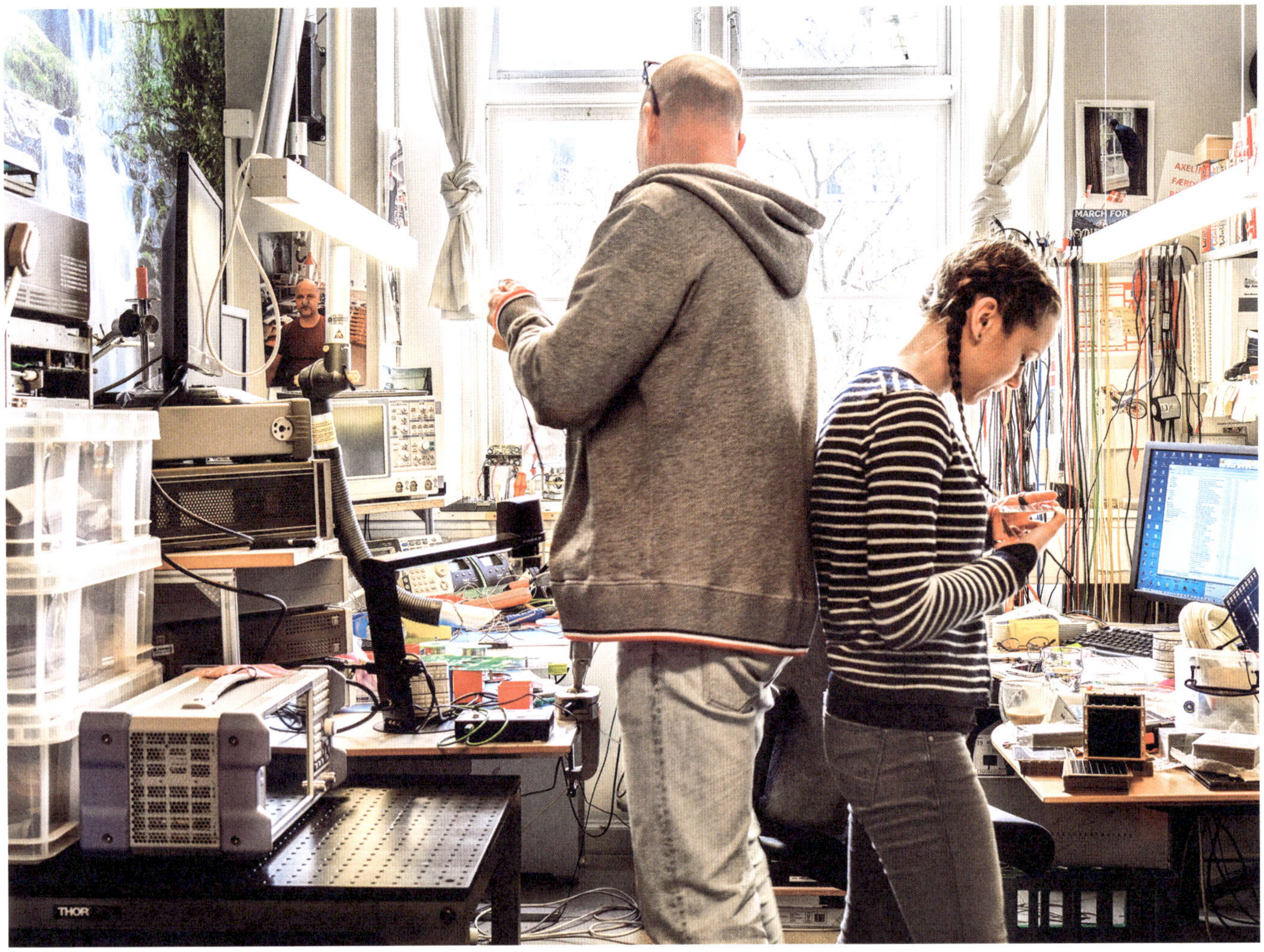
MARCH FOR
THOR

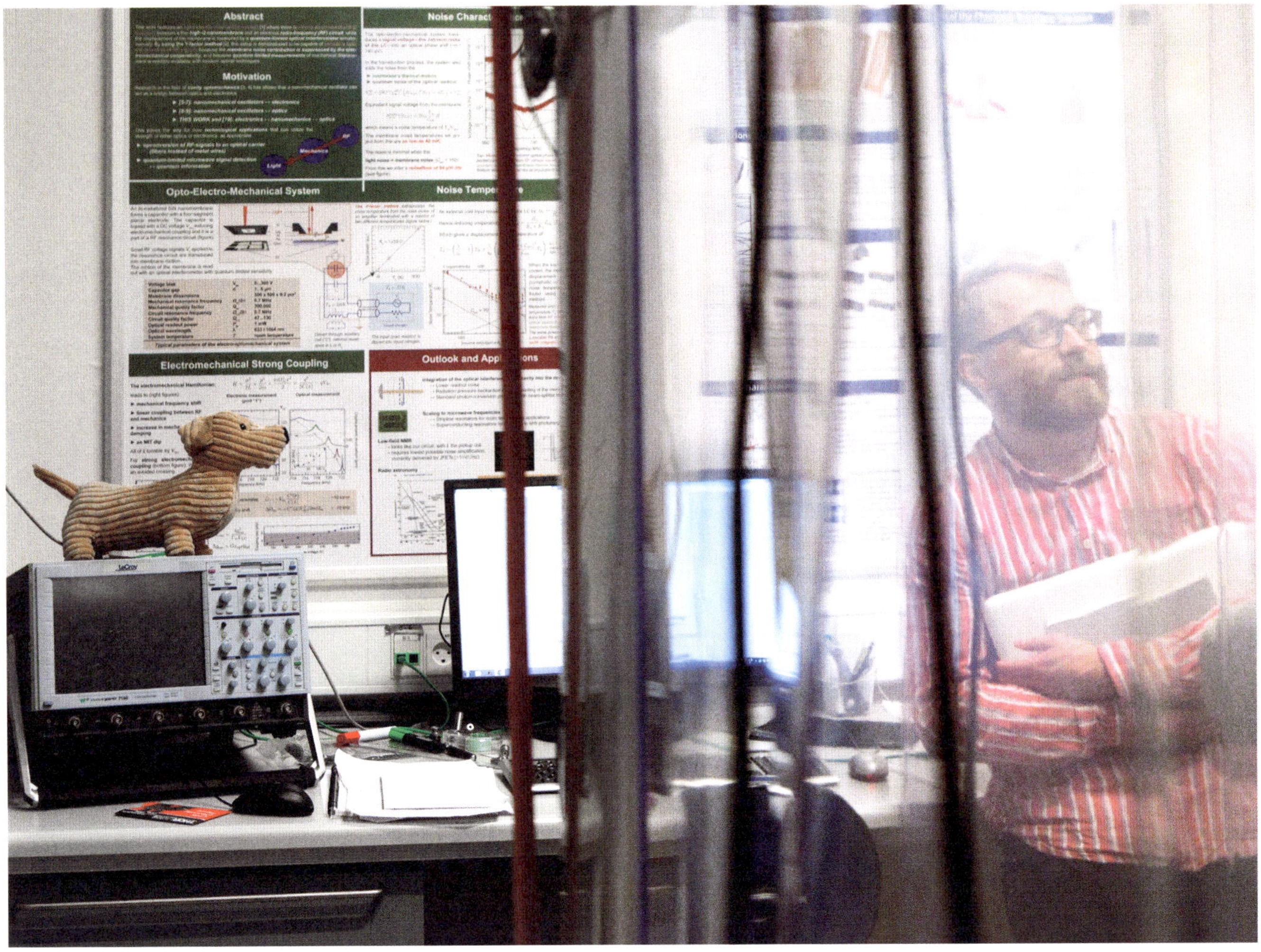
Abstract
Motivation
Opto-Electro-Mechanical System
Electromechanical Strong Coupling

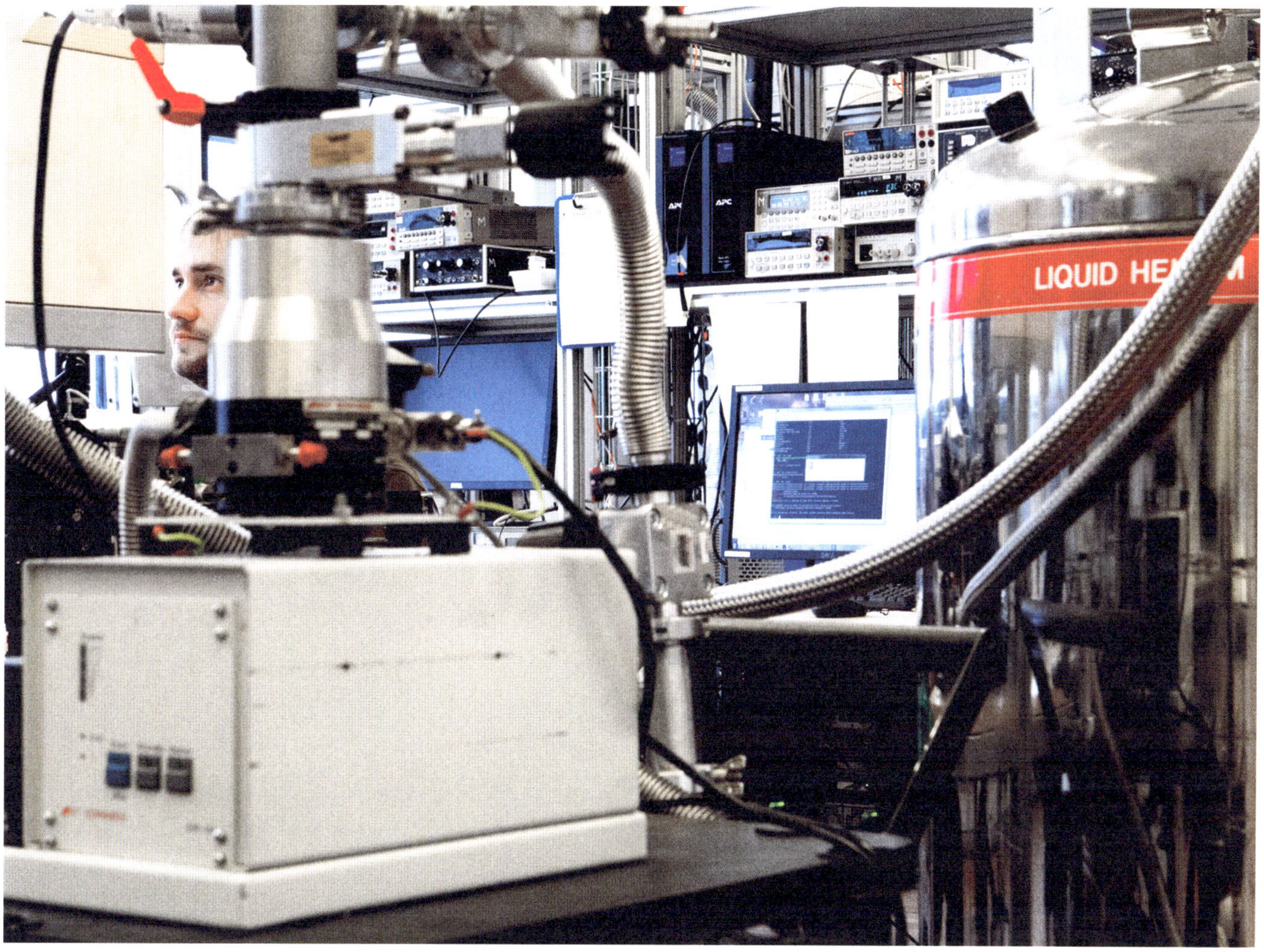
LIQUID HE

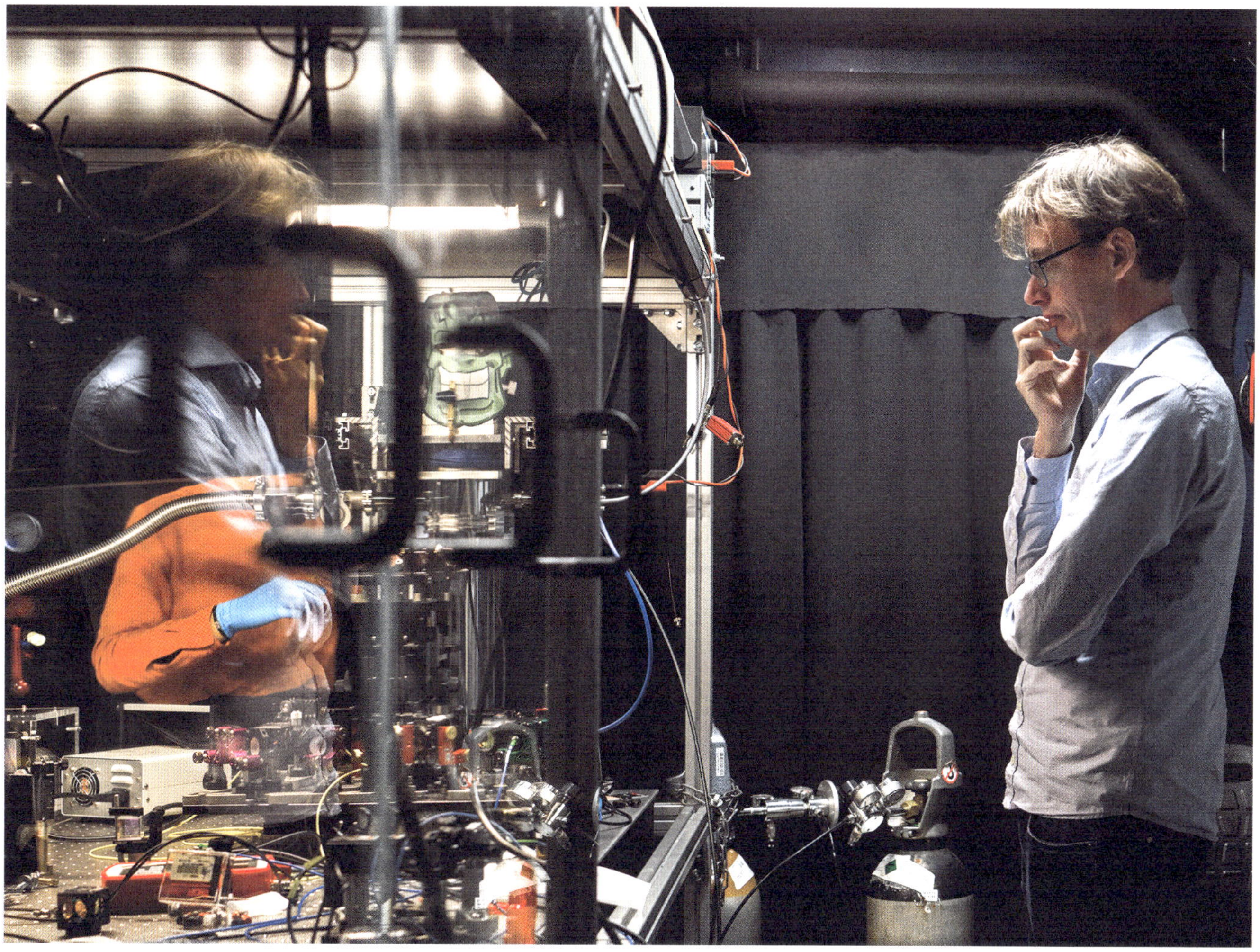

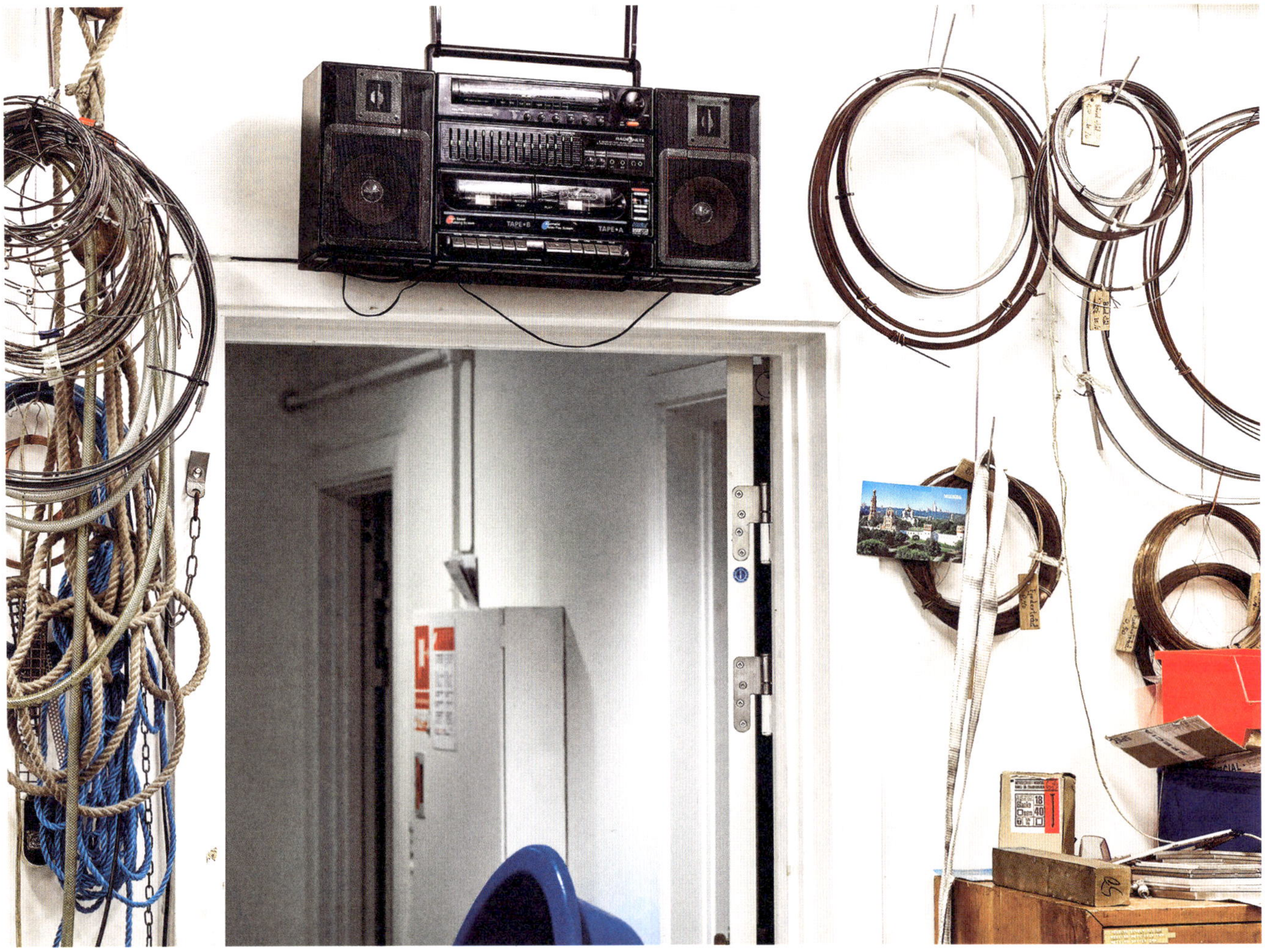

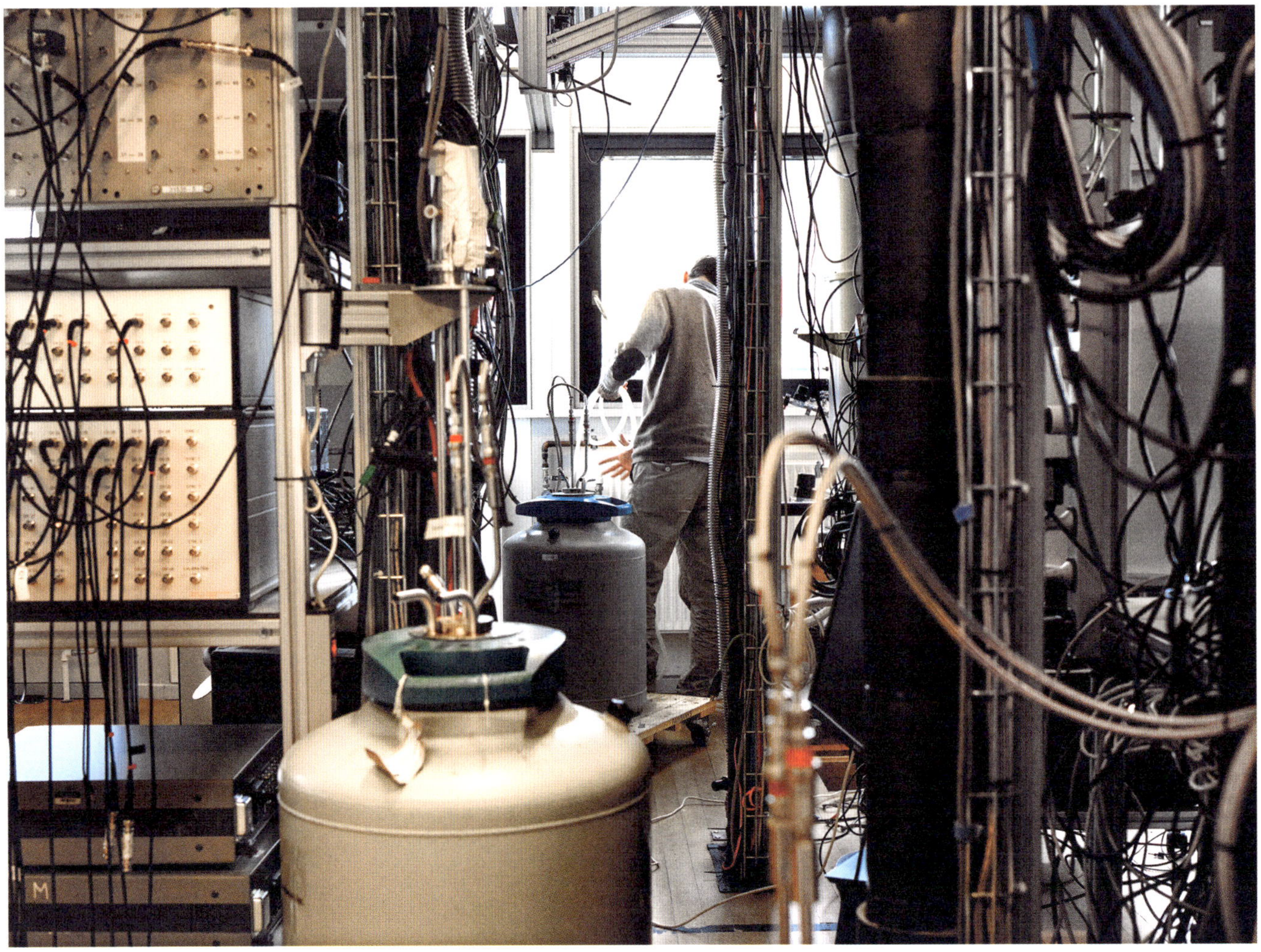

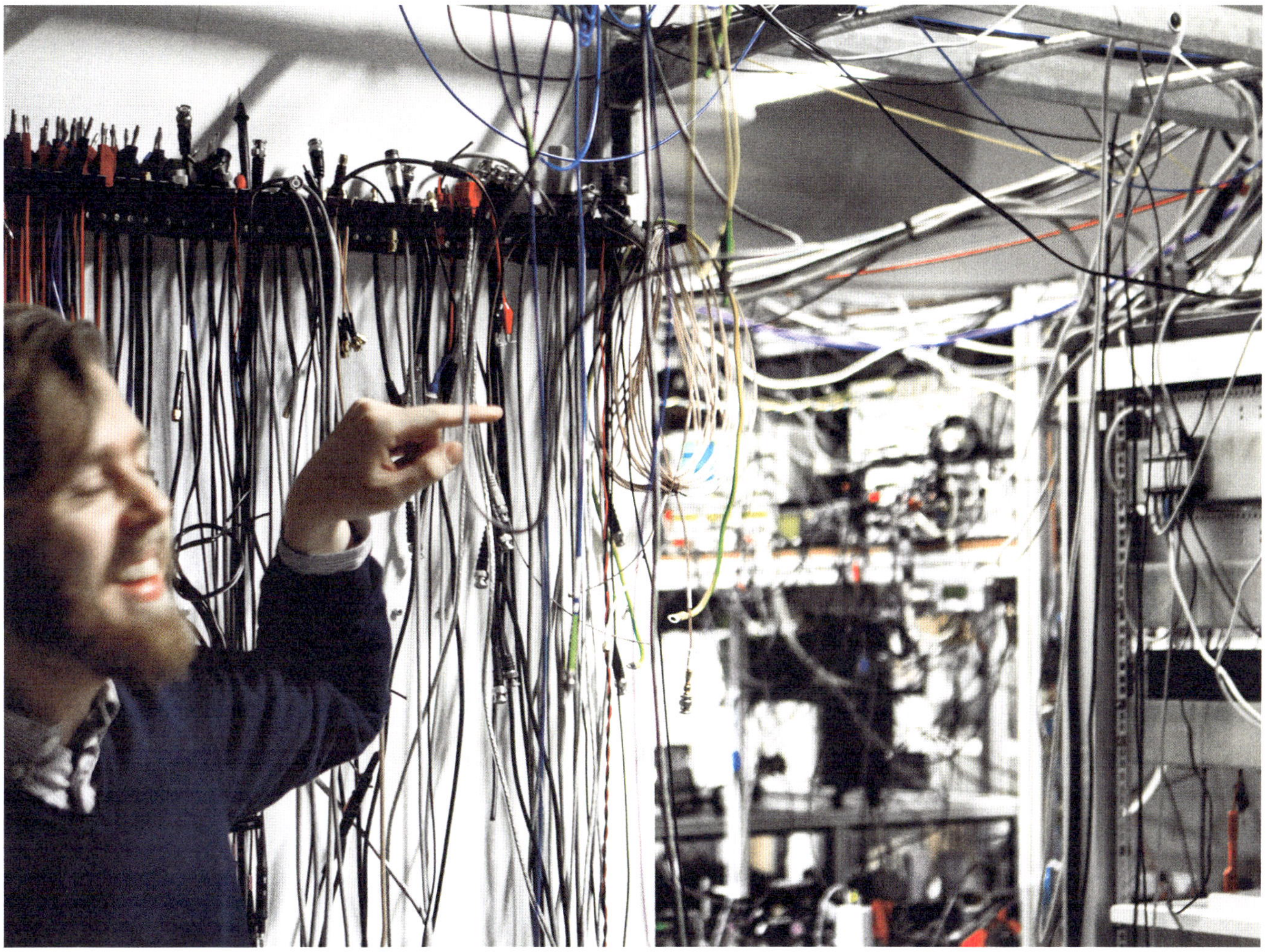

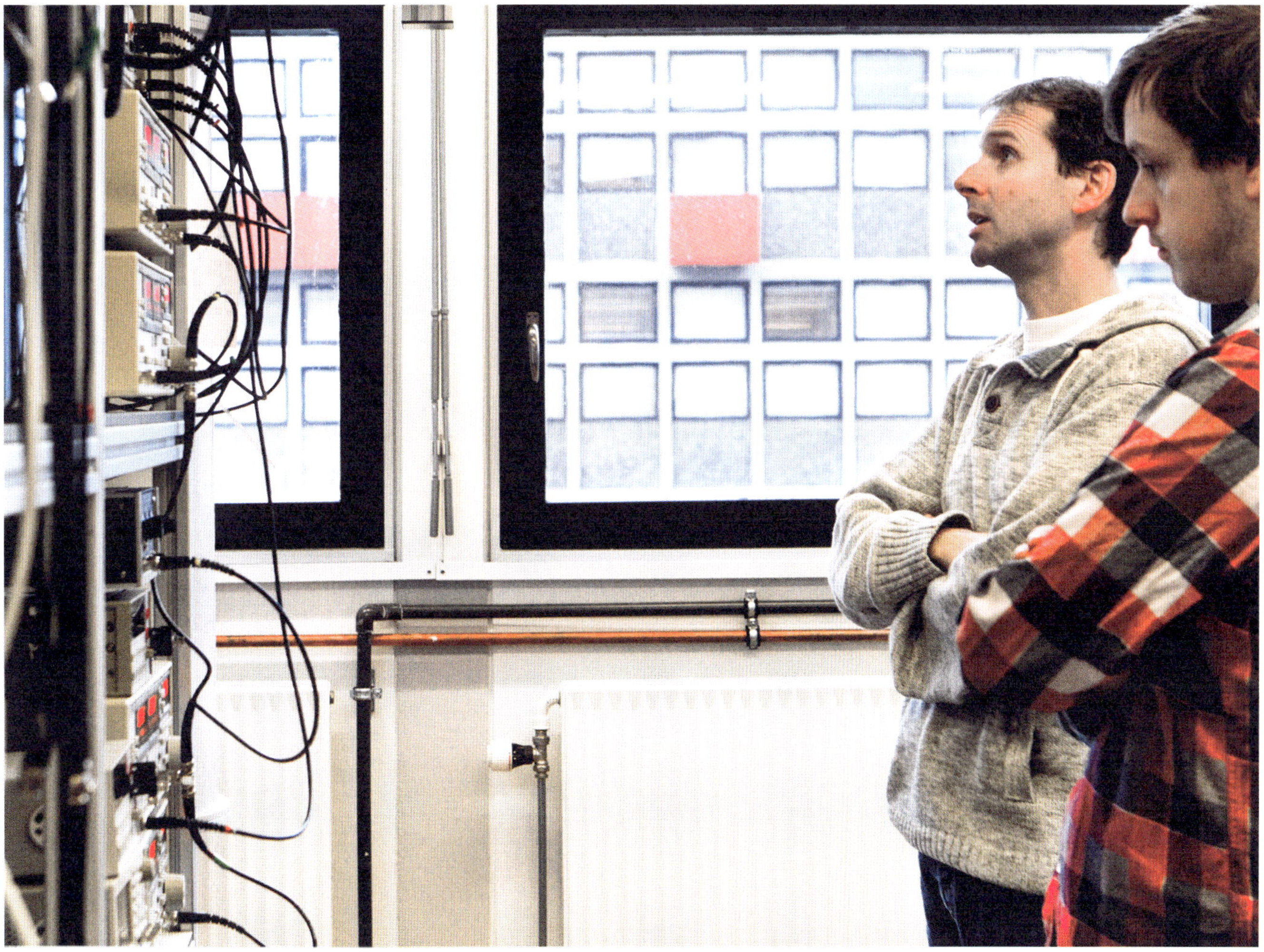

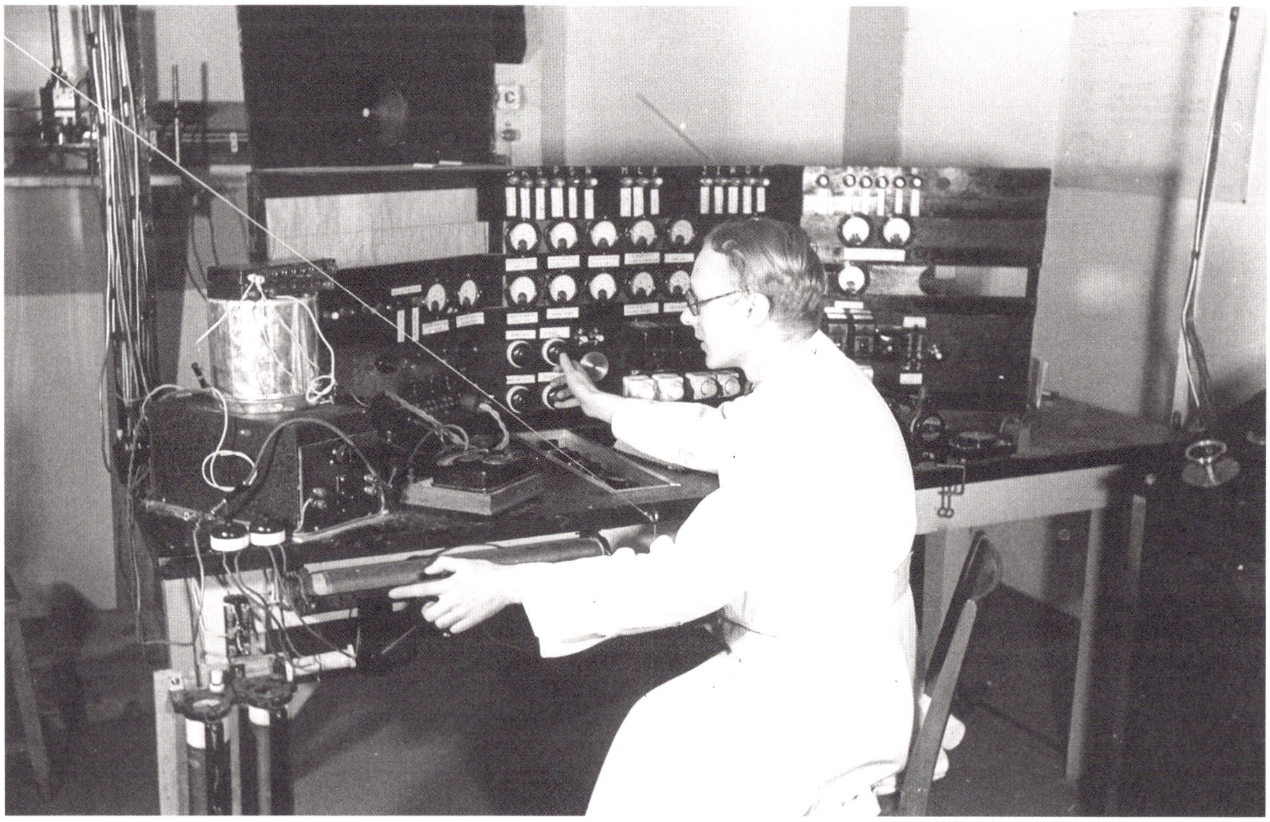

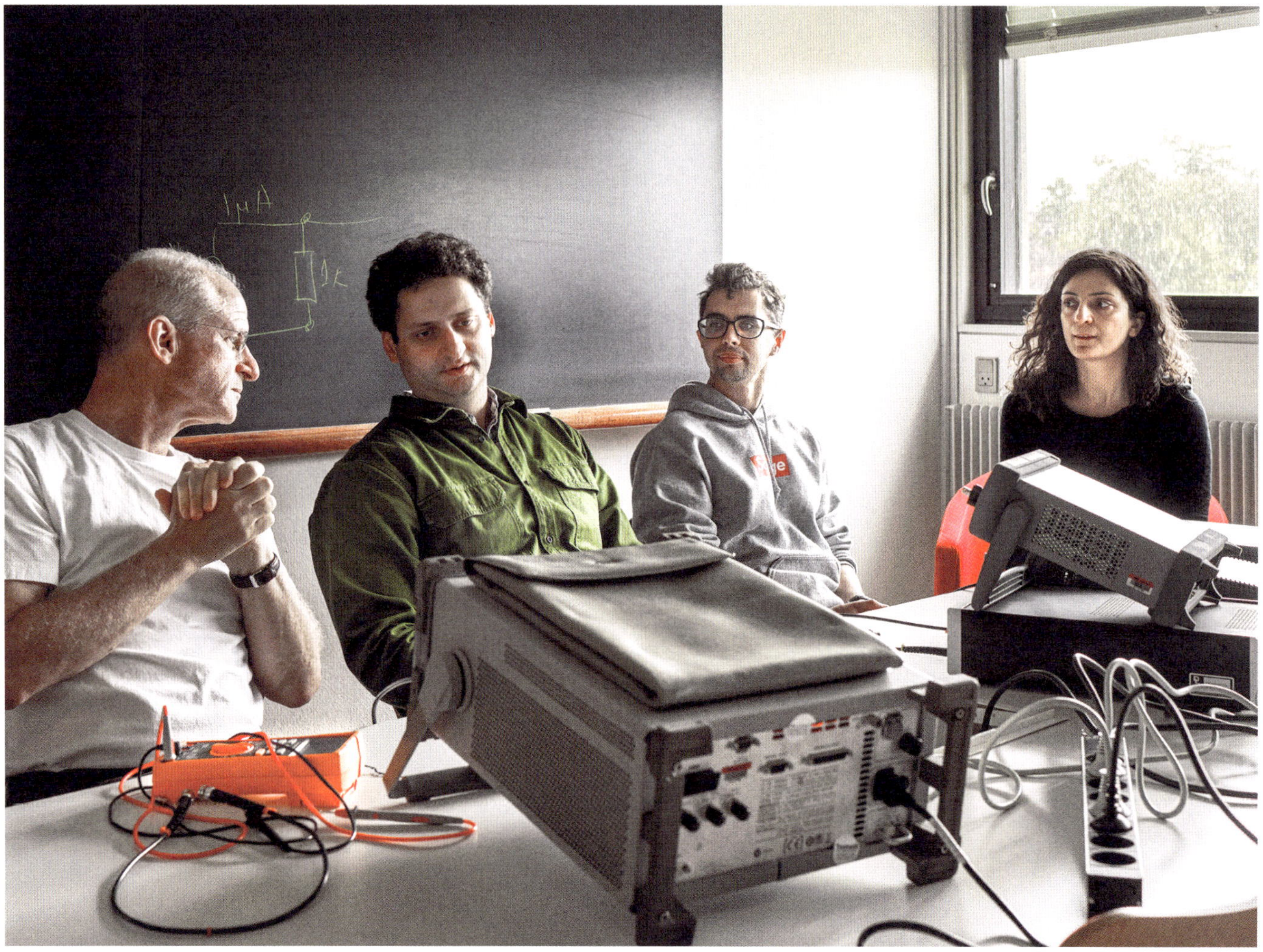

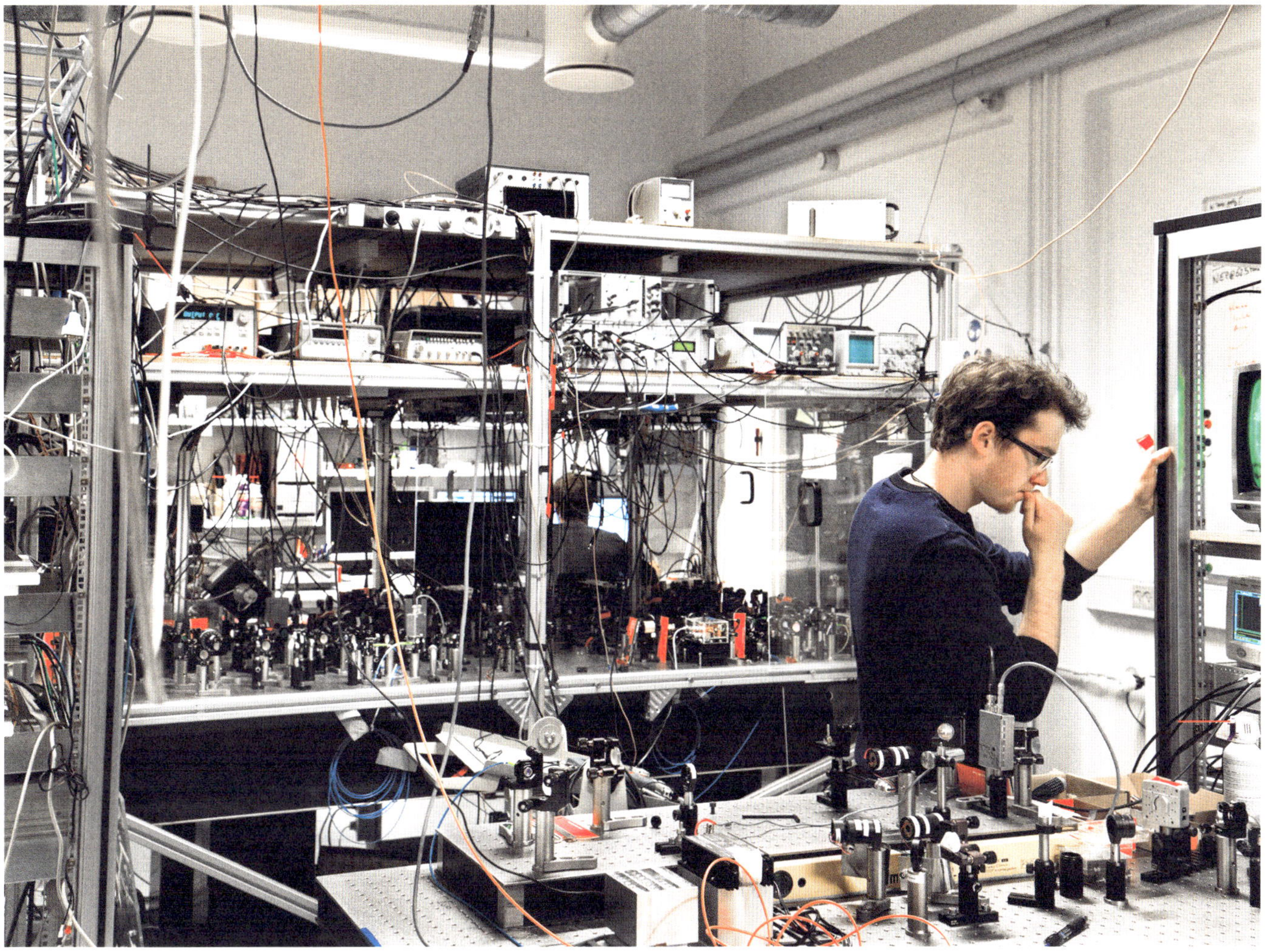

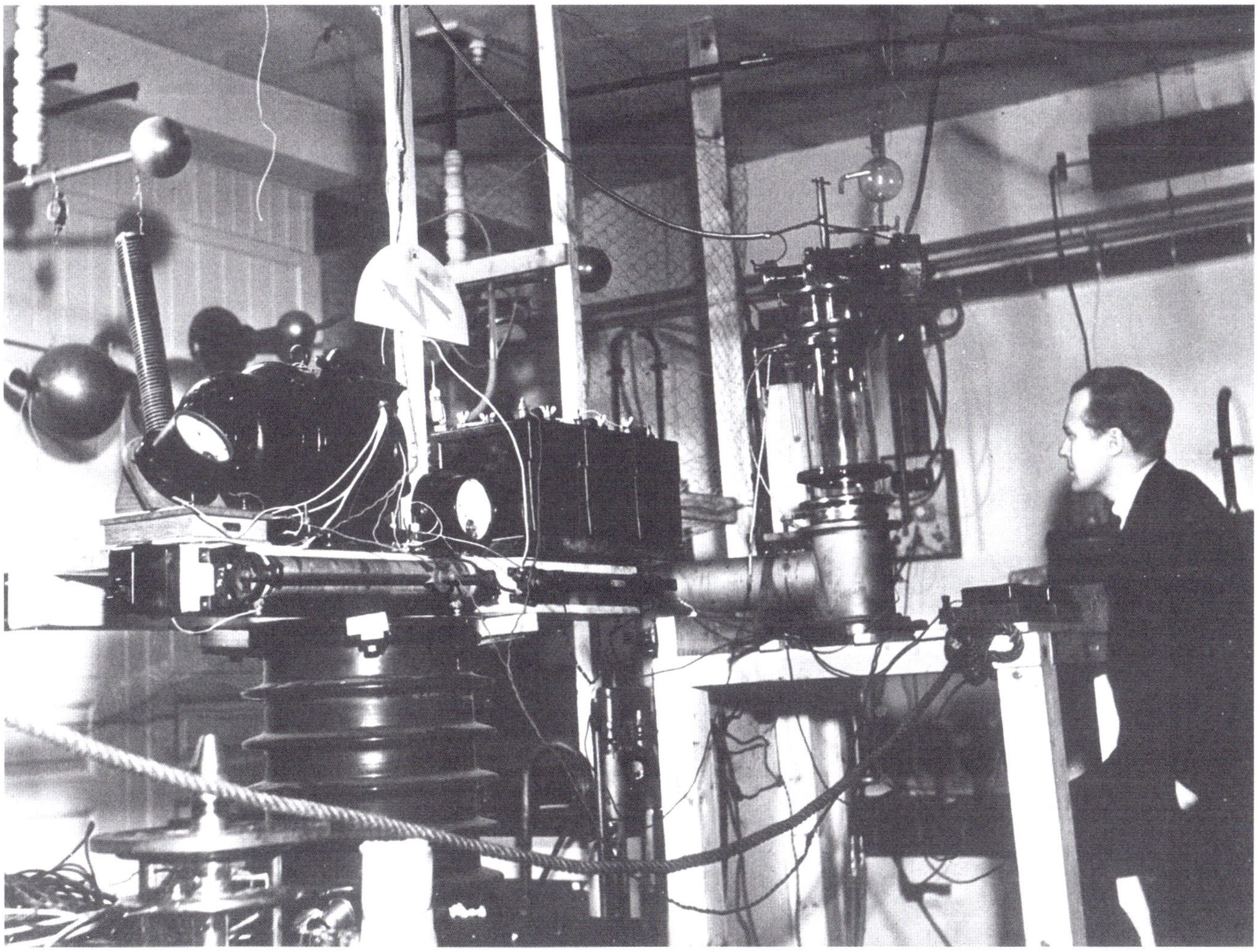

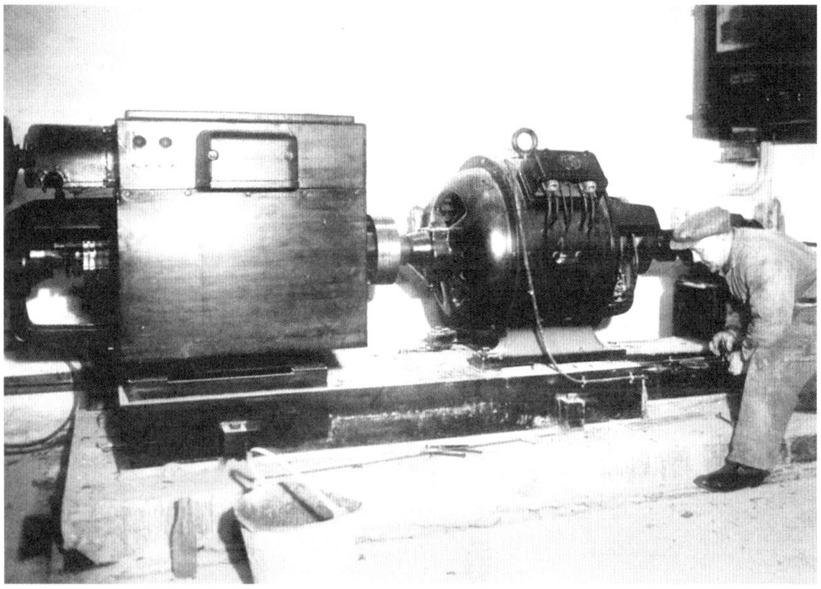
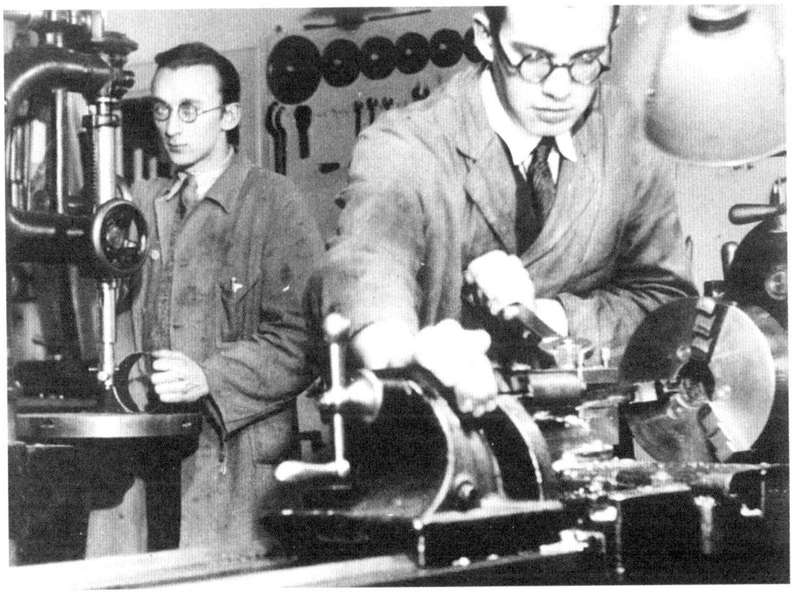
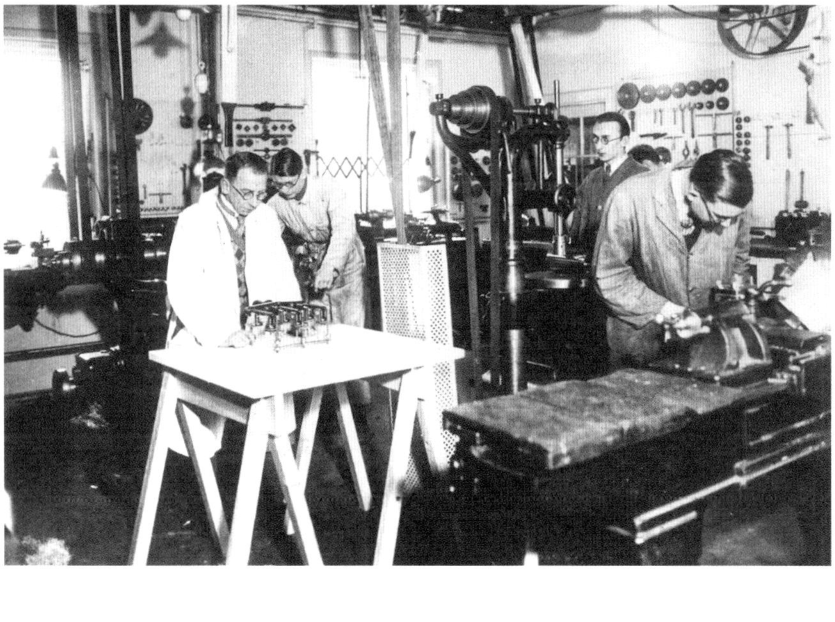
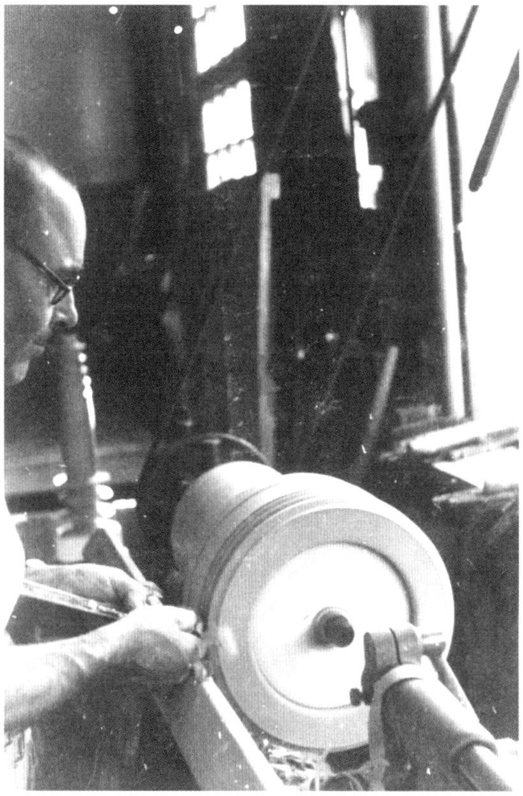
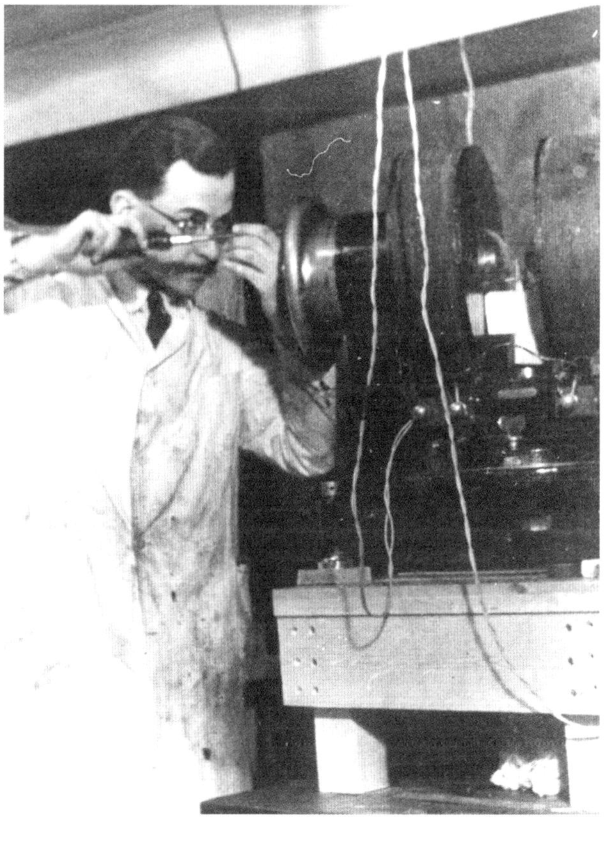

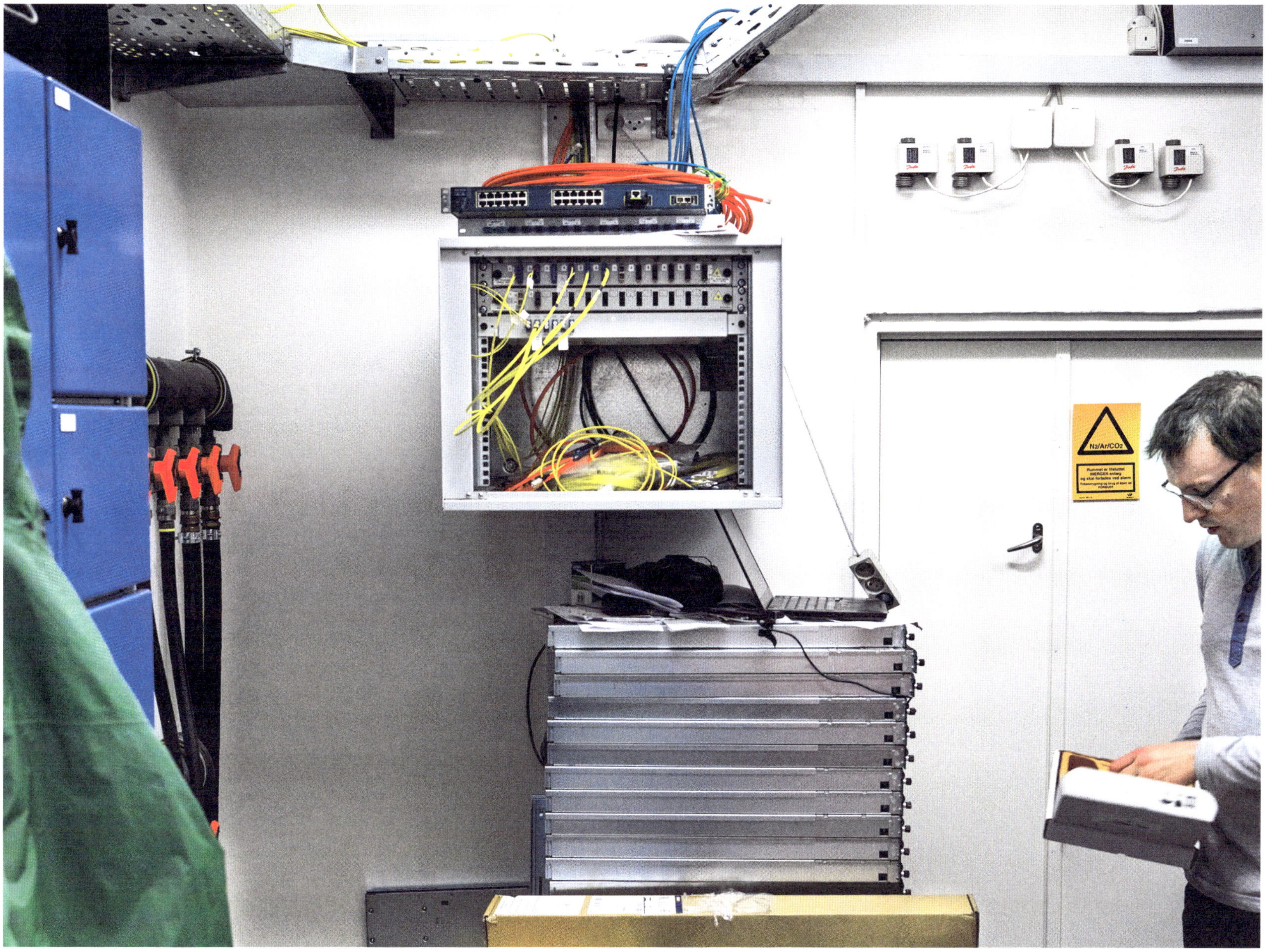
$N_2/Ar/CO_2$
Rummet er tilsluttet
INERGEN anlæg
og skal forlades ved alarm

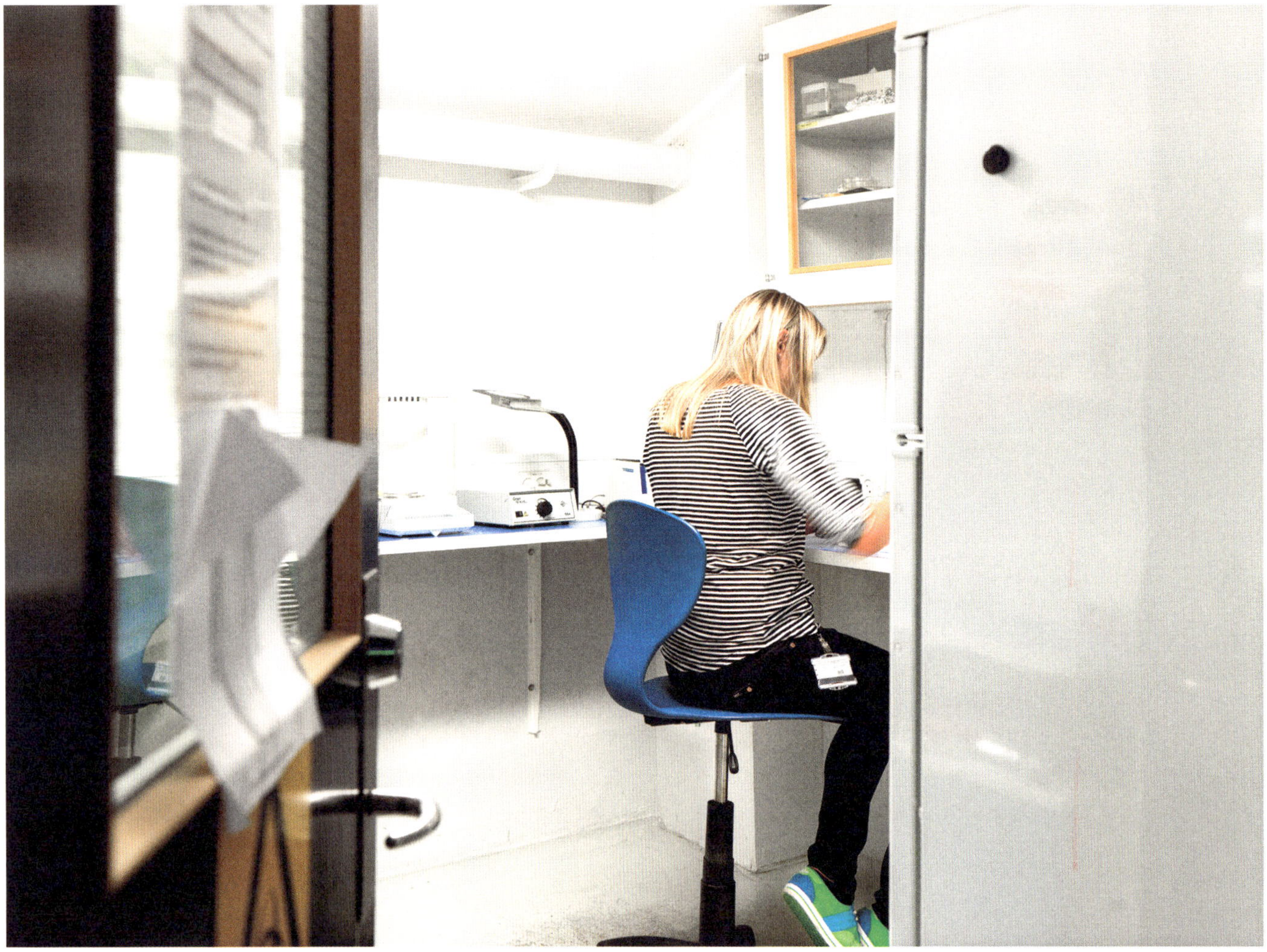

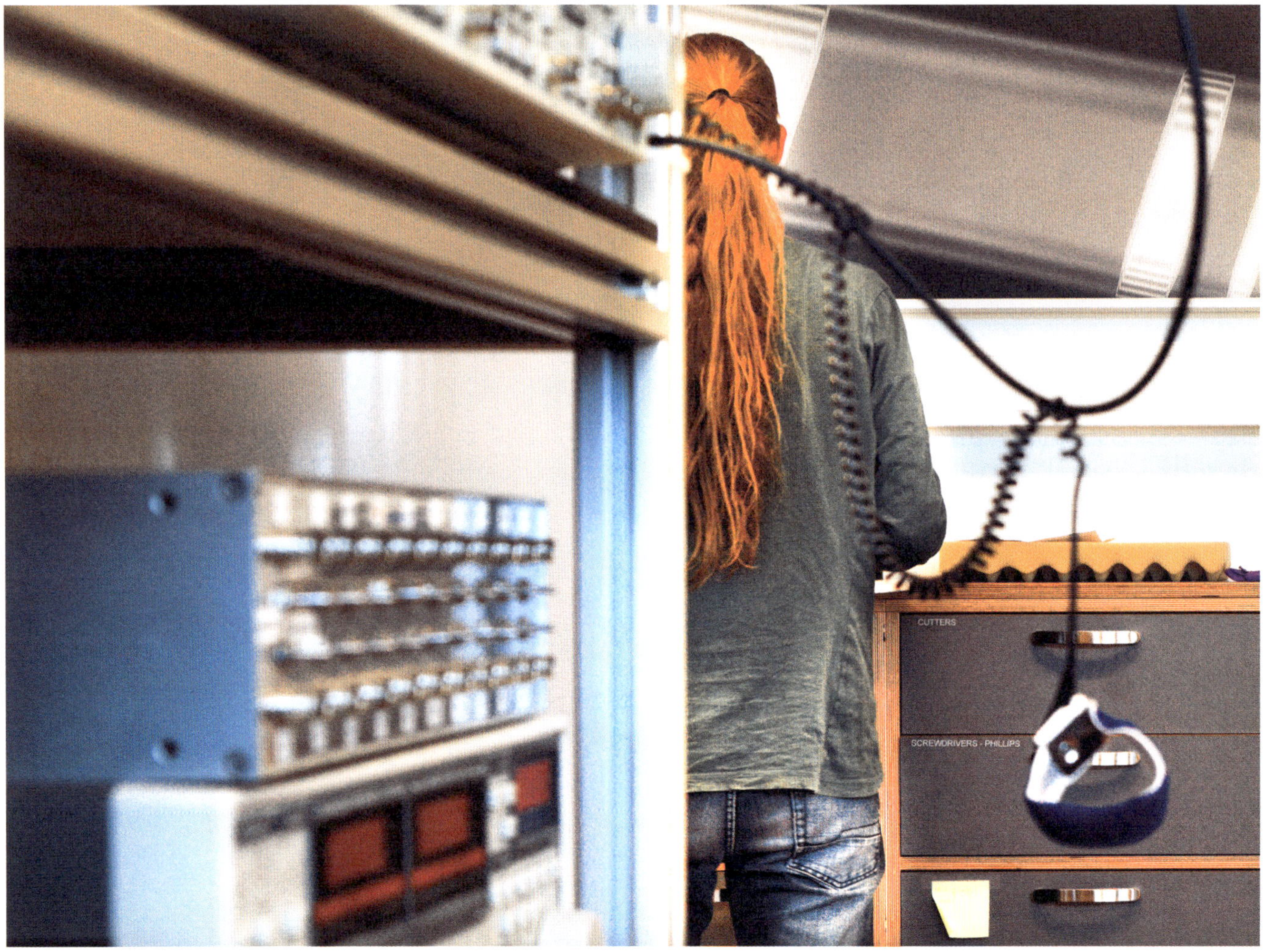
CUTTERS
SCREWDRIVERS - PHILLIPS

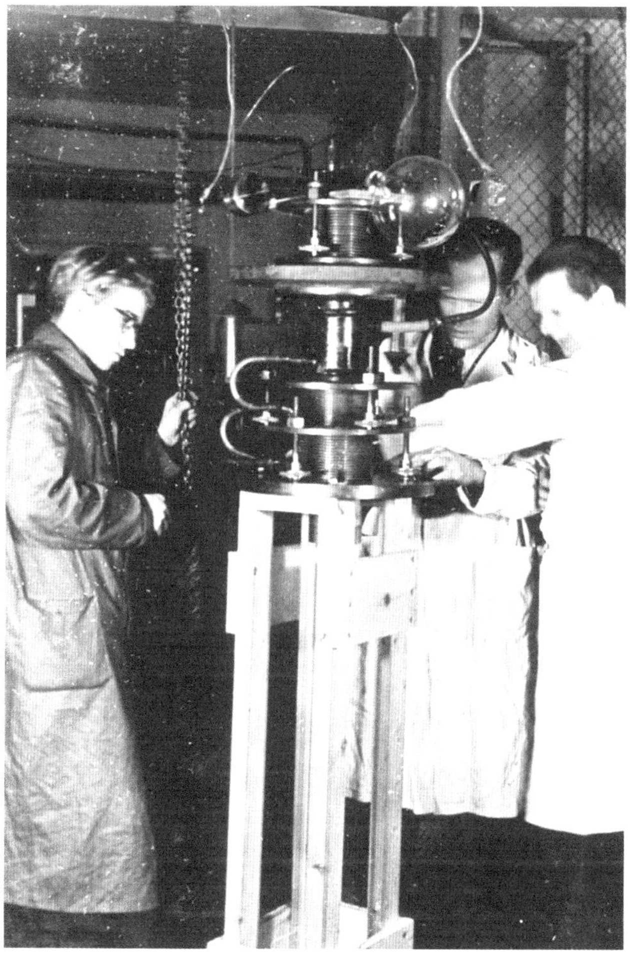
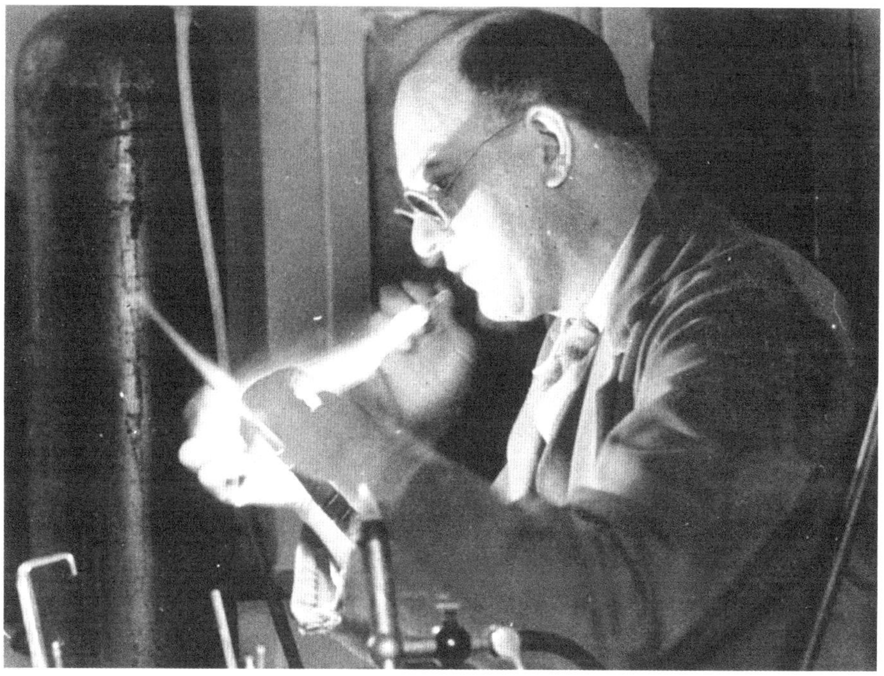
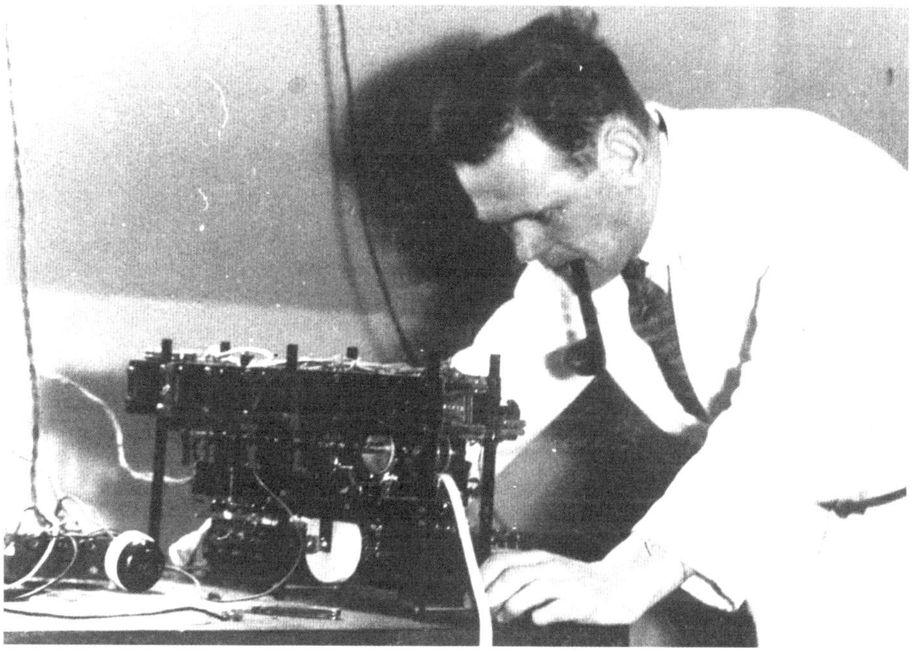
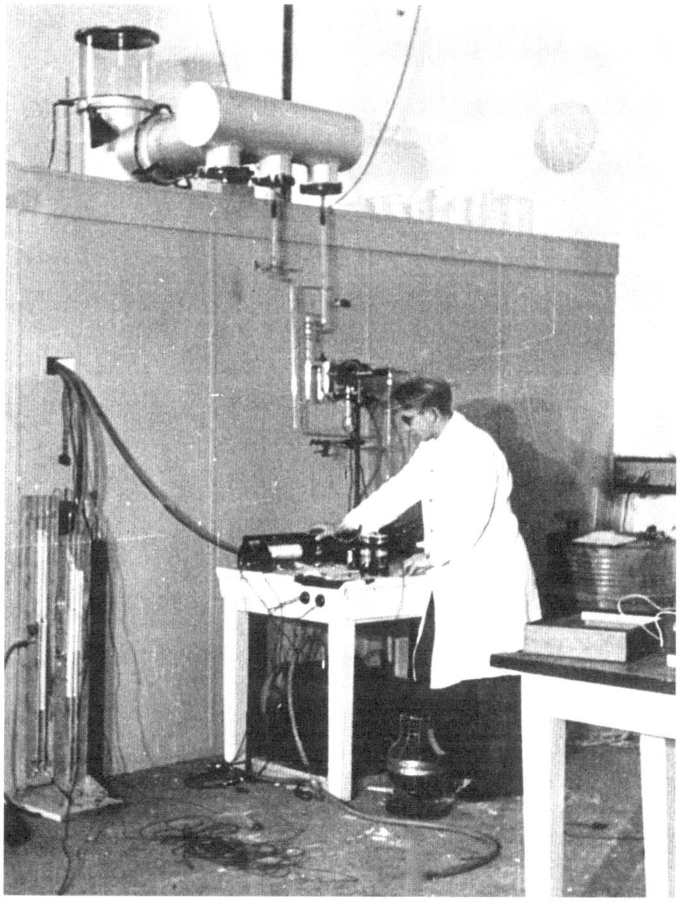
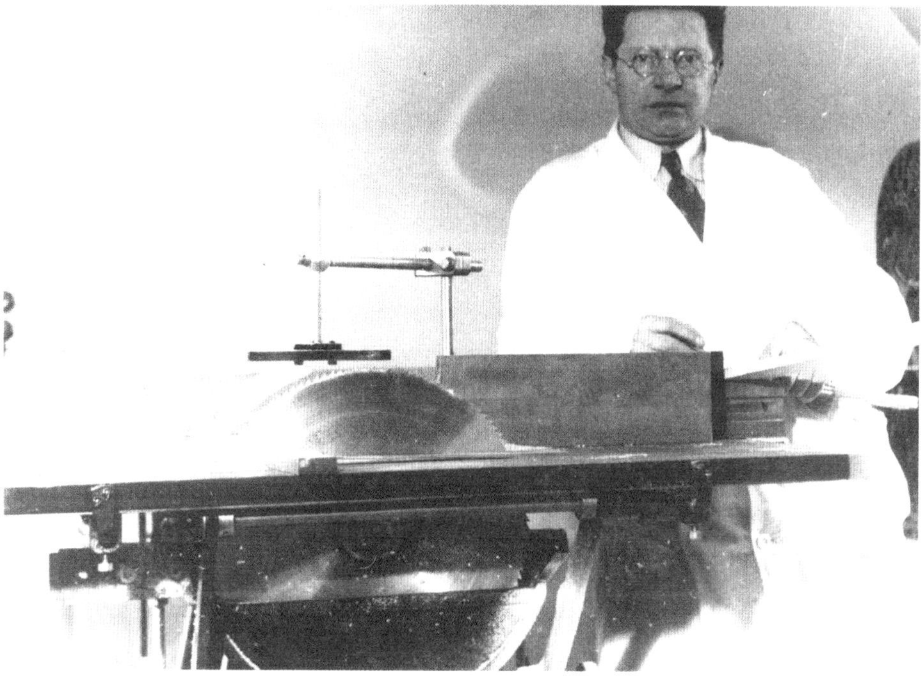

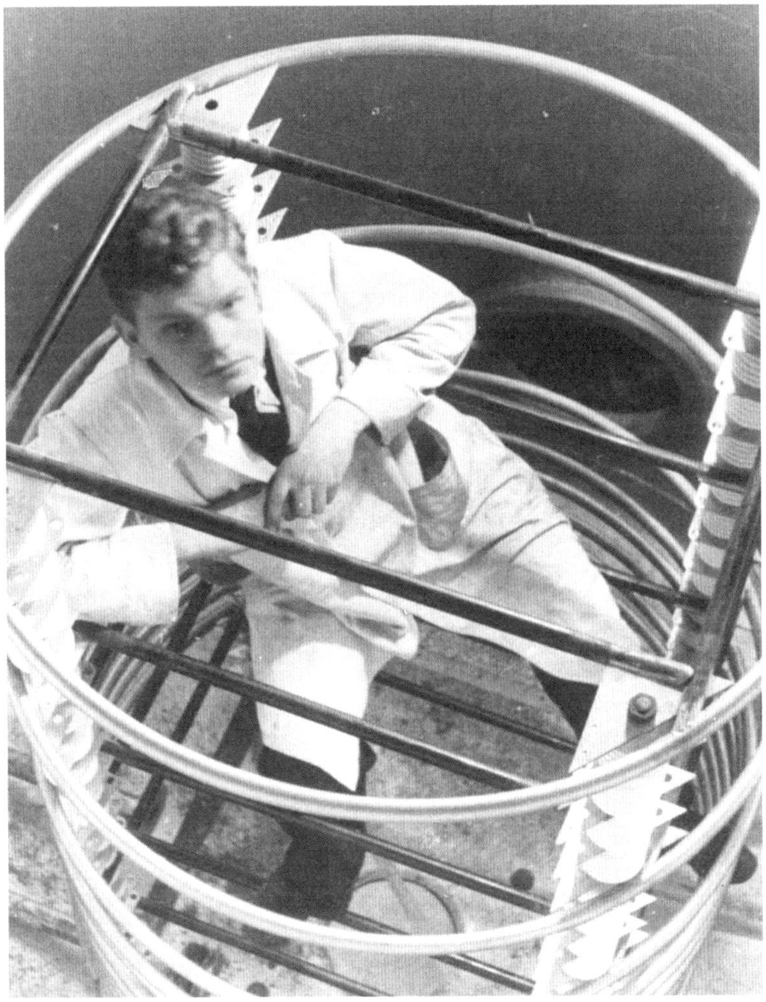

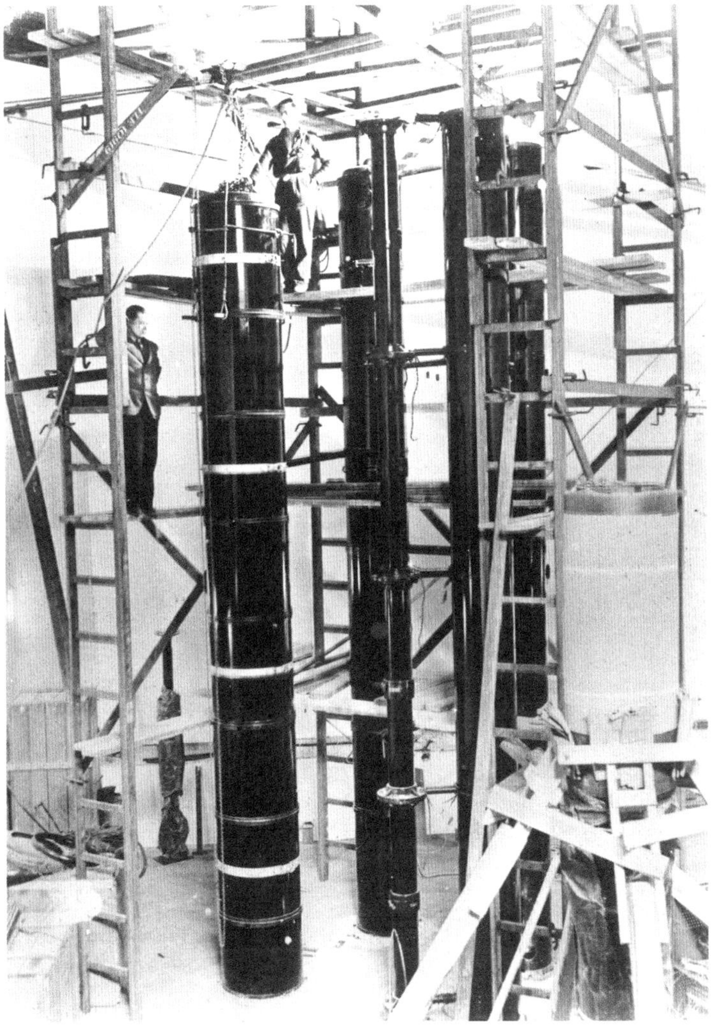

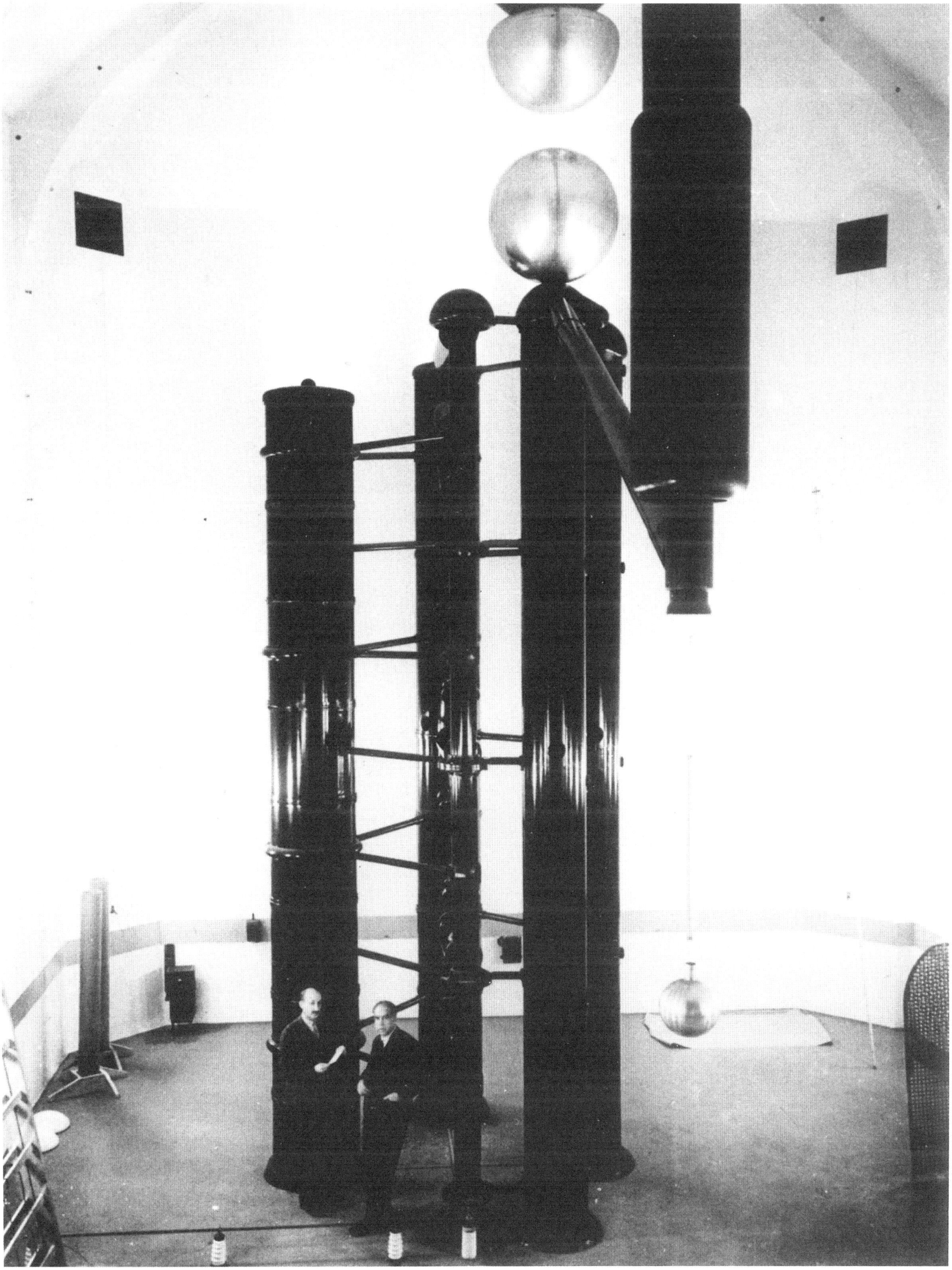

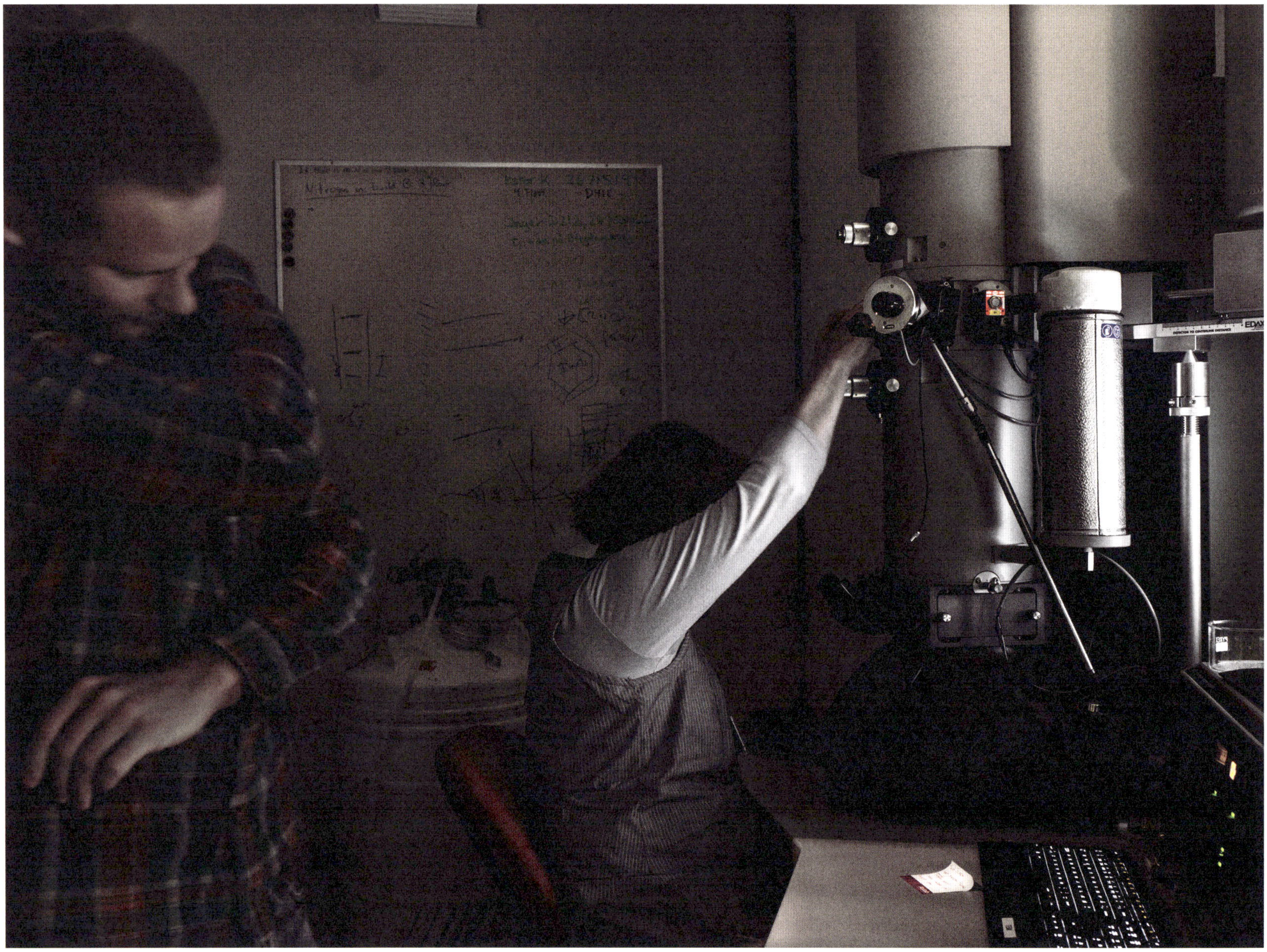

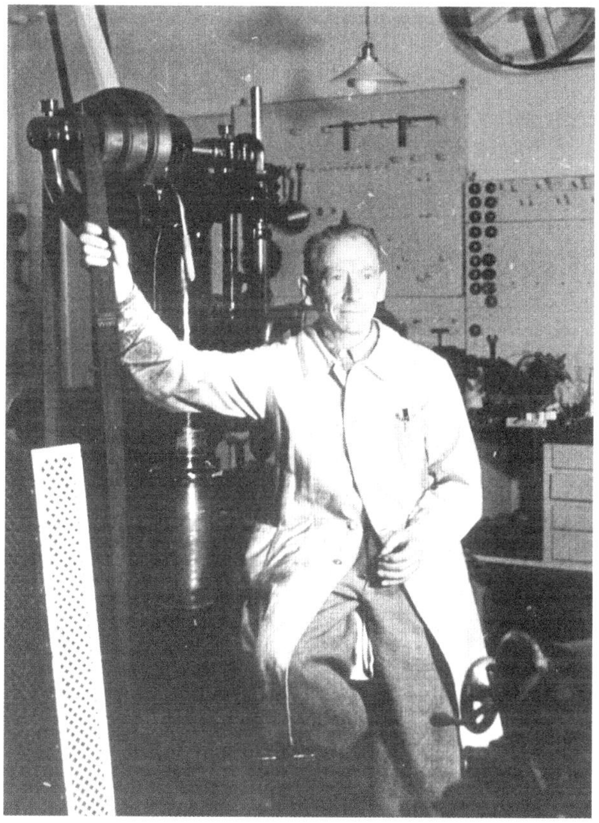

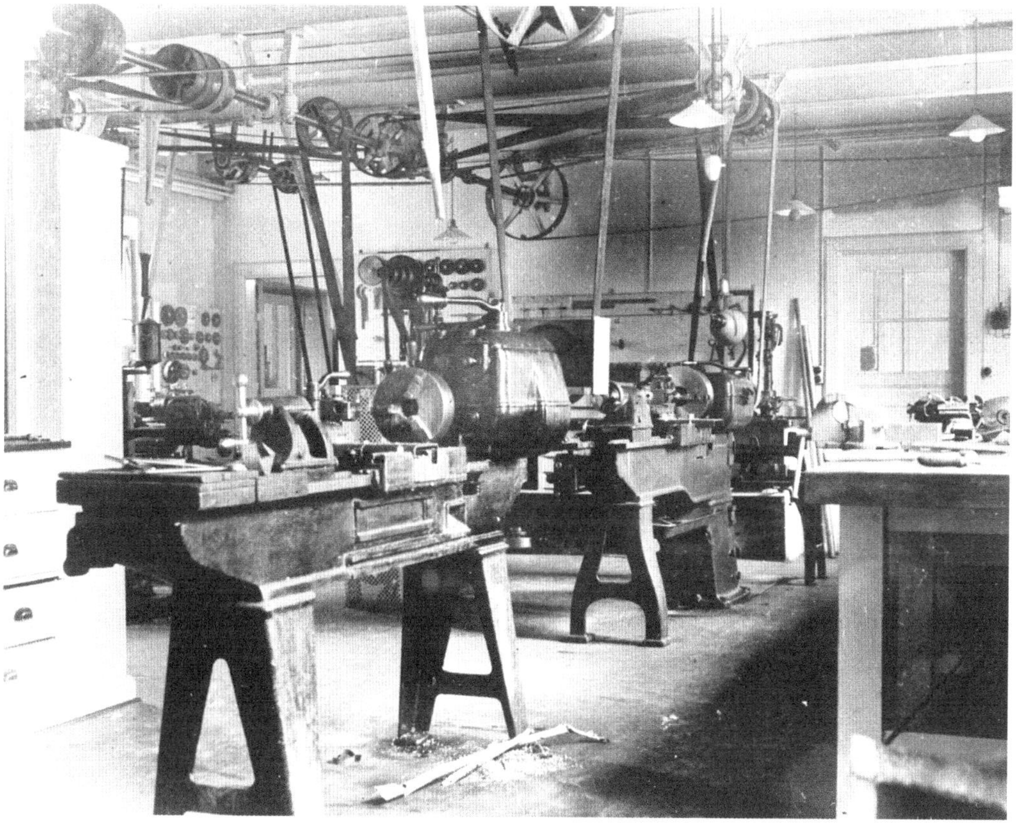

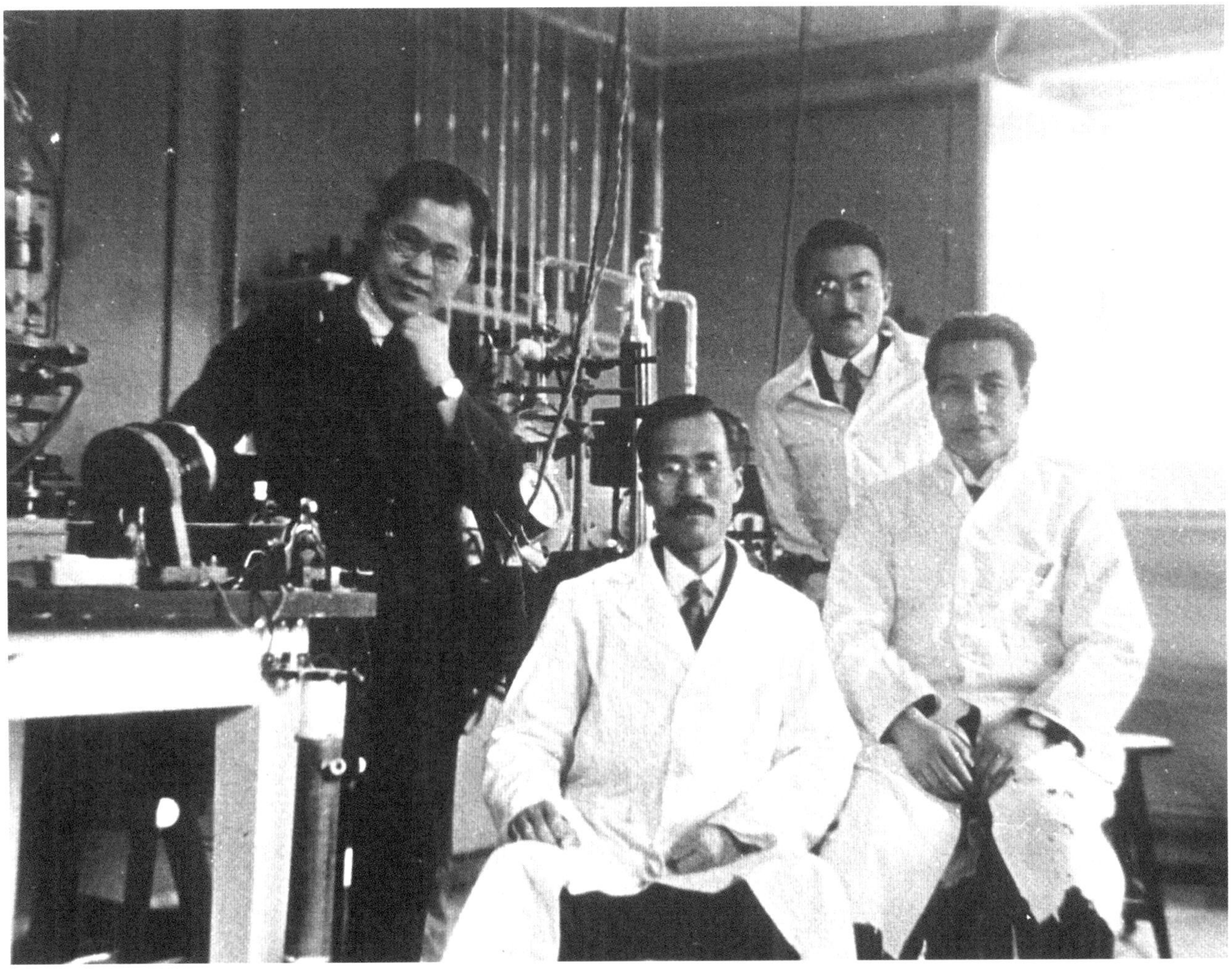

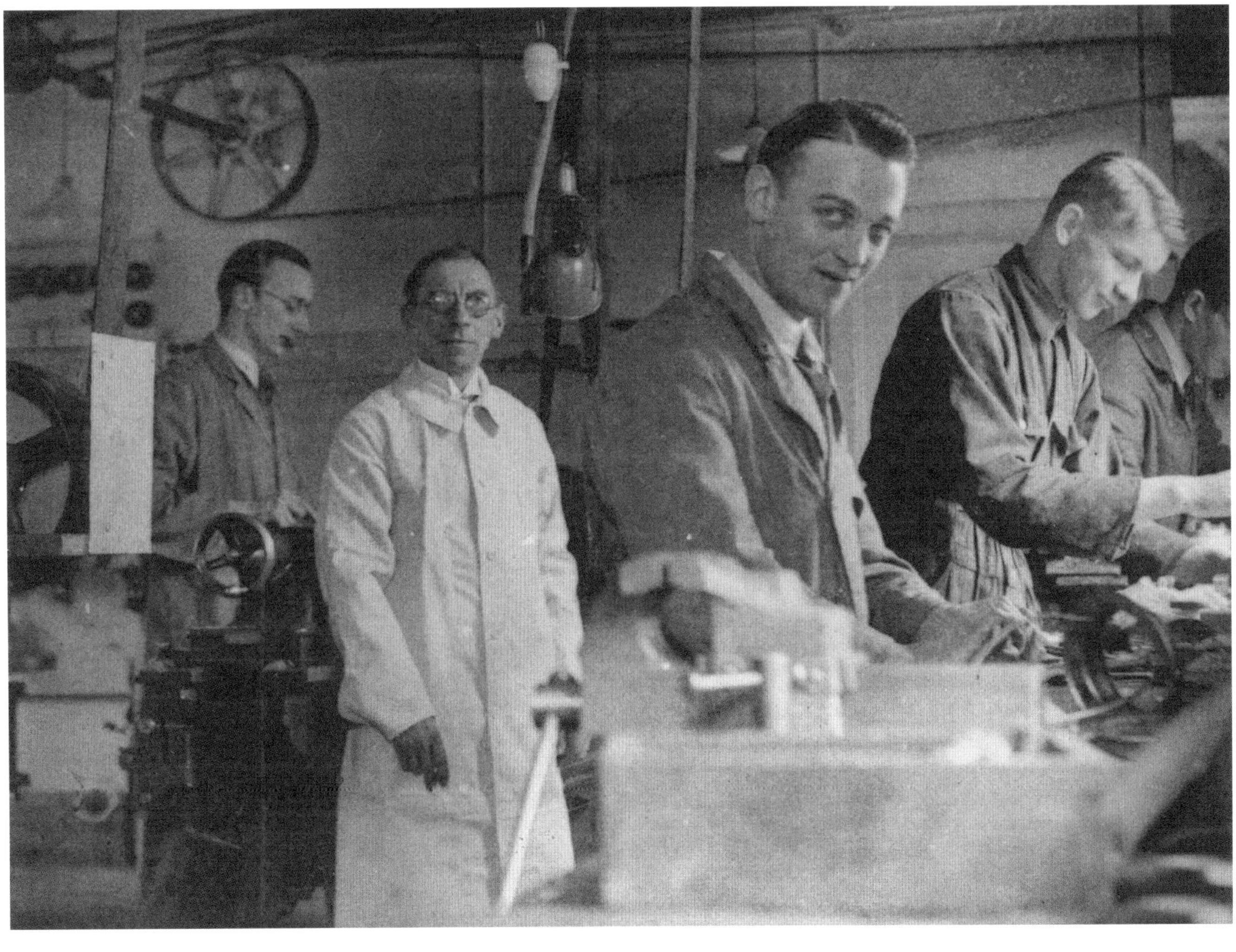

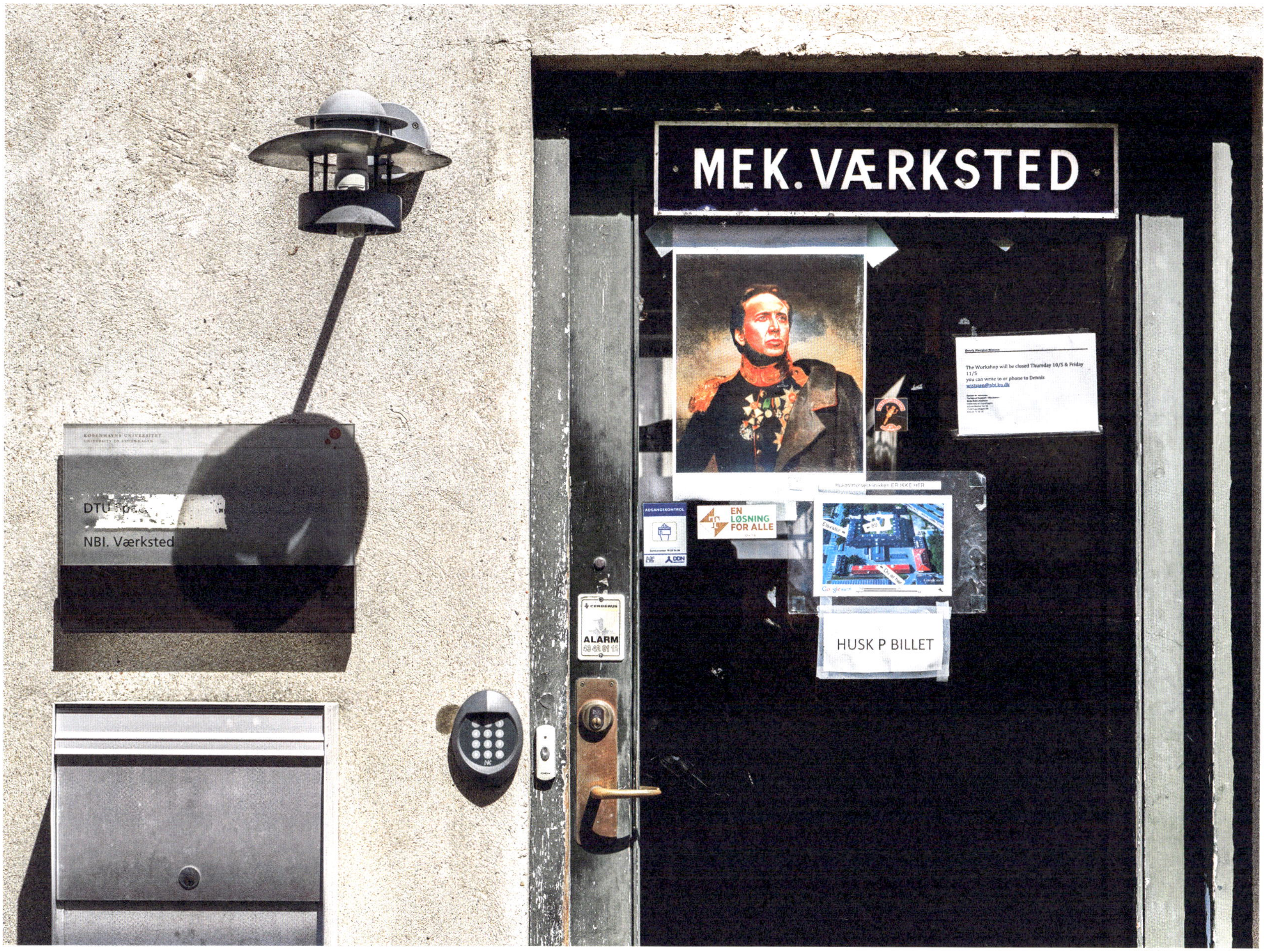
MEK. VÆRKSTED
NBI. Værksted
EN LØSNING FOR ALLE
ALARM
HUSK P BILLET

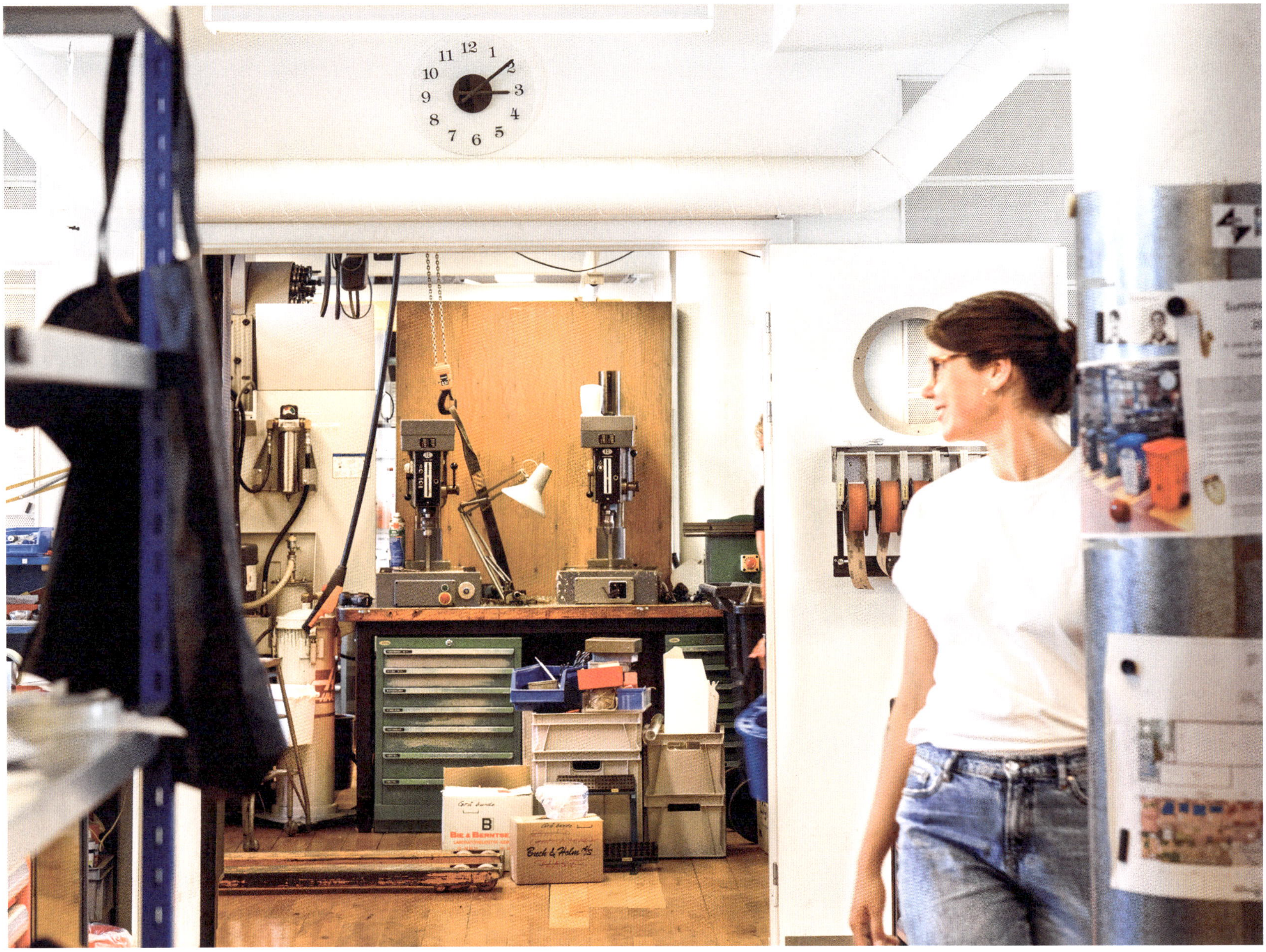

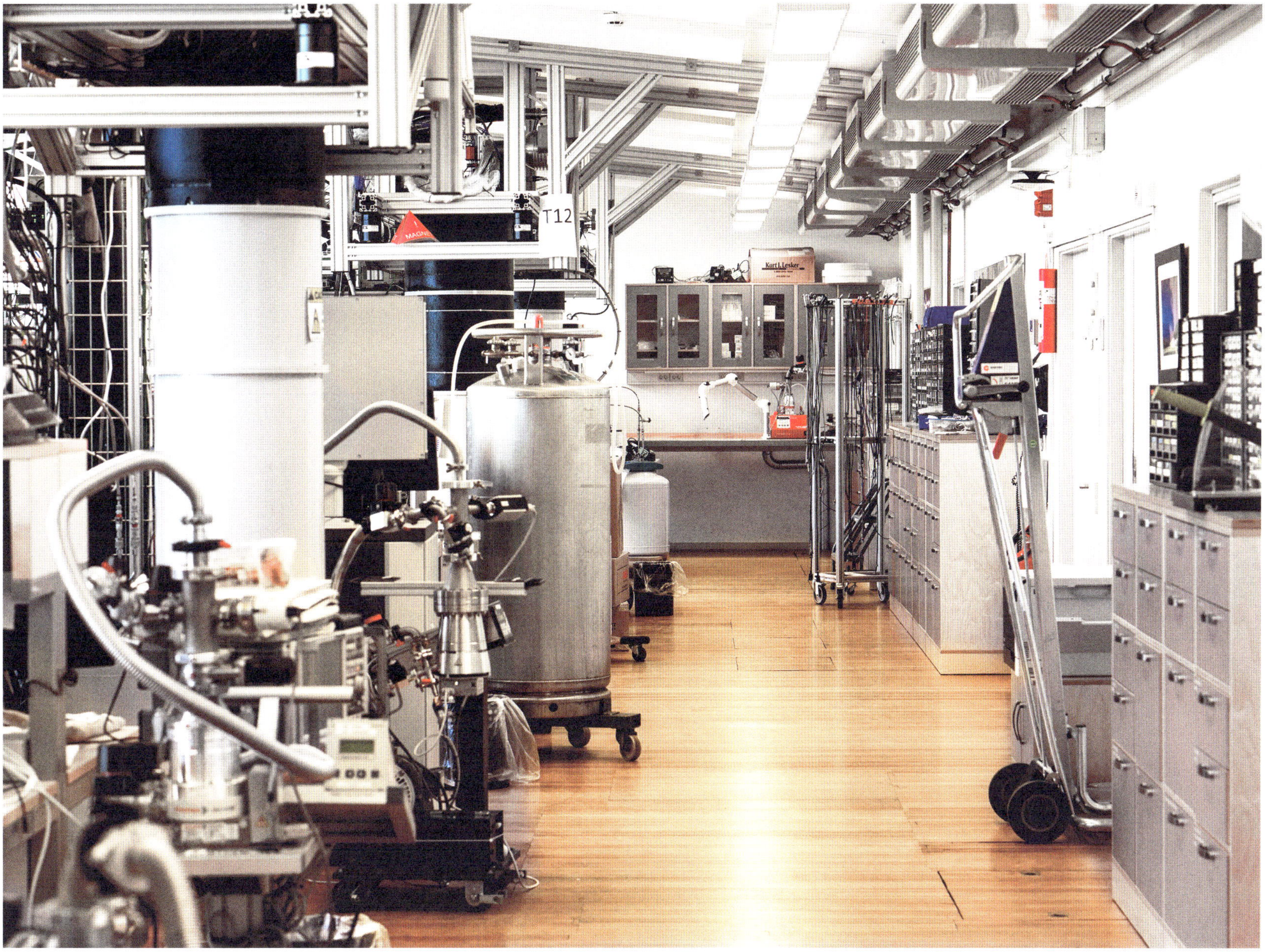
T12

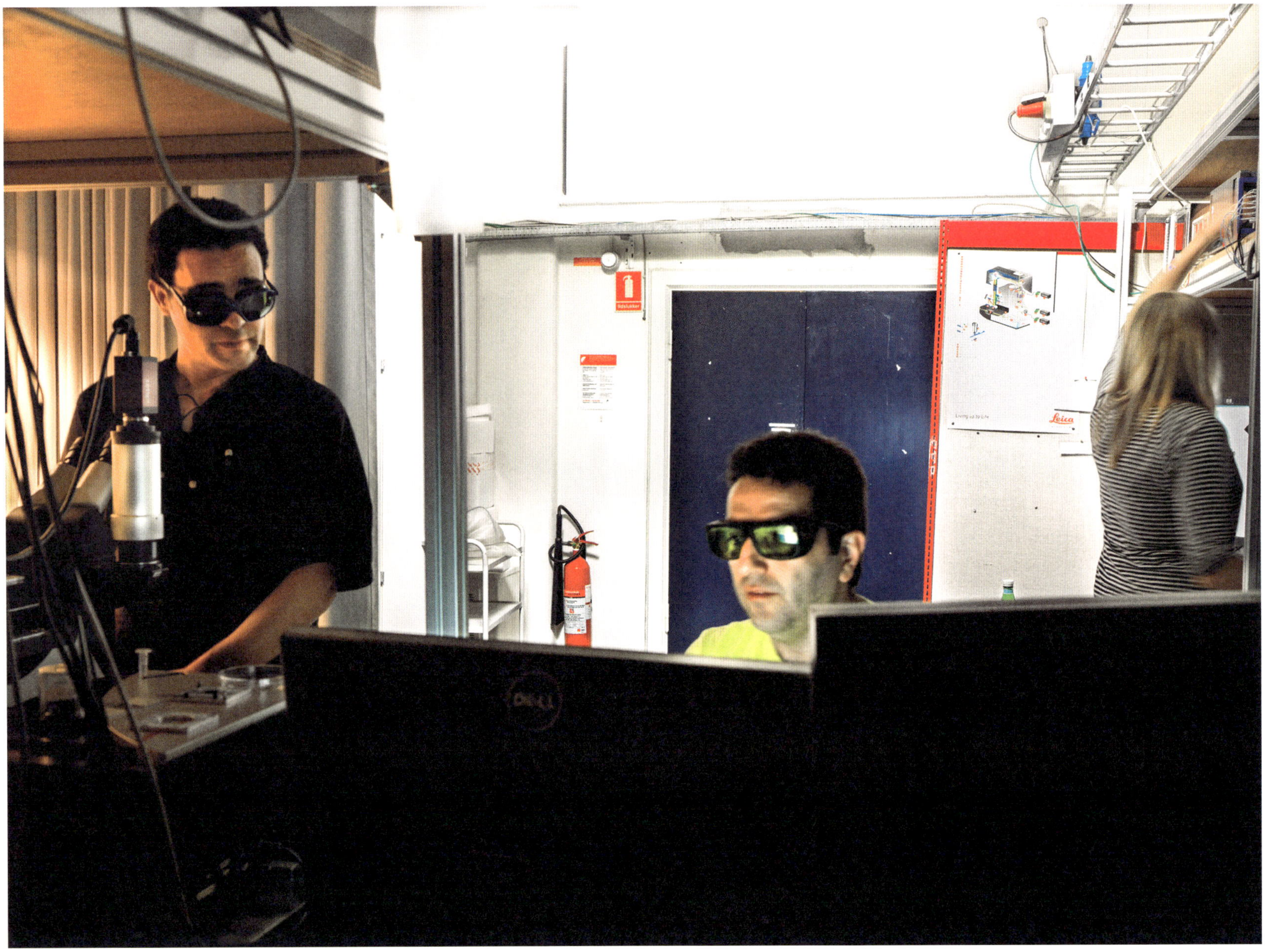

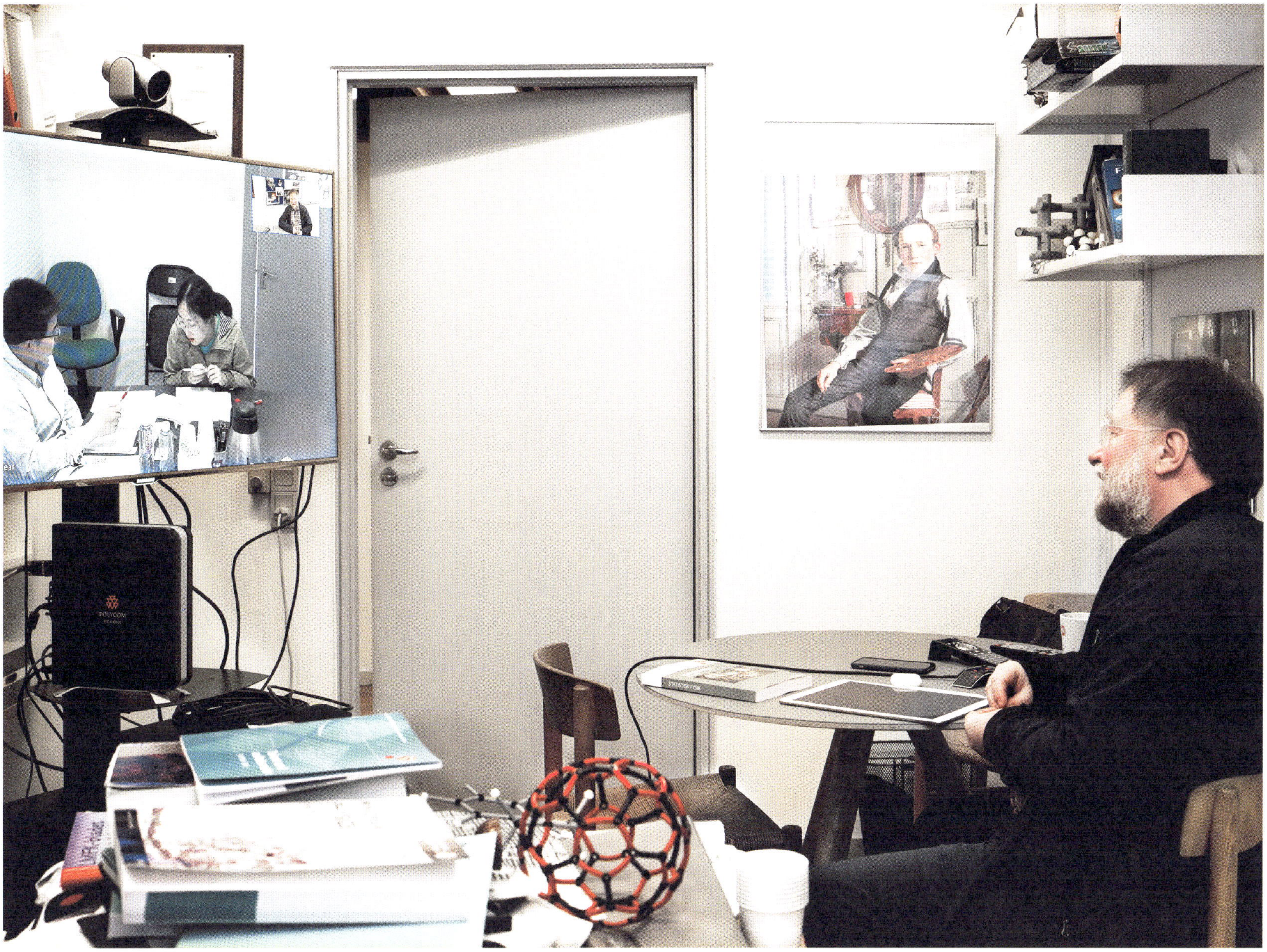
POLYCOM

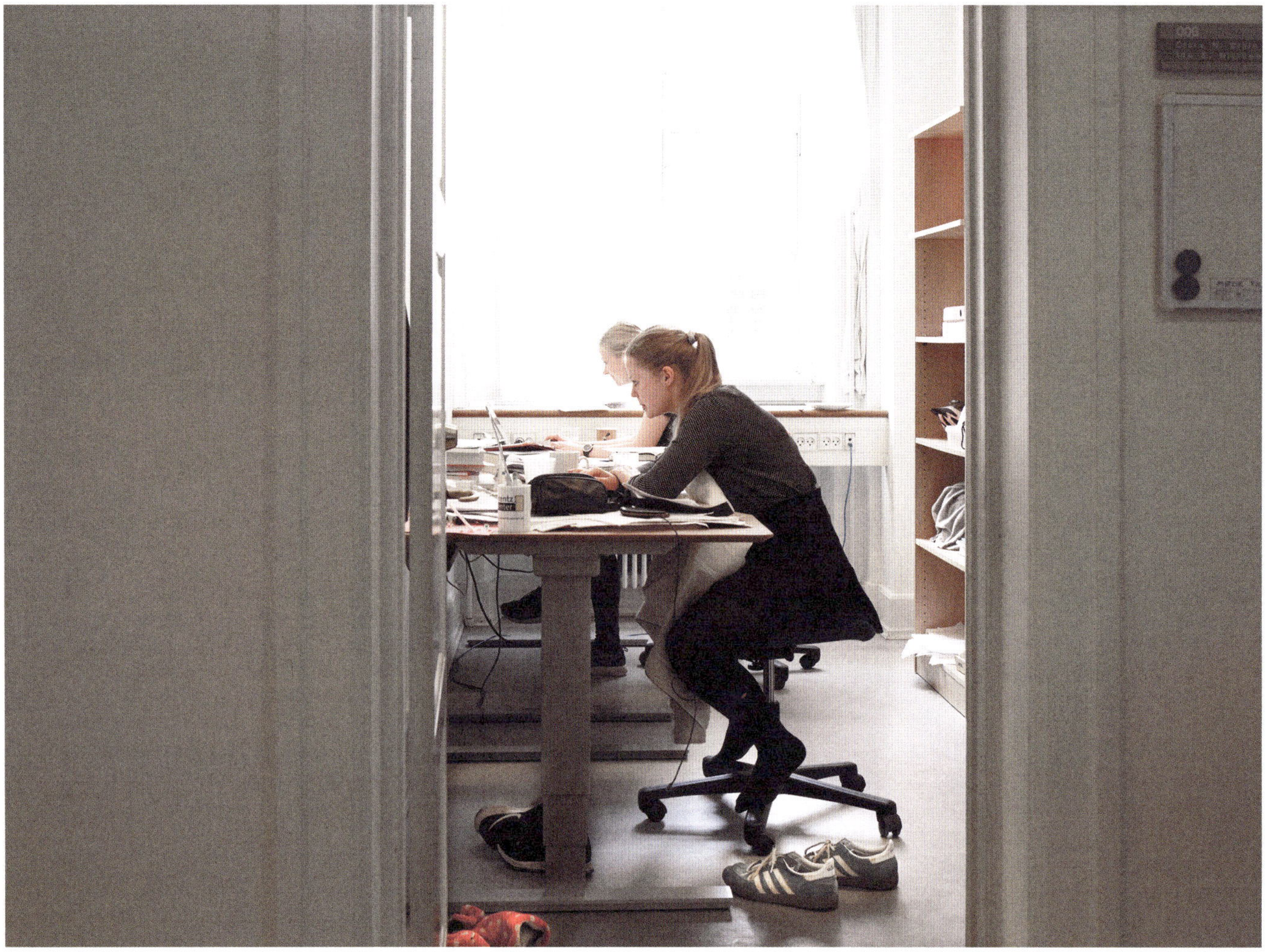

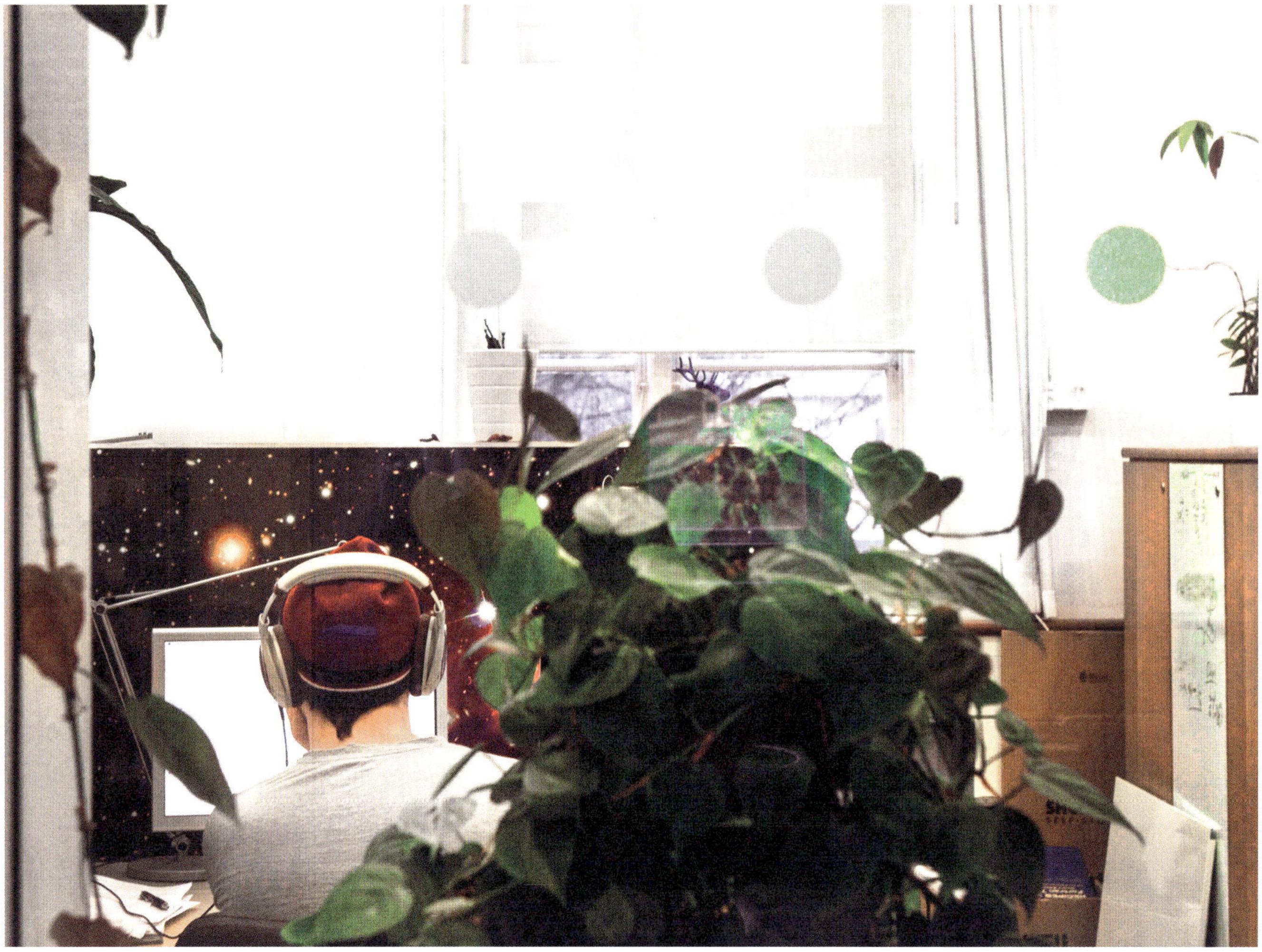

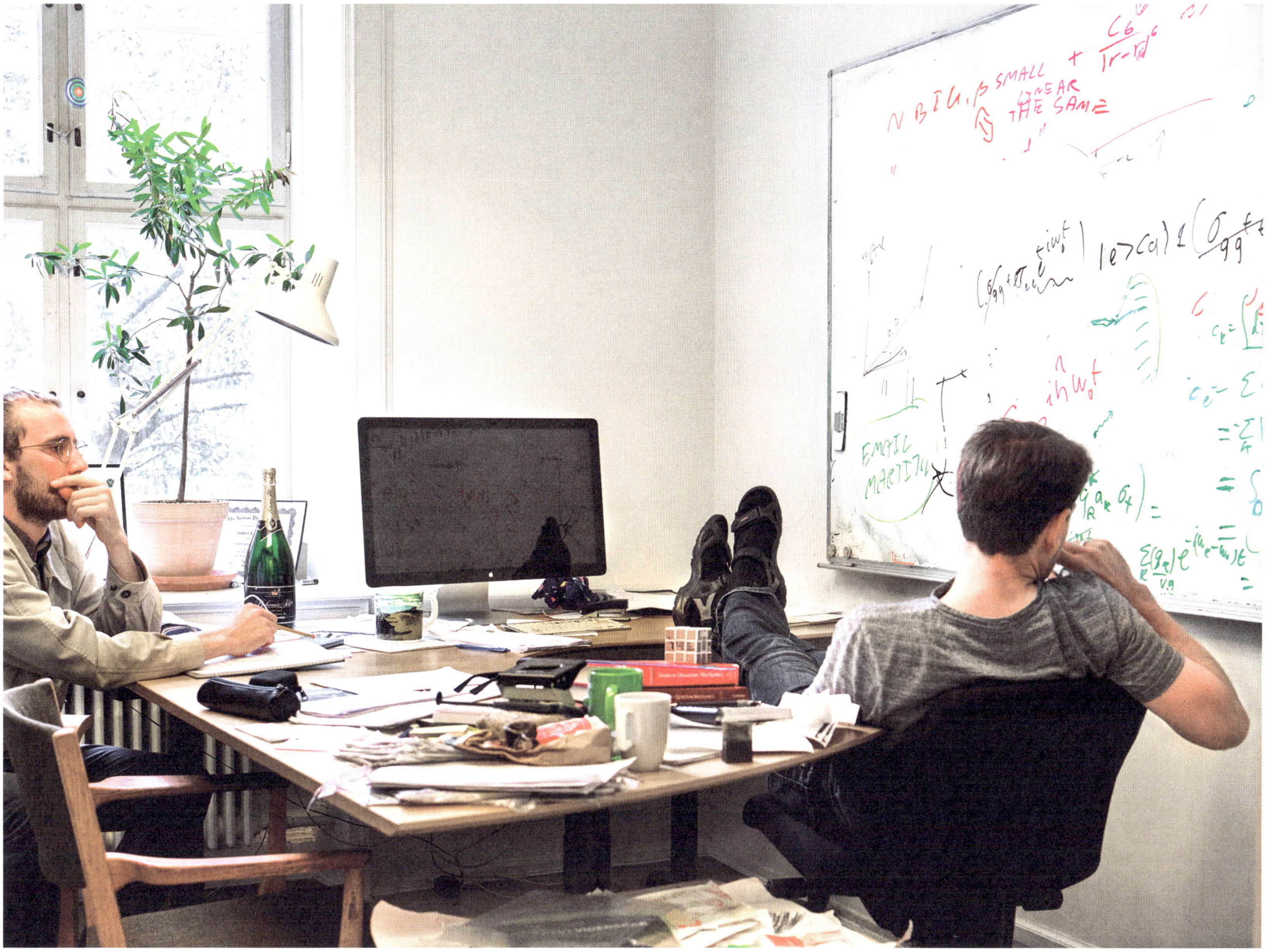
SMALL
LINEAR
THE SAME

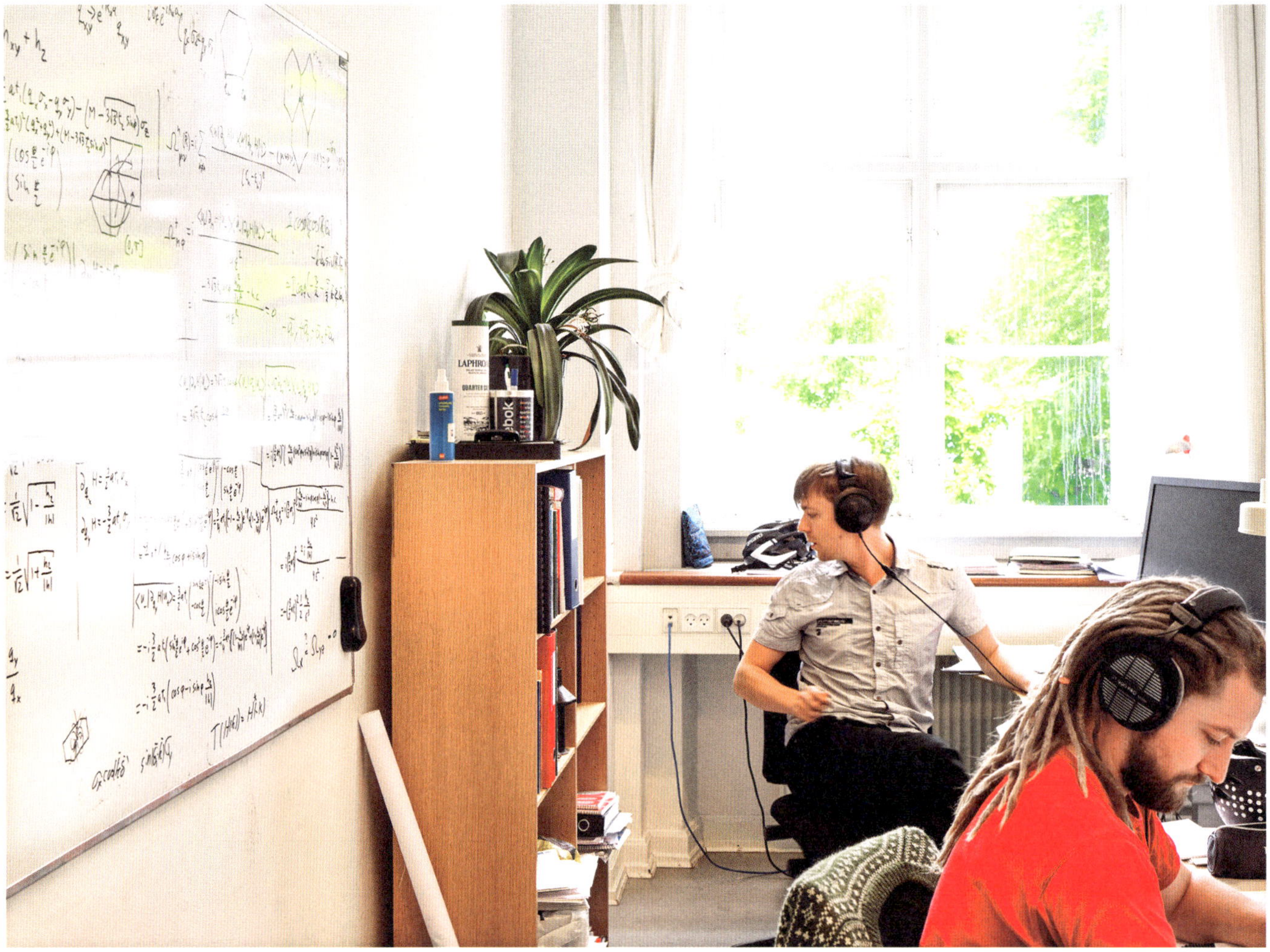

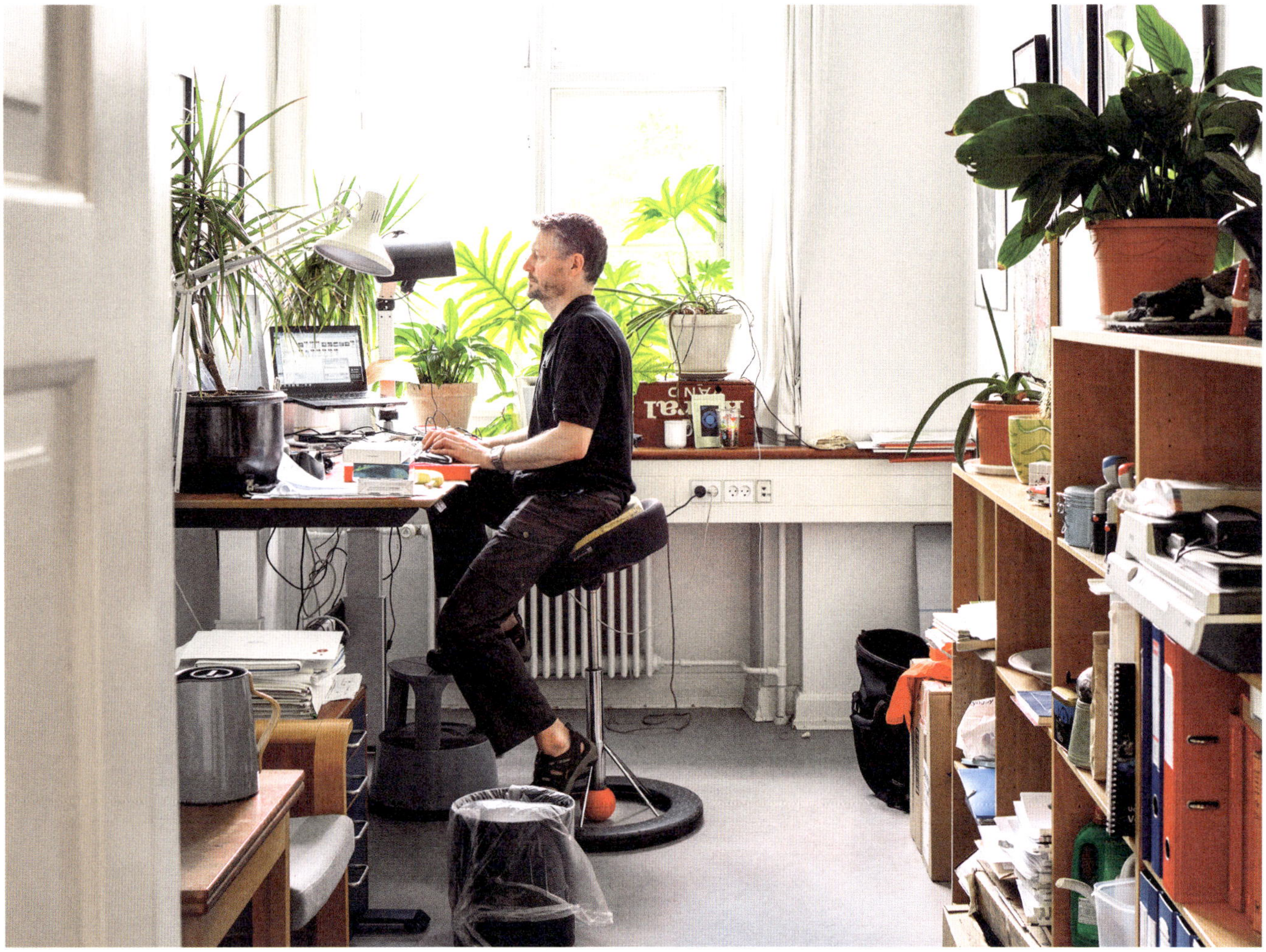

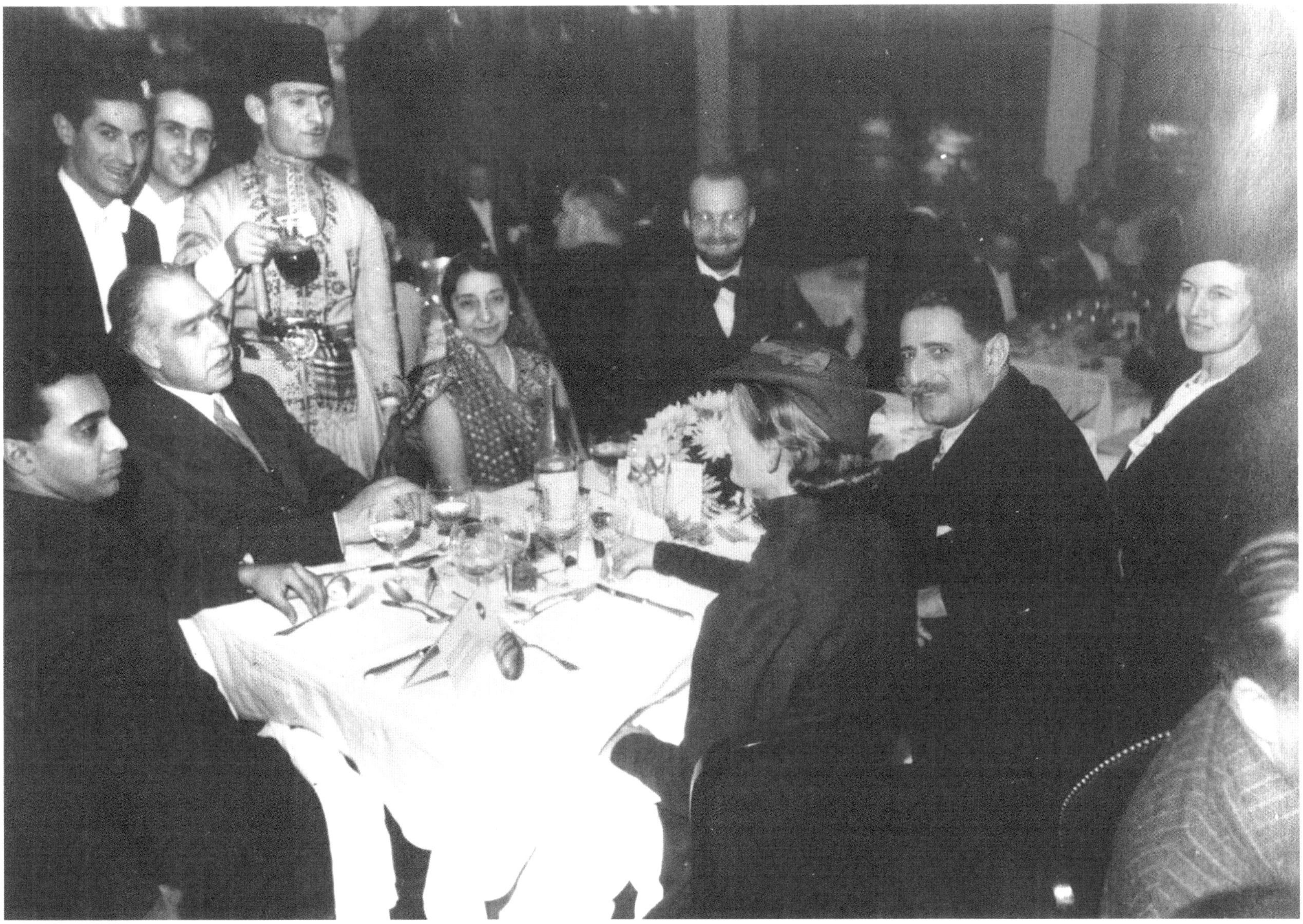

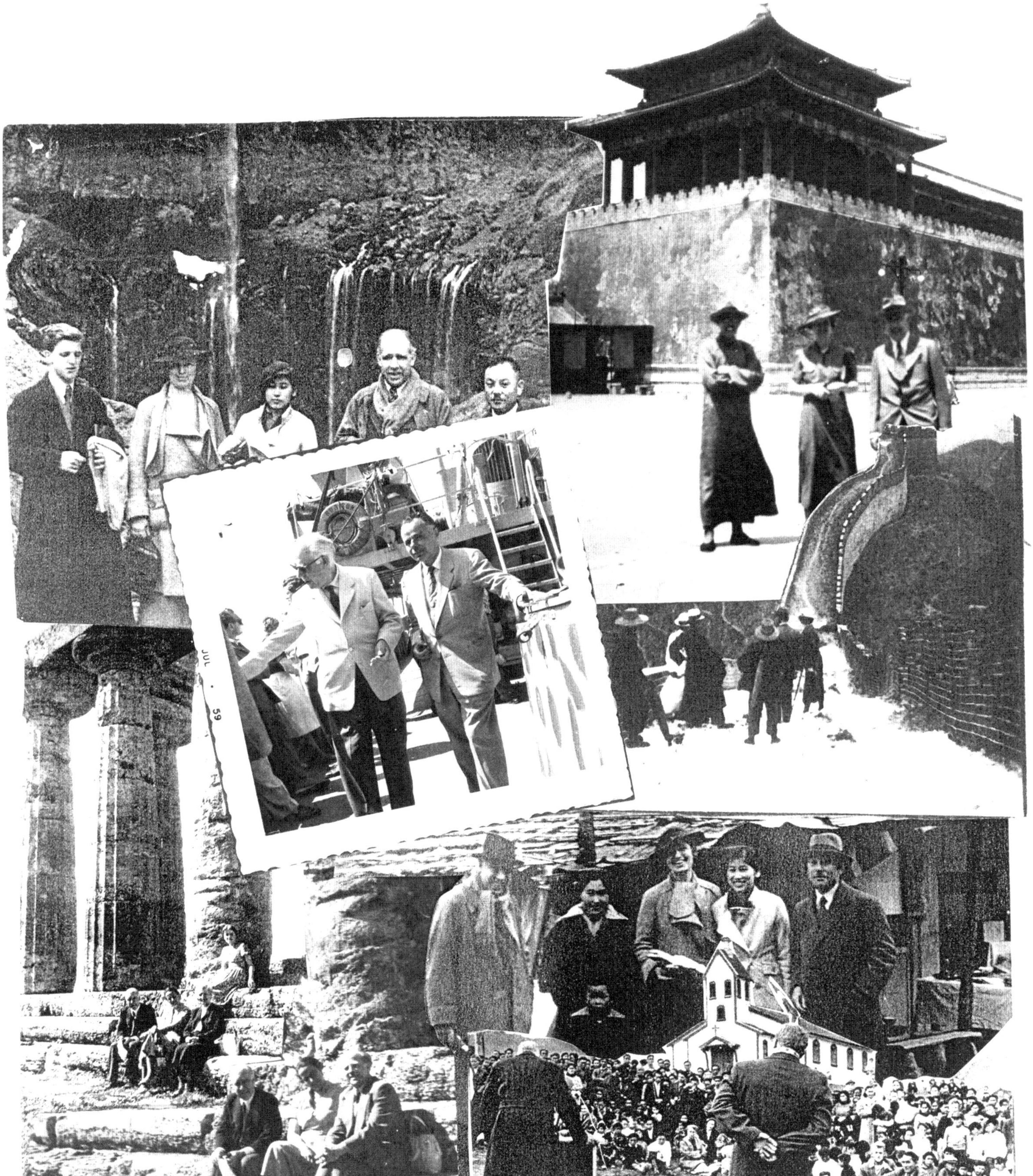

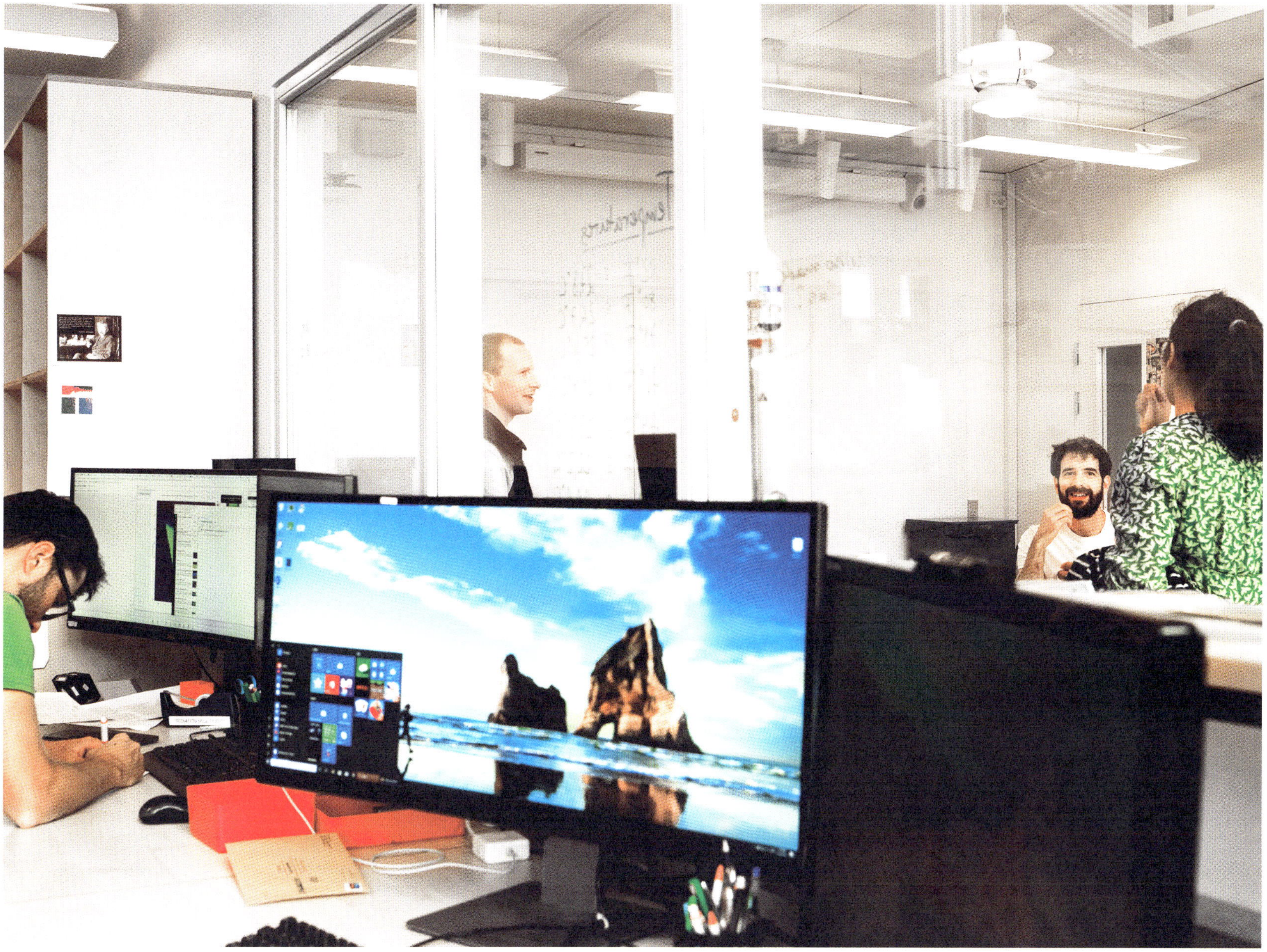

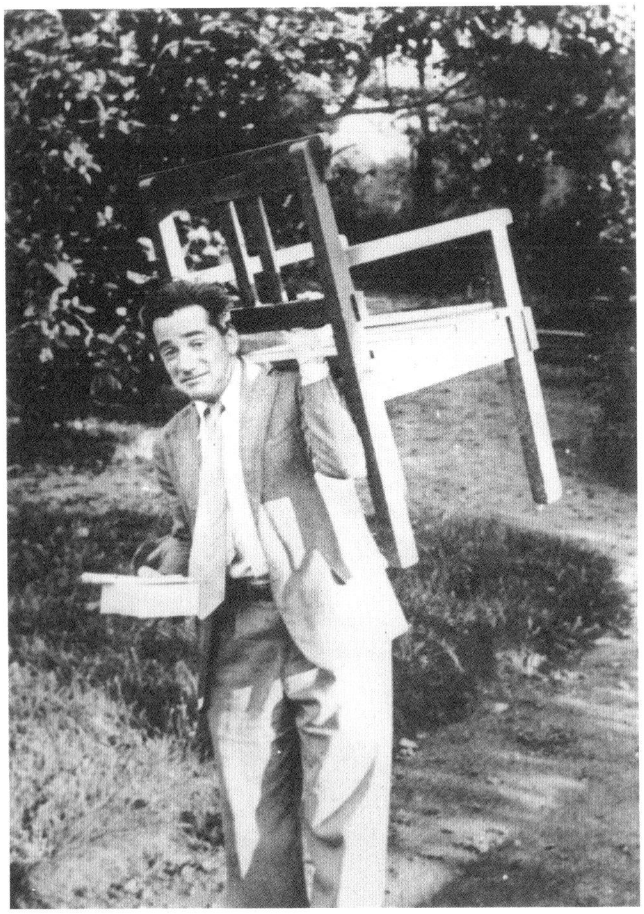
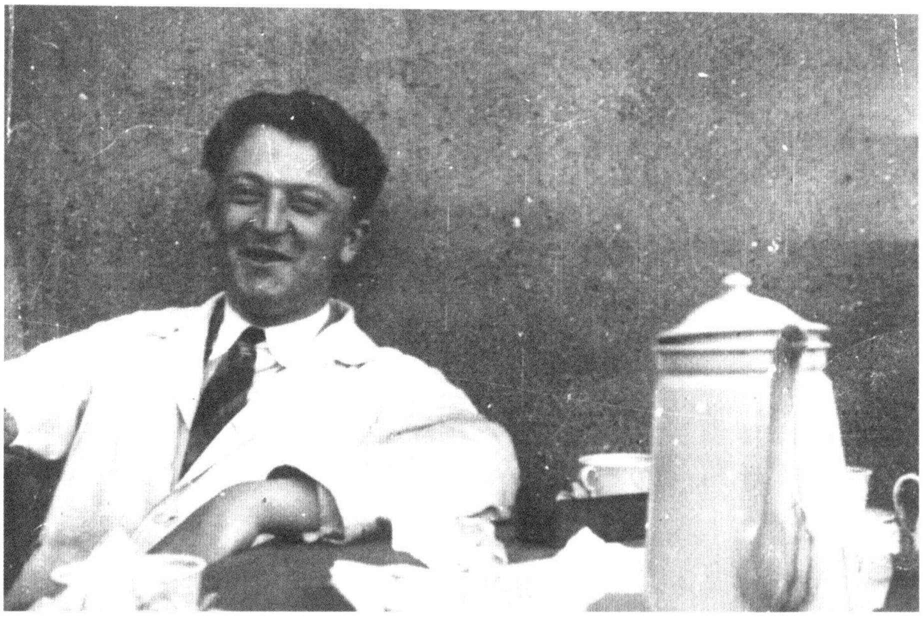
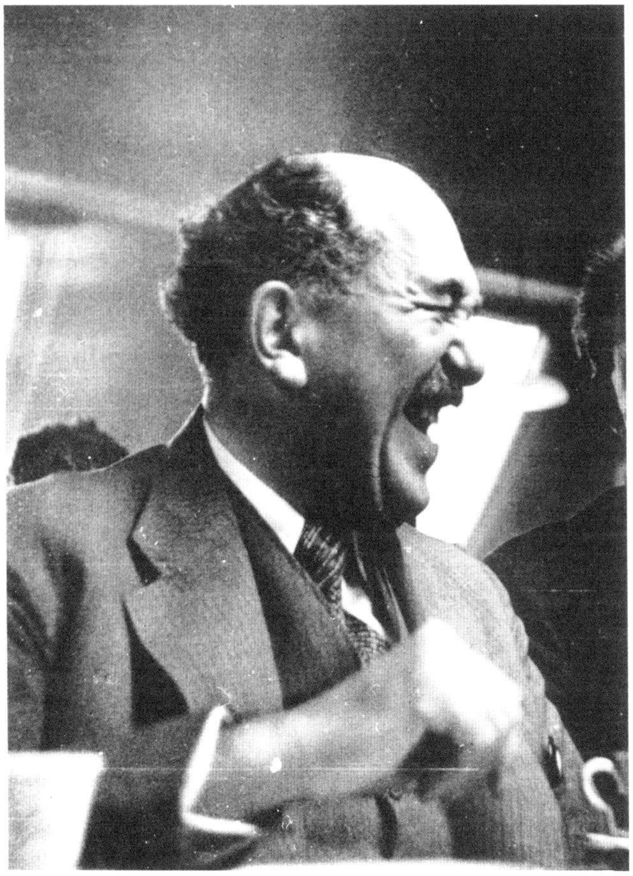
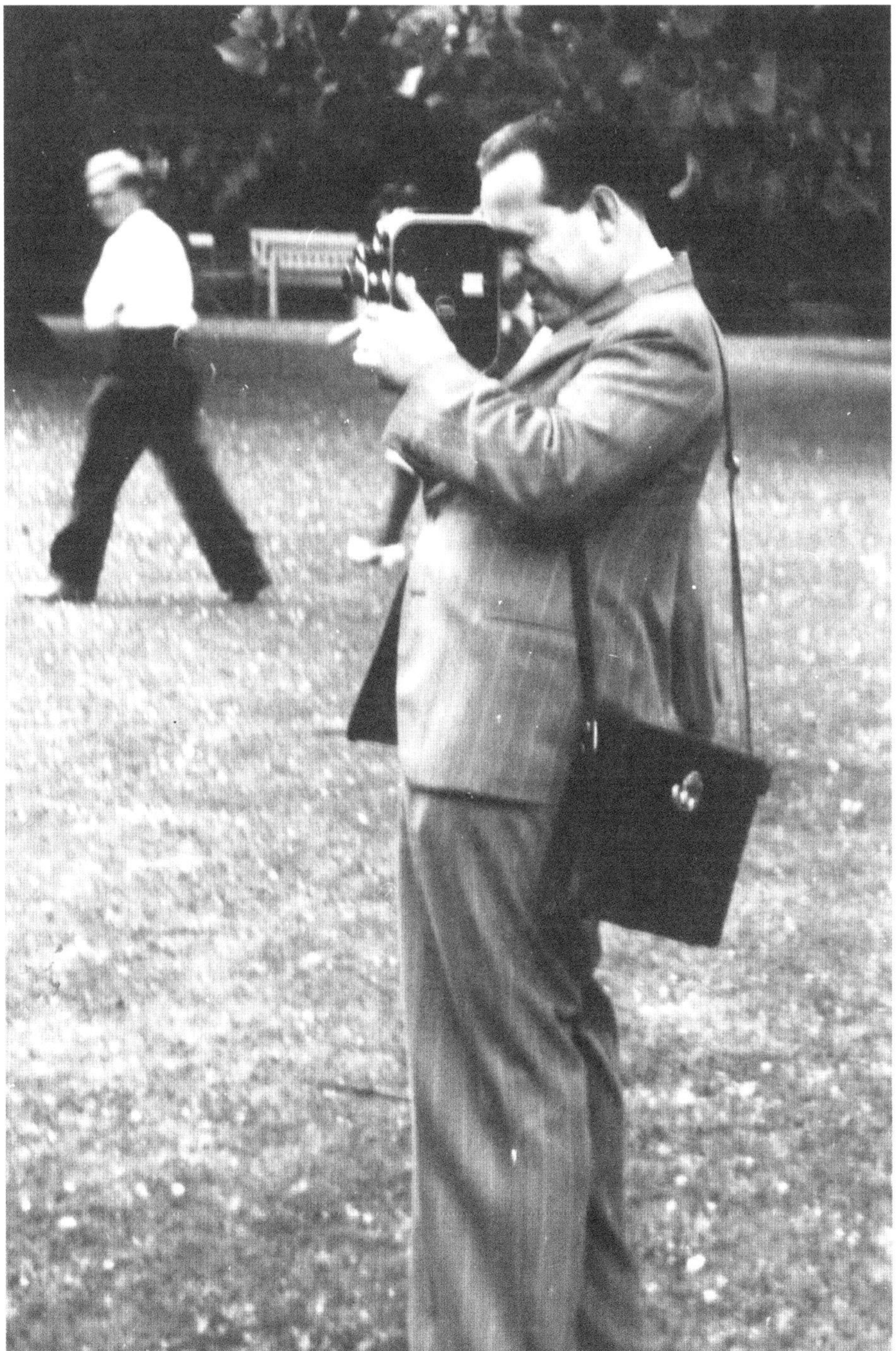

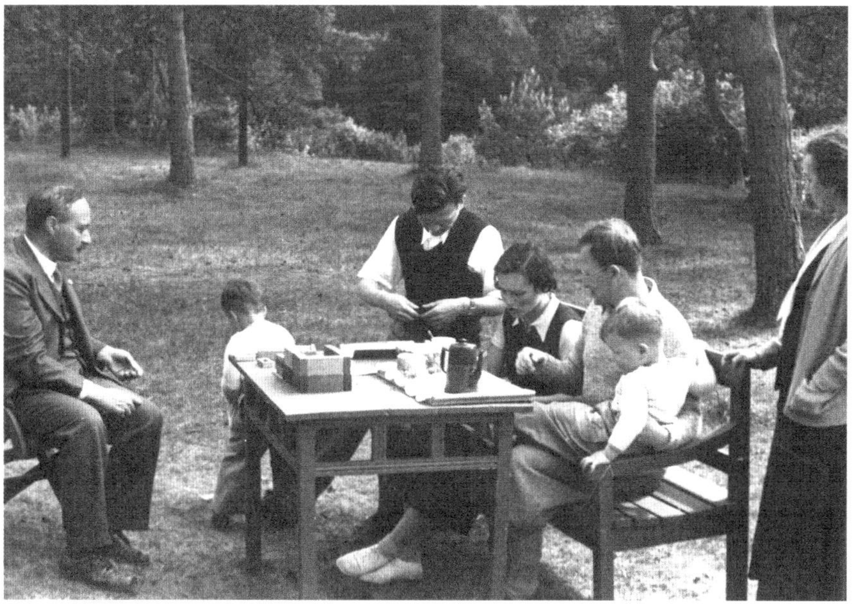

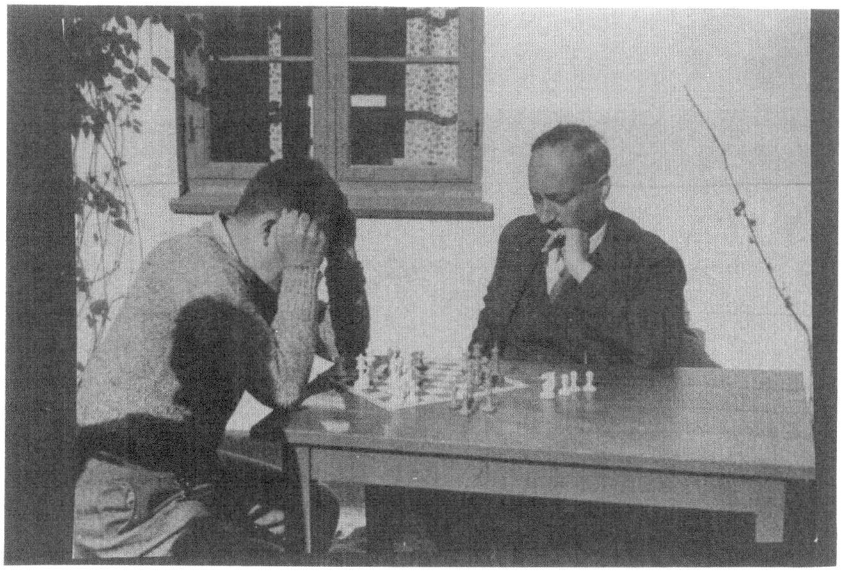

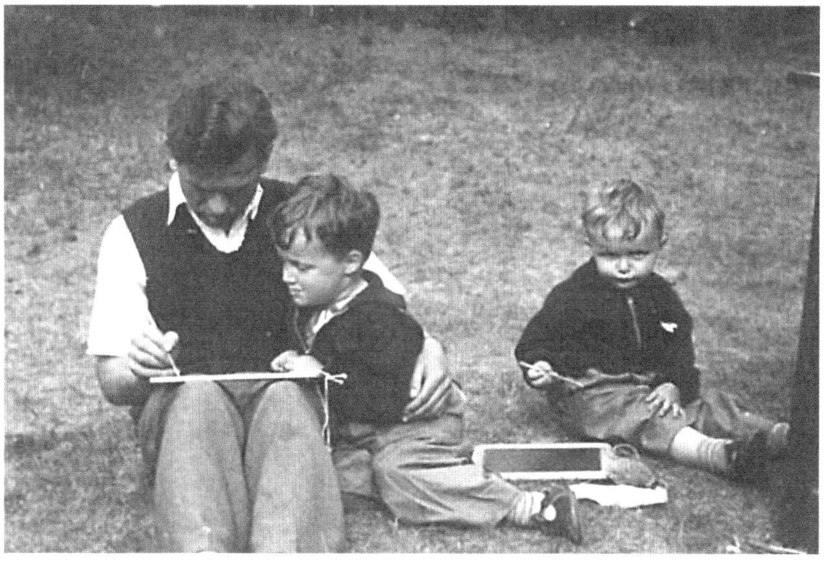

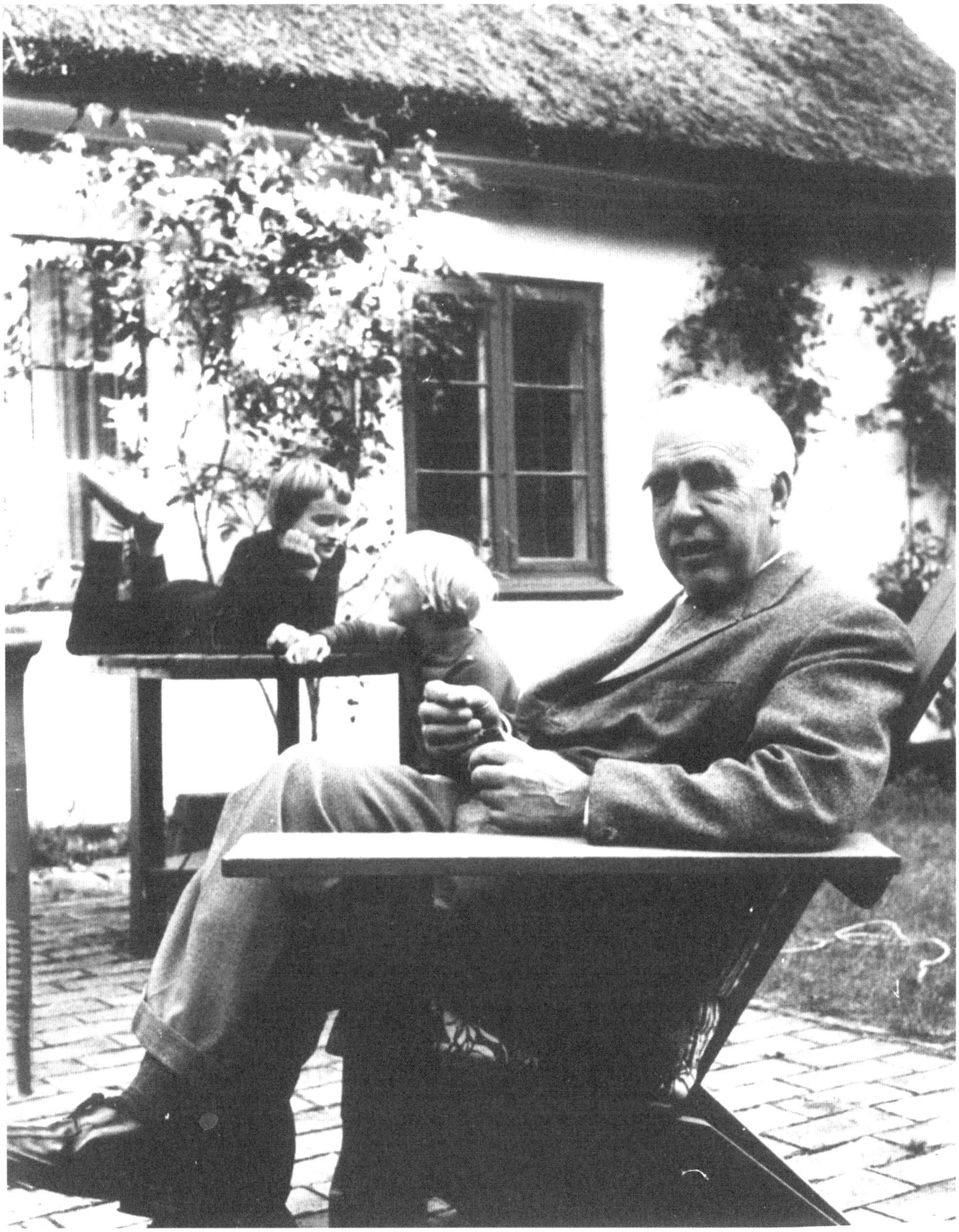

A VISITOR TO NIELS BOHR'S COUNTRY COTTAGE, NOTICING A HORSESHOE ON THE WALL, TEASING THE EMINENT SCIENTIST ABOUT ANCIENT SUPERSTITION.
'CAN IT BE TRUE THAT YOU OF ALL ALL PEOPLE, BELIEVE IT WILL BRING YOU LUCK?'
'OF COURSE NOT', REPLIED BOHR.
'BUT I UNDERSTAND IT BRINGS YOU LUCK WHETHER YOU BELIEVE IT OR NOT'.

Niels Bohr said as described in Clinton Fadlman(ed.), André Bernard(ed.), *Bartlett's Book of Annecdotes* (2000).

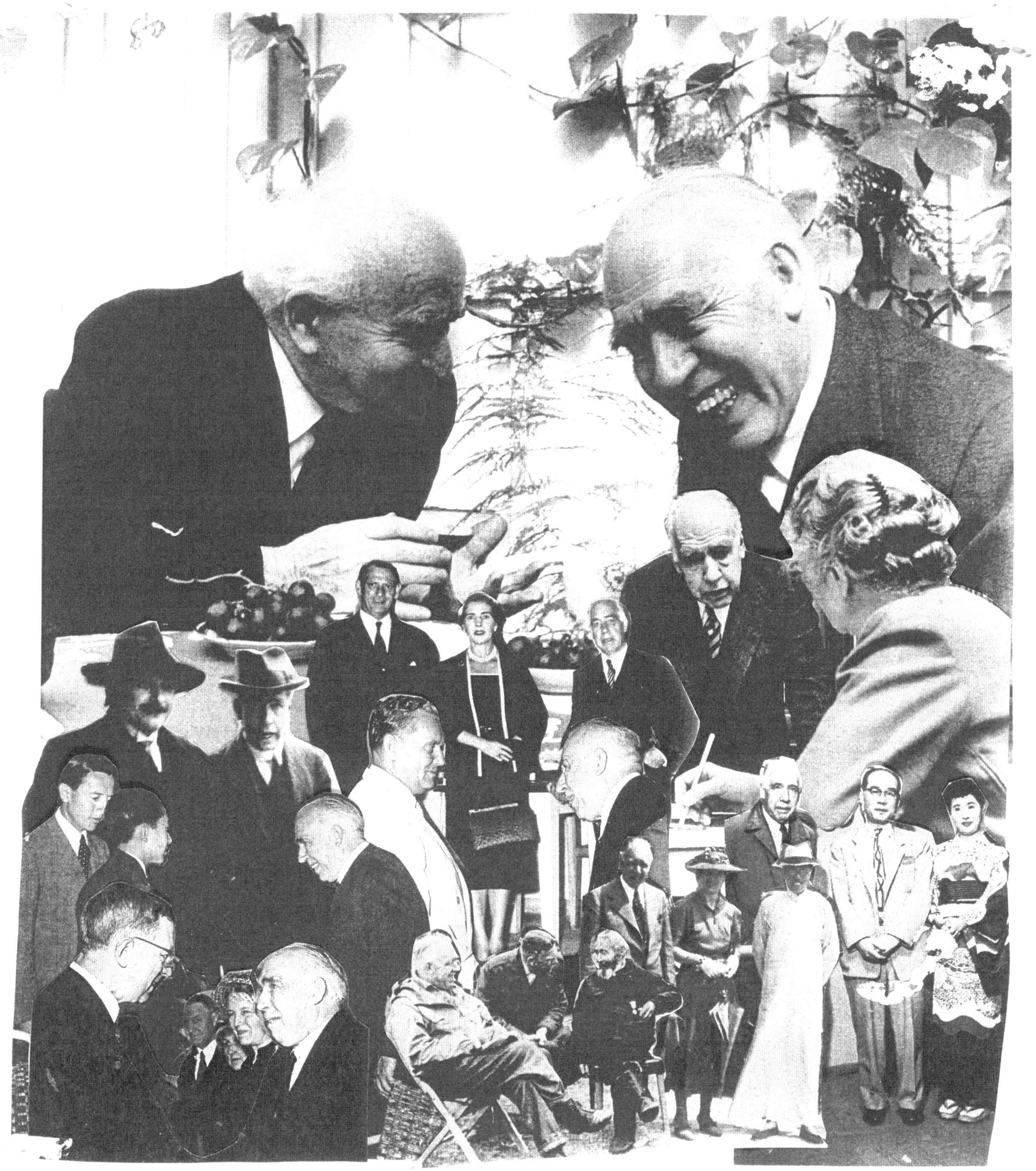

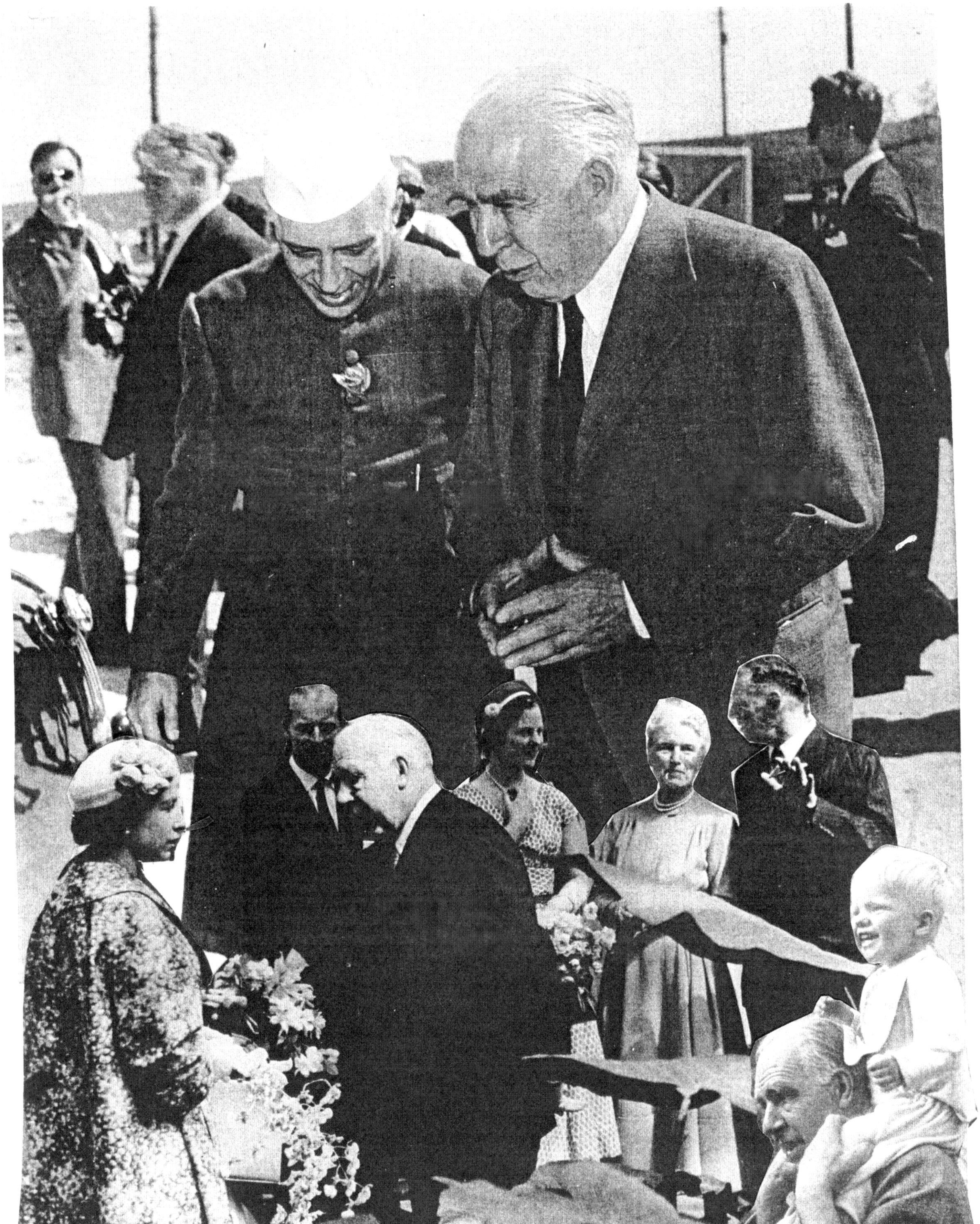

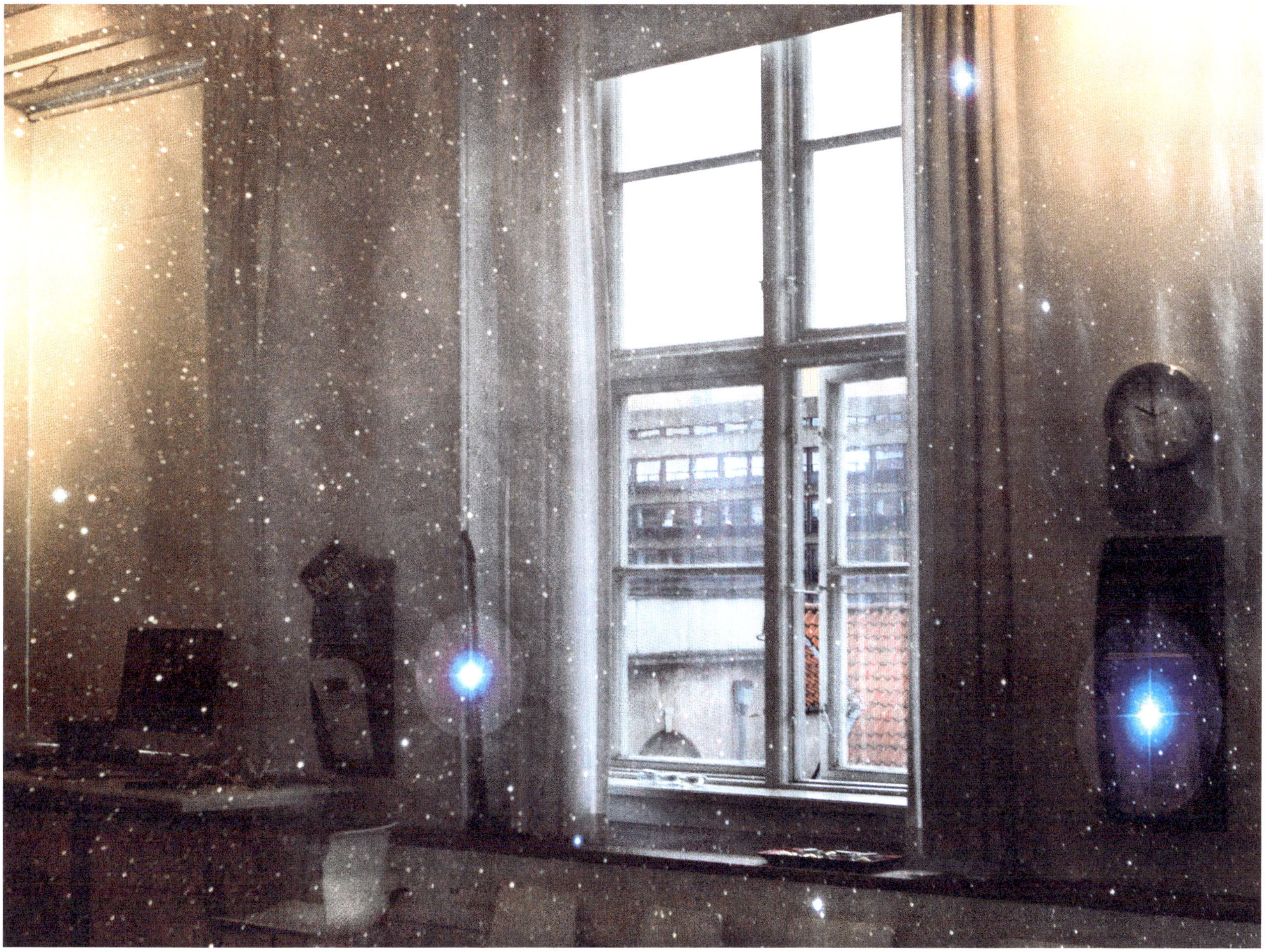

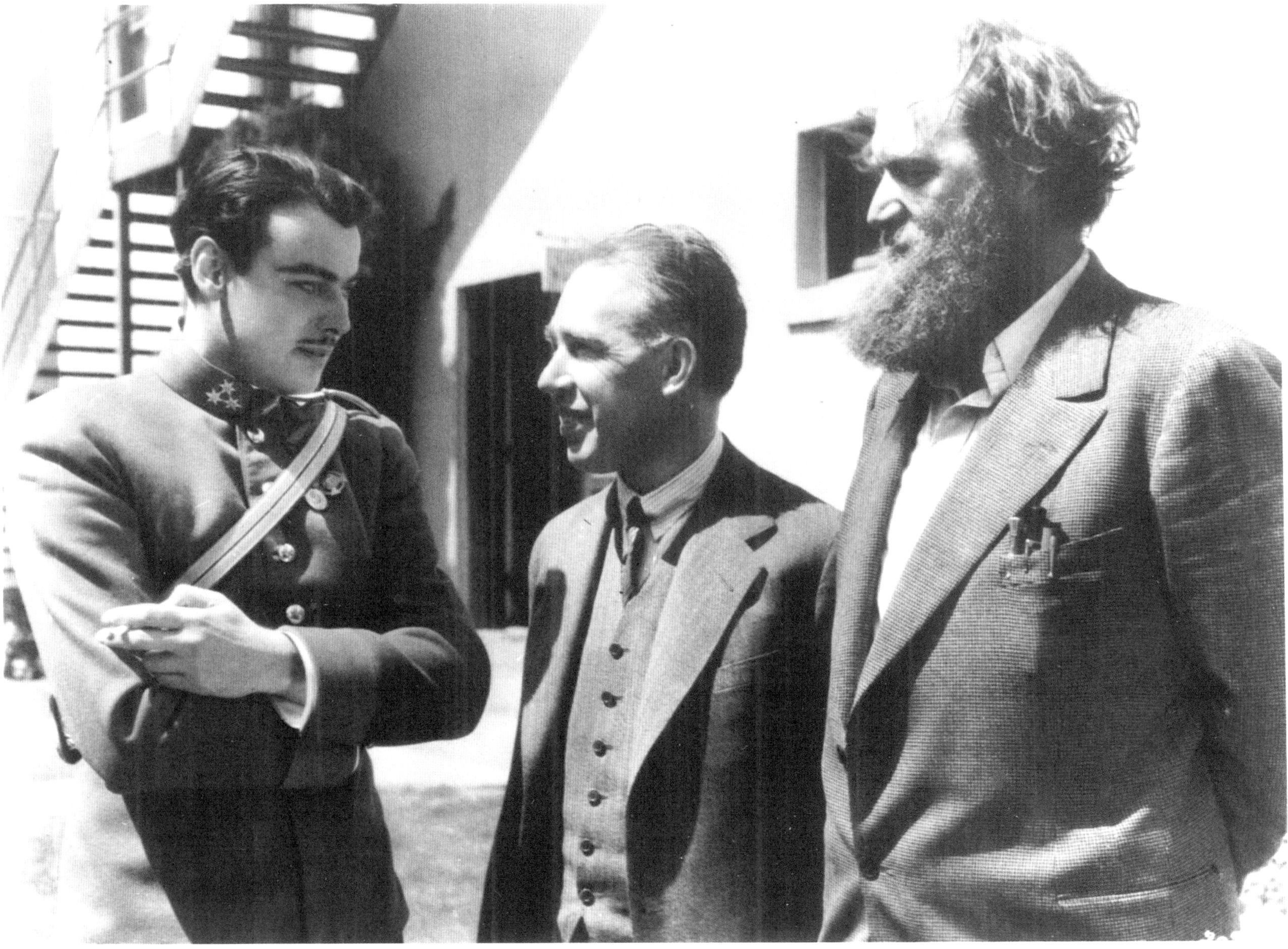

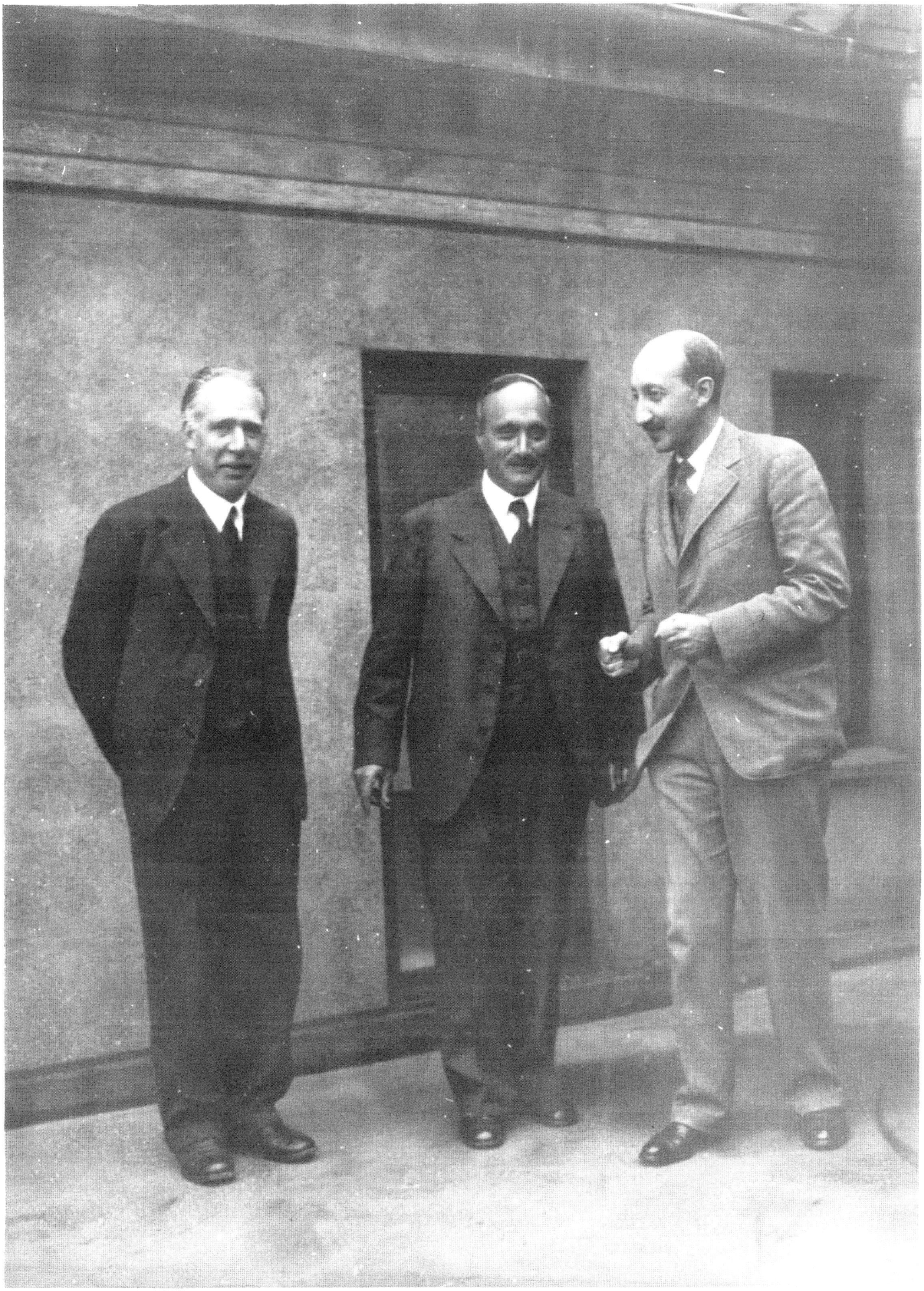

87

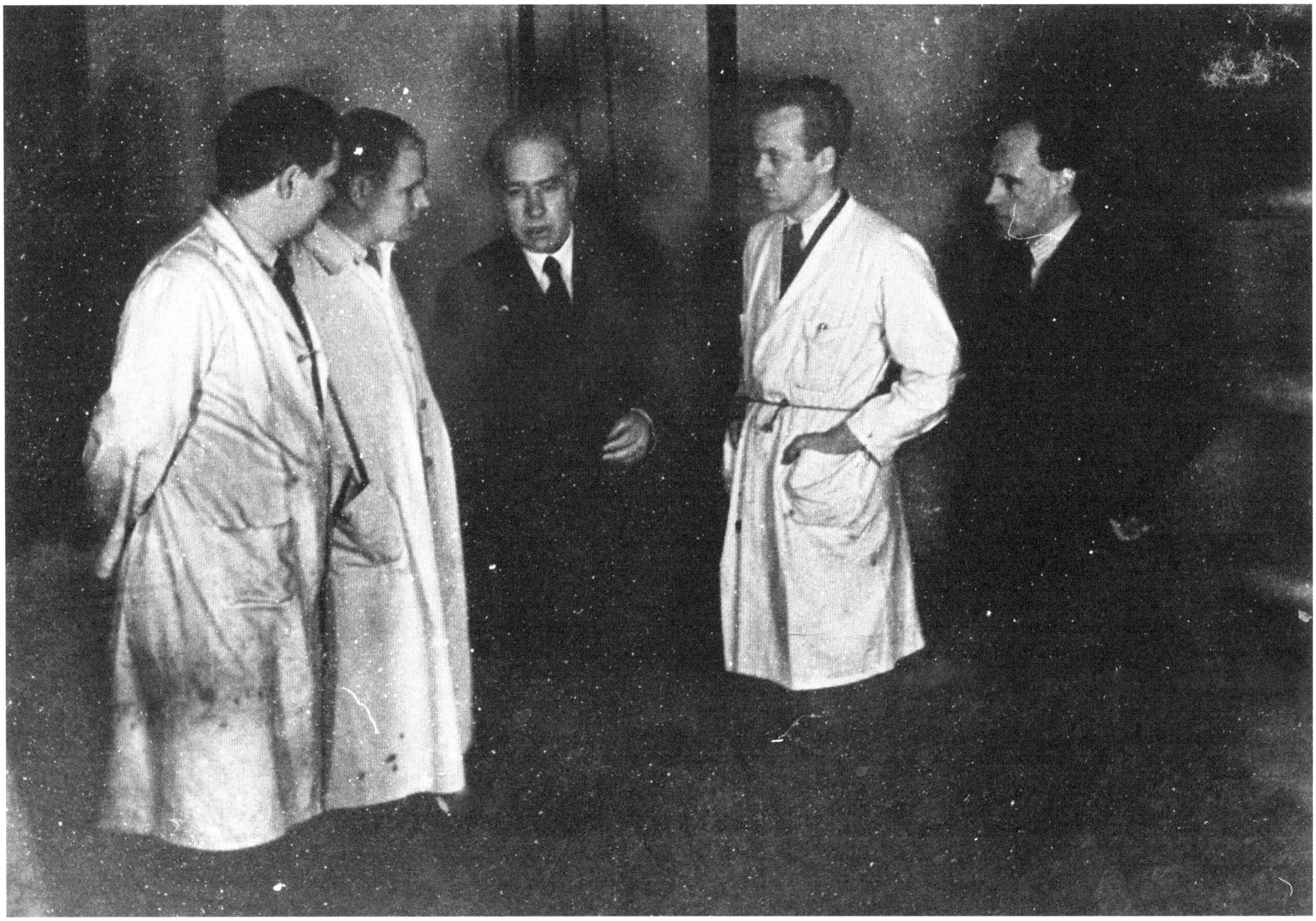

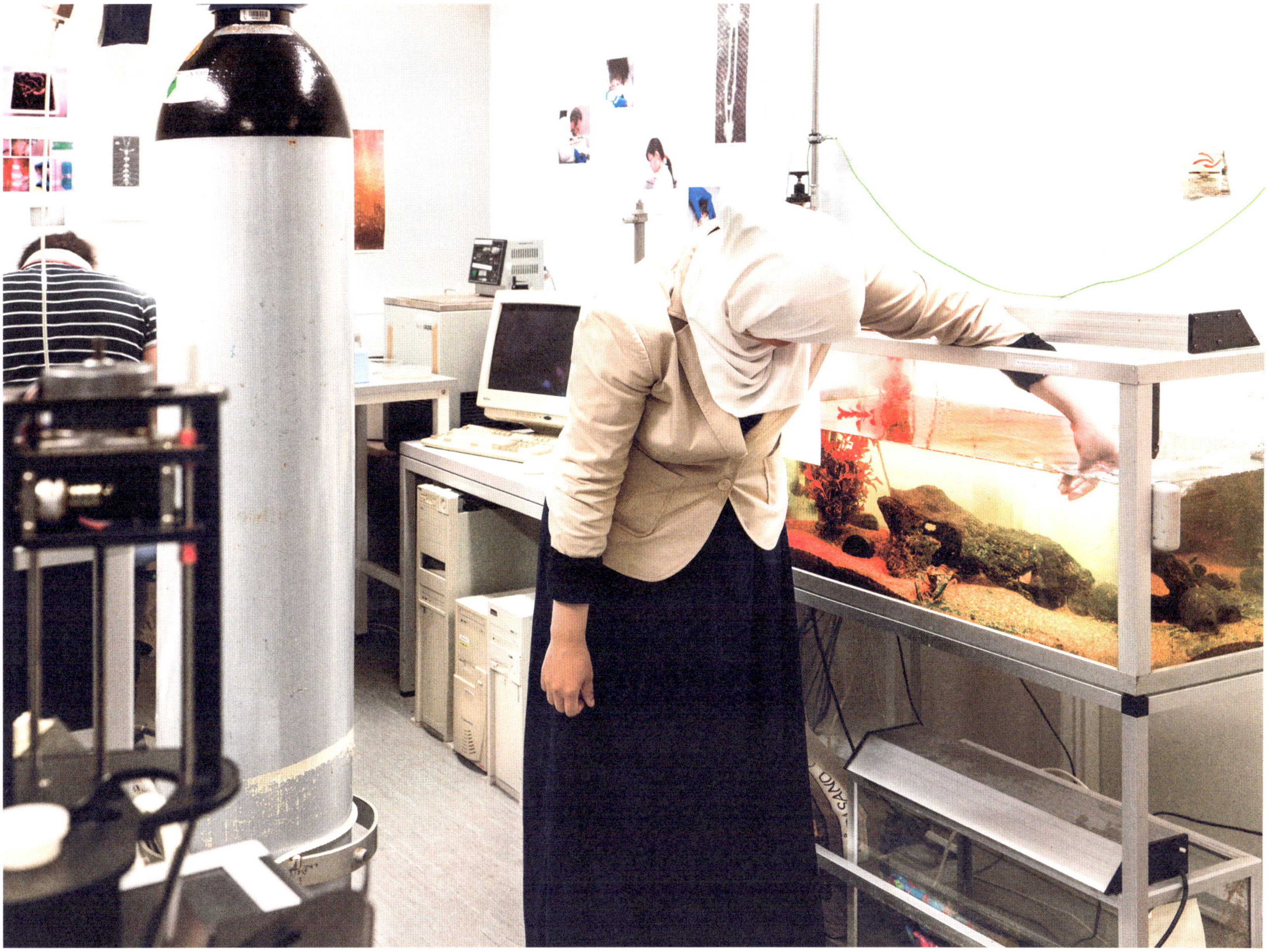

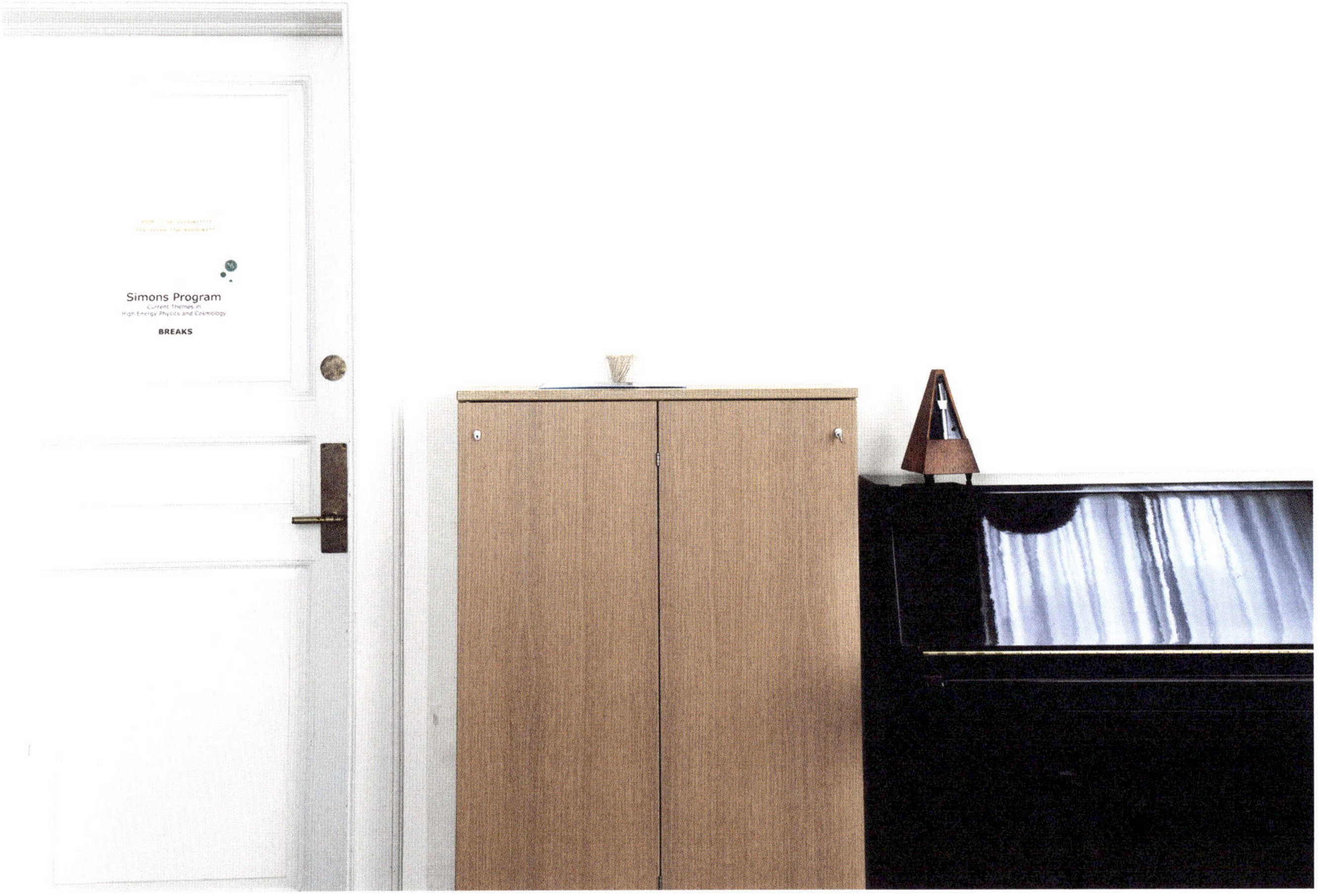
Simons Program
Current Themes in
High Energy Physics and Cosmology
BREAKS

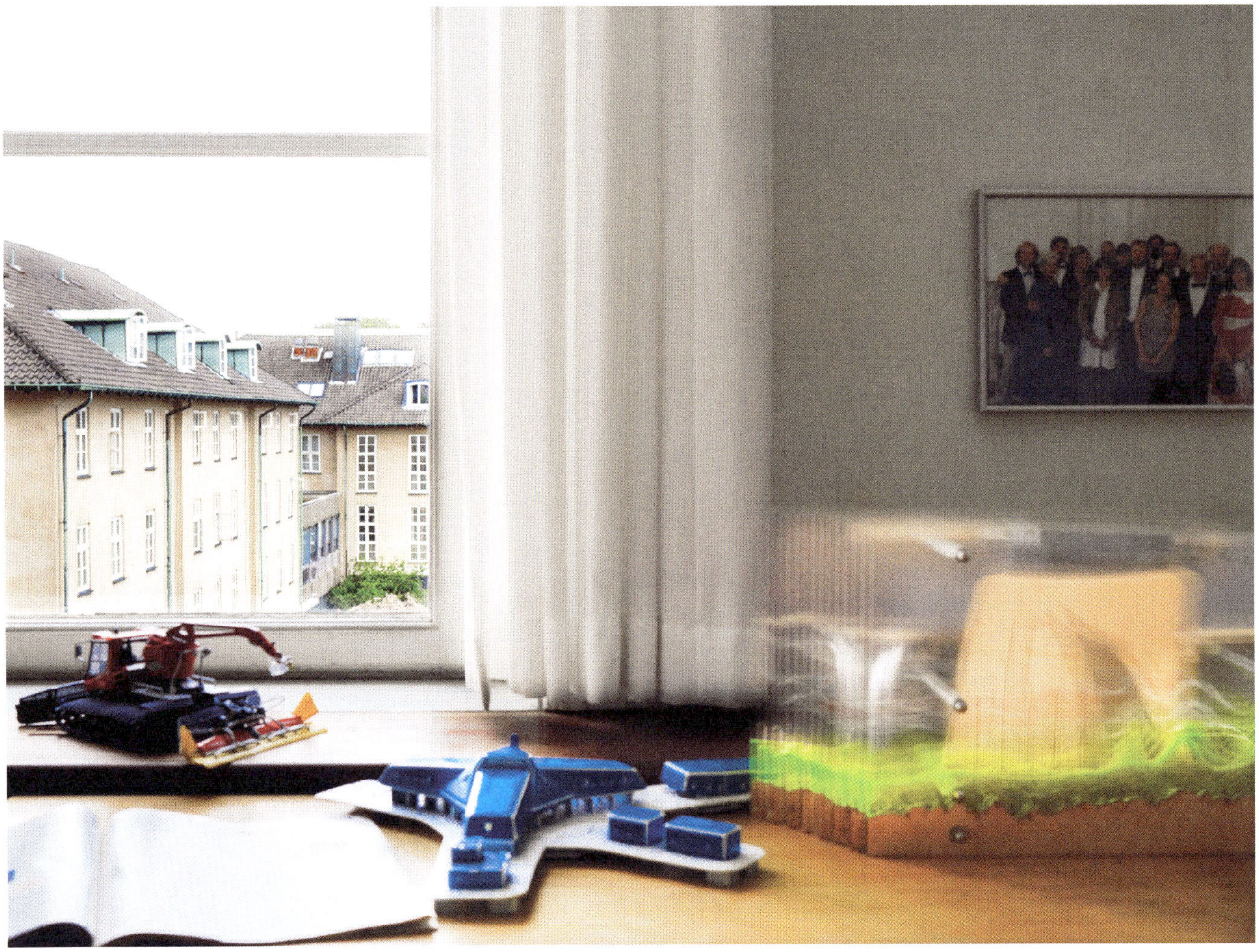

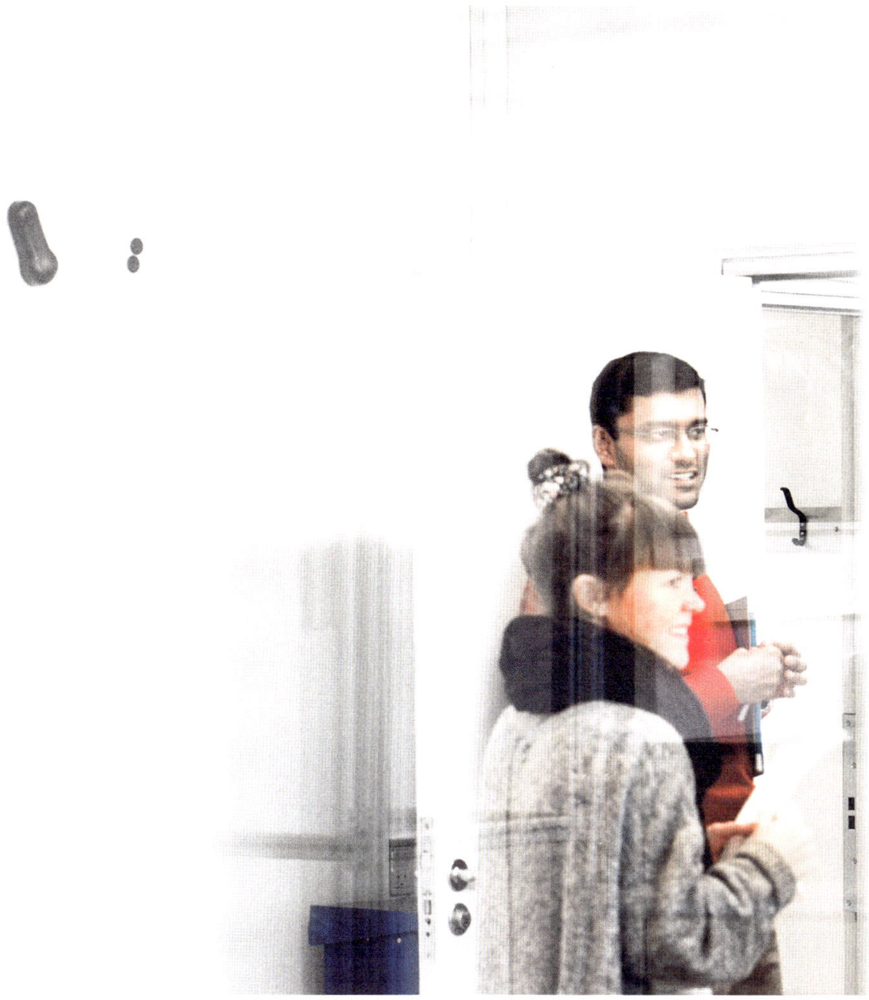

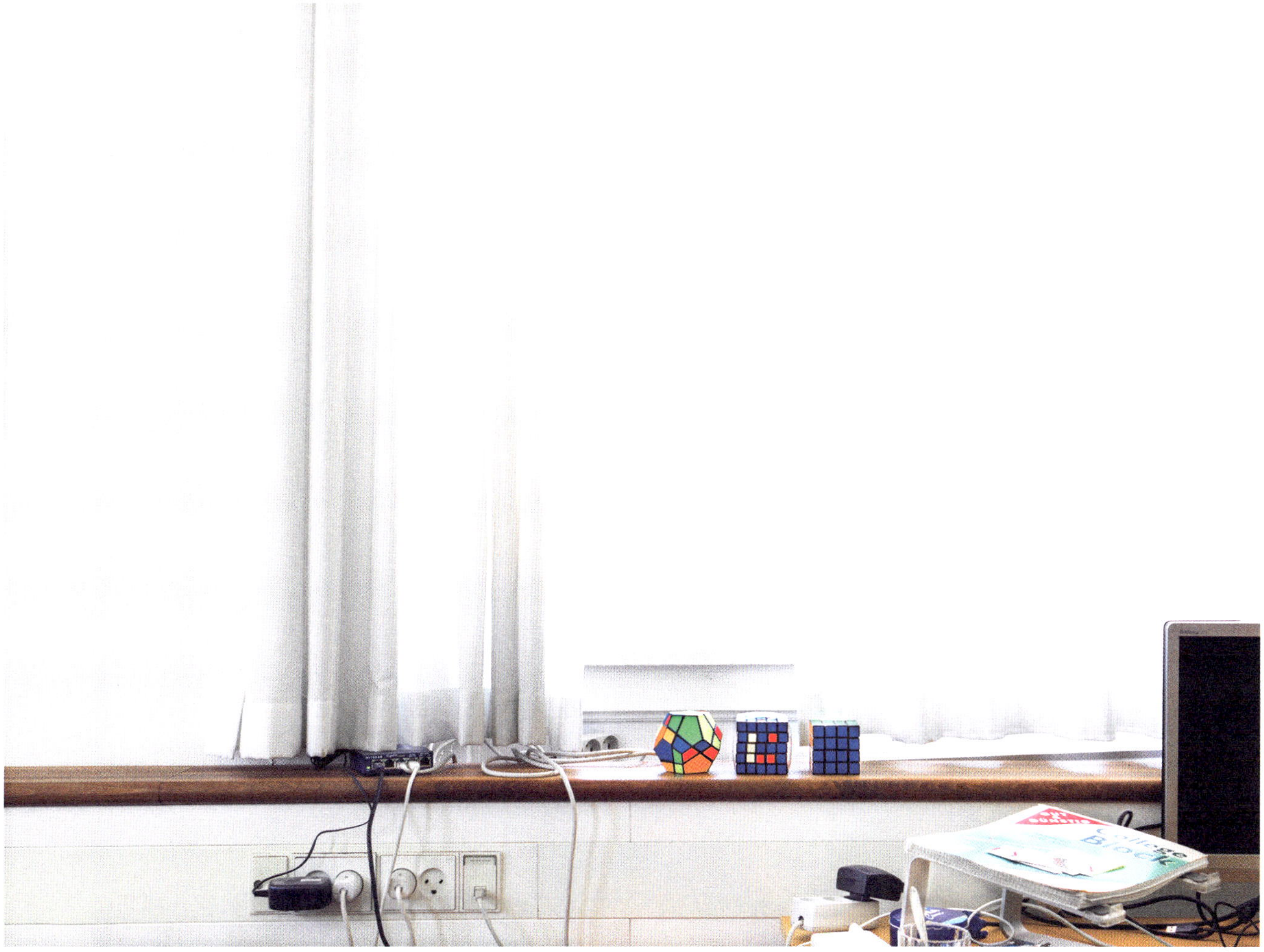

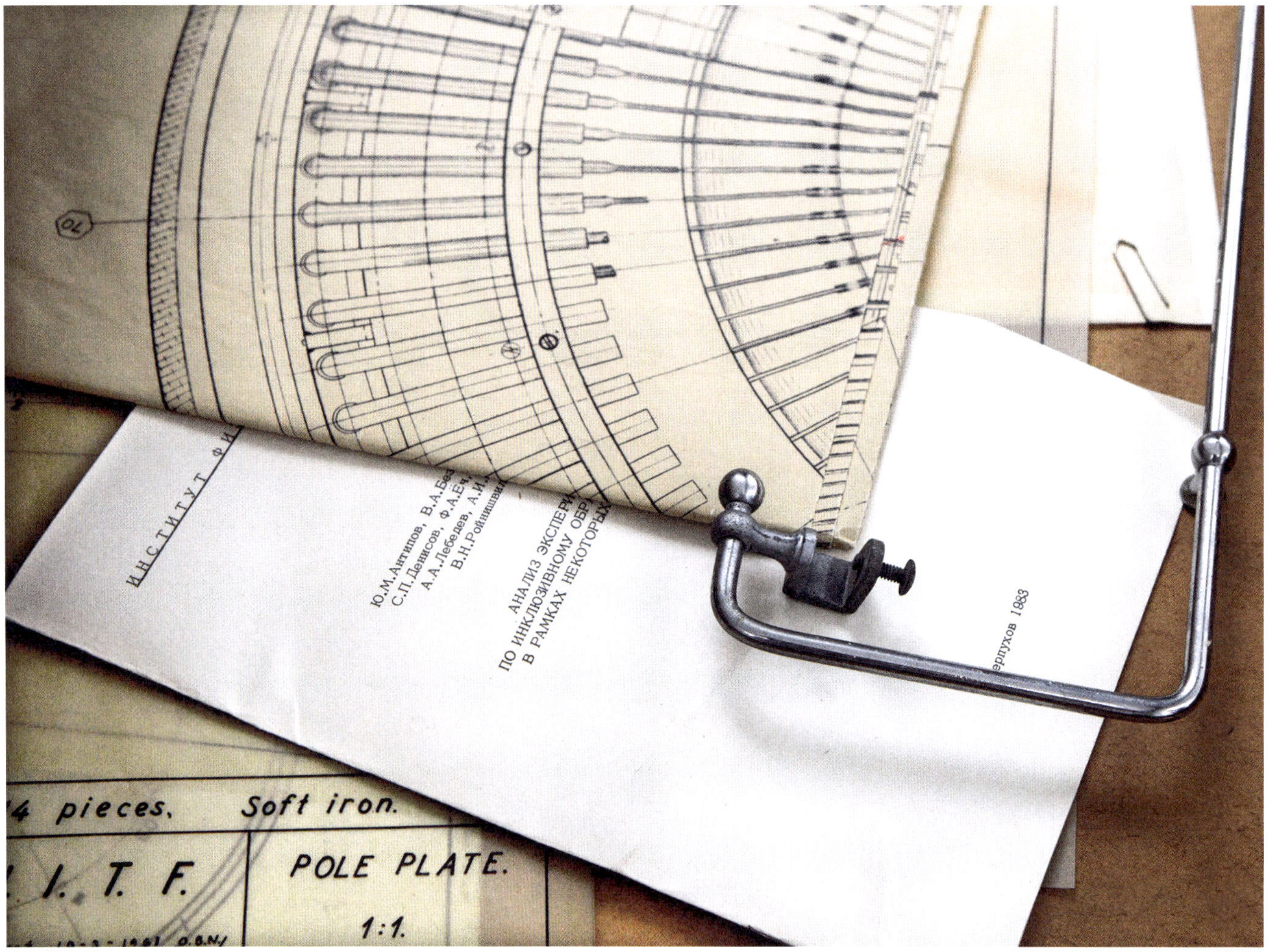
pieces. Soft iron.
POLE PLATE.
1:1.
ИНСТИТУТ

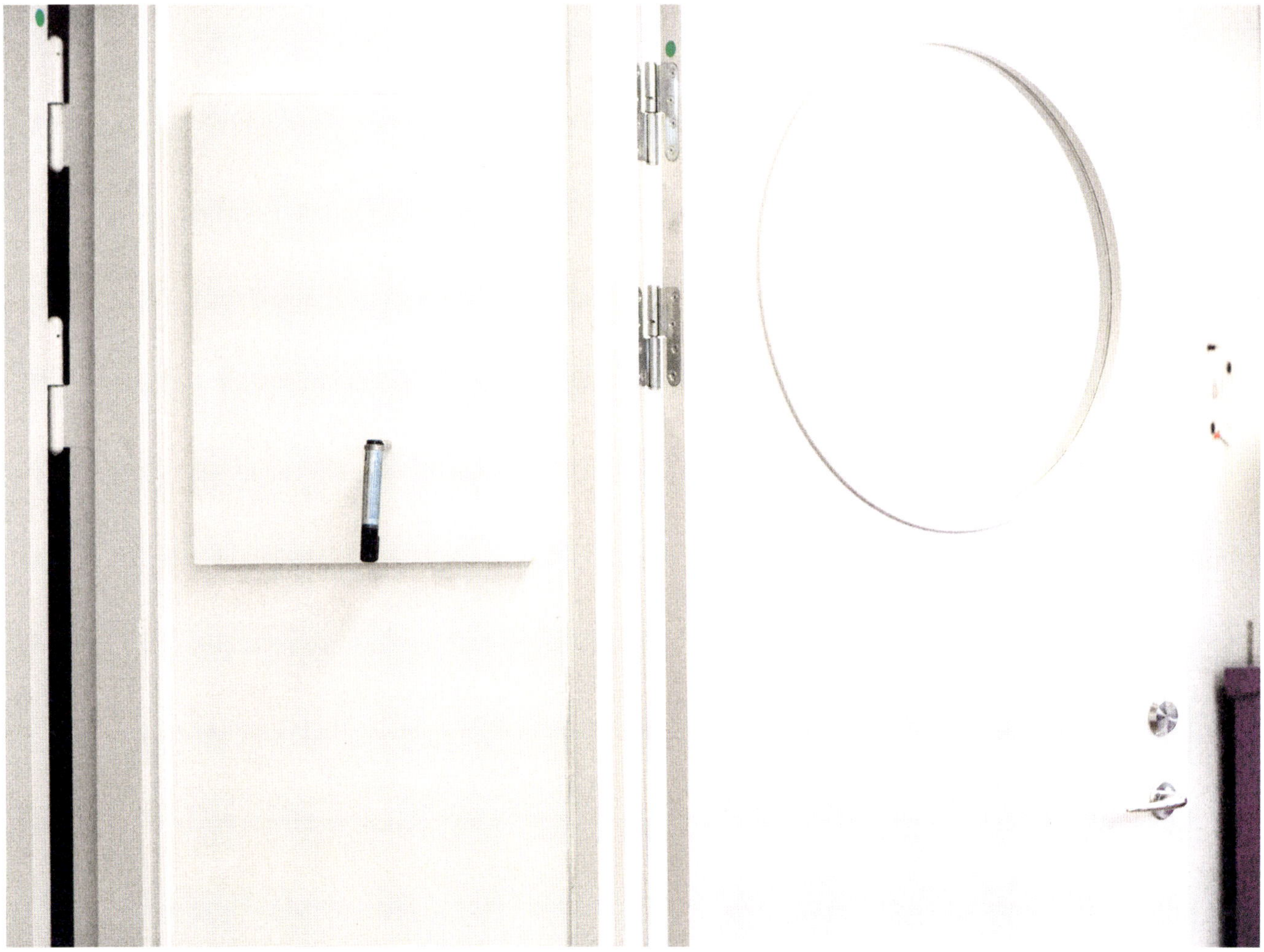

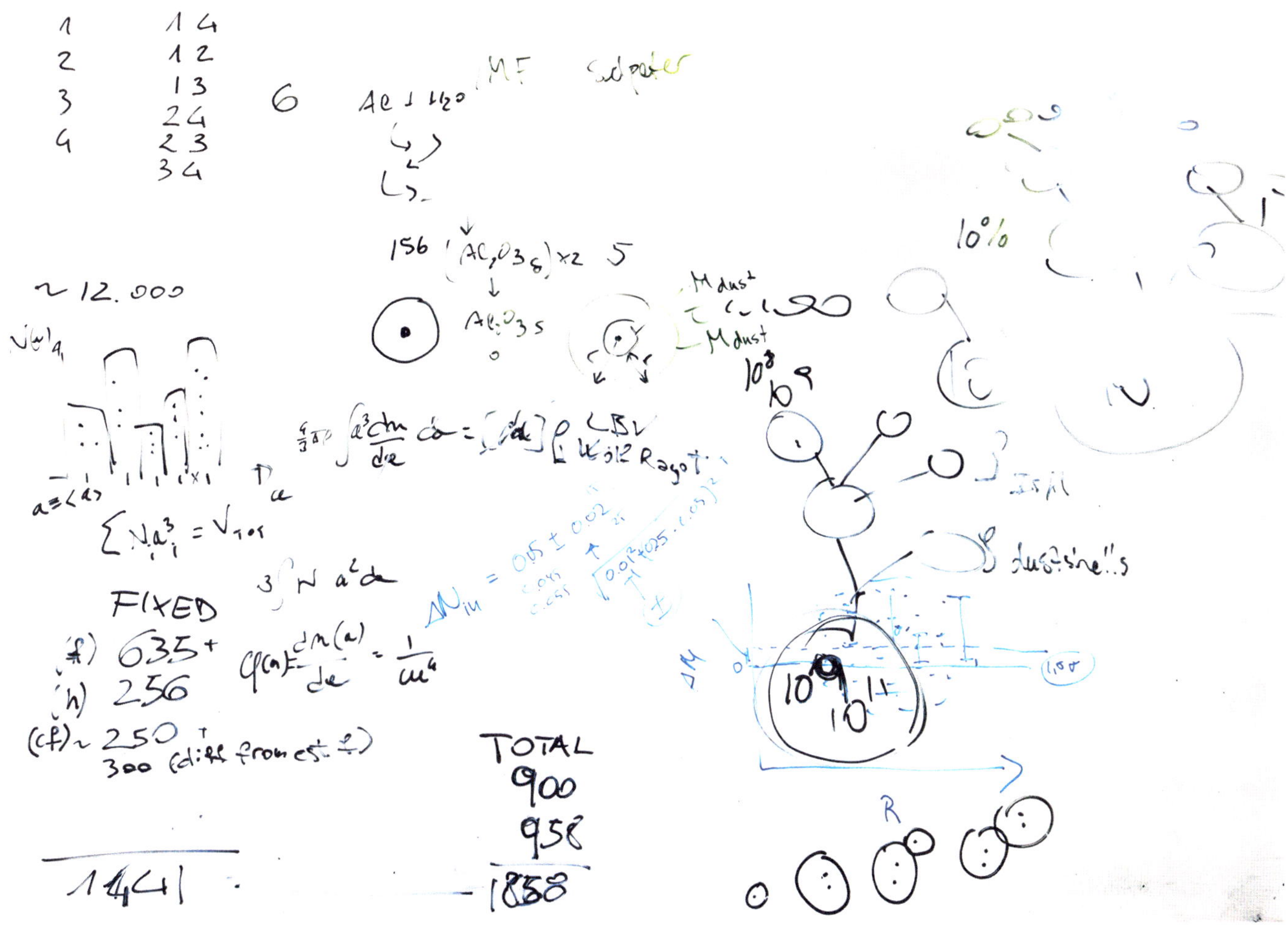
~12.000
FIXED
TOTAL
900
958
1858
1441
10%
dust shells

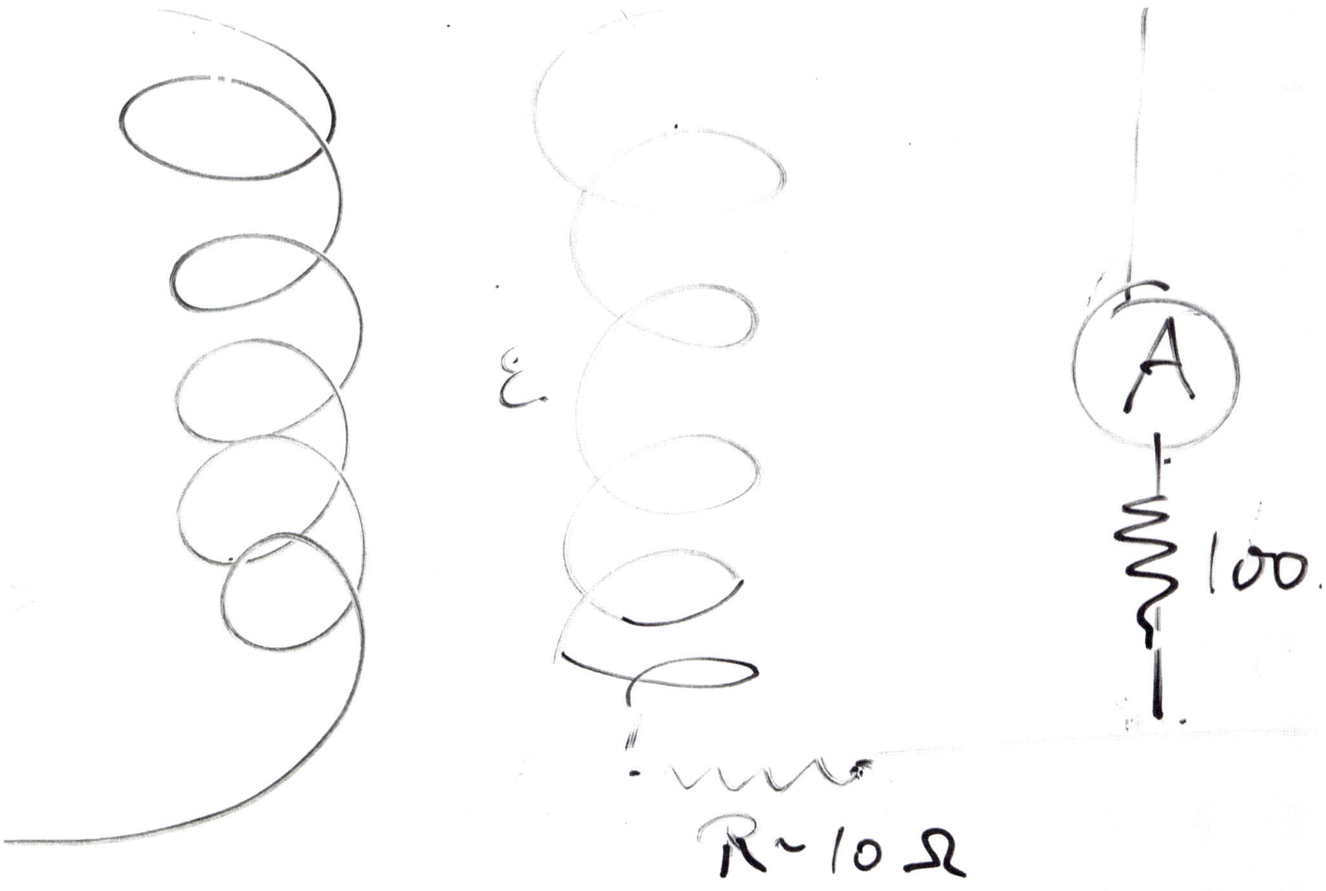
A
100
R ~ 10 Ω

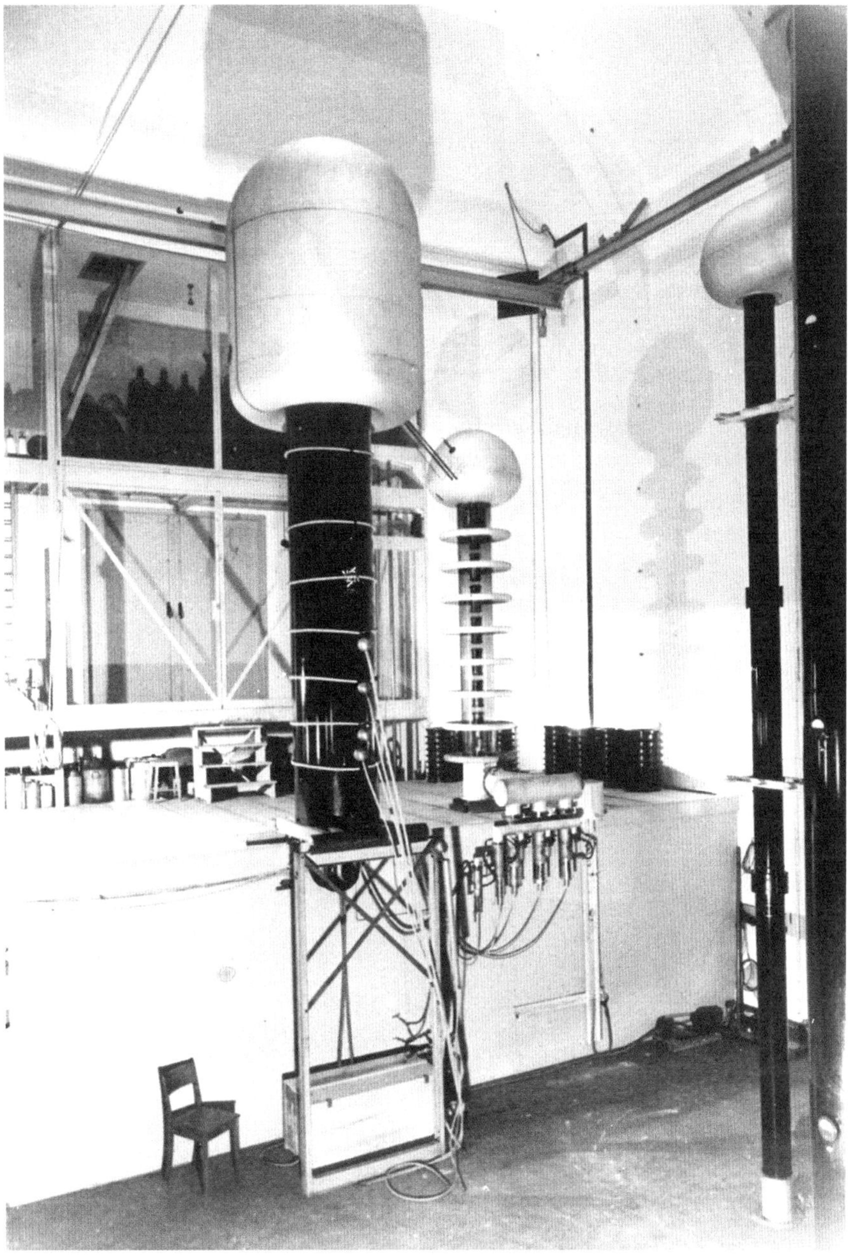

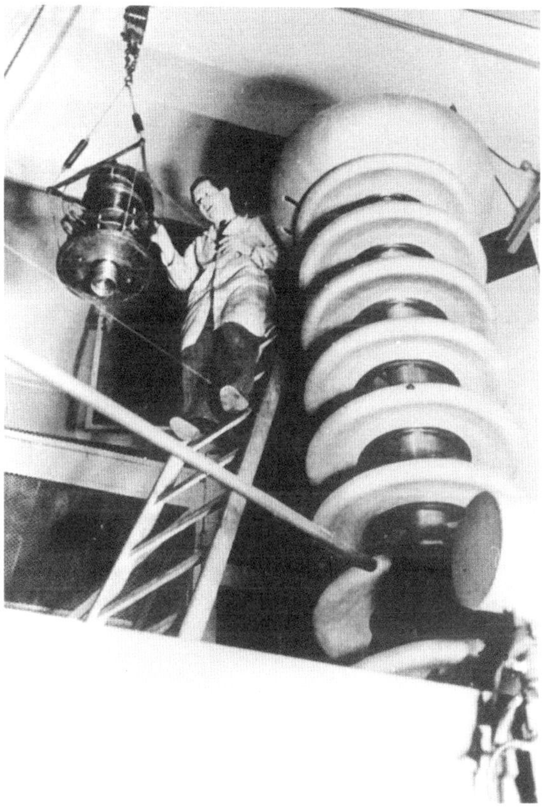

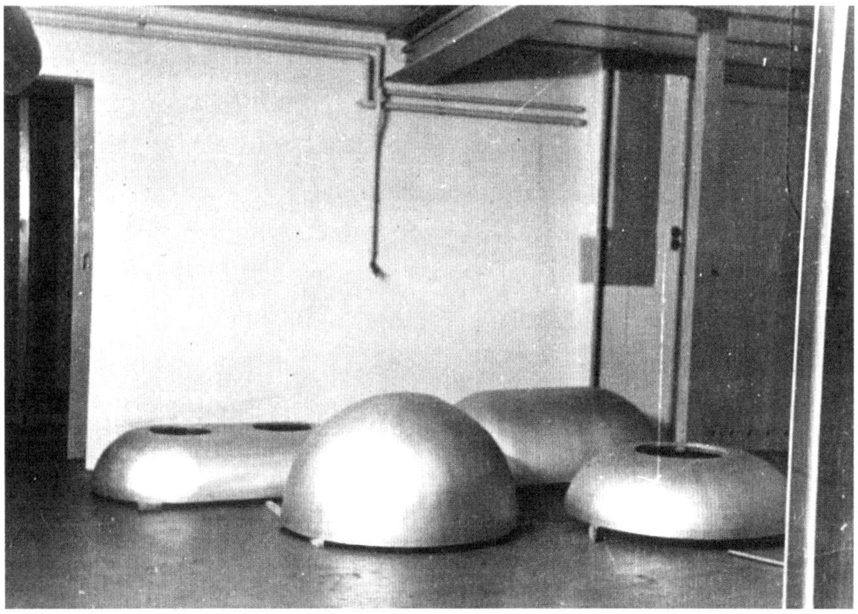

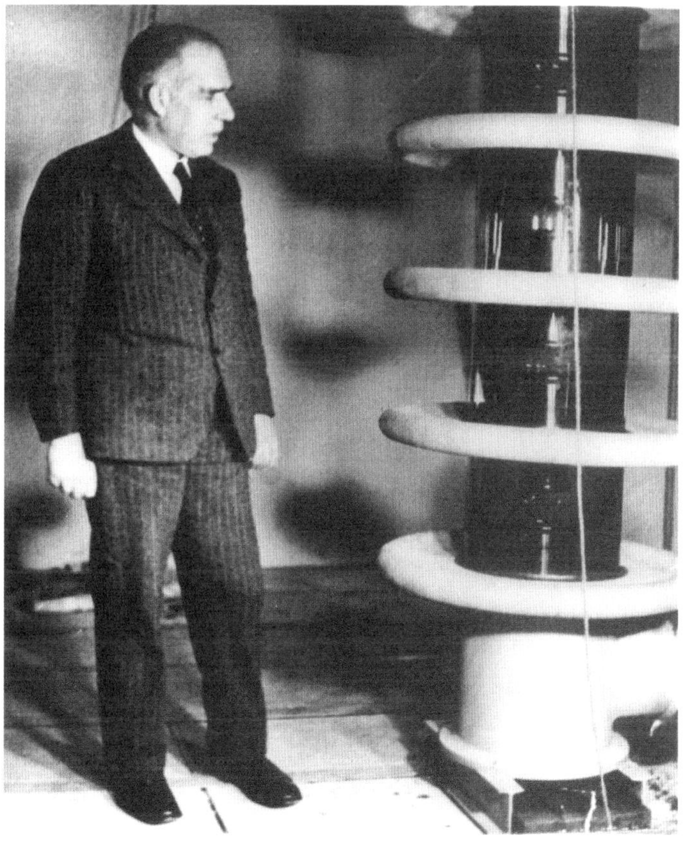

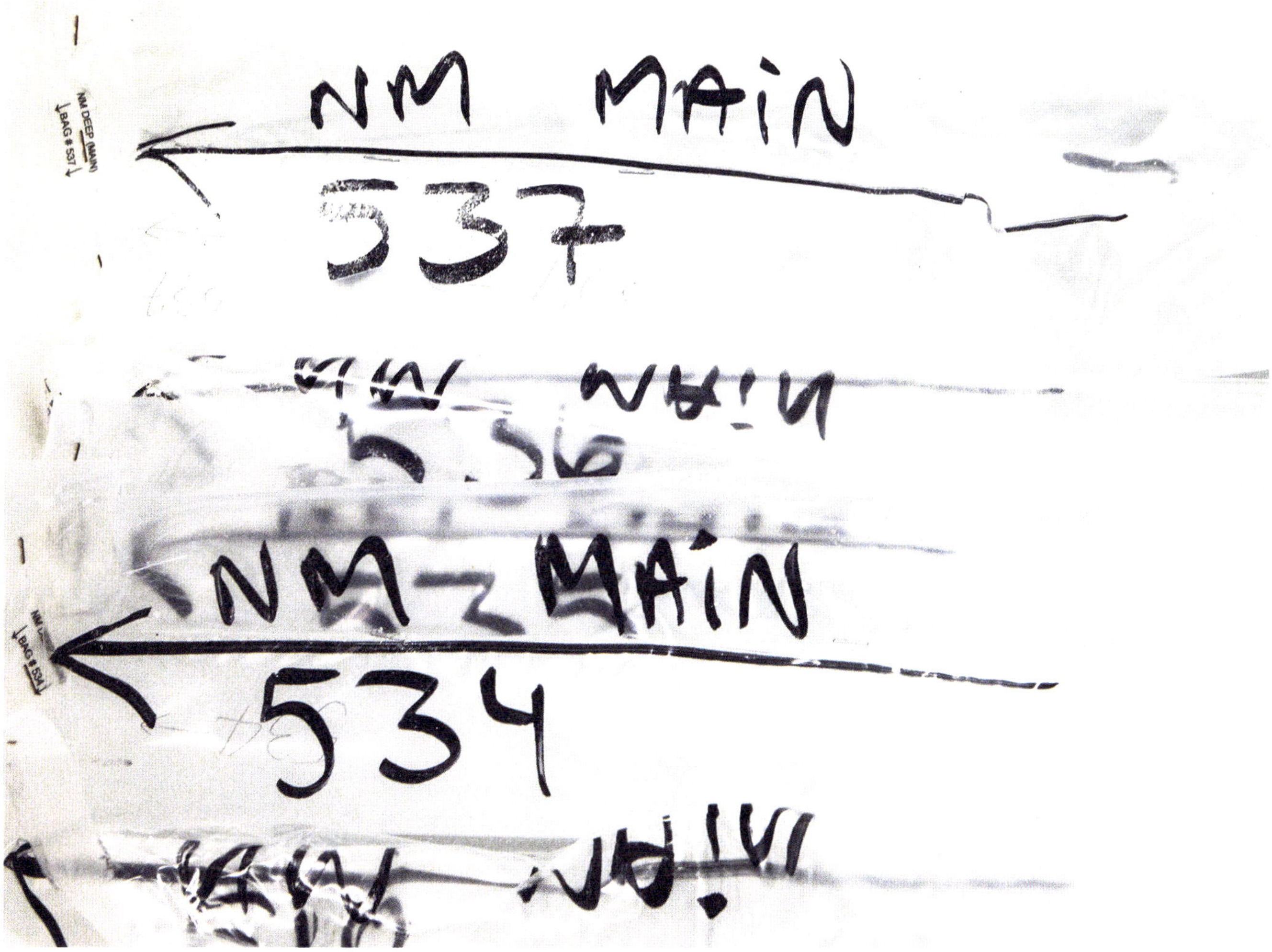
NM MAIN
537
NM MAIN
534

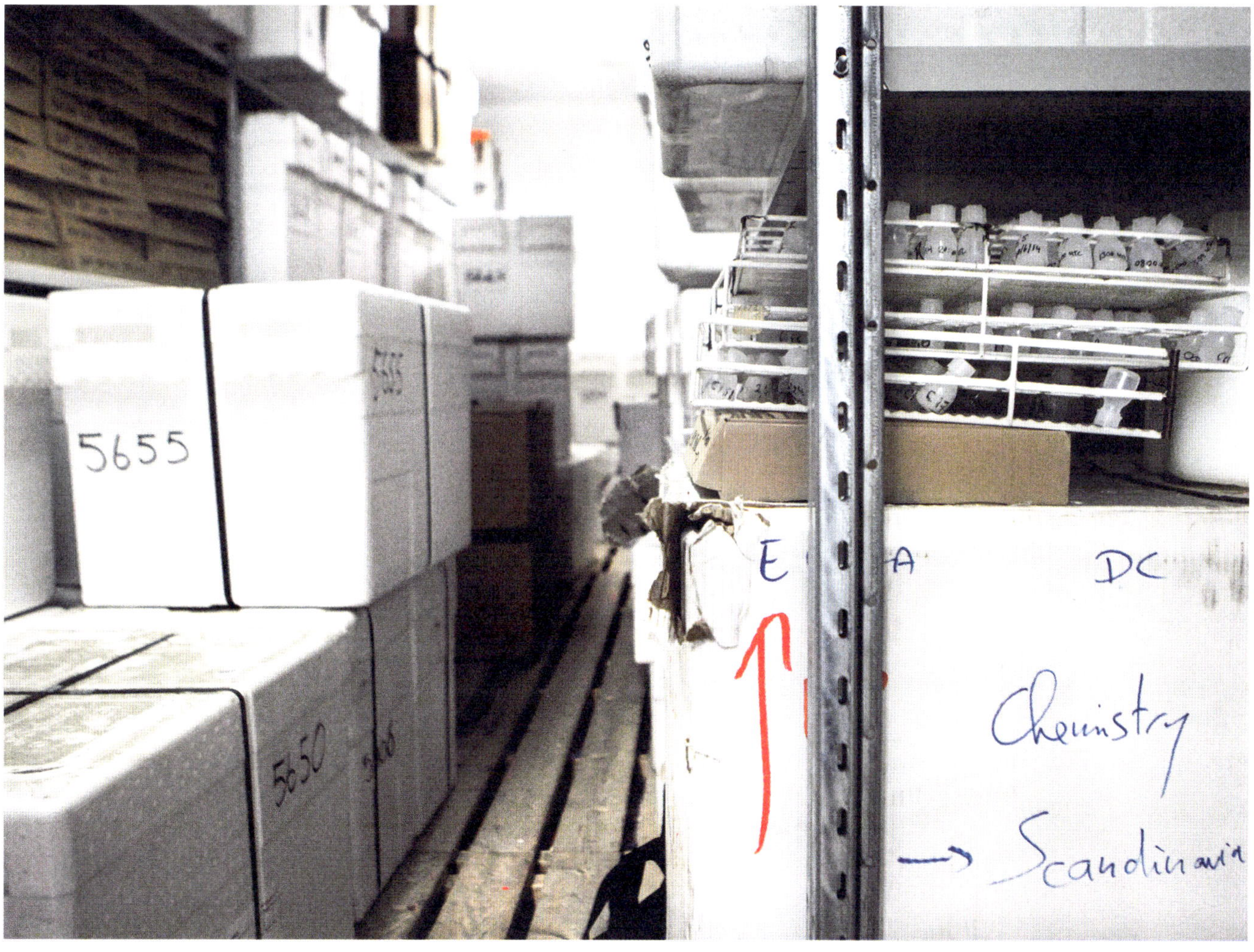
5655
5650
E
A
DC
Chemistry

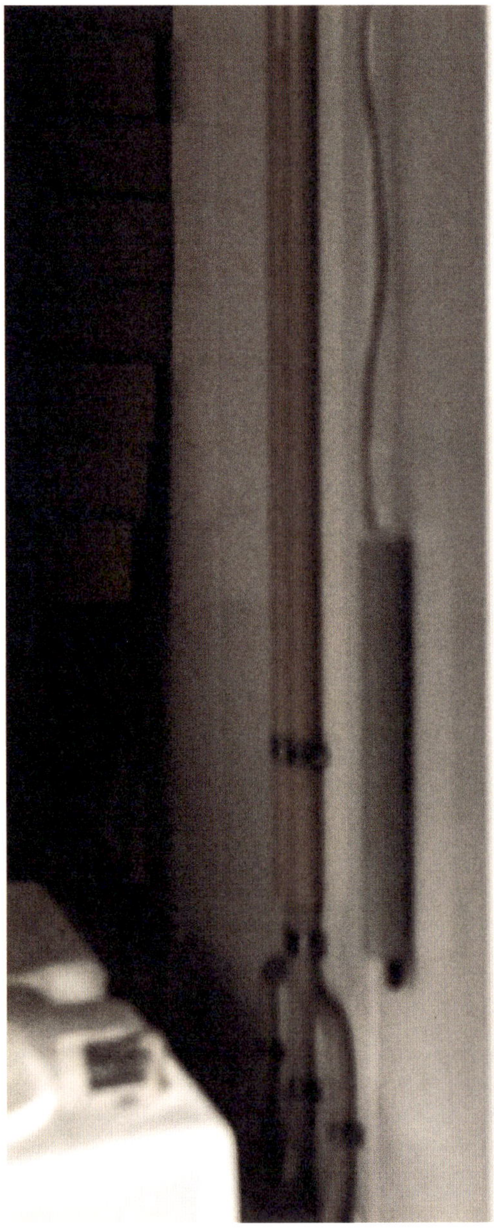

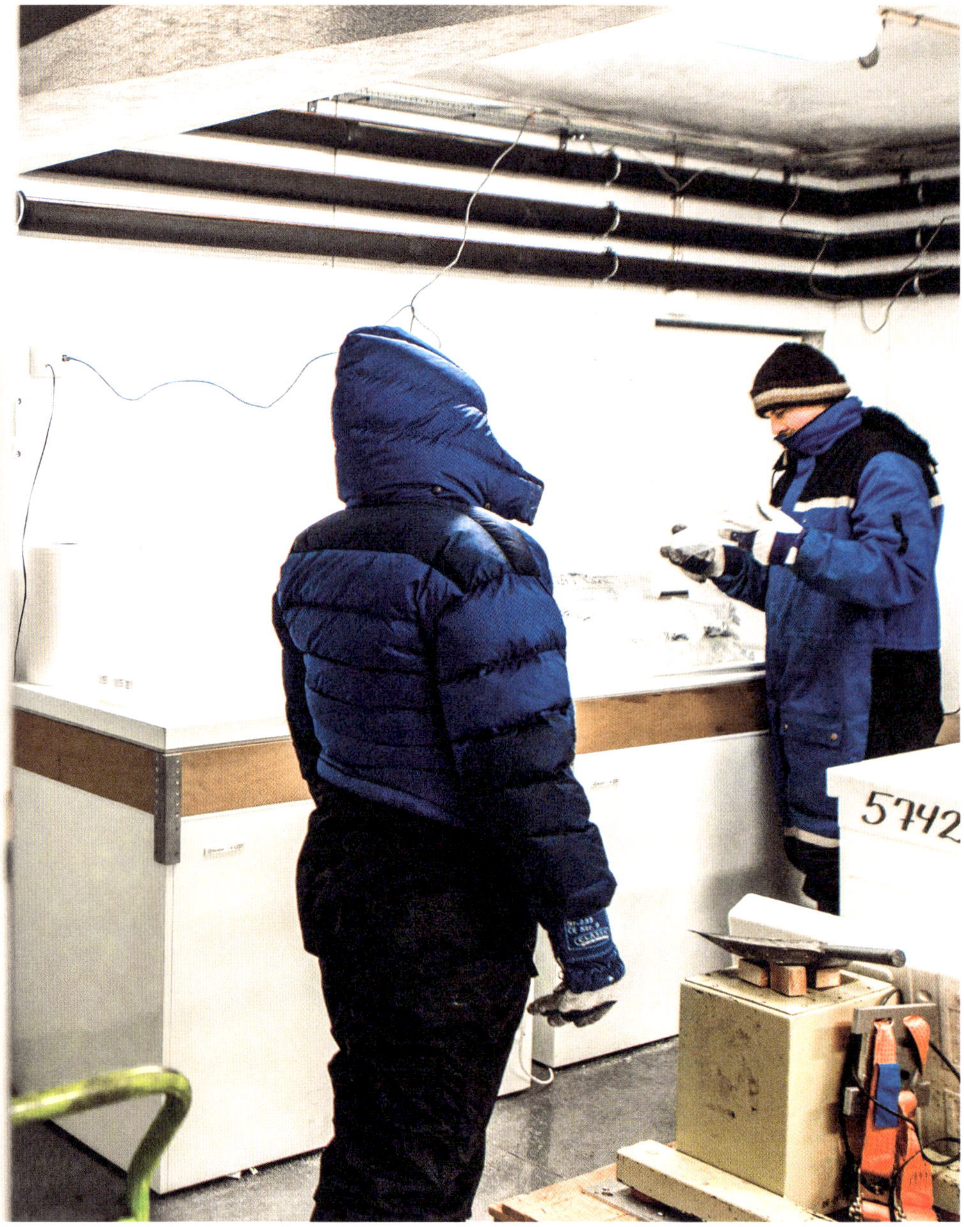
5742

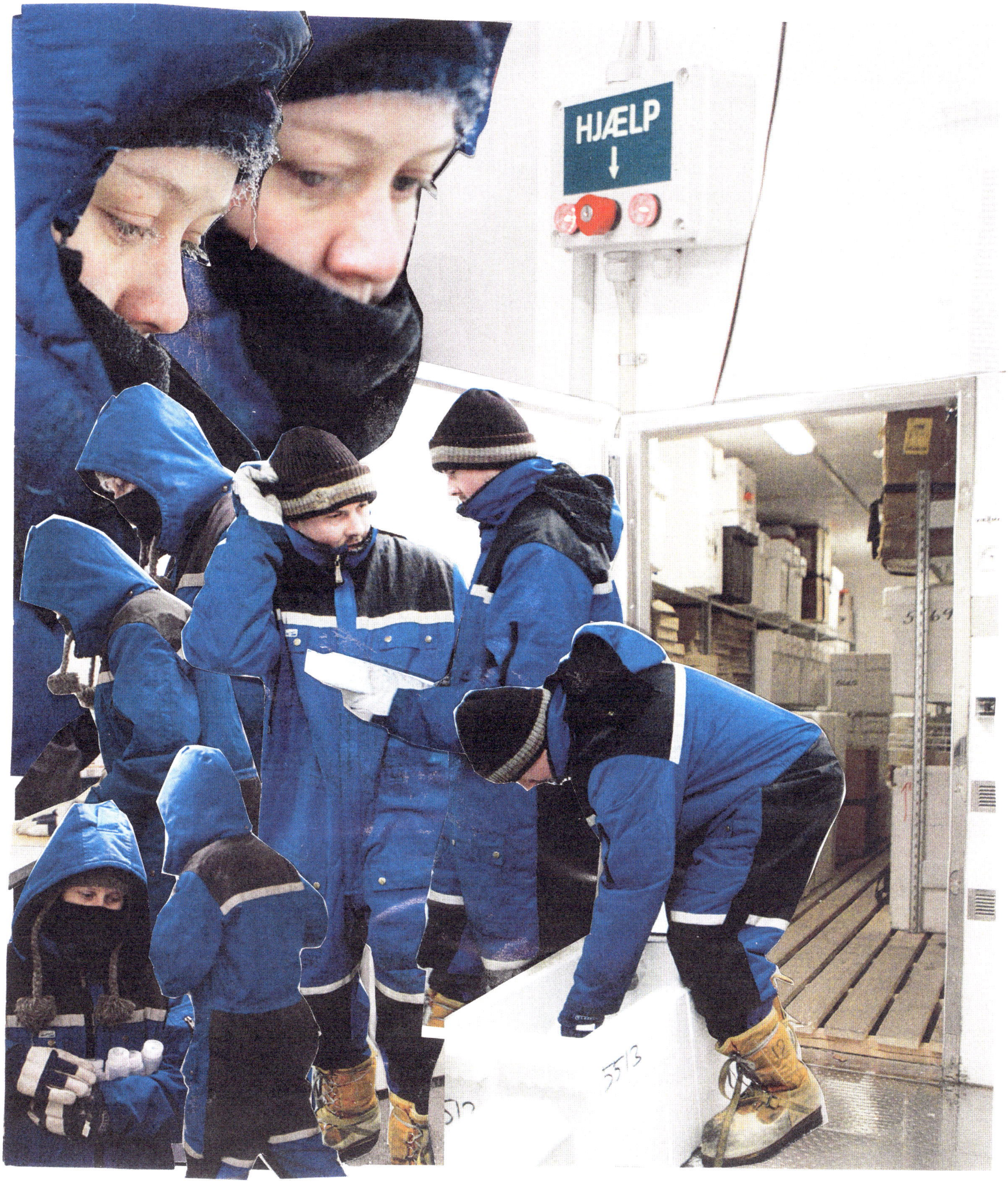
HJÆLP

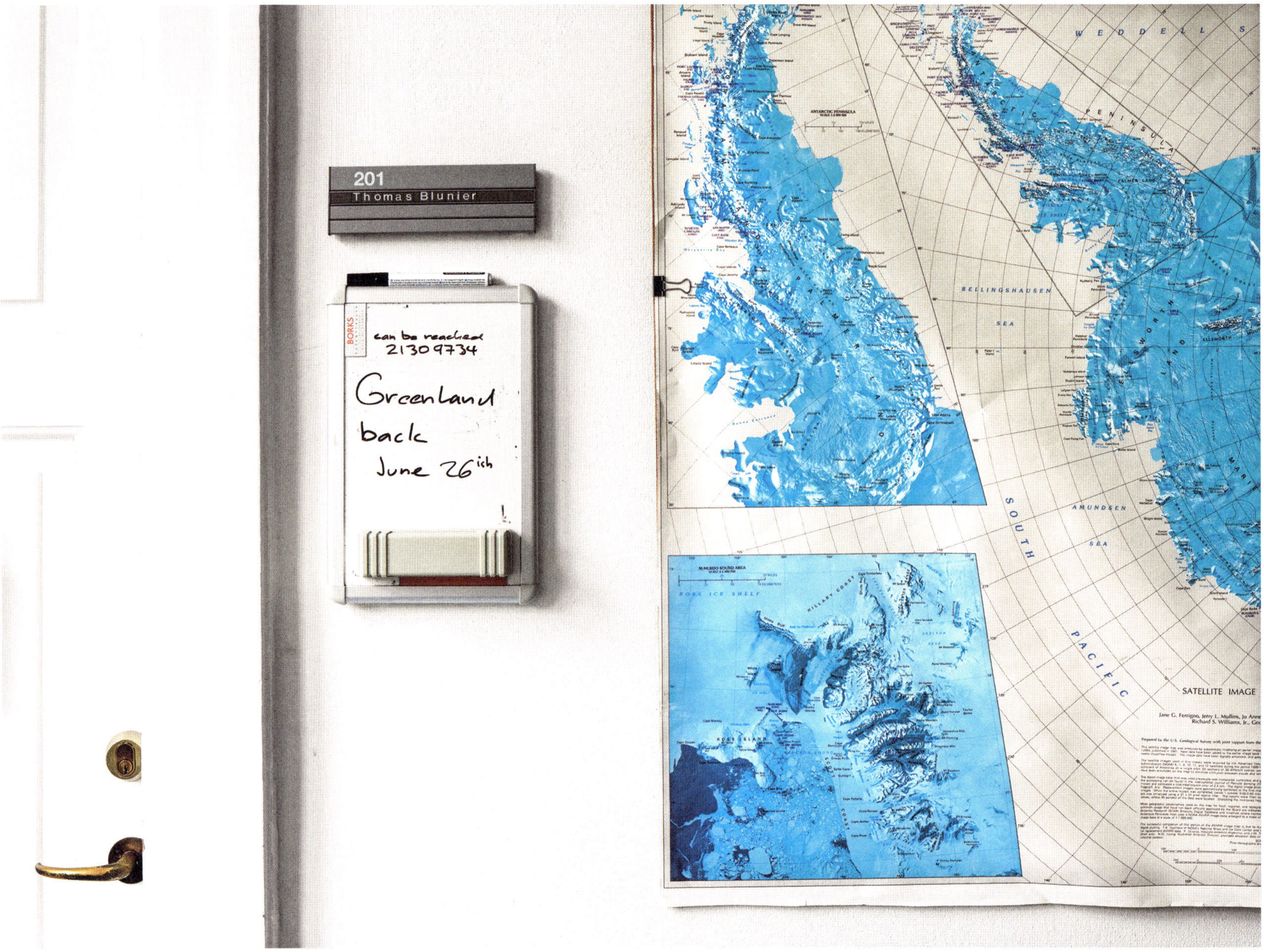
201
Thomas Blunier
BORKS
can be reached
21309734
Greenland
back
June 26ish
BELLINGSHAUSEN
SEA
SOUTH
PACIFIC
AMUNDSEN
SEA
SATELLITE IMAGE

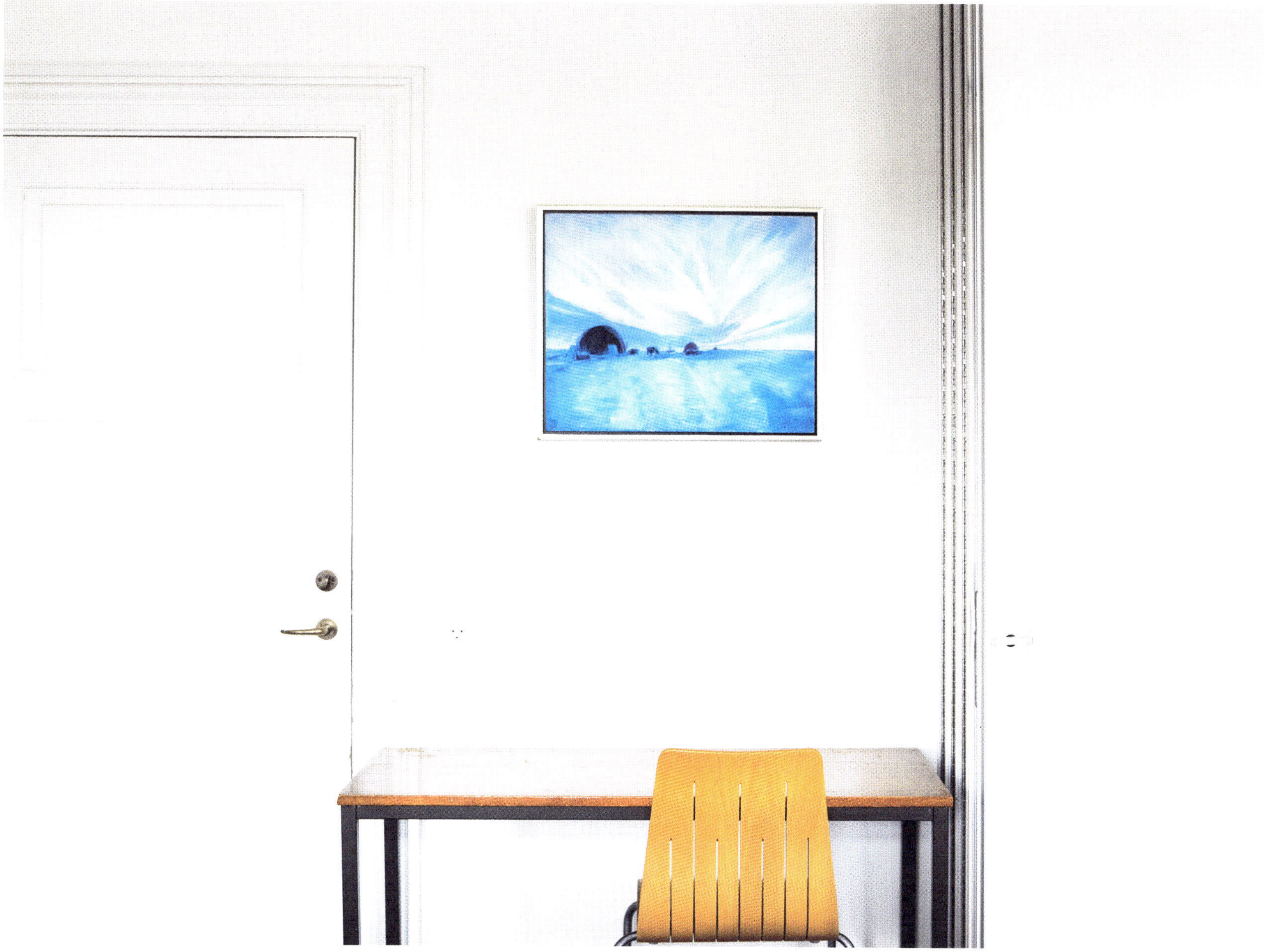

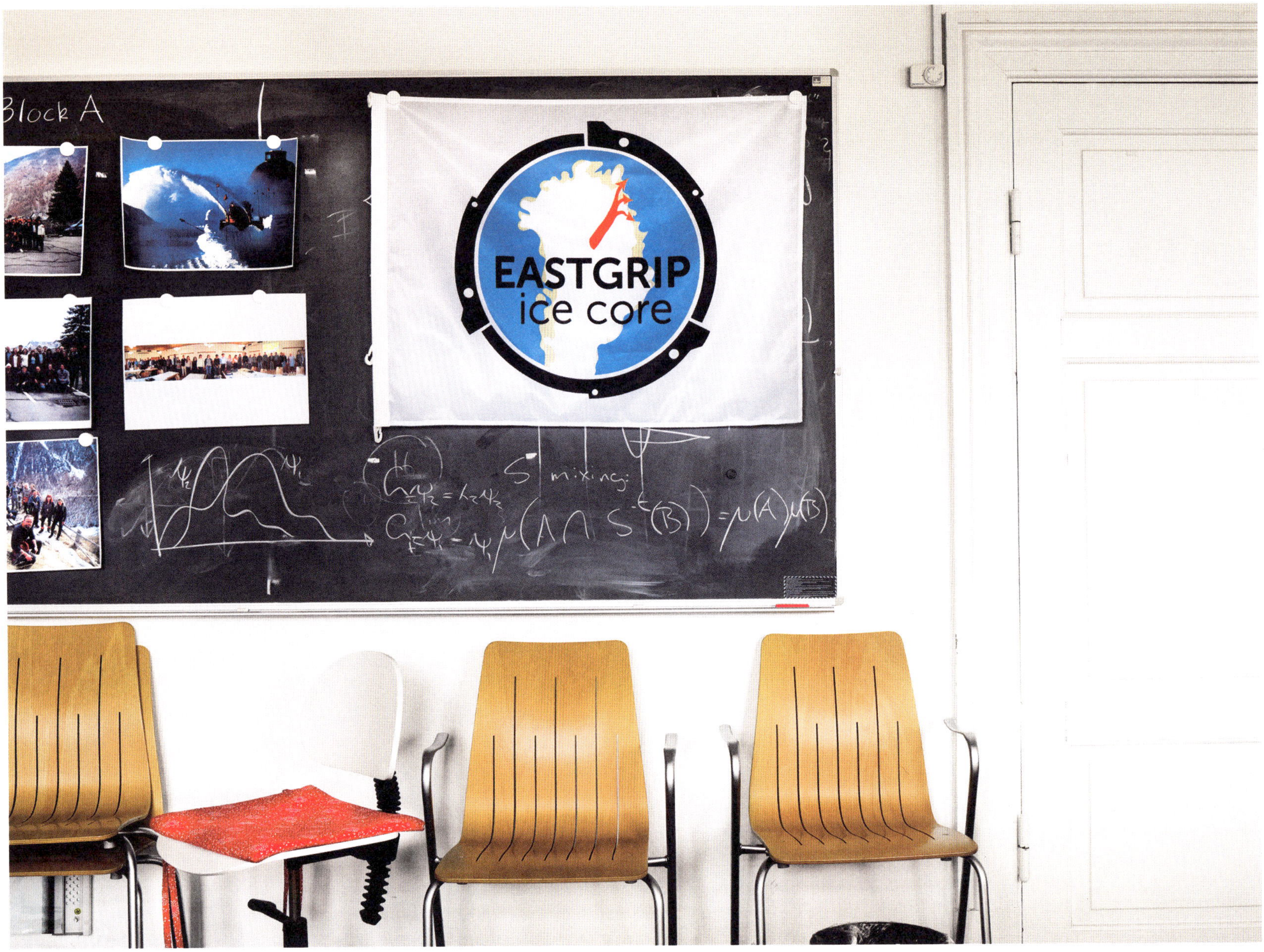
Block A
EASTGRIP
ice core

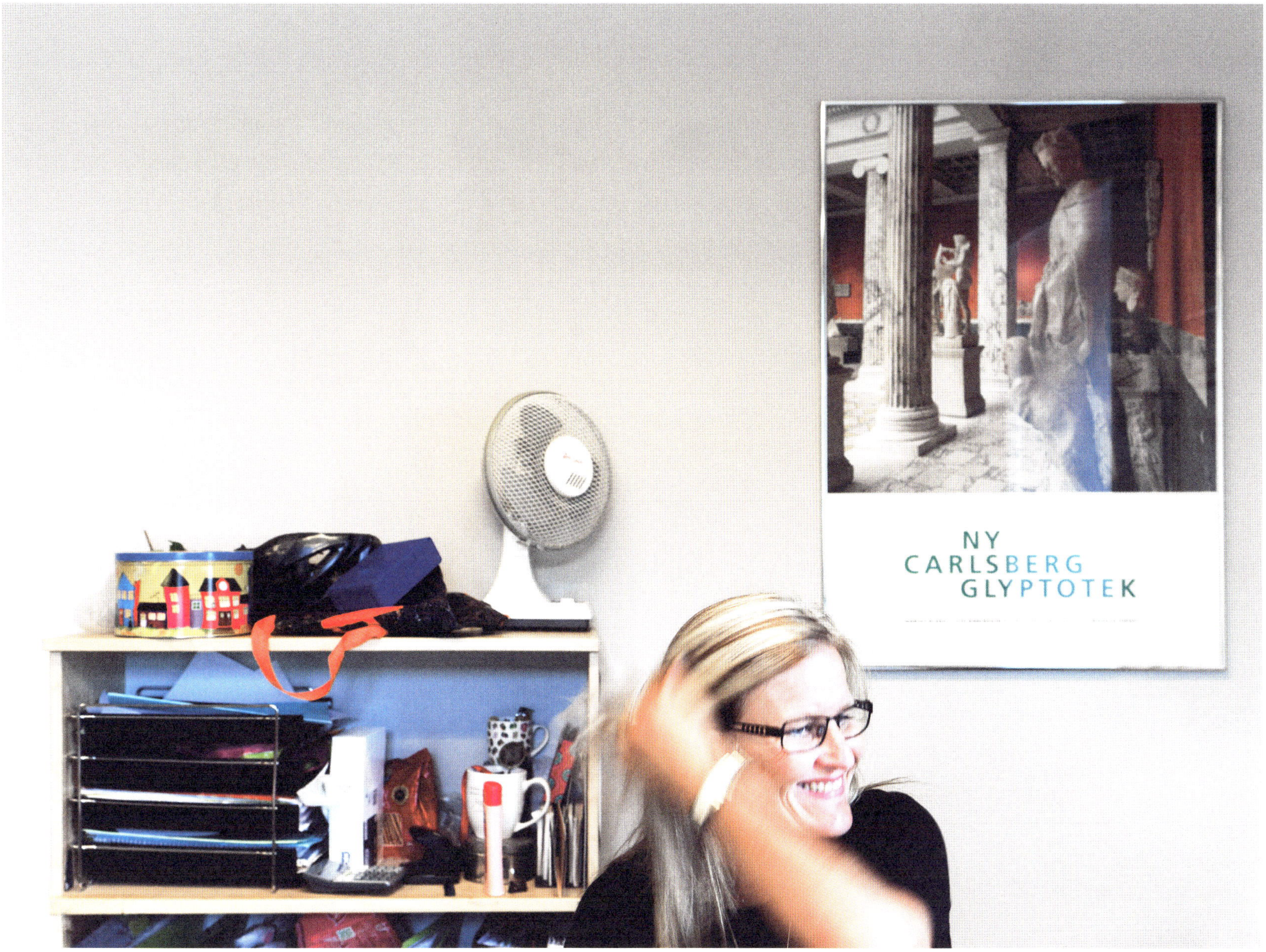
NY
CARLSBERG
GLYPTOTEK

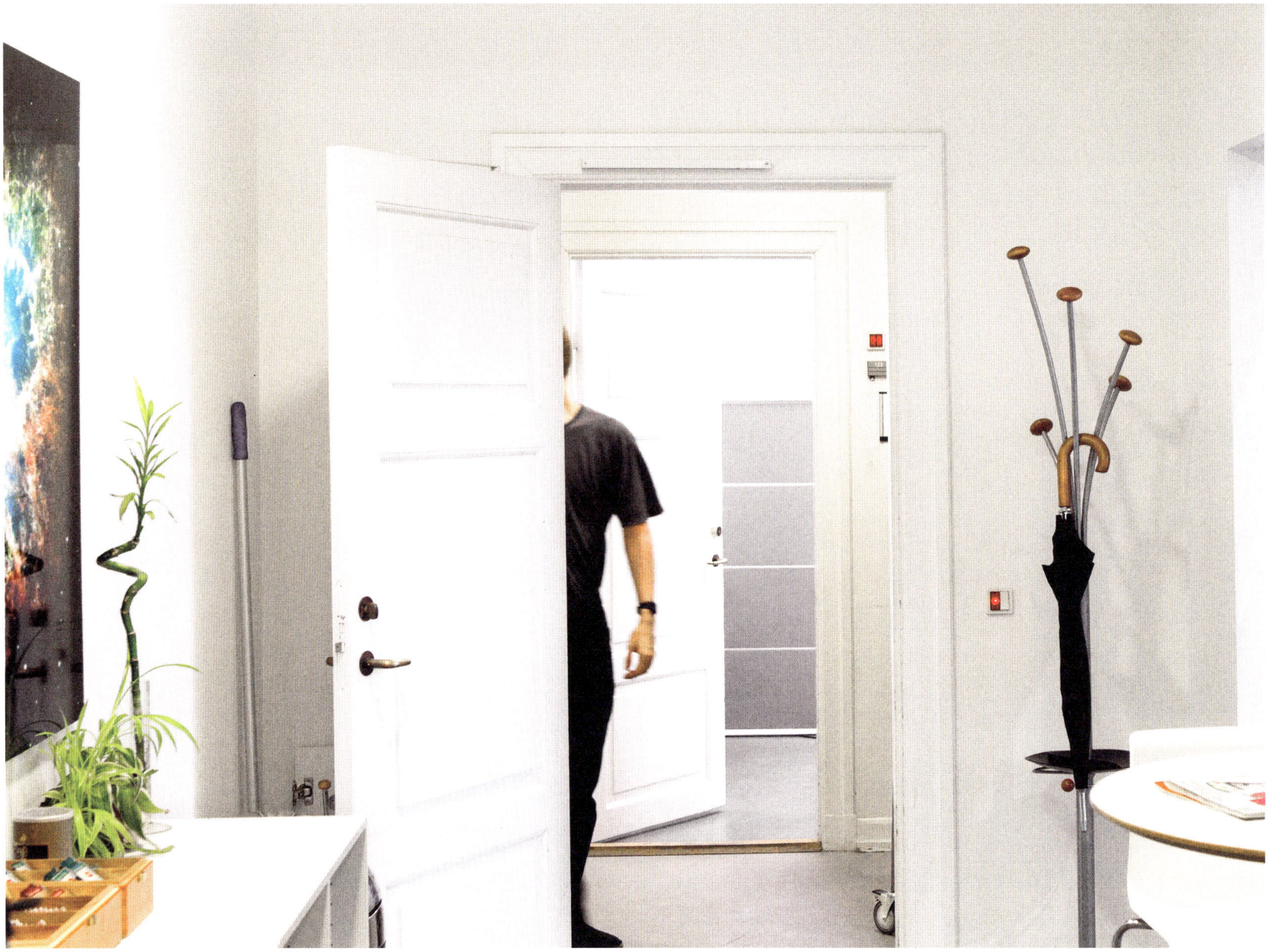

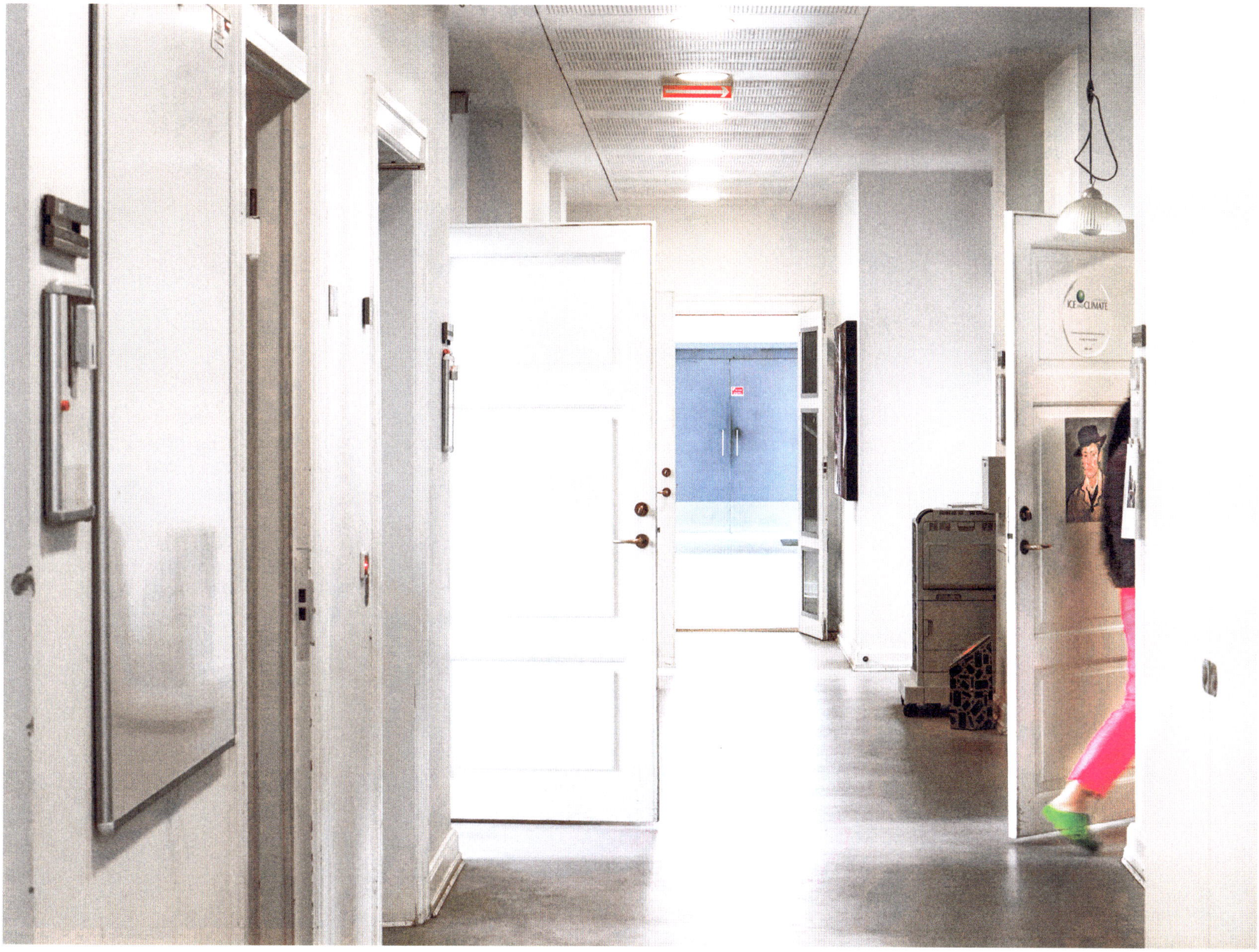
ICE CLIMATE

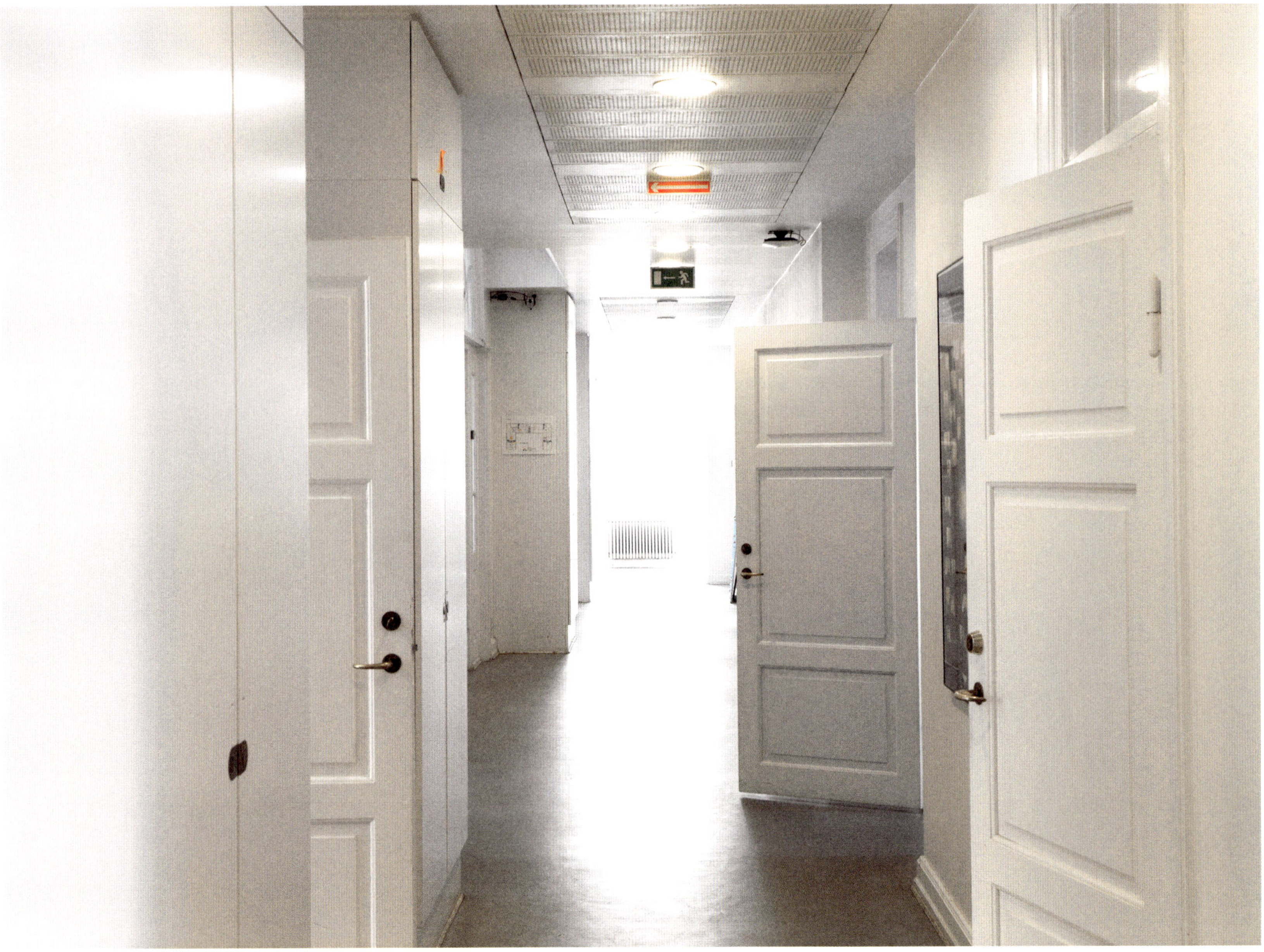

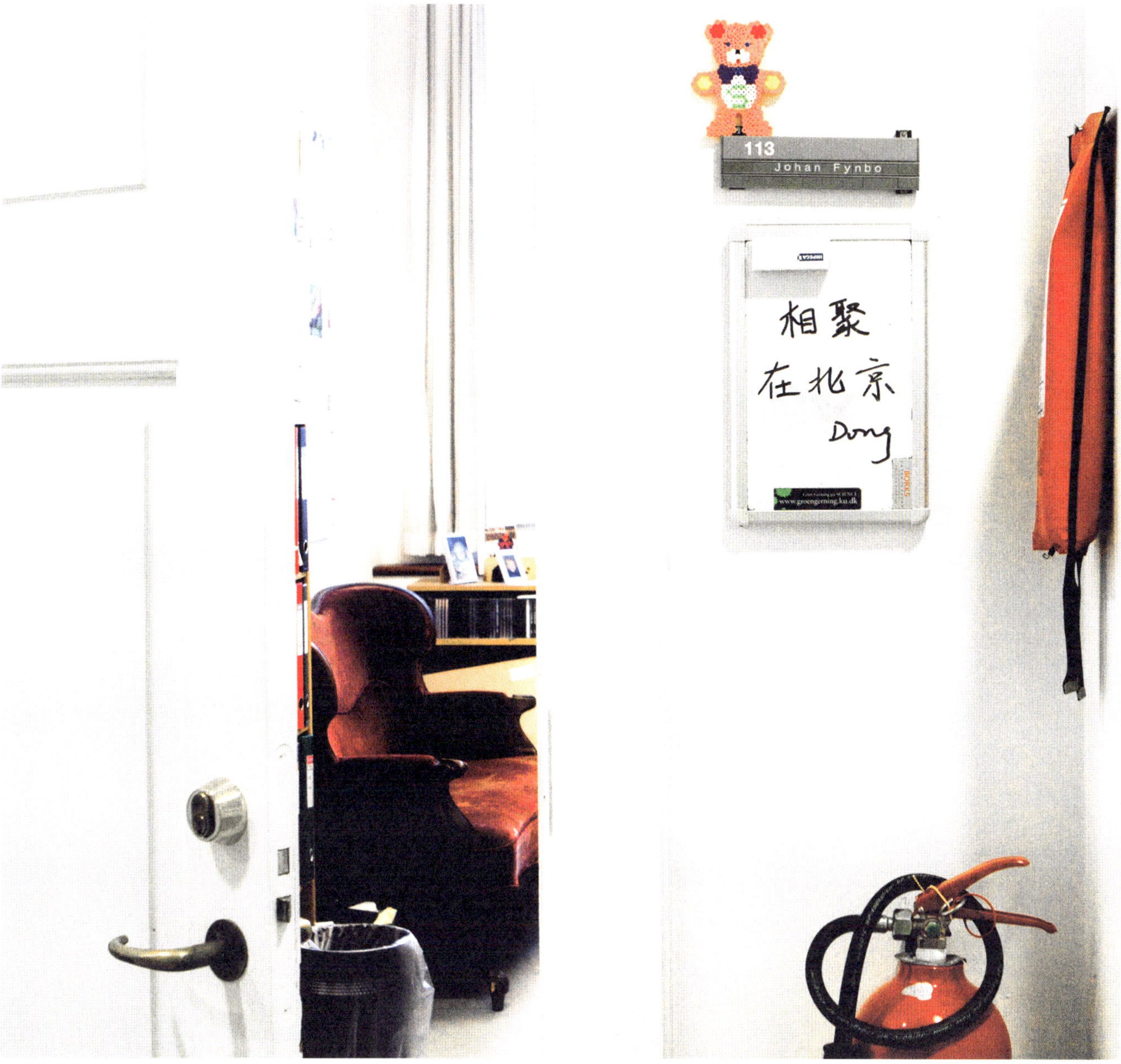
113
Johan Fynbo
相聚
在北京
Dong
www.groengerning.ku.dk

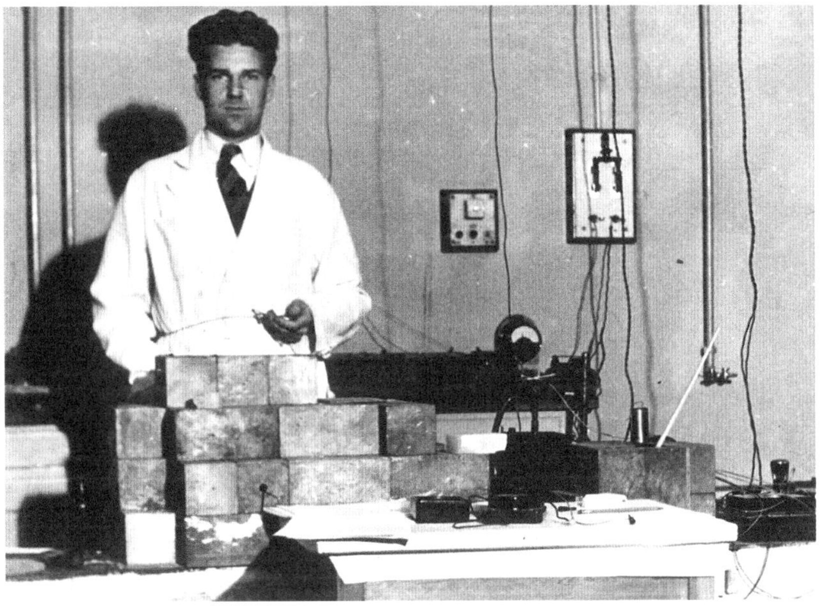

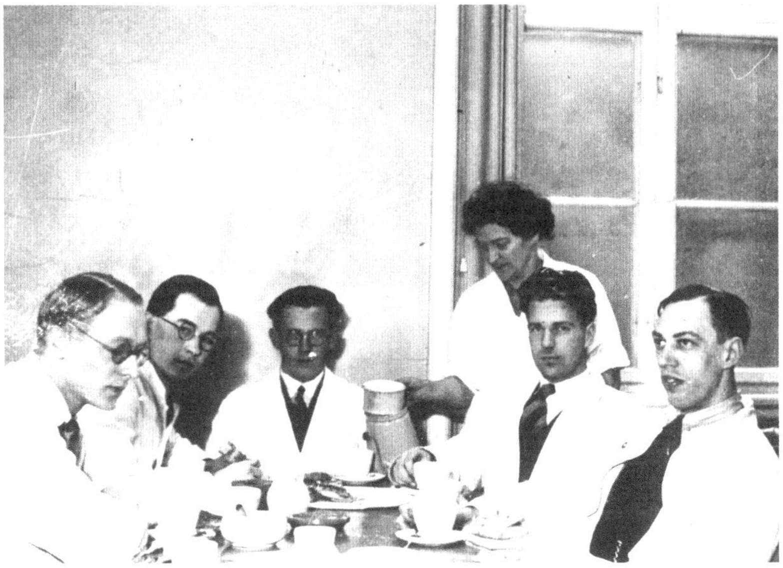

IT IS WRONG TO THINK THAT THE TASK OF PHYSICS IS TO FIND OUT HOW NATURE IS.

PHYSICS CONCERNS WHAT WE CAN SAY ABOUT NATURE.

Niels Bohr in *Bulletin of the Atomic Scientists* (1963).

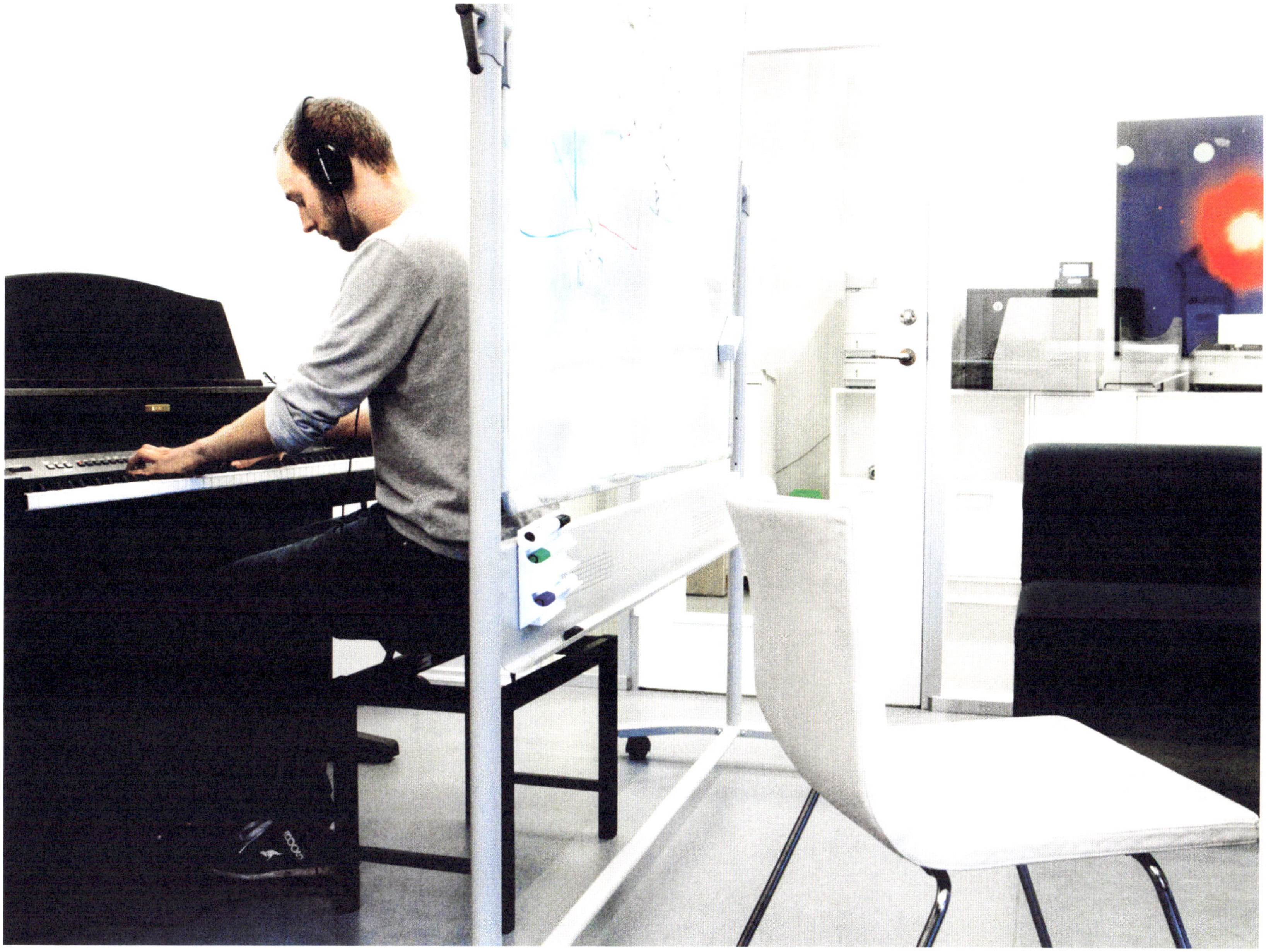

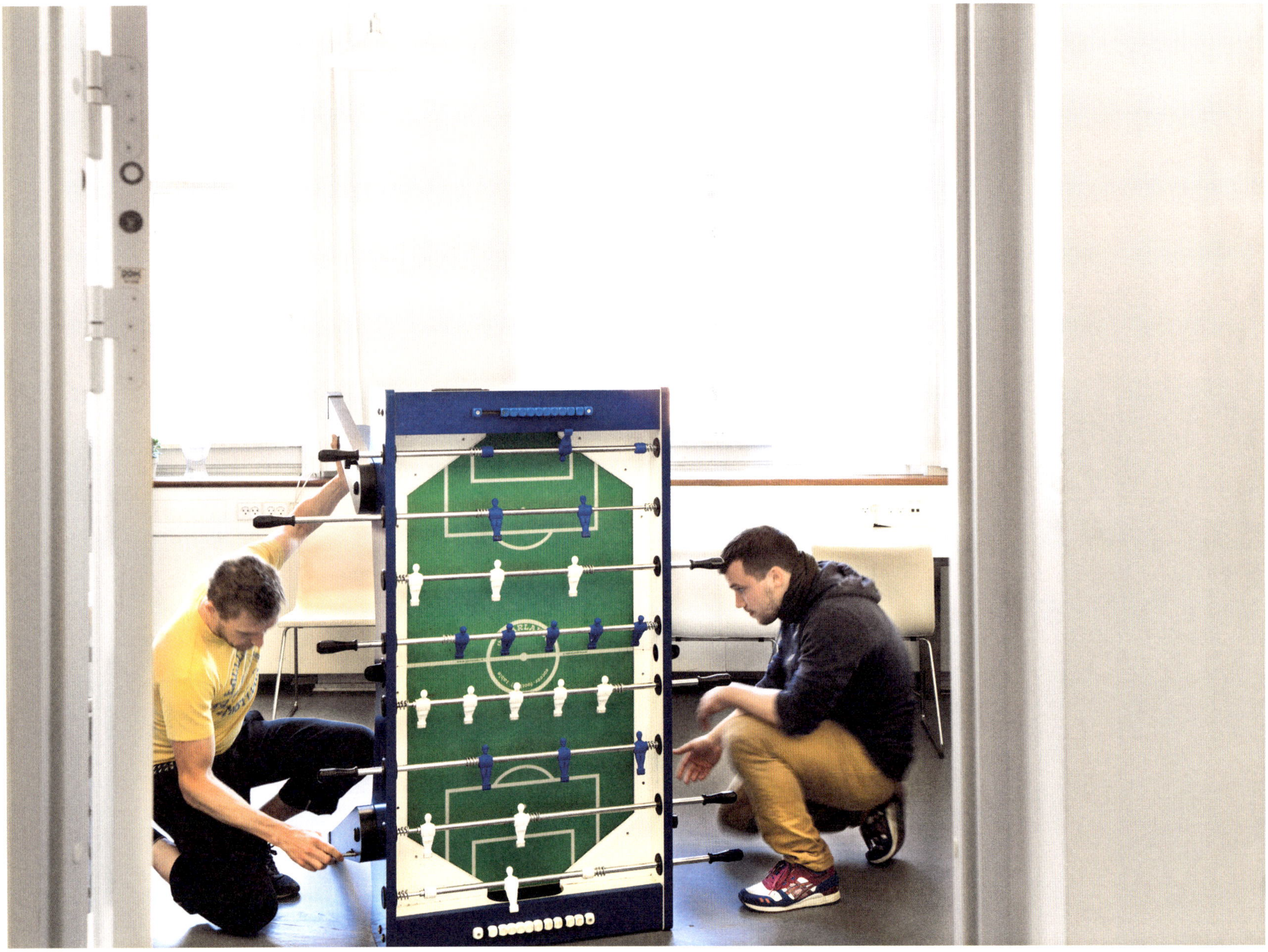

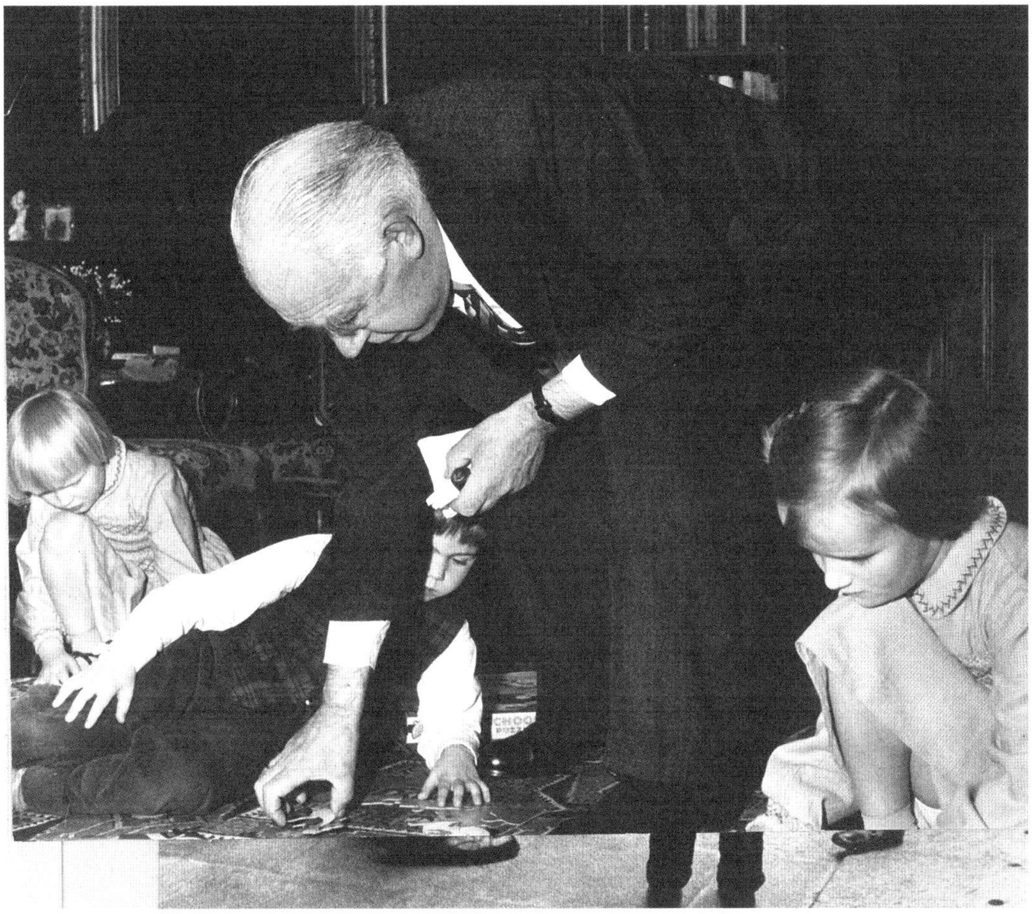

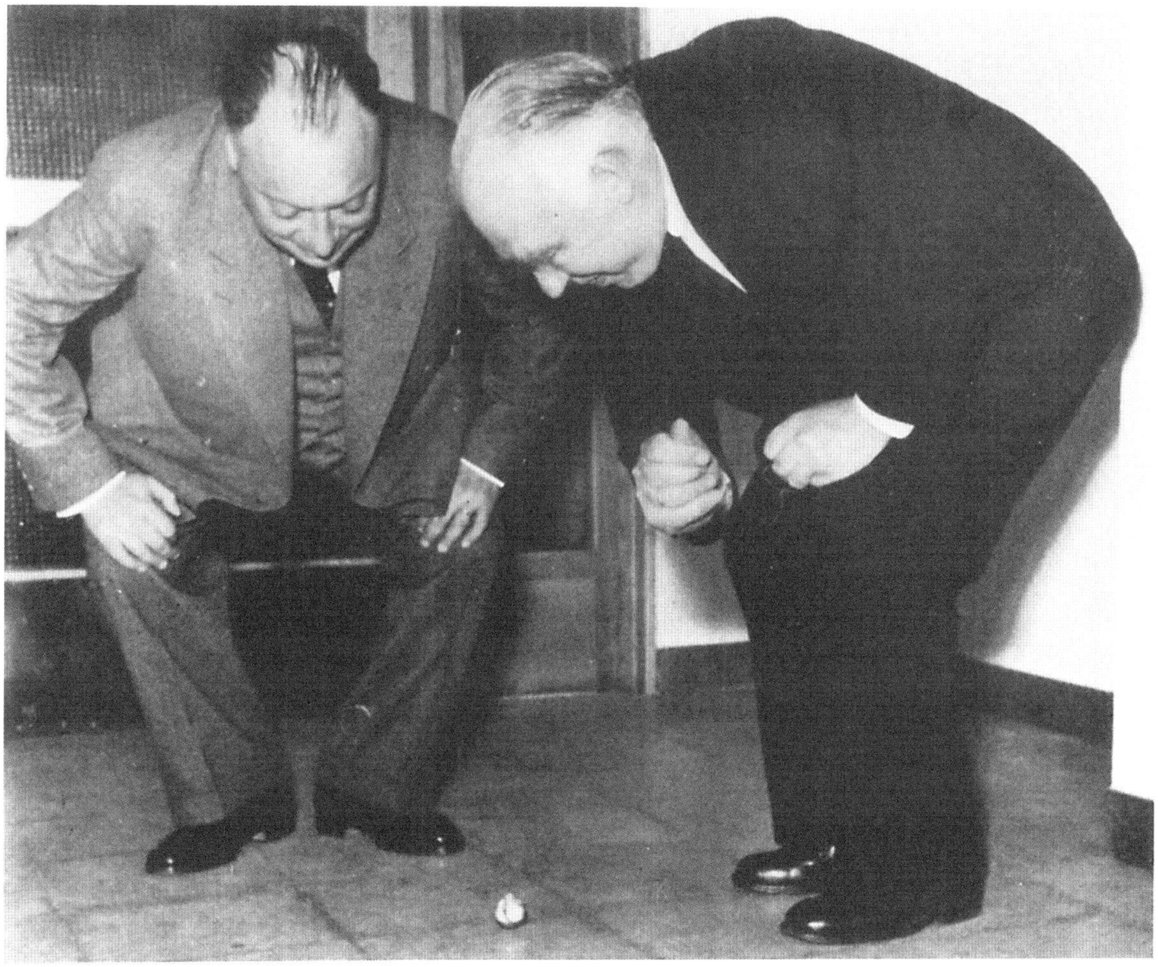

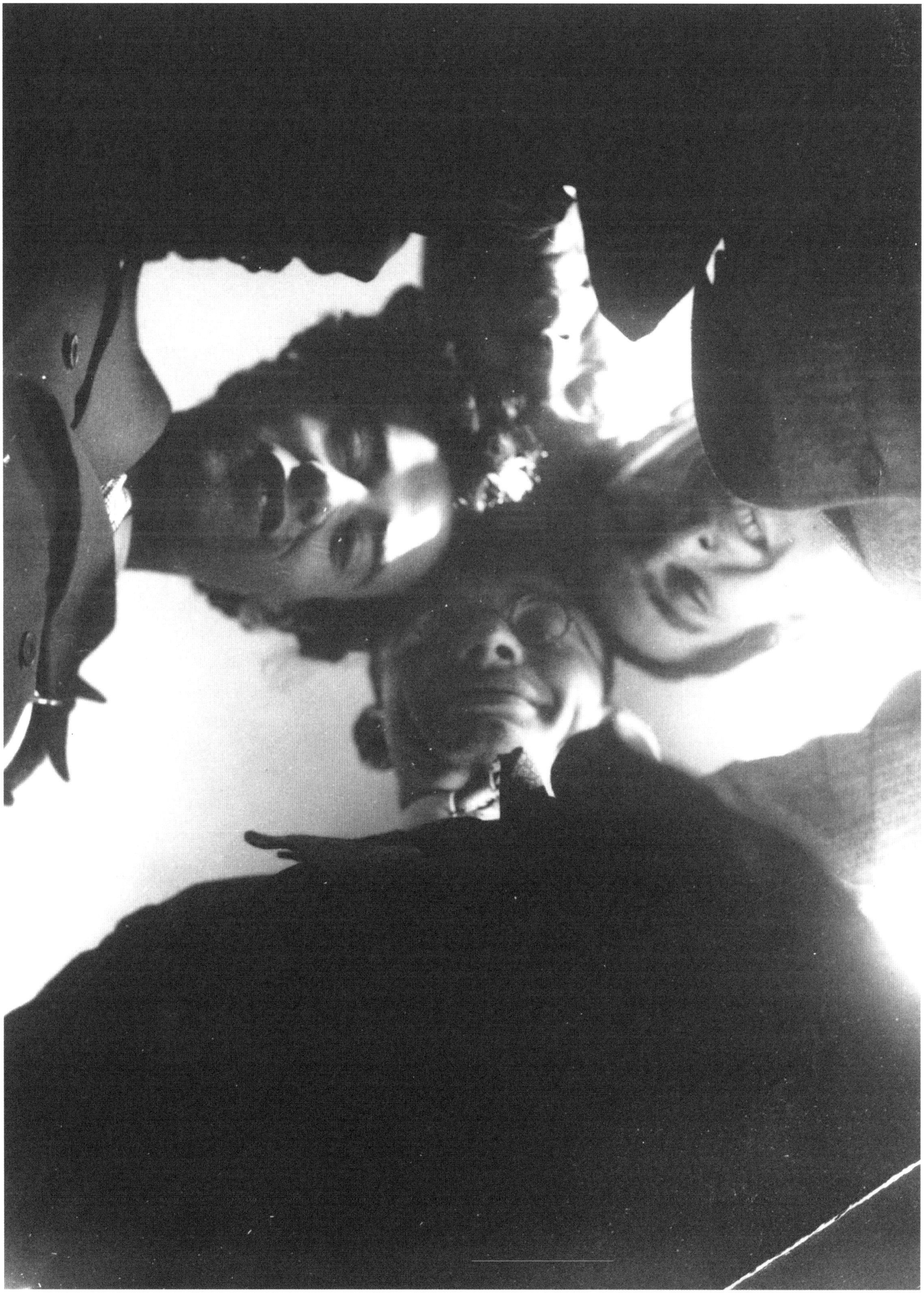

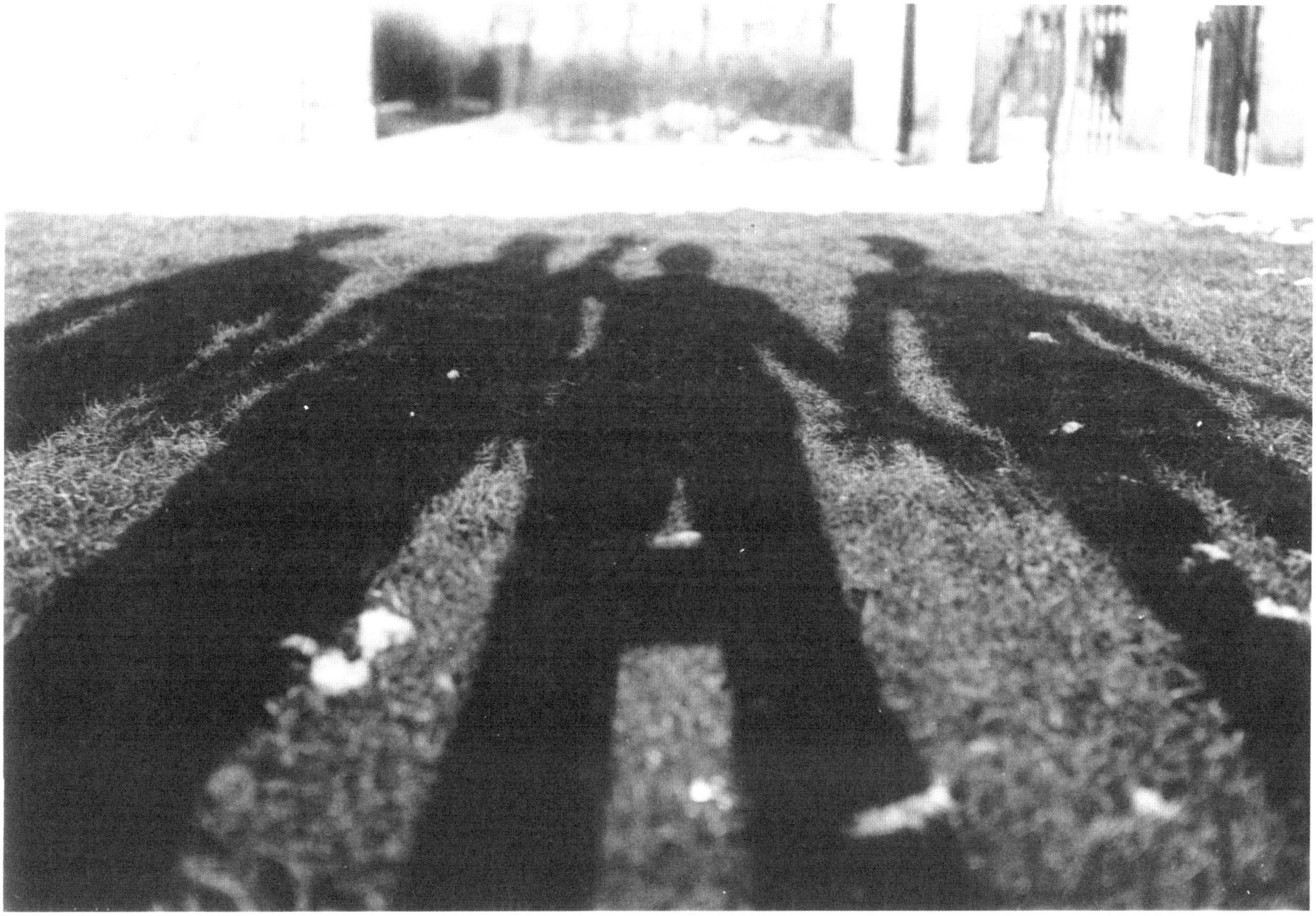

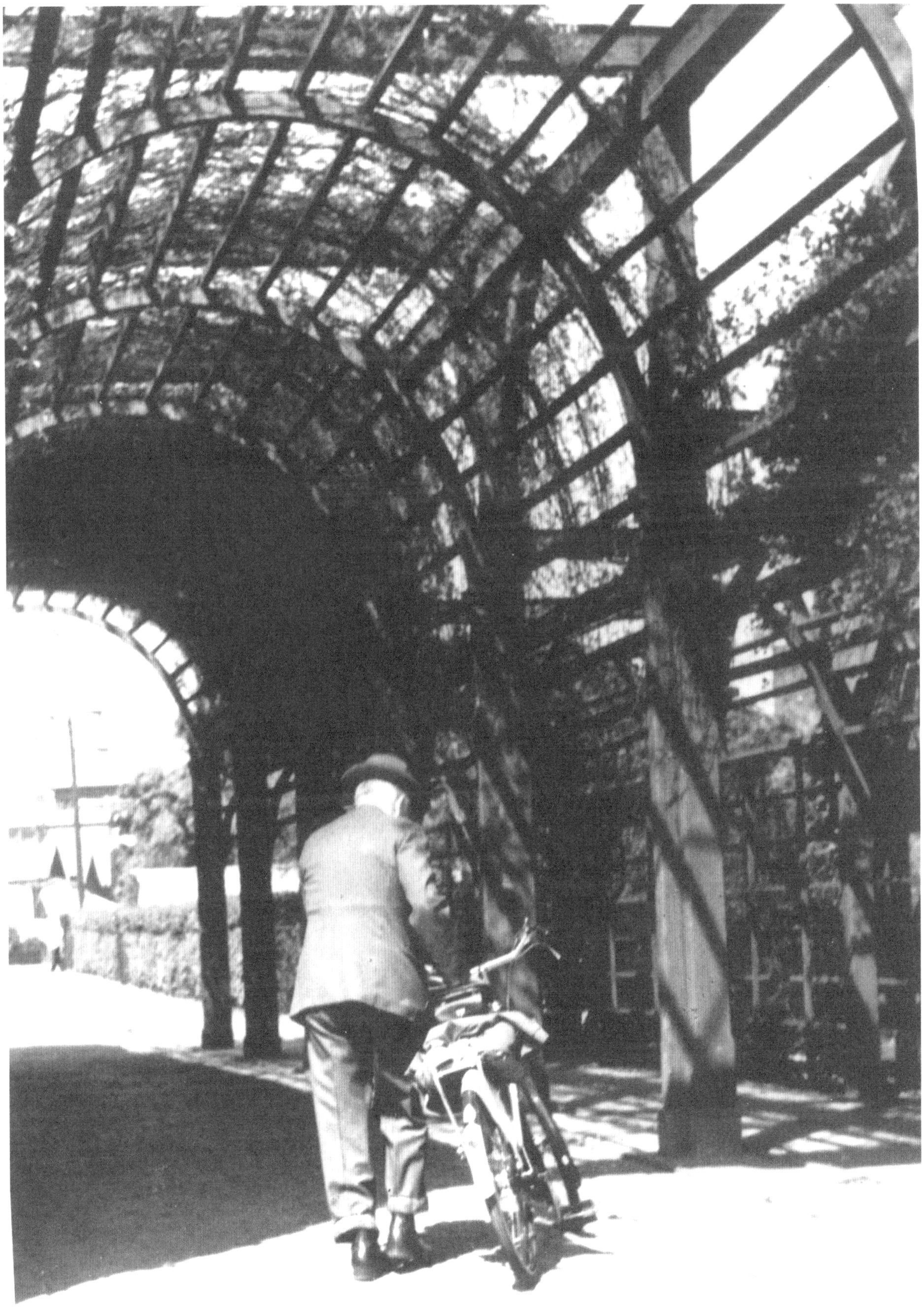

HOW WONDERFUL THAT WE HAVE MET WITH A PARADOX.
NOW WE HAVE SOME HOPE OF MAKING PROGRESS.

Quoted in Ruth Moore, *Nicls Bohr: Thc Man, His Science, & the World They Changed* (1966).

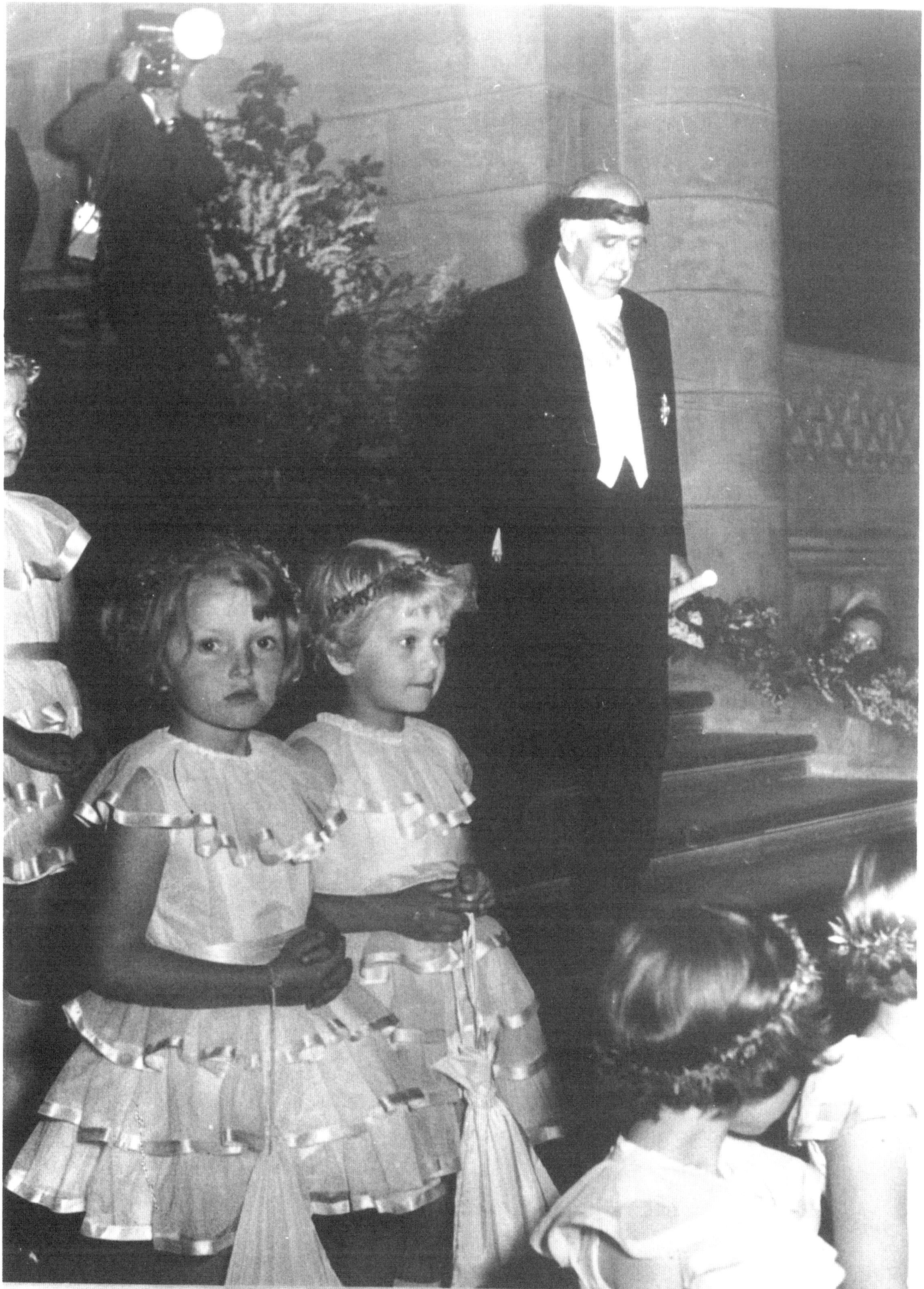

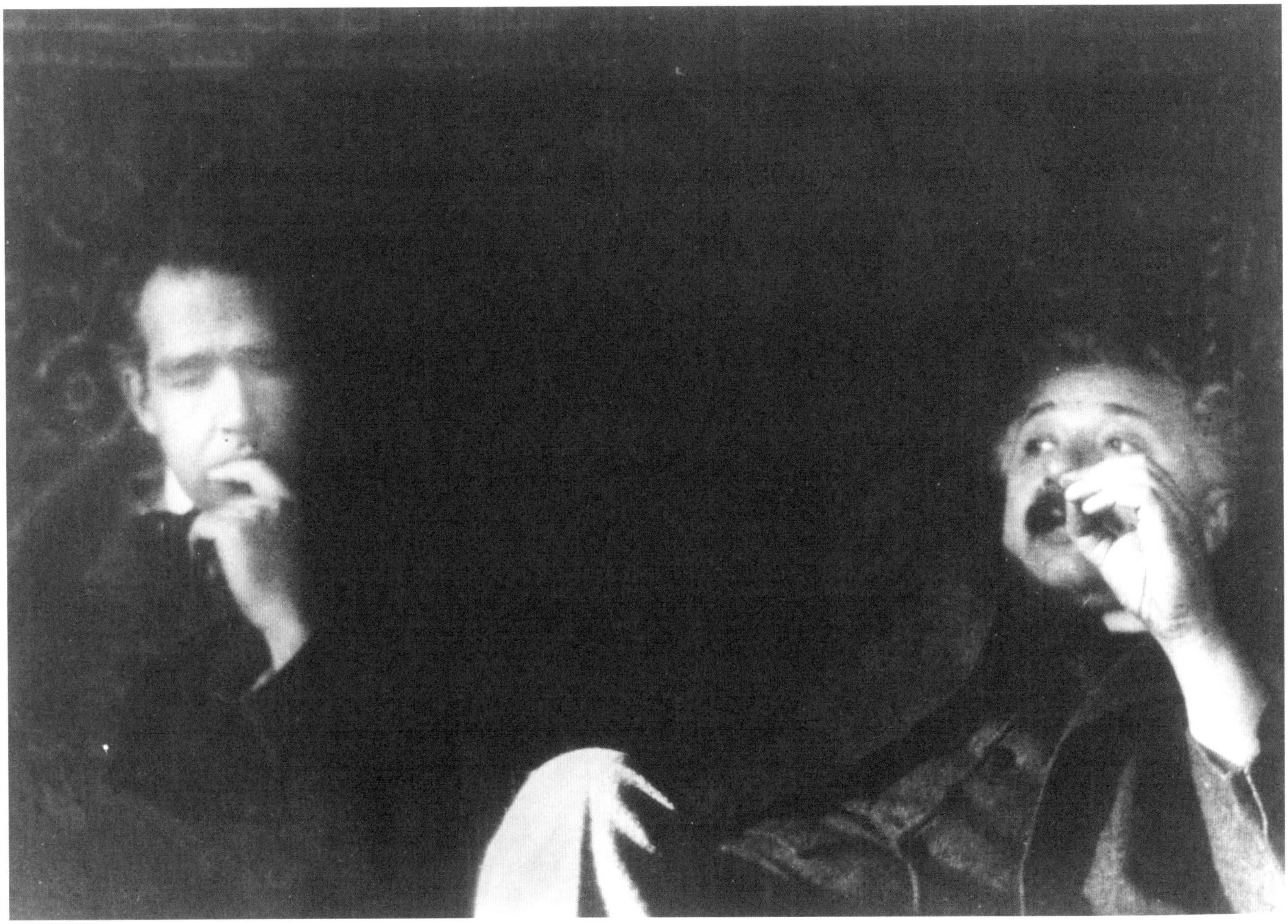

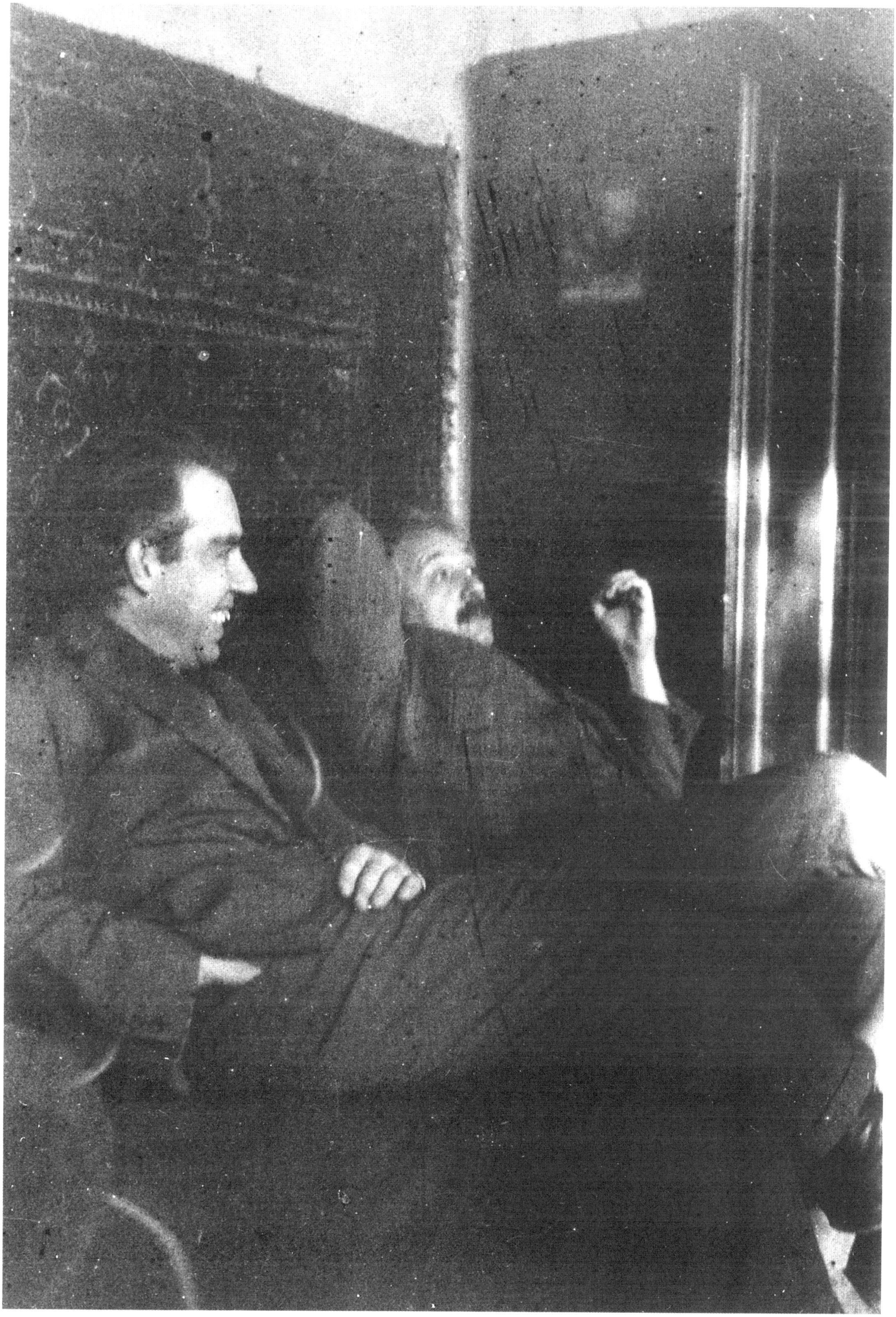

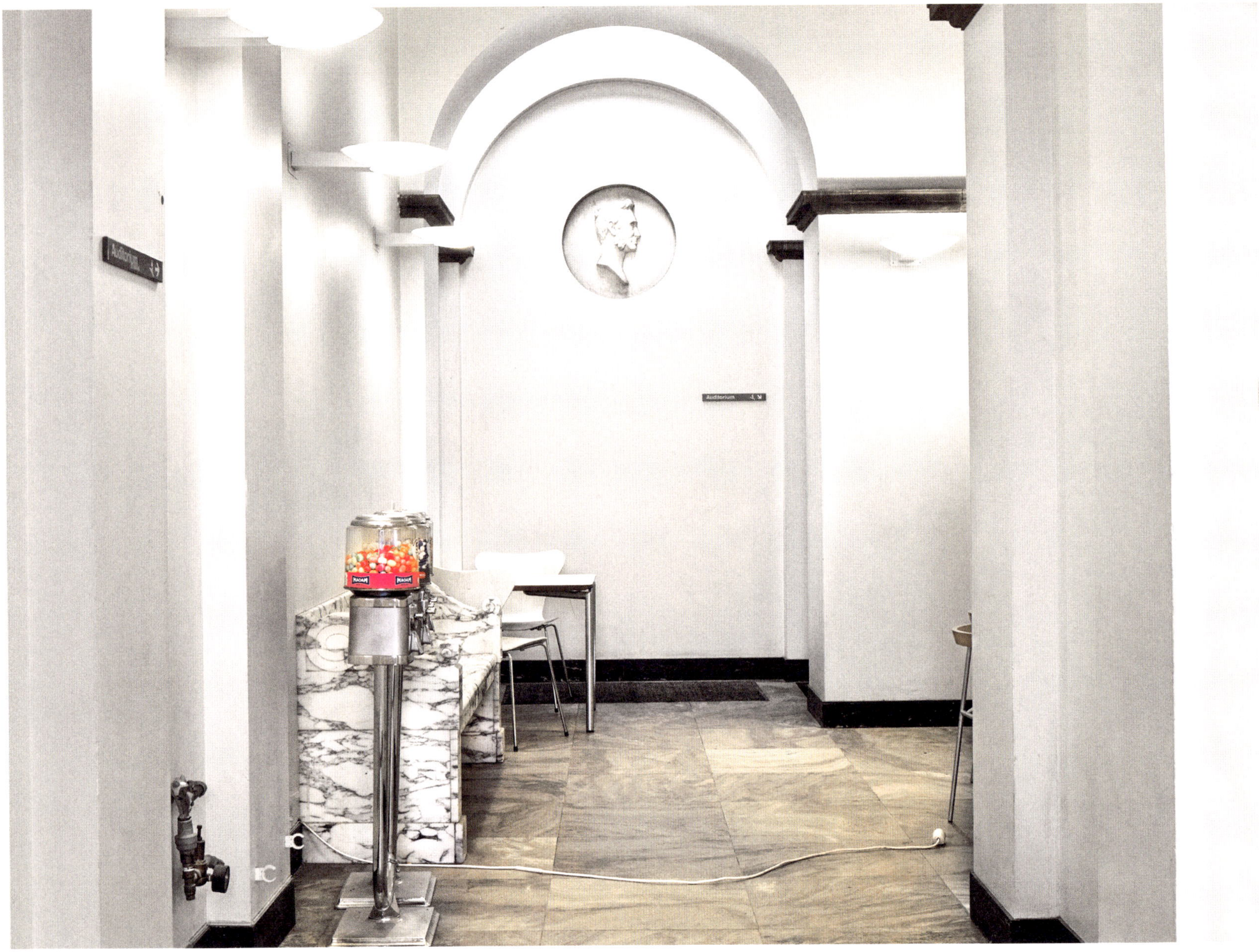
Auditorium

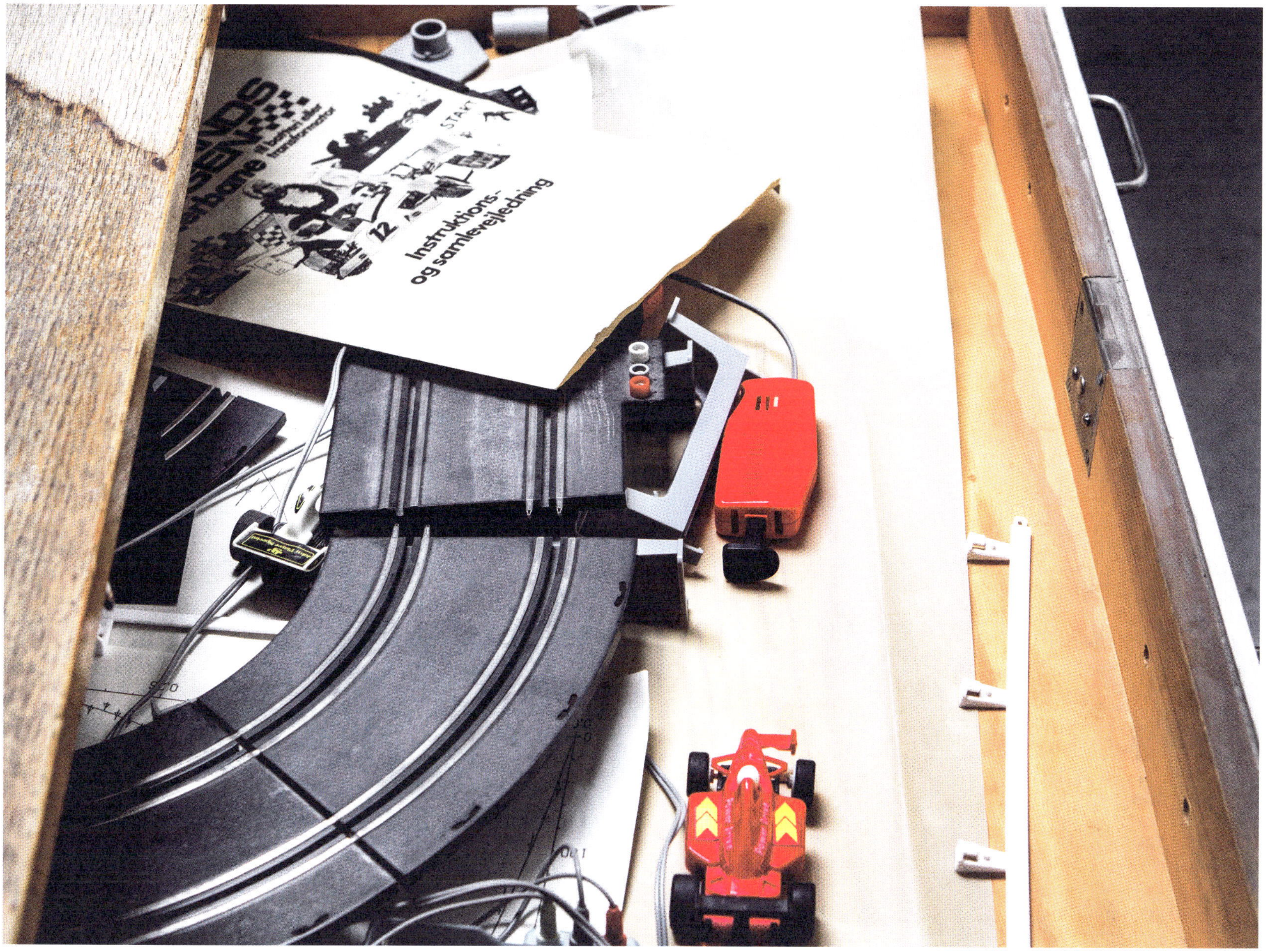
Instruktions-
og samlevejledning

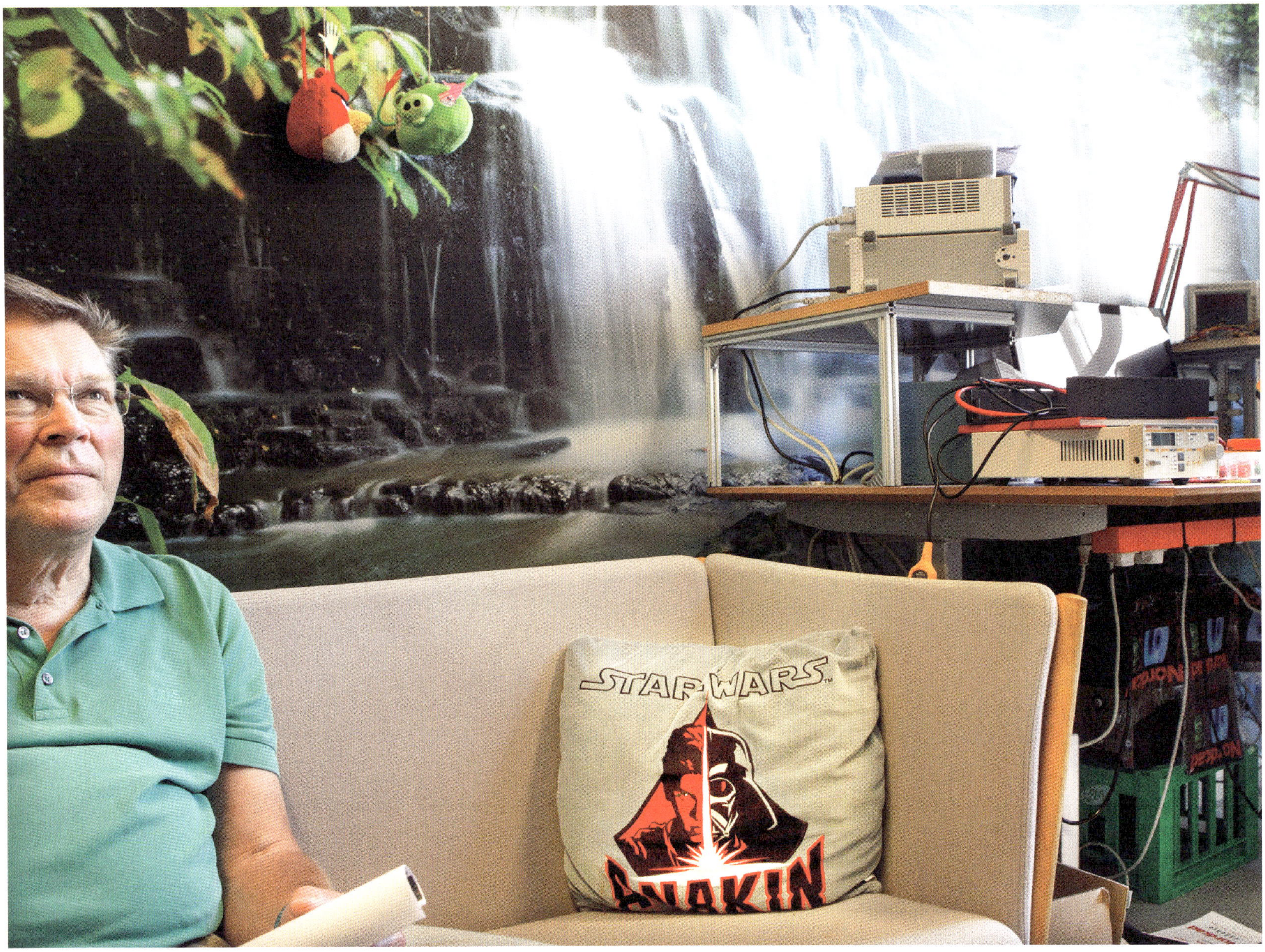
STAR WARS

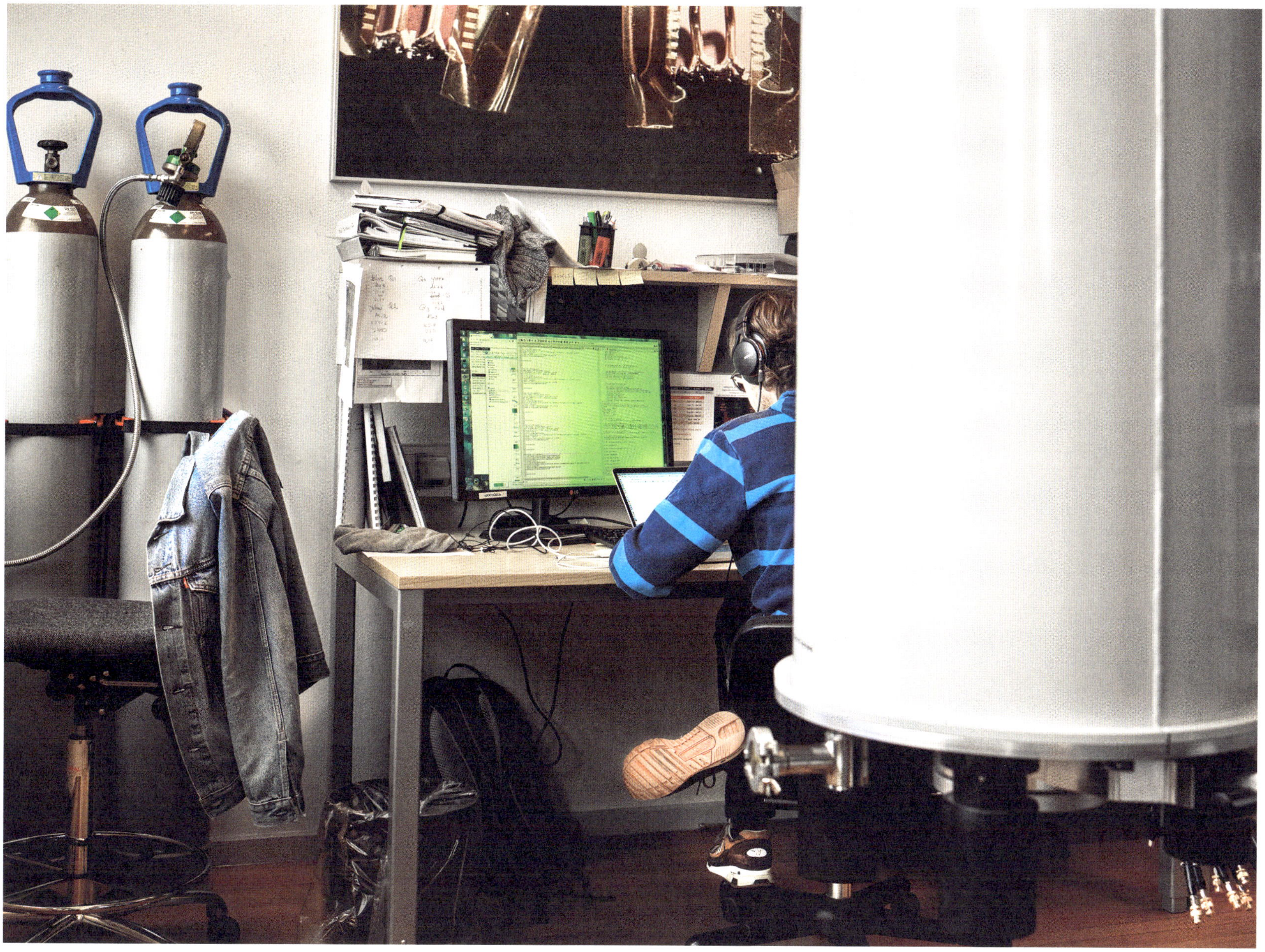

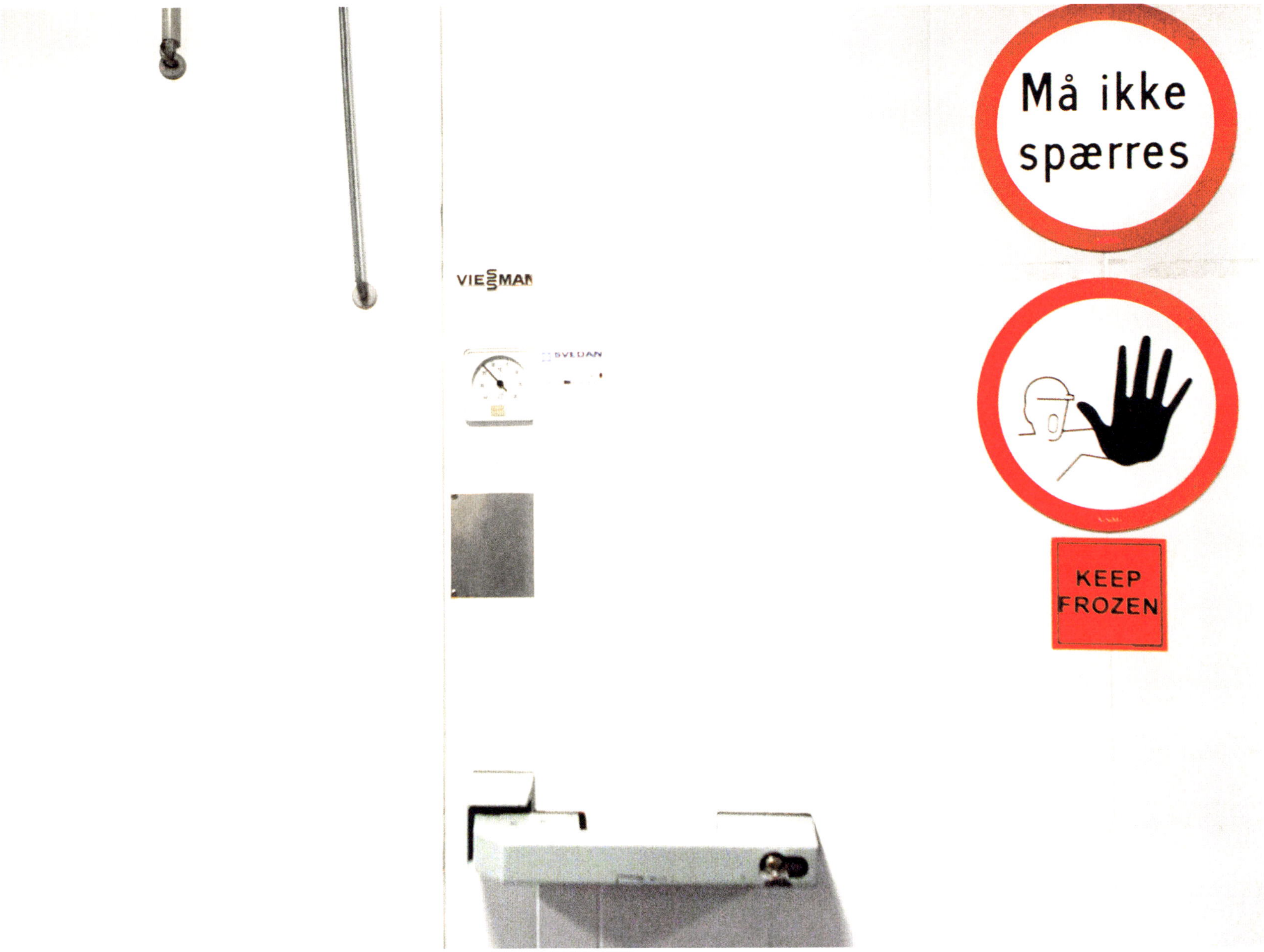
Må ikke
spærres
KEEP
FROZEN

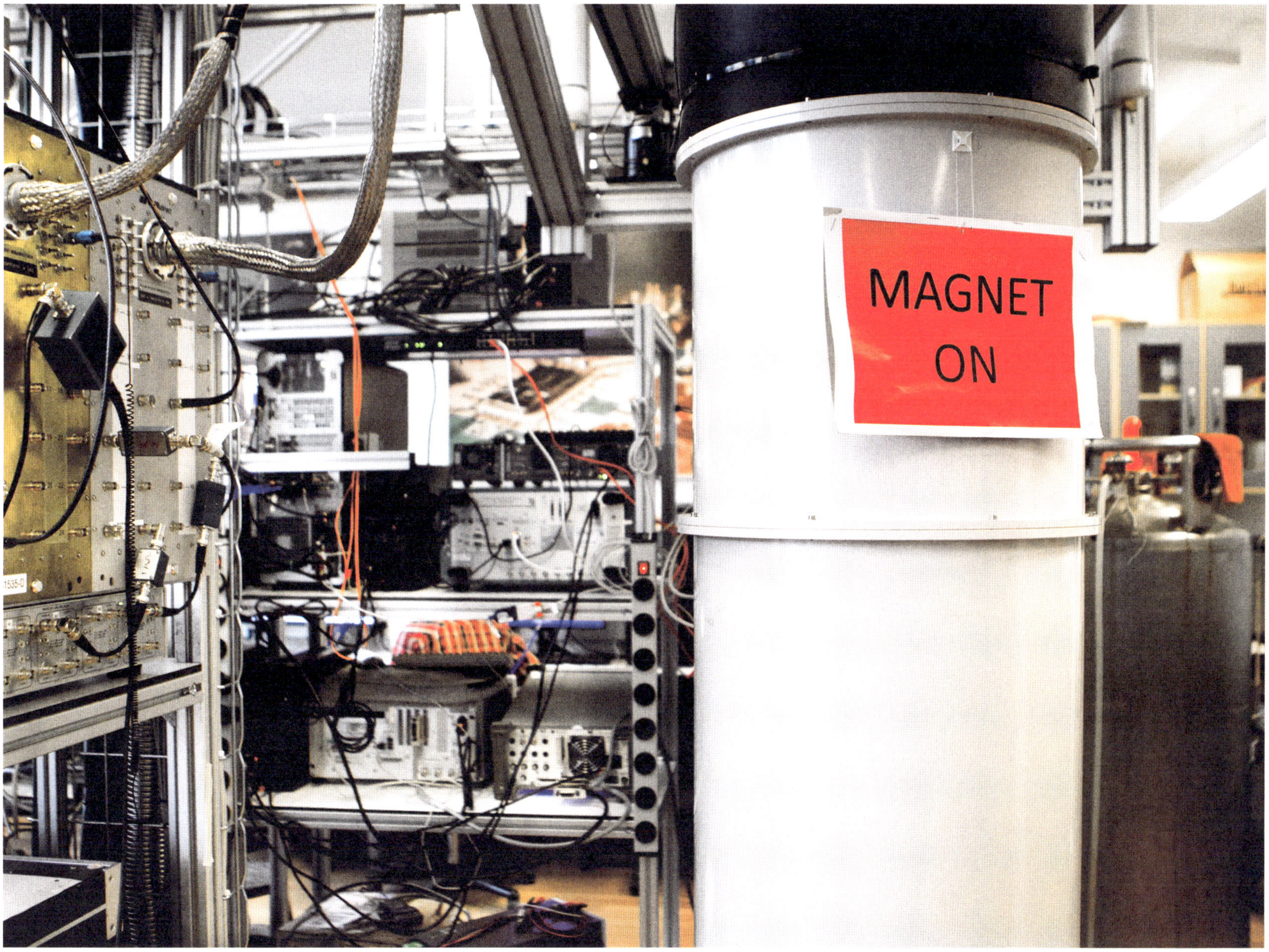
MAGNET
ON

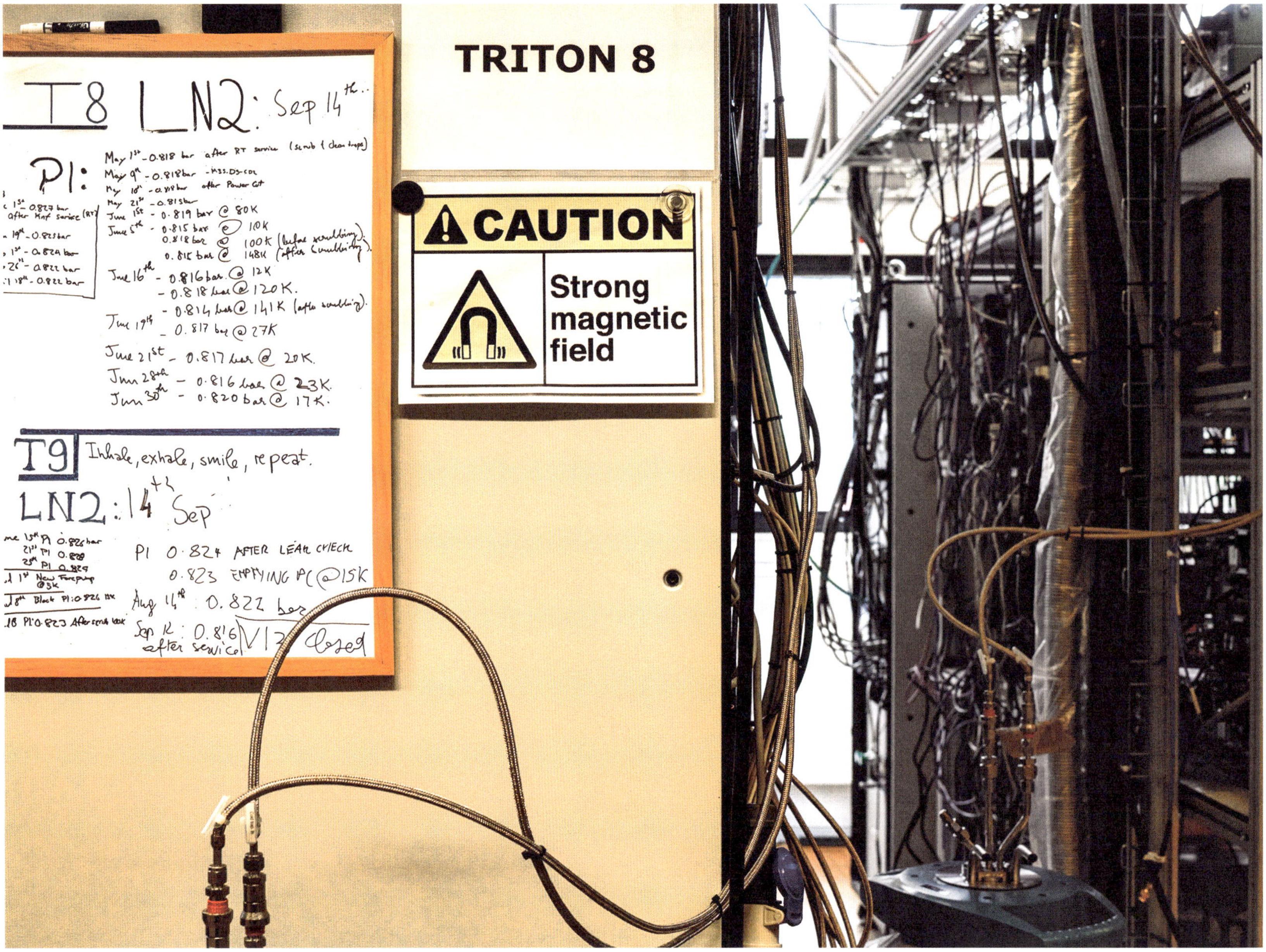
T8 LN2: Sep 14th..
TRITON 8
CAUTION
Strong magnetic field
T9 Inhale, exhale, smile, repeat.
LN2: 14th Sep

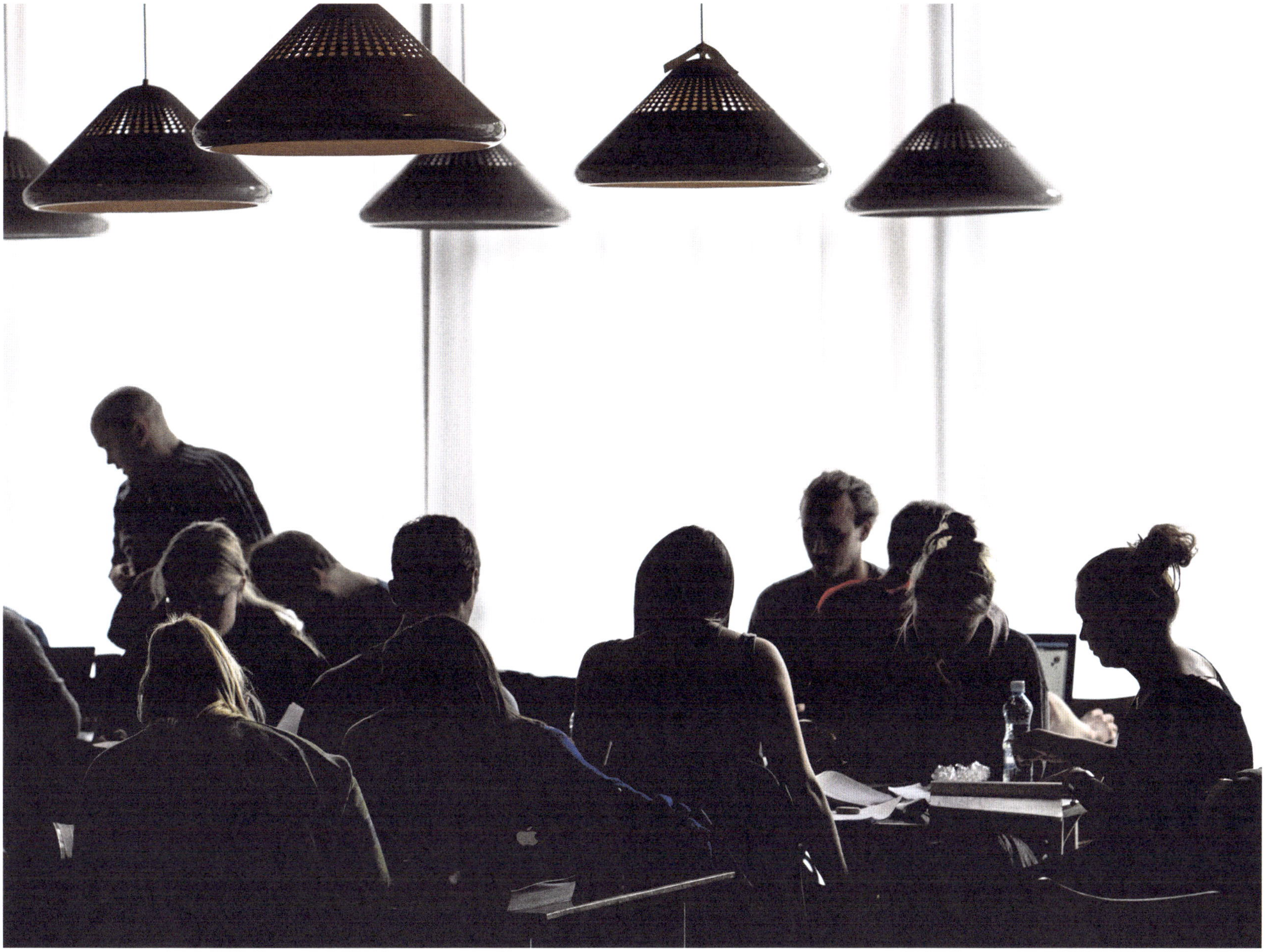

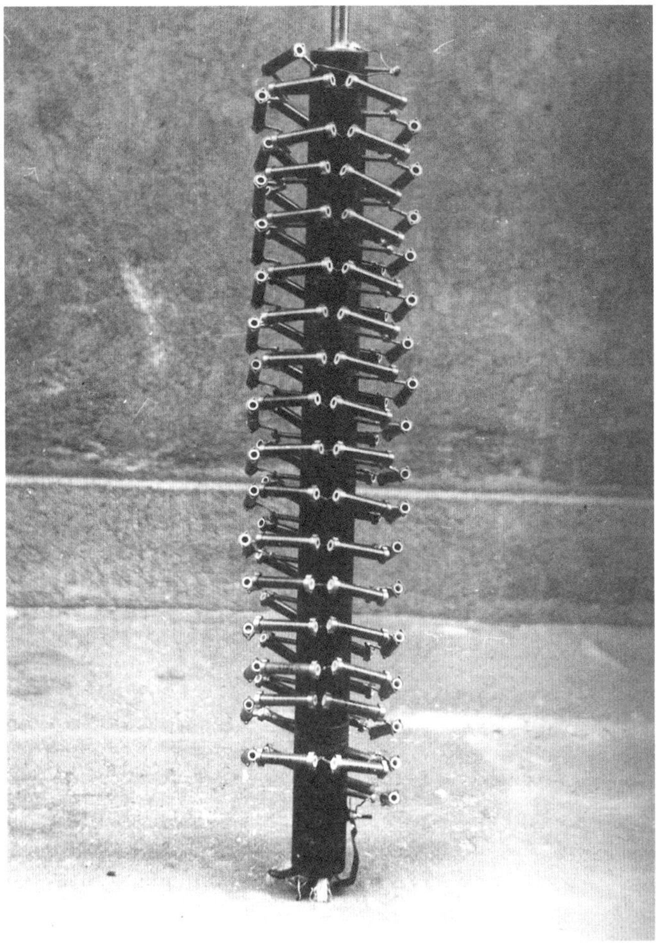

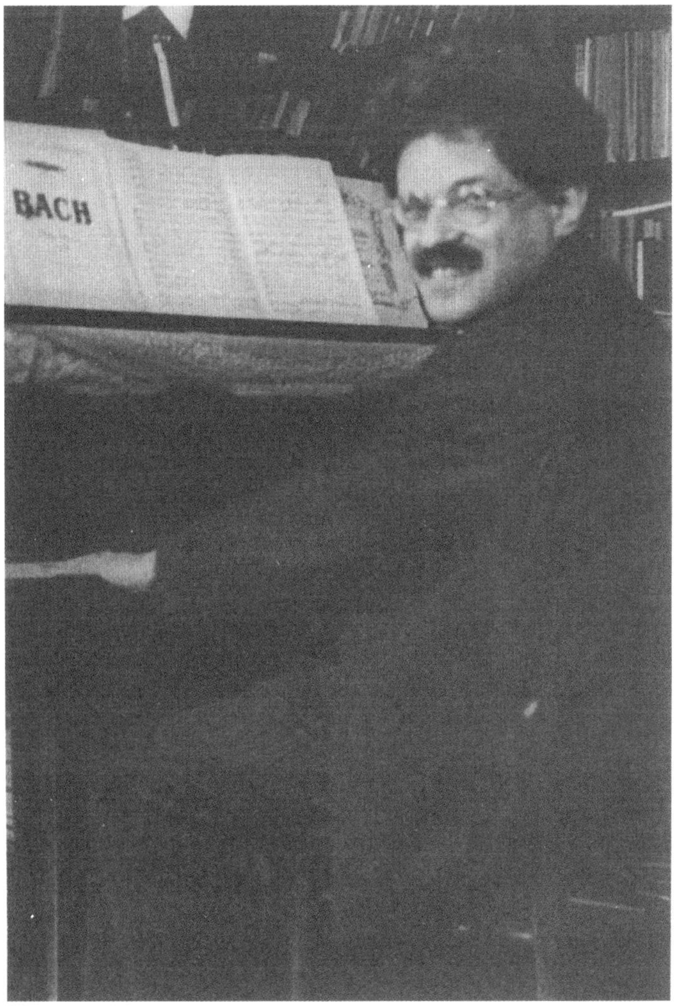
BACH

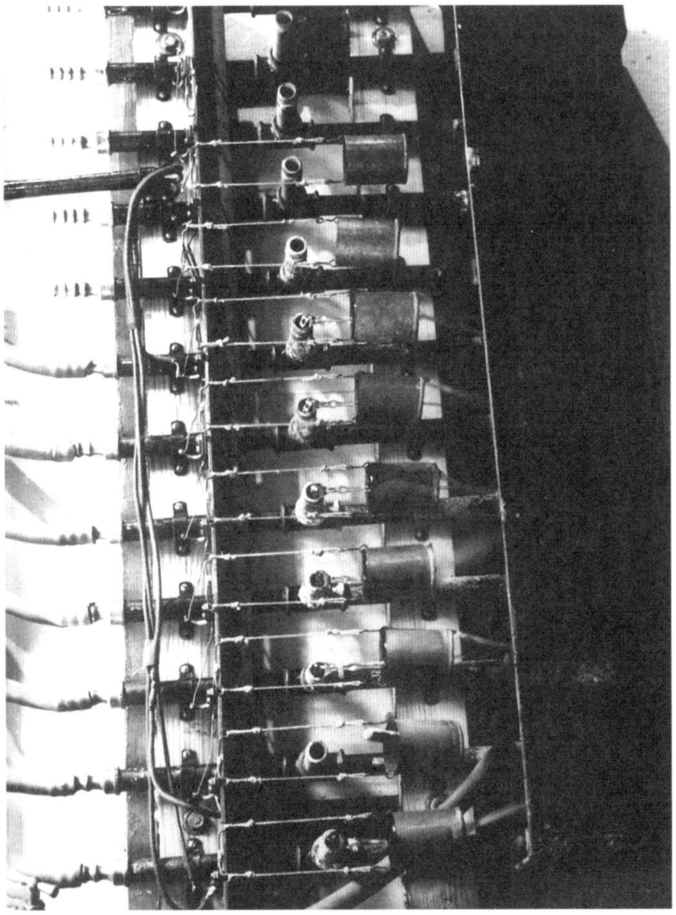

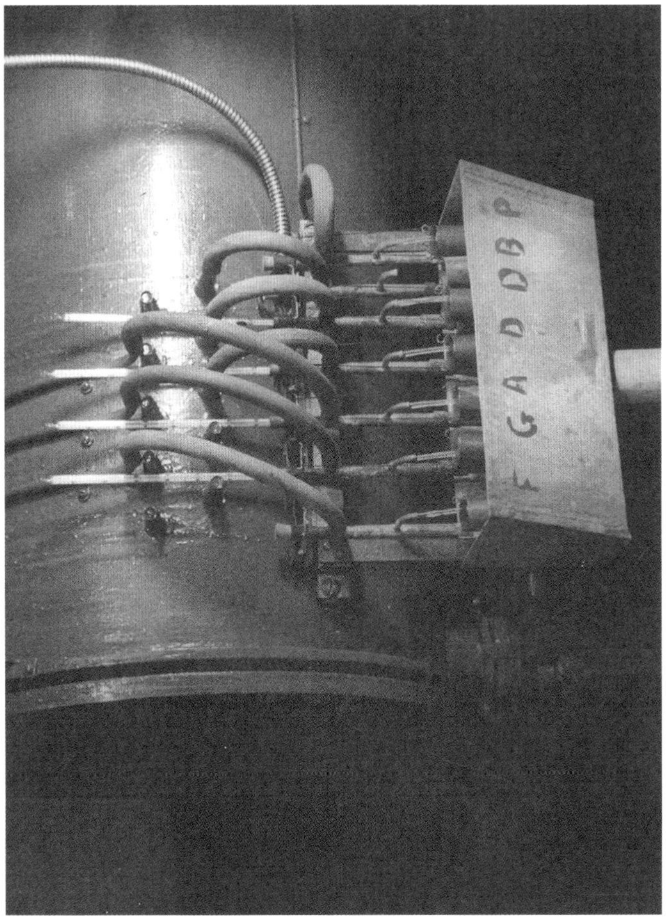

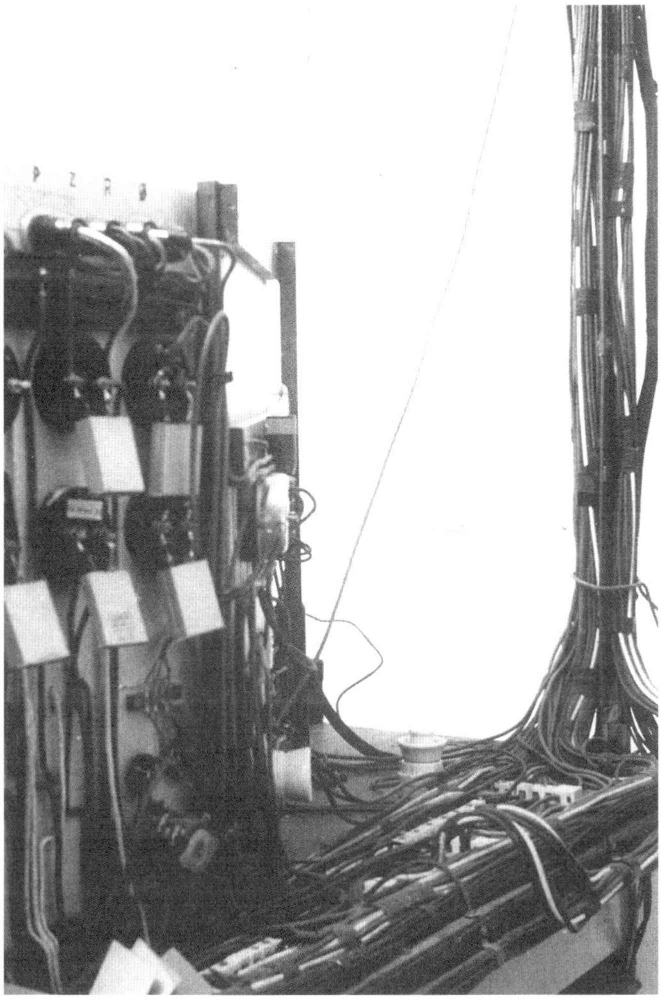

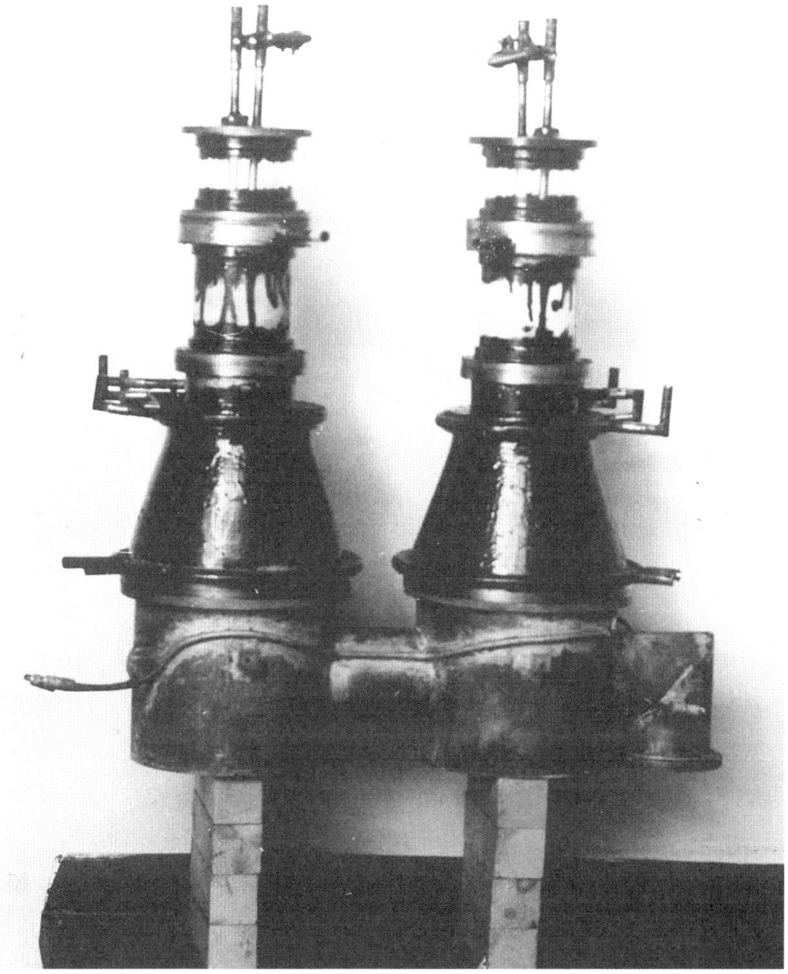

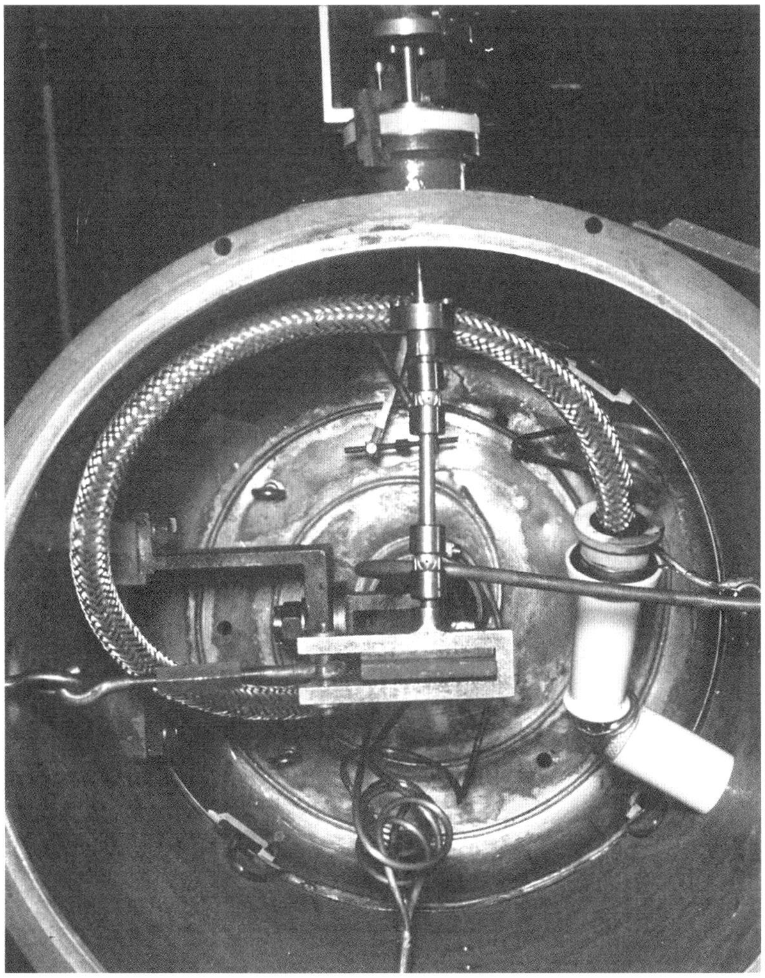

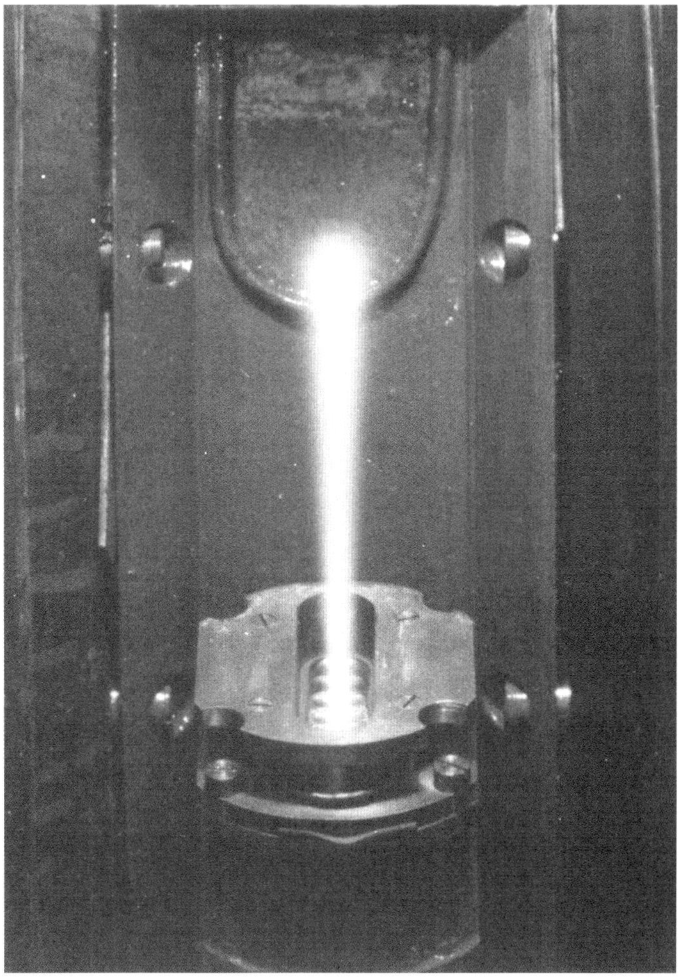

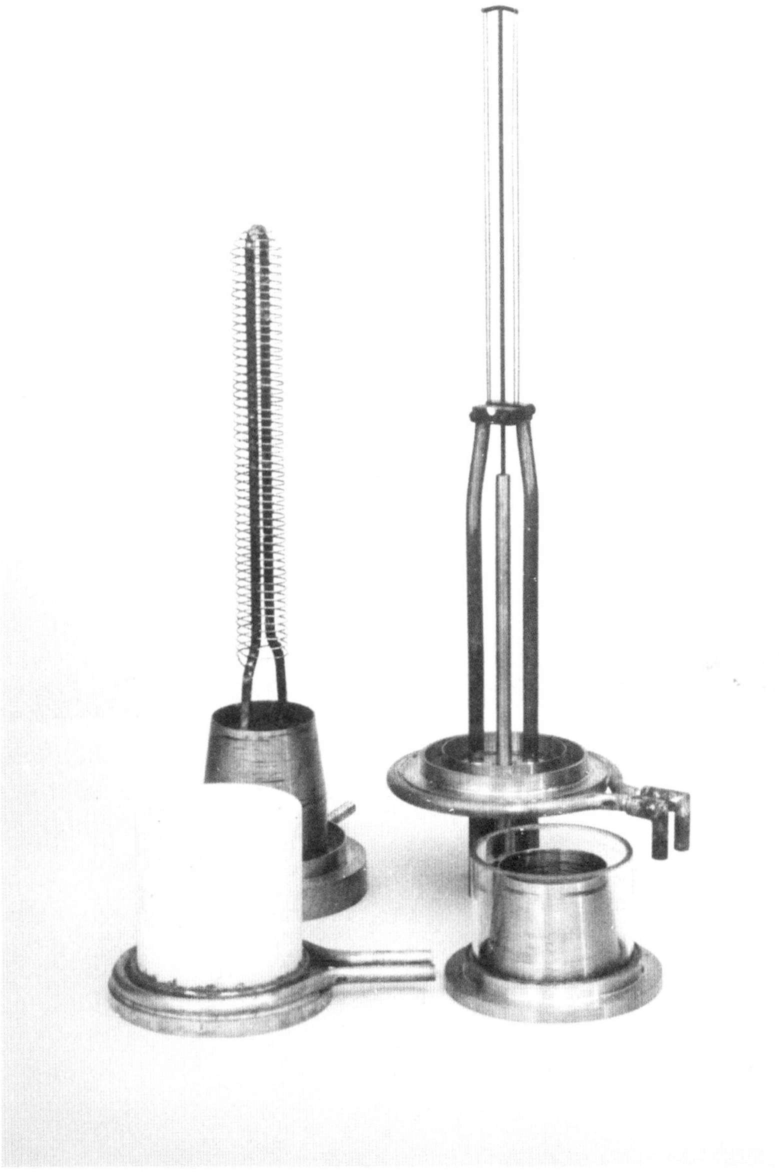

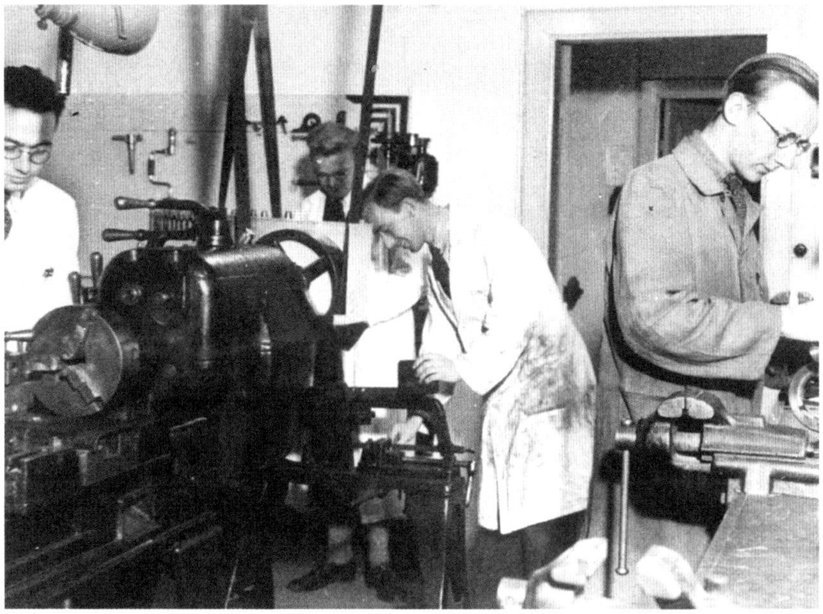

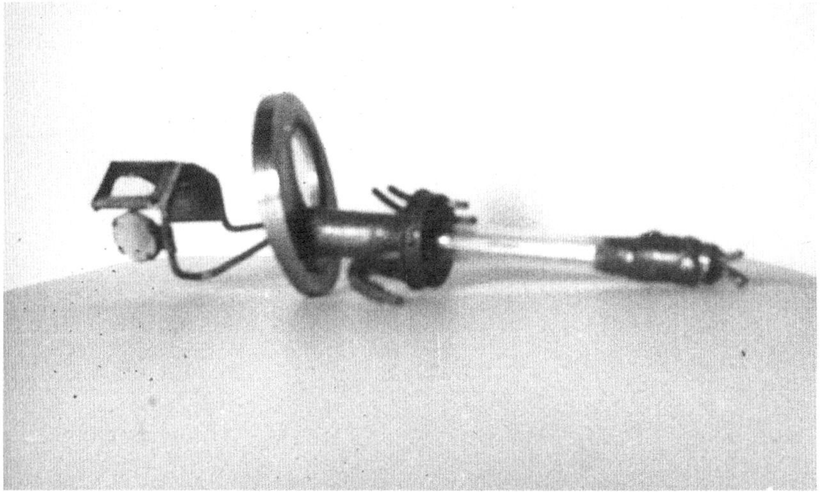

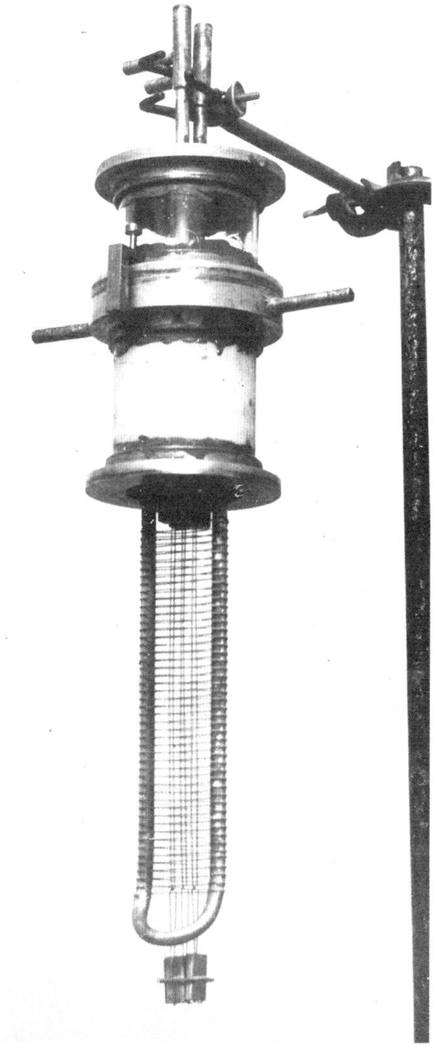

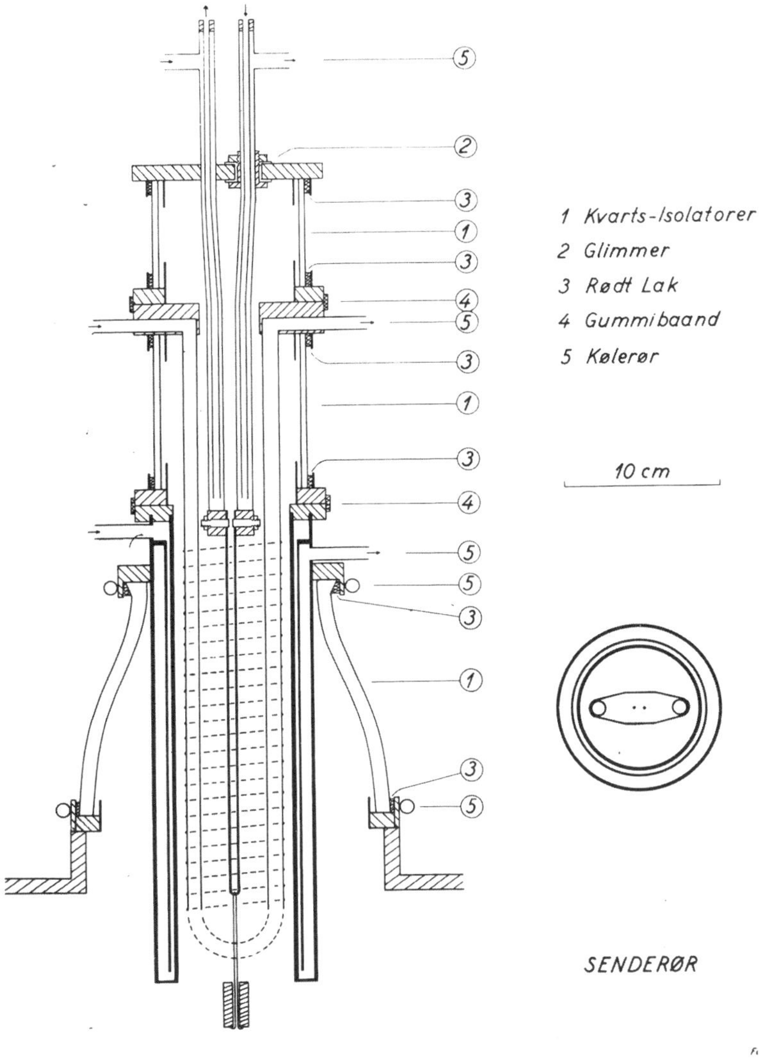

5
2
3
1
3
4
5
3
1
3
4
5
5
3
1
3
5
1 Kvarts-Isolatorer
2 Glimmer
3 Rødt Lak
4 Gummibaand
5 Kølerør
10 cm
SENDERØR

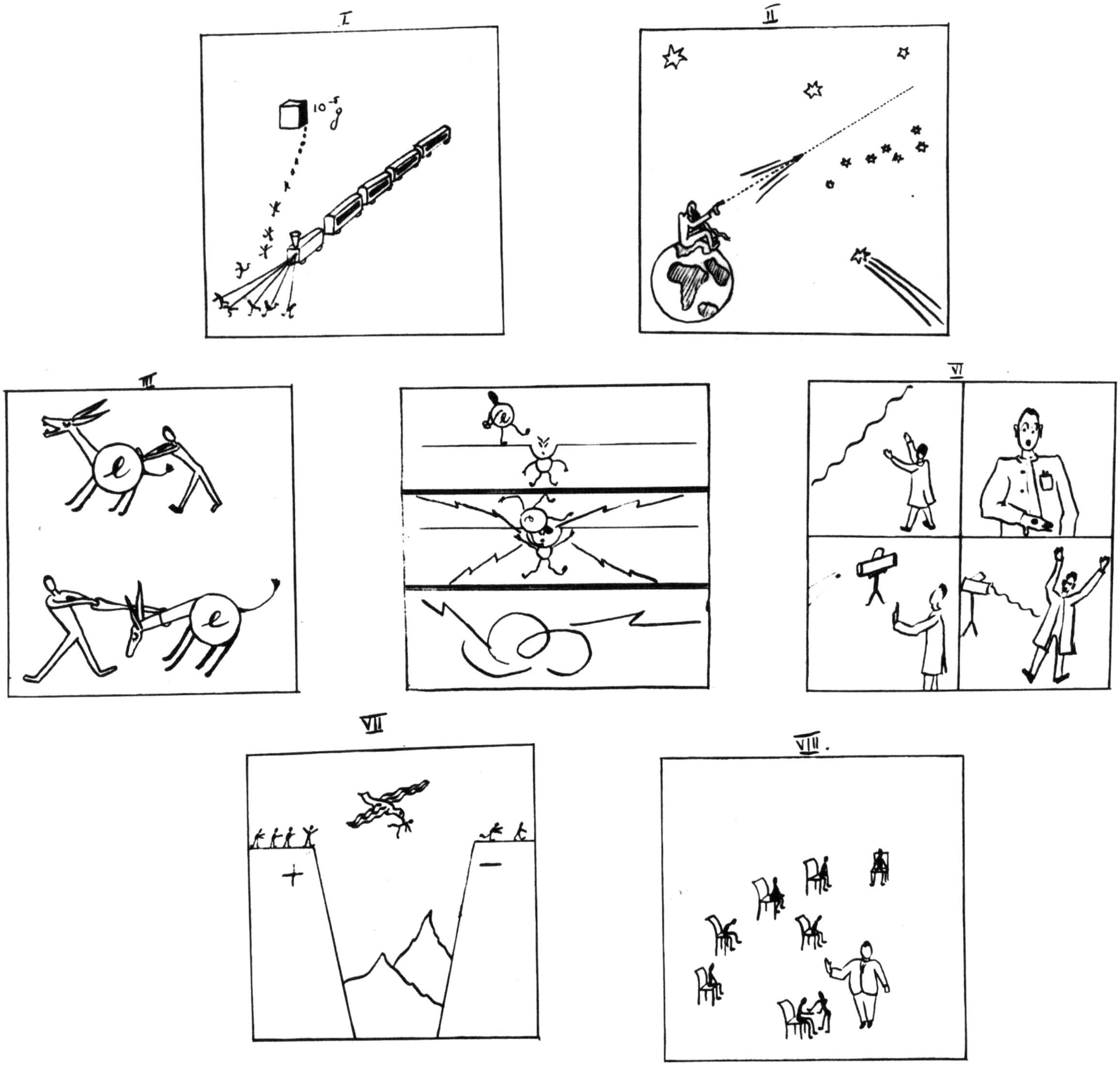
I
10^{-5} g
II
III
e
e
VI
VII
+
−
VIII.

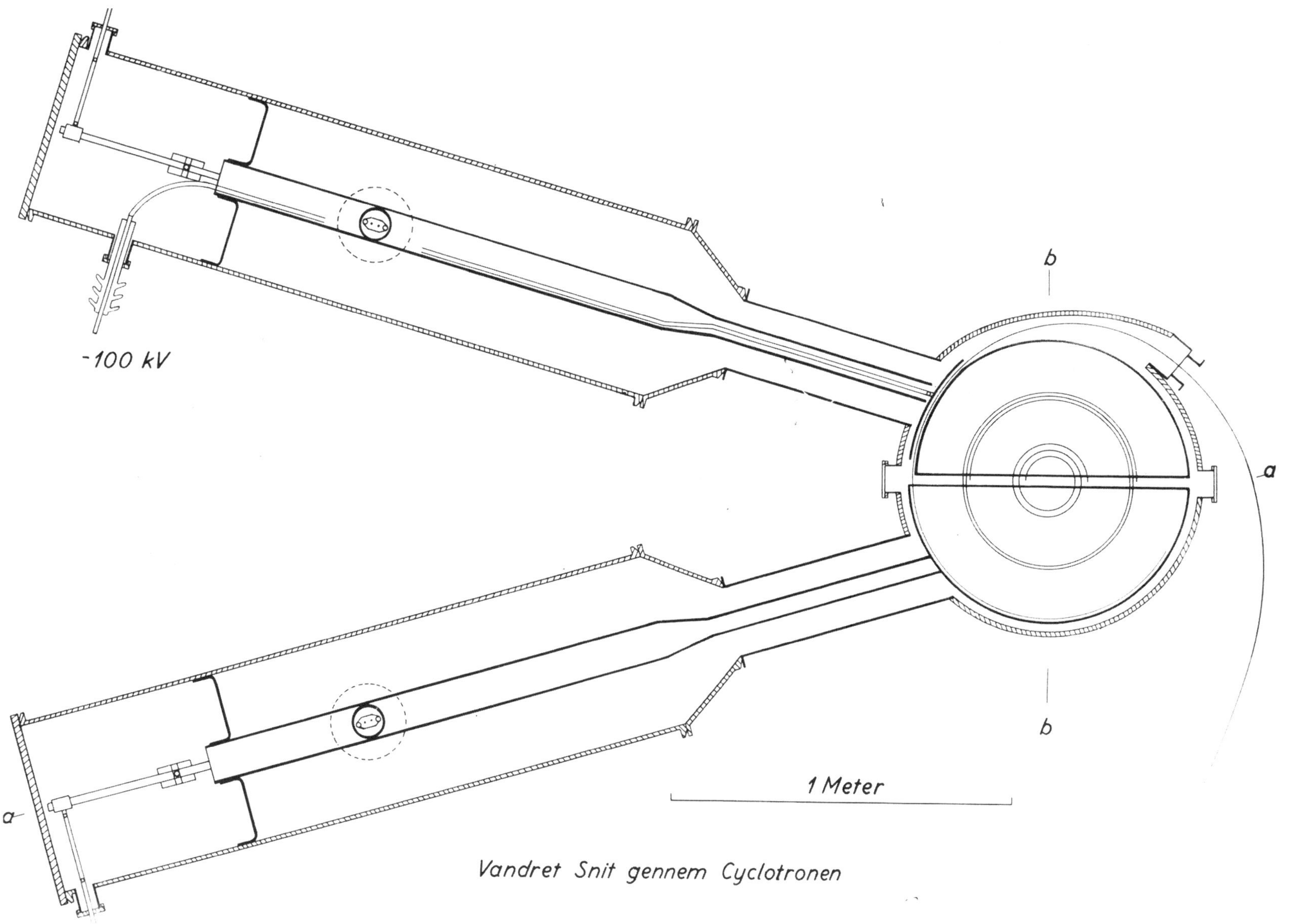

Vandret Snit gennem Cyclotronen

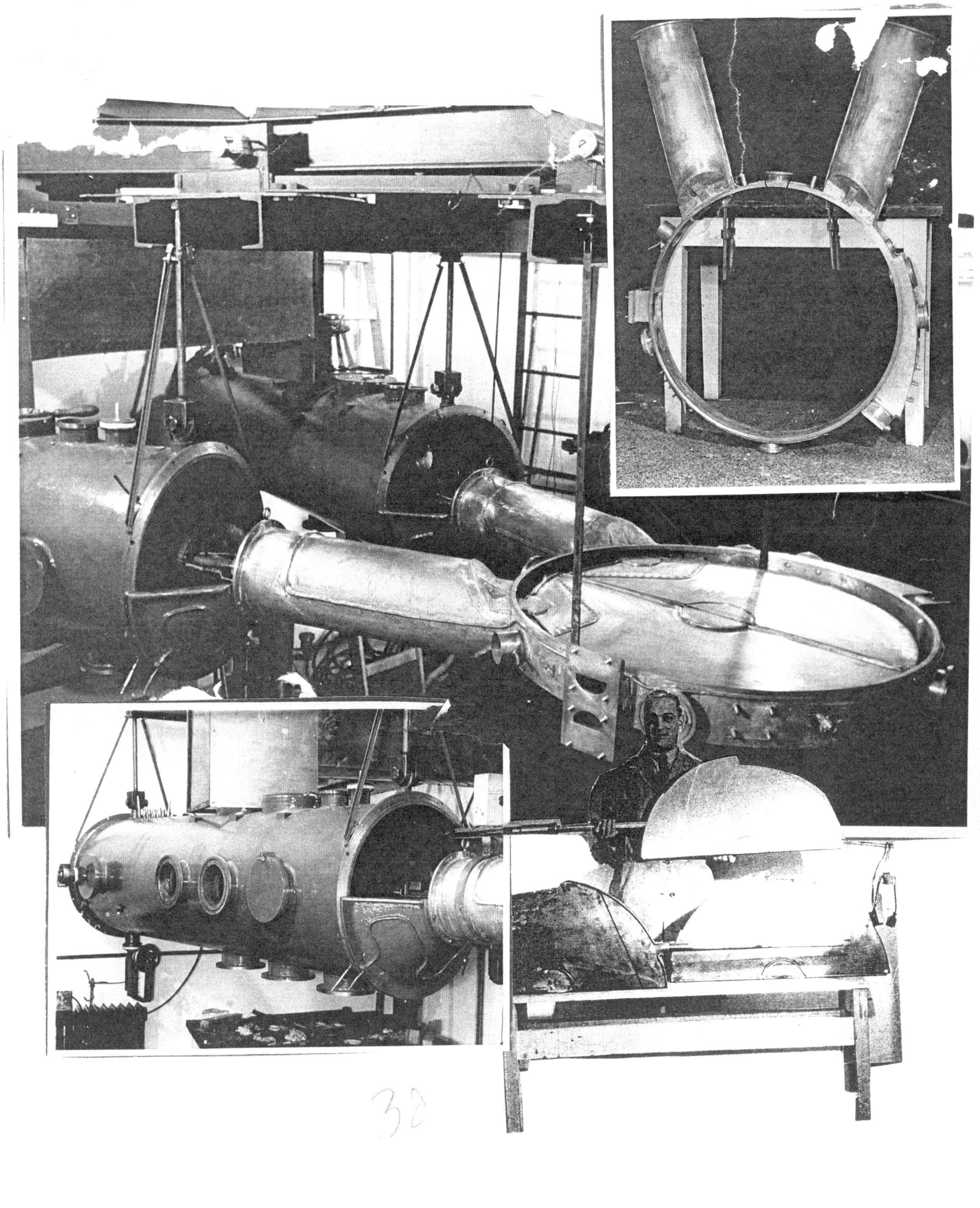

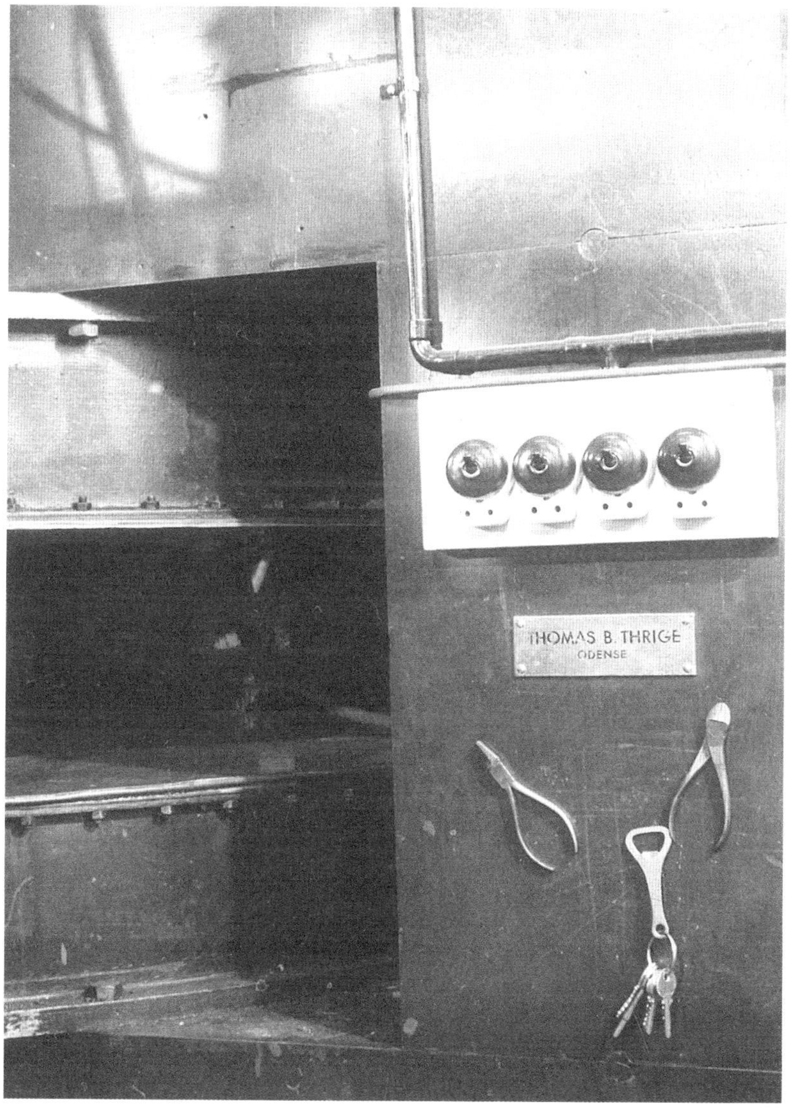
THOMAS B. THRIGE
ODENSE

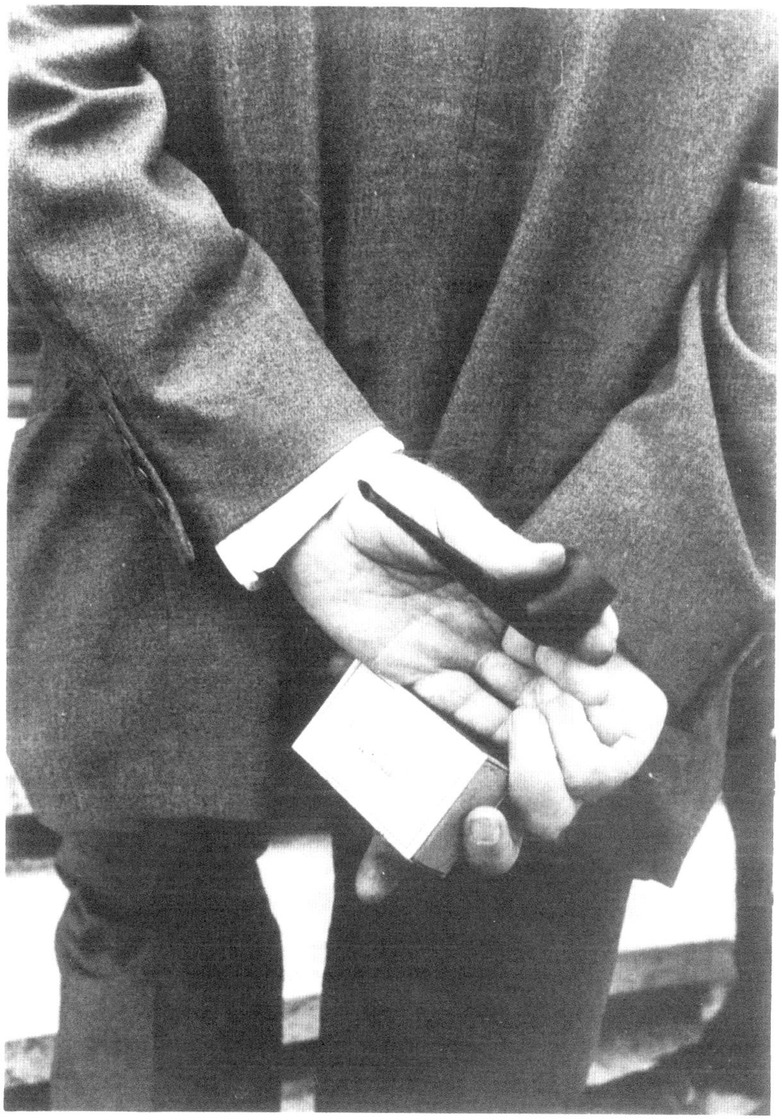

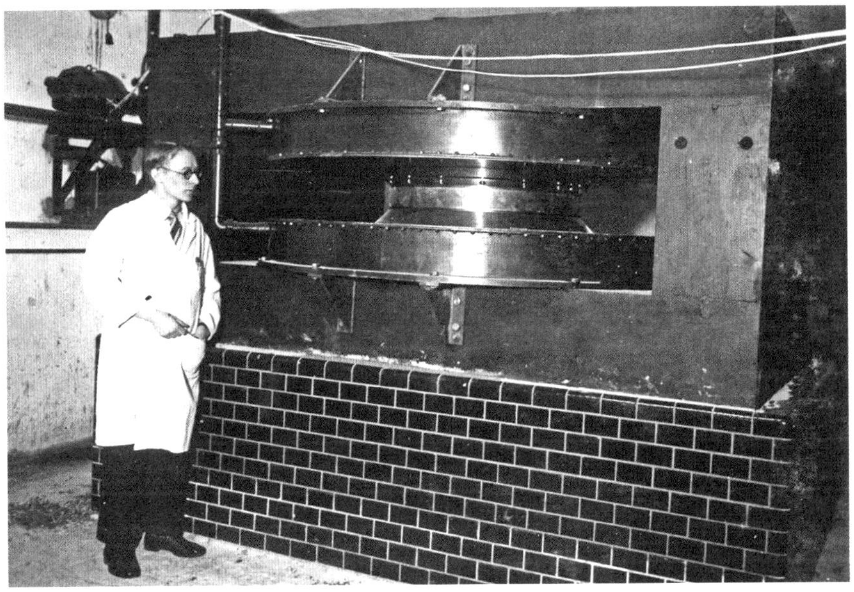
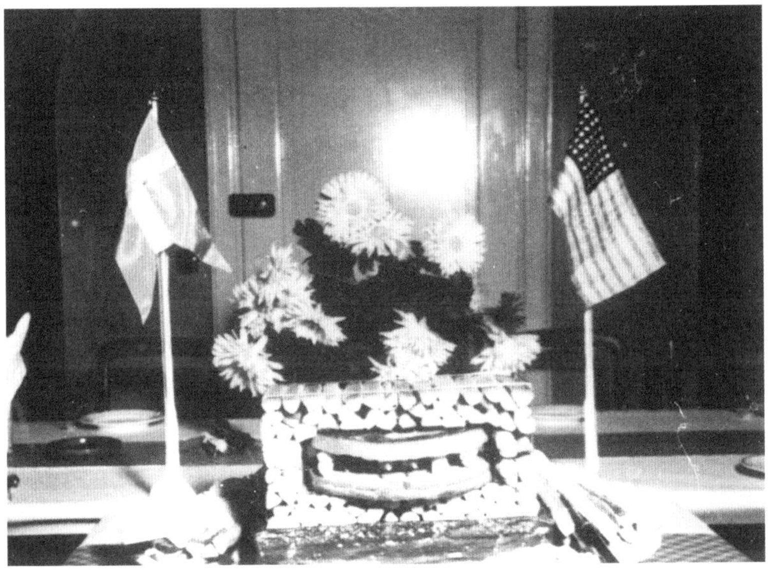
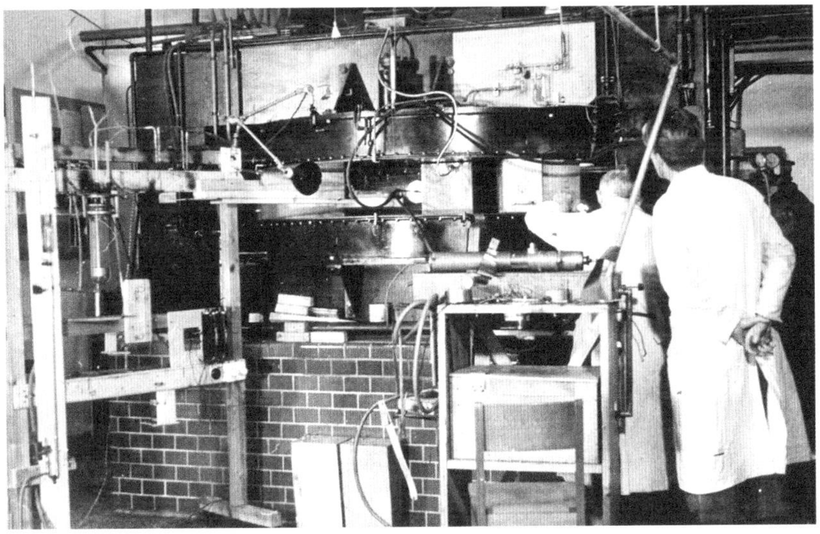
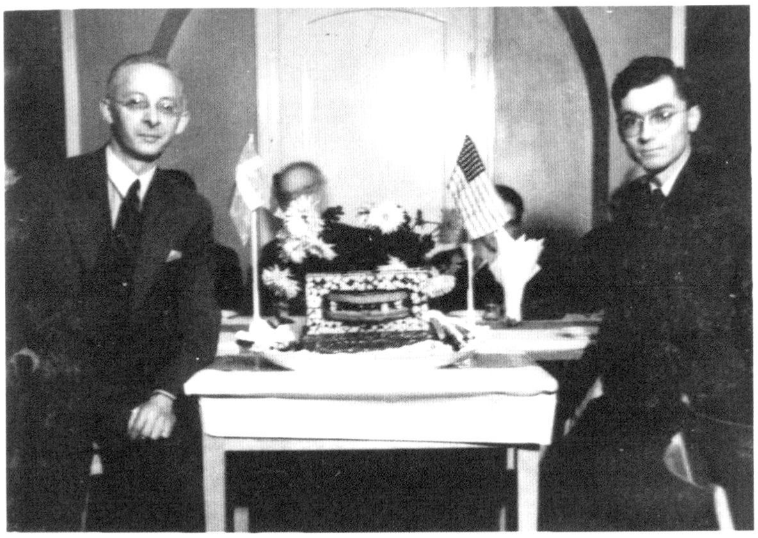

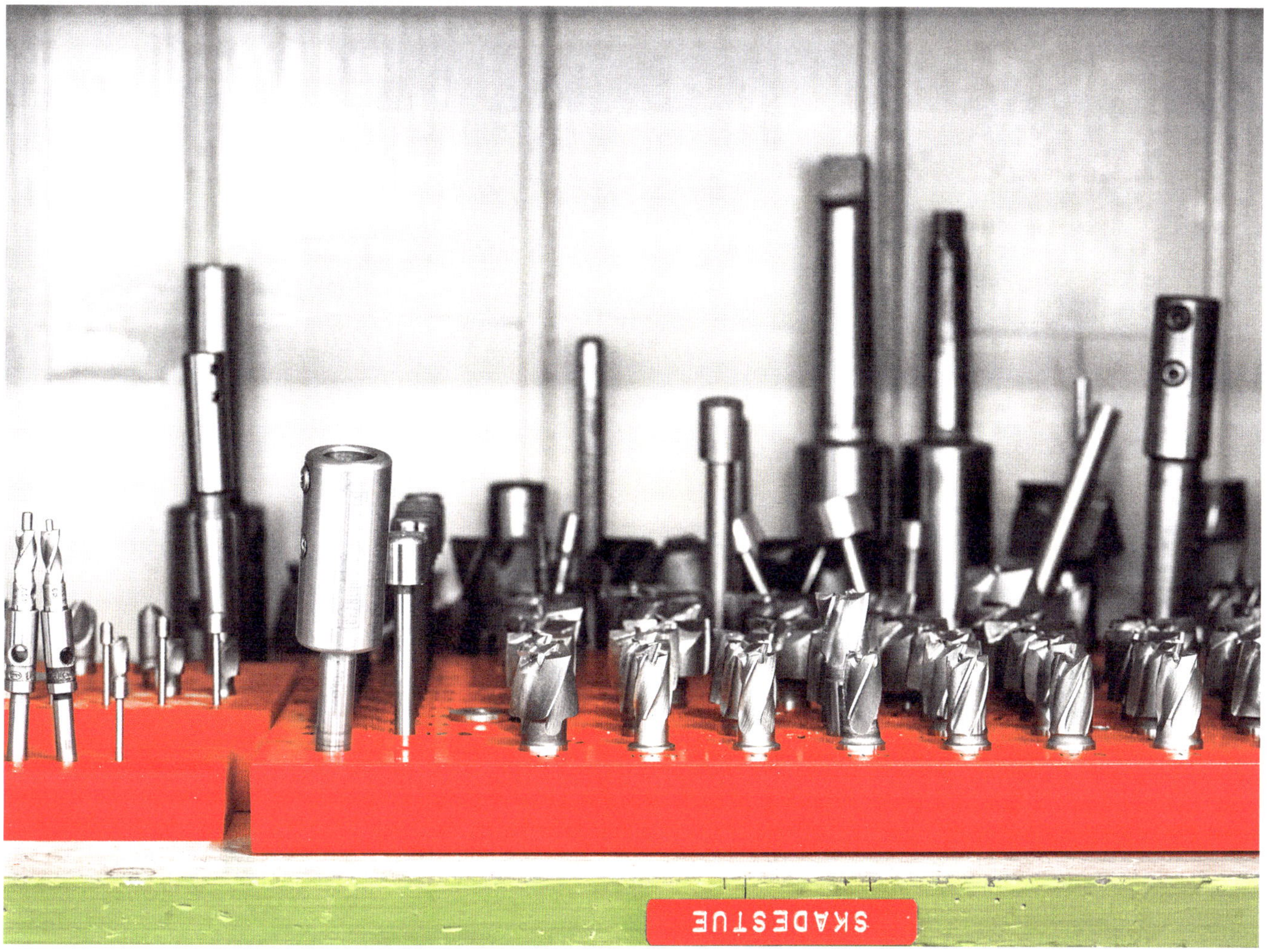
SKADESTUE

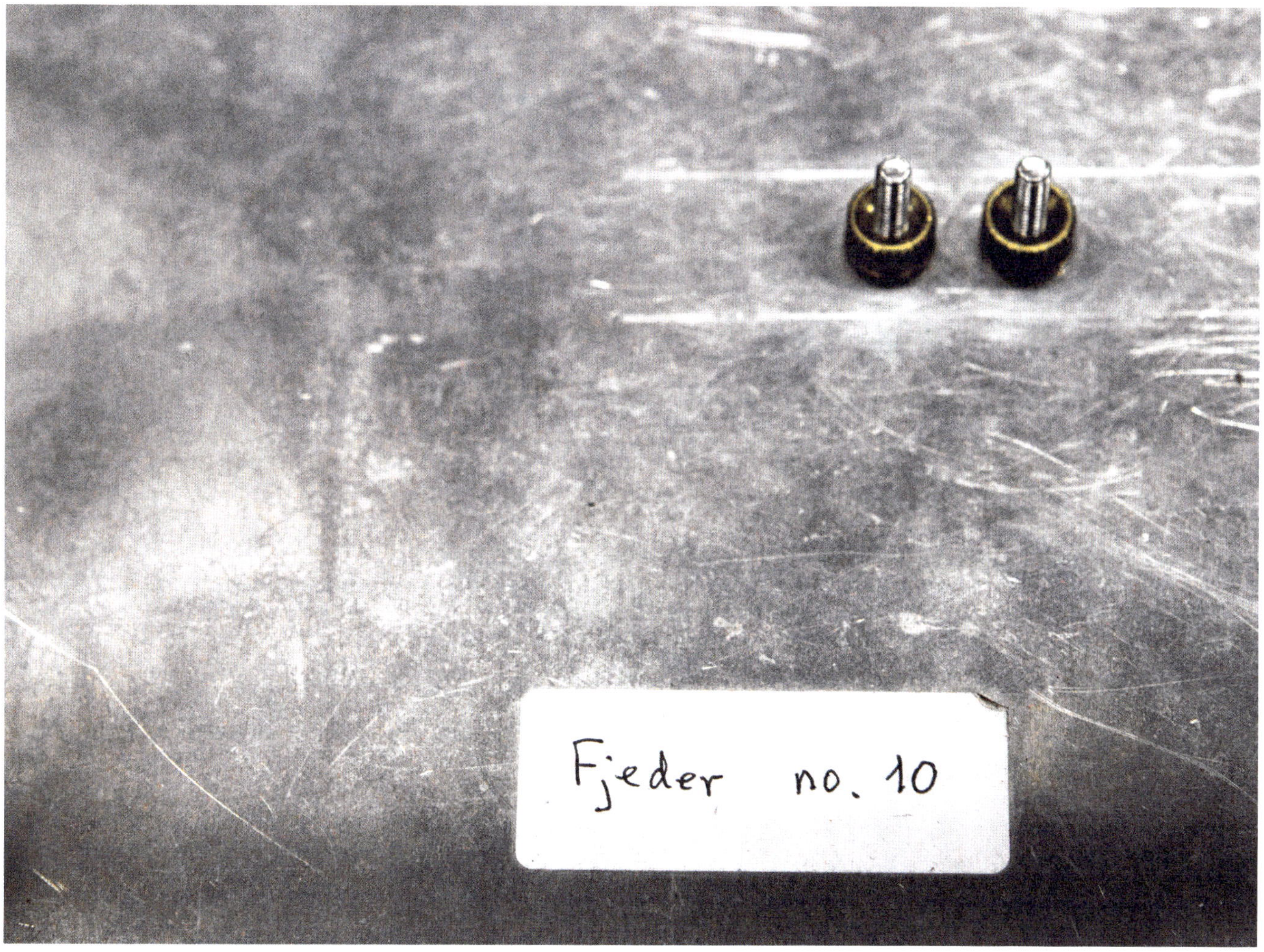
Fjeder no. 10

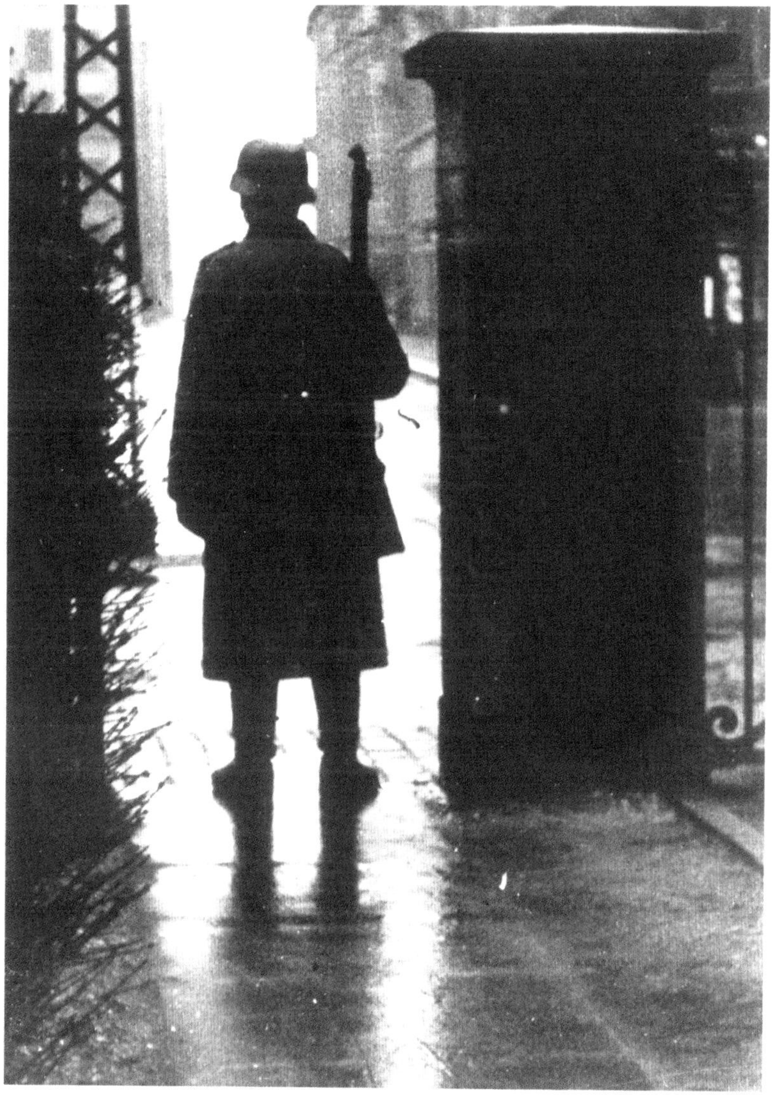

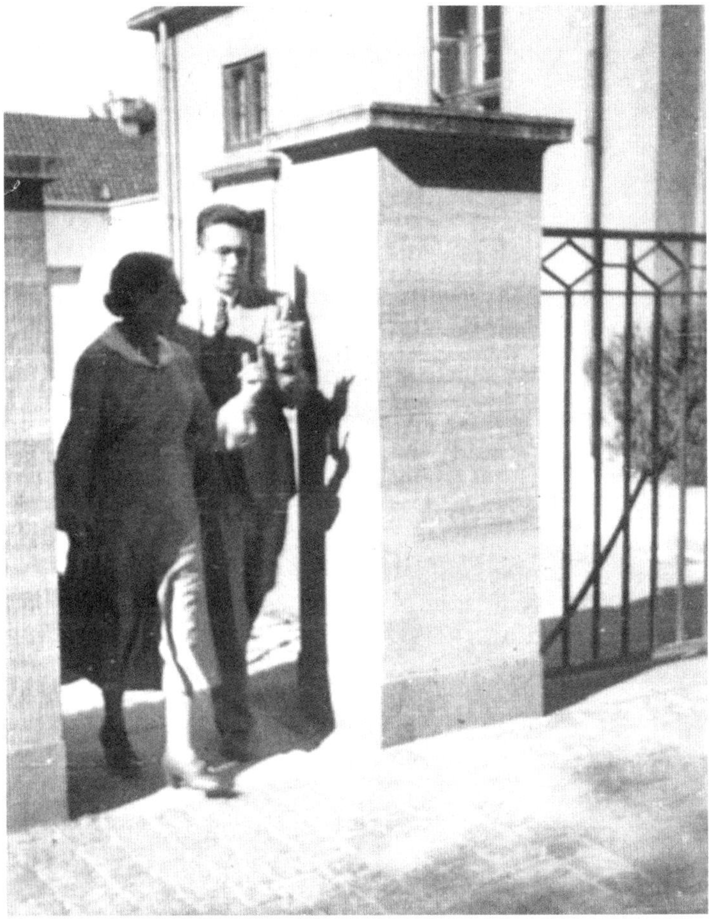

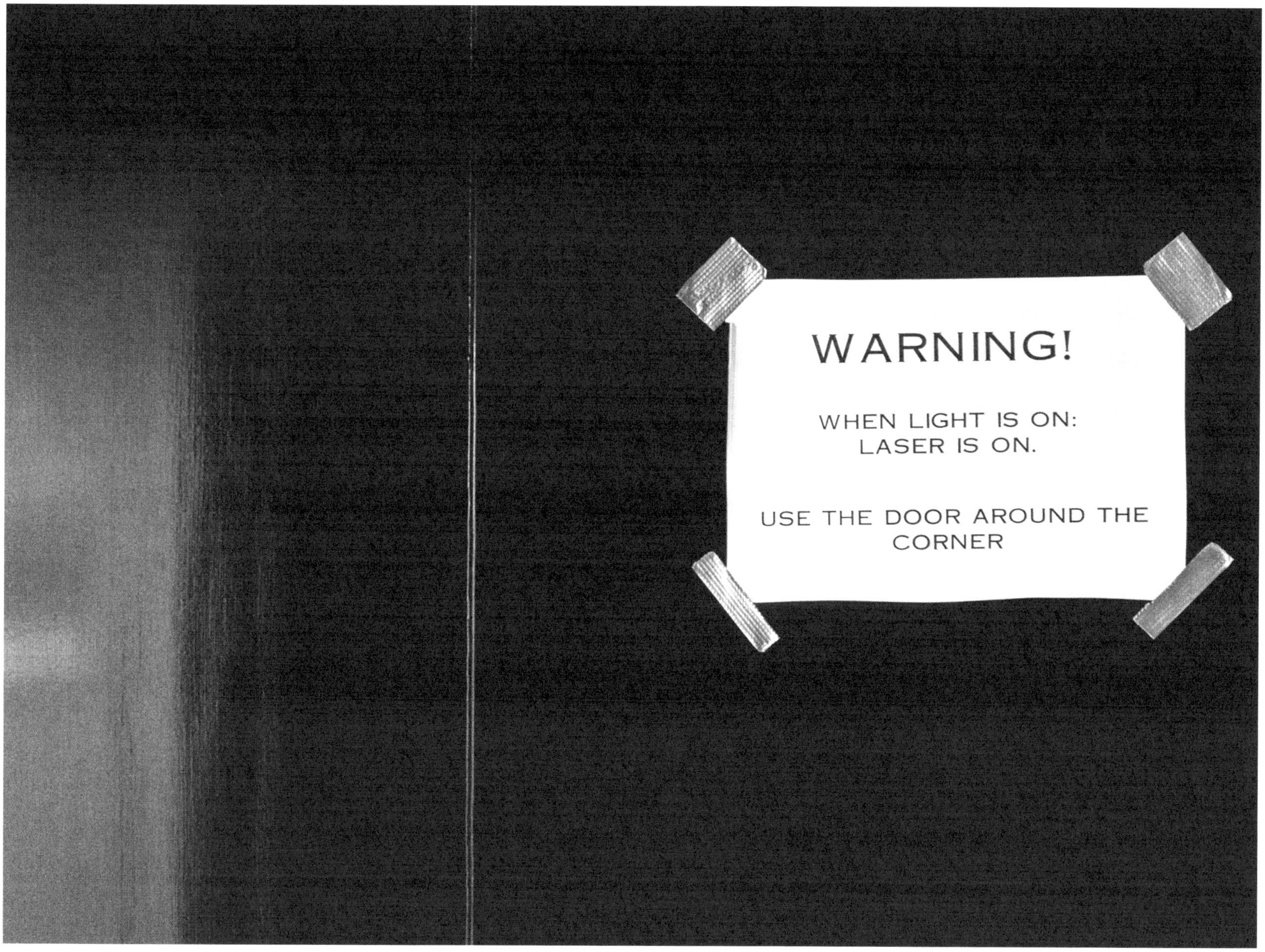
WARNING!
WHEN LIGHT IS ON:
LASER IS ON.
USE THE DOOR AROUND THE
CORNER

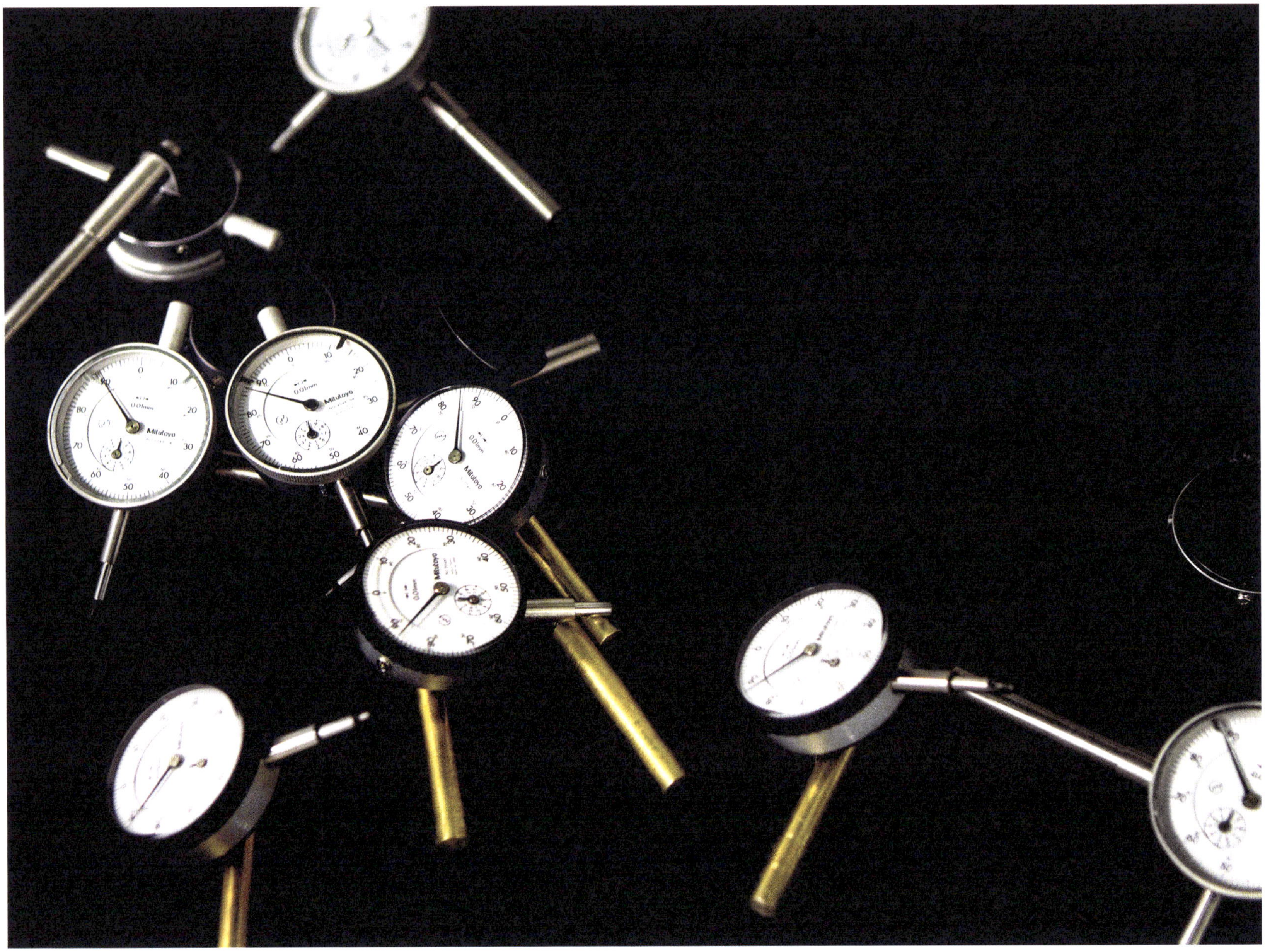
Mitutoyo

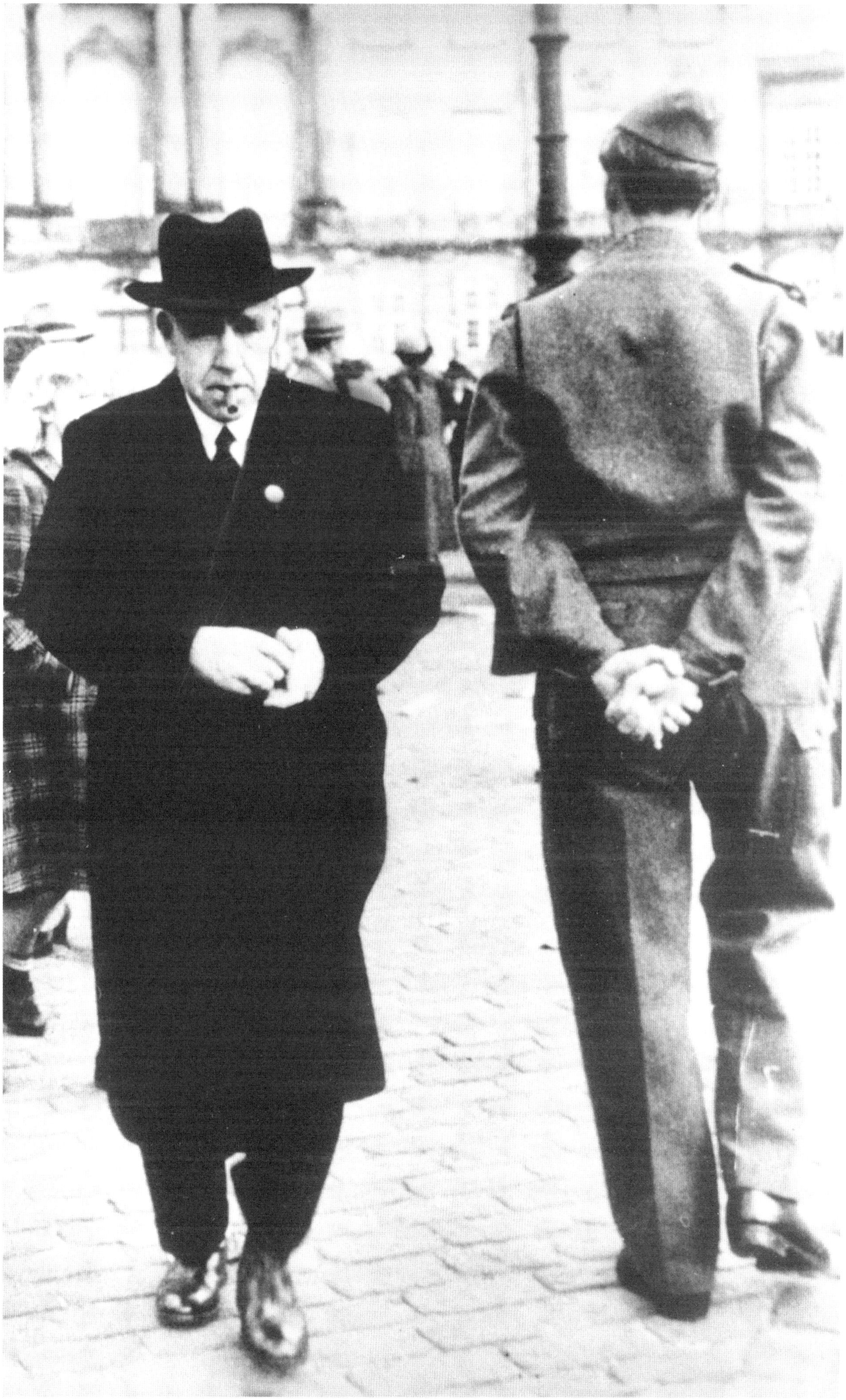

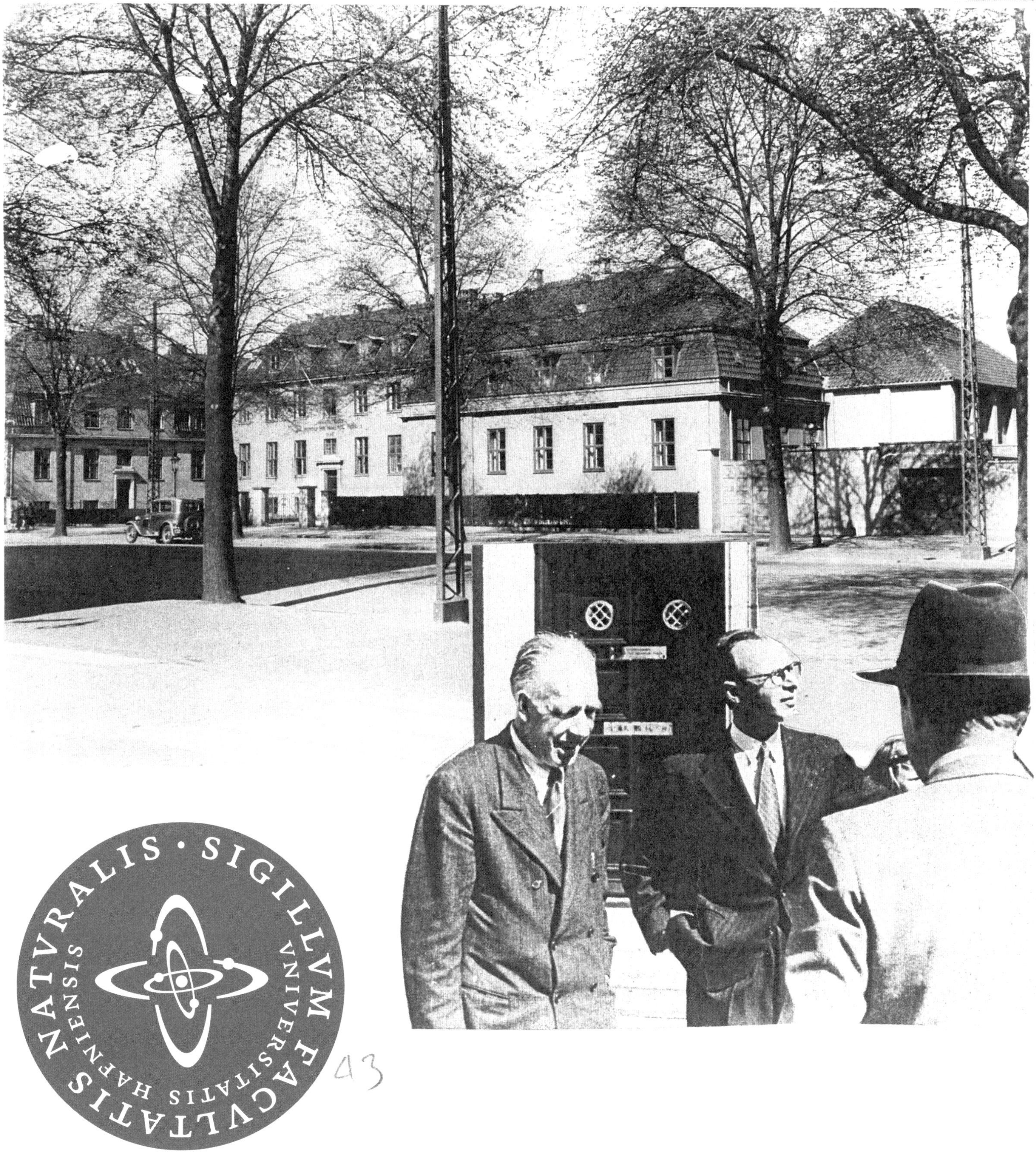

43

For the scrapbook about the Niels Bohr Institute

Peter Høeg

When he was a student, a friend of mine attended lectures by Niels Bohr.

Bohr noticed the young mathematician's passion for physics, gave generously of his time and attention and would often speak with him at the end of lectures. Once, sensing my friend's awe, he said: 'Otto, we must remember that natural science only concerns itself with a rather small section of the totality of human experience.'

His words revealed a scientist whose scope of knowledge and eminence were big enough for him to acknowledge his own limitations and that of his subject.

Humility isn't self-effacement. It means to know and believe you matter while acknowledging that understanding is always piecemeal and incomplete. It's being open and respectful when faced with something you don't understand.

Openness and respect go hand in hand with curiosity, with taking an interest in others, with having a willingness for dialogue.

This book is a part of such a dialogue.

It all came about when the Niels Bohr Institute invited two artists, the sculptor Rikke Raben and the photographer Anne Prytz Schaldemose, not only inside its doors but into the very heart of the Institute.

This scrapbook is a pictorial account of this meeting of hearts and minds.

The story has several aspects.

It's partly a journey of discovery. Like two cultural anthropologists, Rikke Raben and Anne Prytz Schaldemose travelled to a continent of which we have all heard but few of us have ever visited. Here they met a race of people called scientists, and, being aware that any contact also would equate to interference and intervention, they reported on this journey. This book is their report.

It is also a historical document. In a style that is sensitive yet insistent, precise yet open to interpretation, their pictures, collages and quotes point to the central themes in a 30-year period that shook physics. And to the current administration and continuation of this colossal undertaking.

Observe how the photographs capture the soft light in the buildings which provided the setting for a rare display of the positive vision that was the Age of Enlightenment: the union of knowledge, creativity and ethics.

It's remarkable how much humour and basic humanity intermingles with scientific precision. How the scientists' personal lives can be viewed as the basis for the well-being that sustains them.

Note the juxtaposition of the cosiness of the environment and the powers it embodies: private life, research trips, natural science, politics and other interests intertwine in Bohr's life and in that of the Institute. The pictures also document the dialogue across the Iron Curtain which the Institute was able to maintain. During the Cold War, Blegdamsvej 17, the address of the Niels Bohr Institute, was one of the few places – possibly the only one – where scientists from either side of the Iron Curtain could meet. Rumour has it that the KGB sponsored the vodka served at the Institute's parties. Without getting anything in return.

The internationalism at the Niels Bohr Institute – then as well as now – reveals itself nicely in the humorous encounter between the ramshackle and high technology which natural science research also encompasses.

Another aspect of this book is the historical documentation of the physical setting. The Niels Bohr Institute is moving; the buildings will be abandoned.

Blegdamsvej 17 is a hot spot; it's a world historical address. When I was a boy, we heard, both at home and at school, about the 30 years at Blegdamsvej that shook physics. About Bohr playing with six-shooters, about Christmas cabarets paraphrasing Faust, about Heisenberg's relationship with Nazism, about the cyclotron underneath the large green space of Fælledparken, about the development of the atom bomb. When we played football in the park or rode our bicycles down Blegdamsvej, we would look at the Institute with awe.

And with warmth. Denmark is a small country; we don't have much that is truly big. The Niels Bohr Institute is large – and cosy at the same time. You only have to look at the buildings: they are human in size, they are not unapproachable. They made a passing boy think it would be all right for him to venture inside for a glass of water. Or ask if he could use the toilet. Although we were children and therefore unable to articulate it, the atmosphere of the Institute was human as well as humanist. We could feel – even if we didn't know the word for it – that these buildings and the research they contained had ethics, a soul.

This book is – also – a historical record of this soul and its architecture.

Niels Bohr's personality, scientific importance, leadership skills and charisma are an integral part of the soul of this place.

This book is thus, of course, also a celebration of Bohr, an expression of gratitude. Its essence, the meeting of art and science, the fact that the Institute has wanted and welcomed their encounter, is in itself an expression of the stream of open, heartfelt curiosity that Bohr initiated, and which has continued to flow ever since.

Perhaps I, a layperson invited into this dialogue between art and science, may risk venturing a step beyond my remit as master of ceremonies and point out aspects of reality that cannot be seen in the pictures but which nonetheless surround the Niels Bohr Institute and quantum mechanics.

Of the rather small section of the totality of human experience with which natural science is concerned, quantum physics, in turn, concerns itself with a small section. That's a small section of a small section.

But what an important section!

In February 2001, the magazine *Scientific American* published a convincing article arguing that a third of the total global turnover, US$30,000 billion, was the yield of products and ideas derived directly from research related to quantum physics.

US$30,000 billion!

There are very few people, if any, on the planet today whose existence isn't affected in one way or another by quantum physics. It's a decisive factor behind the development that today makes talk about the Anthropocene possible. Humanity now has the power to bring about physical changes which were previously the prerogative of natural forces only.

With great power comes great responsibility. The greater the responsibility, the more important the ethics required to honour that responsibility.

In 1955, John von Neuman, a mathematical genius, quantum physicist and central to the development of the American atom bomb in Los Alamos, wrote in *Fortune* magazine a prophetic article entitled 'Can We Survive Technology?'

To my knowledge, it's one of history's first predictions of global warming, in that the planet is reaching the limits of its tolerance of us exploiting its resources.

In it, von Neuman writes: 'New technologies are always constructive and of value, either directly or indirectly. But their consequences tend to be destabilizing.'

These sentences are poignant – in their faith in both science and technology, and in their tentative realization that even if science has an inbuilt goodness, it often leads to imbalance.

When I grew up in the 1960s, there was a feeling that the world was young, say 17 to 18 years old, and going places.

I think this feeling came about partly because material wealth in the Western world was spreading and growing. As was science. And art. No one knew – or possibly only a very few people knew – that this affluent society was growing partly on credit, that it financed itself through excessive consumption of natural resources, consumption which has now started to burden all of humanity.

The notion that life is, or could be, one long progression – with inevitable yet temporary setbacks – has been easy to sustain in the rich parts of the world. And with the number and severity of increasingly more frequent global crises, it's about to be put to its perhaps most serious test.

For many of us laypeople, the history of natural science is the novel of all novels.

In 1800, Alessandro Volta stacked a number of galvanized cells on top of one another and built the Voltaic pile, as it is known, the first battery in history. In 1820, H.C. Ørsted proved that the current from Volta's battery affected a compass needle and thus established the basis for the electric motor, among other things. During 1832 and 1833, the self-taught experimental physicist Michael Faraday showed that changing a magnetized field creates an electric field, thus creating the basis for alternating current generators, power stations and wind turbines. In 1860, in his equations, James Clerk Maxwell brought together these discoveries to define electromagnetism, the science of the physical properties of magnetic fields, and thus paved the way for the discovery and exploitation of radio waves and all controlled application of electricity. From 1880s onwards, Nikola Tesla and Thomas Edison started electrifying the world. In 1900, Max Planck was able to explain the electromagnetic radiation from warm bodies – for example, the sun – by assuming that it is quantized; in 1905, Albert Einstein proved in his description of the photoelectric effect that this really is the case. In 1913, Niels Bohr published three papers combining Planck's description of quanta with a model of energy relationships in the atom. From 1920 to 1940, modern electronics were founded. The transistor was invented in the 1940s, the laser in the 1960s. The industrial application of nuclear power, rooted in the theory of relativity, accelerated. Today we talk, partly due to the developments in quantum computing, about a possible second revolution in quantum physics.

This has happened in a very short space of time. These snapshots – as summarized by an amateur with an interest in the history of science – are just a few of the discoveries which, when viewed retrospectively, turn out to point straight to quantum physics.

My grandmother was born in 1886; she could have met Maxwell.

My great-grandfather, whose silver pocket watch I inherited, was born in 1843; he could have met Ørsted.

Progress has been very, very rapid.

There is no reason to think things will happen more slowly in the future.

Do we know where we are heading?

At the end of his book on the history of human knowledge, *Sapiens*, the historian – and pessimist – Yuval Noah Harari writes:

‘We have advanced from canoes to galleys to steamships to space shuttles – but nobody knows where we’re going. We are more powerful than ever before, but have very little idea what to do with all that power. Worse still, humans seem to be more irresponsible than ever. Self-made gods with only the laws of physics to keep us company, we are accountable to no one. We are consequently wreaking havoc on our fellow animals and on the surrounding ecosystem, seeking little more than our own comfort and amusement, yet never finding satisfaction. / Is there anything more dangerous than dissatisfied and irresponsible gods who don’t know what they want?’

We humans want to experience our lives as meaningful.

For most of us, it means that we want to experience joy, love and some kind of progress. We want, during our life and as we near its end, to be able to say that we get and have got something out of it, that we have undergone a development towards something better, a progression.

We want to view the unfolding of history in the same way. We want to think, or know, that we are a part of global progress.

Our desire to see history as progression made us name the Age of Enlightenment the Age of Enlightenment. We gave it a name based on the leap in knowledge that took place. However, there were other aspects to that era.

One was that science, politics, art, ethics and spirituality became partially separated from one another.

We have to say ‘partially’ because science and politics, for example, have always remained closely linked. But the separation between, say, science and religion, which enabled the explosive cognitive development in science, also led to science distancing itself from ethics in many ways.

To be aware of your responsibility is to feel empathy, to be aware of other people and their reality. Empathy presumes an awareness that you yourself are human.

Viewed from the outside, it looks as if natural science had mostly forgotten this until Bohr. In its emphasis on scientific objectivity – that is, professional concurrence – there is an assumption that the individual will set itself aside for the benefit of agreed rules and terminology, but in doing so science pretty much forgot that research is carried out by human beings.

Let us illustrate this by imagining that the entire scientific knowledge and expertise was gathered in one person, one scientist, then that person had spent 500 years staring at her experiments and her formulas and results without ever asking herself if, despite her objectivity, a part of her might have crept into science.

This is where Bohr points to language.

He stated repeatedly throughout his life: ‘Natural science says nothing about nature. It says something about what we can *say* about nature.’

Science is expressed in language.

But is it also trapped by it?

It’s an important question. Because that’s where the problem of the relationship between language and reality lies hidden.

As children, or certainly by the time we get to secondary school, we hear that one of the definitive observations of quantum physics is that most measuring will affect what is being measured.

We have heard this statement so often we almost take it for granted, with the subsequent risk that we forget to be inquisitive and curious.

All human observation and understanding of our world presupposes language. We view the world through language just as we look through the pupils of our eyes. We can no more see our own pupils – unless we have a mirror – than we can see how language colours reality.

This is Kant's paradox, one of the most important insights in the history of European consciousness: the outer and the inner world as we think we experience them are inevitably coloured by certain predetermined forms of experiencing. Time and space, as Immanuel Kant and Einstein – and surely also Bohr – said, are ways of looking at something. They are creative tools for our mind to organize reality. We are, as Bohr said in *Atomic Theory and the Description of Nature* (Copenhagen 1929), when we describe reality, 'always relegated to expressing ourselves through a painting with words that are used in an unanalysed manner.' A phrase which again points to how what we call reality is also a creative invention.

And that begs the question: What happens if we, if only for a moment, stop inventing?

Most people wonder at one time or another what would happen to the universe if humanity – and we pray this doesn't happen soon – were to become extinct.

There are two traditional answers to this question: One is that the universe will go on as if nothing had happened. The second is that the question is meaningless; it can never be answered because if we're not here, then there's no one left to consider the matter.

However, bearing in mind Bohr's acknowledgement of the significance of language, I want to suggest a third option: that the universe would definitely not carry on as if nothing had happened. Because the universe as we know it is partly composed of language. Regardless of how we experience and sense the world, whether we let grains of sand slip through our hands on a beach or watch the Sombrero Galaxy through a mirror telescope, language is with us. Language is in the way we feel; it's built into the telescopes. We never see reality as such, as Bohr said. We see a reality that's a meeting between something which we don't know what is and our language.

Language is consciousness. There is no language without consciousness. So no matter what we look at, outside and inside ourselves, no matter how far away it appears to be, there will be a contribution from our linguistic ability and our consciousness in anything we observe.

If we were to disappear, so would this awareness. In which the universe, in ways we can't even begin to imagine, would be robbed of an element whose nature we don't understand and whose relationship to the world around us we have probably barely begun to comprehend but which is more fundamental than the elements in the periodic table.

Despite the rate of progress, humanity is standing only at the threshold of a viable modern society. Neither art, nor science or politics have yet been able to create a language for, or initiatives which factor in, sustainable development on the planet.

Nor have we been able to establish or illustrate existential wisdom. In Denmark today, there are as yet no sages. Politicians can, we hope, exhibit a certain level of responsibility and common sense. Artists might be lucky enough to give the audience an experience. However, an experience is very far from suggesting how to move towards a meaningful life. And to science, we have to say that Bohr's and von Neuman's belief that if only knowledge is spread without limits then its inherent blessing will shine through has proved not to hold true.

The realization that we have only just scratched the surface of important issues partly explains the dialogue between different areas of expertise we are seeing these days. We have to talk to one another.

There is also a more positive reason for this conversation: we are living, in the rich part of the world, in a golden age. Yet we are flourishing on the edge of the abyss. Never before have there been so many artists, so much science, so much political experience and theory and so many forces to bring about societal change. The dialogue between art, science, politics and spirituality is also an expression of an abundant society.

A book like this one is surely both an expression of this abundance as well as of alarm.

Natural science has, for understandable and historical reasons, of which several are mentioned above, not concerned itself directly with how to live a meaningful life.

It's my experience that most quantum physicists will happily concede that the philosophical – and possibly existential – consequences of the insights of quantum physics haven't been seriously and actively addressed since Bohr. Until now, scientists have primarily viewed research as having potential technical advantages.

This limitation is starting to change. Natural science is increasingly starting to address, by choice and due to the pressures of global development, the question of the quality of existence and the shared responsibility science has for this.

Perhaps quantum physics has a potentially unique contribution to make here.

The Latin word *spiritus* means 'spirit' or 'essence'; you don't have to be religious in order to be interested in spirituality, however; it can mean that you engage with the question of what's most important in life, what's most meaningful in a non-dogmatic manner.

Natural science often keeps spirituality at more than arm's-length. It's less than 300 years since modern science started to disentangle itself from religious suppression, and that has created a trauma, a fear that spirituality might turn out to be faith-based notions and dogmatism in a fresh guise.

It may also go some way to explaining why the scientific community has often been dubious or critical towards Bohr's interest in Eastern philosophy.

Bohr was particularly interested in Taoism – which, in its more advanced form, belongs to esoteric consciousness practices, as do Vajrayana Buddhism, Advaita Vedanta, high Zen and Sufism.

These systems of practice put activity and experience at the forefront. Here they may resemble Western natural science in the sense that they are based on very few, or no, doctrines. They are descriptions of procedures you can undertake, just as a natural science experiment that can be taught and repeated and which will produce a series of results that can be described in detail. Higher spirituality has, just like natural science, an objectivity which can be understood as intersubjective consensus, agreed between professionals and in turn disseminated.

Where the paths of consciousness practices and natural science fork is in their relationship to language. Science believes it's impossible to pass or to transcend language. Or, more accurately, most scientists either don't concern themselves with the question or they agree with the Bohr disciple David Favrholdt, who in an article on Bohr's philosophy wrote that 'one will never be able to transcend one's own thoughts and descriptions of reality' (*Bohr på ny*, Copenhagen 2013).

Is it possible that natural science and quantum physics, in particular, are too modest on this point?

The linguistic reality we inhabit constantly separates subject and object. We are within ourselves; the world is out there.

Bohr pointed out that this separation is fundamentally an illusion. In his birthday speech to Max Planck in 1929, he expressed it as follows:

'A description of our thought activity demands on the one hand that an objective content is placed in front of an observing subject, while on the other side [...] no sharp distinction between object and subject can be maintained, given that the latter also belongs to the contents of our thoughts.'

It's crystal clear: there is always a contribution from our consciousness, from either the outer or the inner world, in every object.

Is it possible, as Taoism and the great spiritual traditions describe, to overcome the separation between subject and object? To reach a non-binary form of cognition? Kant believed it was, and in his *Critique of Pure Reason* called such a cognitive level 'apperception'.

I choose to believe that Bohr too sensed, at least intuitively, this possibility: that there is a way of perceiving other than the linguistic one, that language too is a constriction and a narrowing that mutes existential intensity. That quantum physics points in that direction through the narrow but crucially important section of reality with which it concerns itself by pressing our language and perception of reality to near breakdown by insisting that we have to accept complementarity, true but mutually exclusive statements, by insisting that the continuity we seem to experience when we look out through a window, the continuity we think we find in the unbroken, fluid flow of time, isn't true as far as quantum mechanics are concerned because reality is quantized there.

Here it's difficult not to see a link back to Søren Kierkegaard, whose authorship, in addition to whatever else it may be, is also a comprehensive examination of what happens when language and its associated perception of reality is pressed to its furthest limits and imposes a 'leap' – a term employed by both Kierkegaard and quantum physics. As when Kierkegaard, in one of his *Upbuilding Discourses, To Need God Is a Human Being's Highest Perception*, having shown that the world's unhappiest human being is also the happiest, that reality is complementary, exclaims, 'Language breaks down, and thought is confused.'

In his anthology *Quantum Questions* (Boulder 2001), philosopher Ken Wilber has collected writings on spirituality by a series of famous quantum physicists. They seem to be remarkably in agreement on three points: That natural science research is fundamentally driven by an intuitive, spiritual experience of the cosmos as meaningful, a situation Einstein expressed when he said: 'I maintain that the cosmic religious feeling is the strongest and noblest motive behind scientific research.' And that natural science can neither confirm nor disprove transcendental experiences. Because, as Schrödinger writes: 'Physics has nothing to do with mysticism. Physics takes its starting point in experiences of common reality, experiences which physics expands with increasingly refined means. It remains closely related to this common reality, doesn't go beyond it generically and can't stray into other areas of cognition.' The third point of agreement between – many – great physicists concerns the image they use to describe the observations of modern physics, that what their science describes is a 'shadow image' of reality and not reality itself. As Schrödinger says: 'Note that progress within quantum physics and relativity theory doesn't mean that physics has now taken on this shadow character. It has had it ever since Democritus and before. We physicists, however, haven't been aware of it until now. We believed we were describing the world itself.'

In its increasing interest in ethics and other ways of understanding our existence, these days natural science is turning to art – and to spirituality – to hear what they have to say about the fundamental premise of human existence.

This book is part of such a dialogue – which perhaps in time can provide an answer to a hope expressed by John Bell in an interview with Tor Nørretranders (quoted in his book *The Indivisible*): 'I'm perfectly aware that the problem of consciousness has only been considered very superficially by science. I have no doubt that the ultimate theory must place consciousness at the centre.'

Might not quantum physics be a fine example of how science and the everyday language on which it rests can point us towards reality, and to humanity's relationship to this reality, to what we call existence? Might it not get the chance to express itself in a much more alert, comprehensive and meaningful manner than is currently the case?

On the one hand, the history of science is the story of unparalleled success. We're lost for words when we read about the development of quantum mechanics. How a few people created it, how inspired they were, the professional and human generosity that existed between them. How much reciprocal support was manifested. How many scientists Bohr helped get to Copenhagen and later to posts abroad. How much playful creativity there was room for.

George Gamow, who chronicled those 30 fantastic years, wrote short stories which even to this day come across as visionary. Niels Bohr's brother, Harald Bohr, was, at the same time as he was a professor at the Institute of Mathematics, which had its own building not far from Niels's Institute, also the goalkeeper of the Danish national football team. When looking at this highly intense, creative group process, which the first quantum physics revolution also was, we also get the impression of a group of children having fun.

This is meant as a compliment; the Niels Bohr Institute has been the home of completely open-minded, wondering and willing curiosity, and a playful joy of research like the kind children exhibit when they play.

From the collages, picture sequences and photographs, from the reality that arises from the pages, it's clear that this open-minded willingness to wonder remains intact. As does the warmth, which was so evident among the quantum physics playmates Bohr gathered at the Institute.

The Niels Bohr Institute is still a global power spot. Possibly on the verge of a new scientific revolution.

On the other hand, something has changed. The time is different.

In its early years, Bohr's colleagues financed the Institute. Today, the financial requirements are way beyond what generous friends can manage; the budget nudges 400 million Danish kroner, and the Institute needs to find more than 70% of this itself. That means looking for investors.

Growth costs. Money is energy, and an increase in energy demands more hierarchical structures. And the joy of creativity invariable suffers under hierarchies.

Then there's the question of ethics. We may well feel if the ethical discussion which was so intensely alive in the years following the Second World War, and which Bohr and many of those who had been involved in the production of the atom bomb continued to insist on, has today moved across to biology, to computer scientists and their administration of social media algorithms, and to climate scientists. The discussion about nuclear power has, especially following major global accidents, become redundant. Niels Bohr's famous open letter to the United Nations of 1950, which was trembling with apprehension, is rarely or never mentioned. Even though the global capacity for atomic destruction is far bigger today than when Bohr originally wrote the letter.

And yet the impression that we, as laypeople, have of the Institute today is one of intense liveliness. This X factor – my apologies – is visible in this book.

Between the ruthless international competition in science, between expressions of the unavoidable stress which makes it especially hard for women, who might also want to have a family, to survive the battle that quantum physics also is today, between the laser-like focus which Bohr in his conversation with my friend Otto called 'a very small section of reality', there is also a unique openness.

At Blegdamsvej, you can also feel the presence of the influential Danish clergyman, writer and politician N.F.S. Grundtvig, who had major impact on the development of Denmark's popular democracy. Bohr's legacy is of course partly patriarchal and hierarchical, as was the 1930s in general, but it's also horizontal and warm. The Institute contributes to public information. It has also acquired its first Professor of Public Understanding of Science. The mood in the corridors and between people is, as we can see from the pictures in this book, an interaction between equals. When you visit the Institute, you'll struggle or fail to guess whether the people you pass in the corridors are tutors, administrative staff, management or students. We get, on the inside and outside of this book, a sense of a lively, warm, busy, horizontal, often humorous, somewhat nerdish flat structure. On top of colossal human and scientific depth.

A depth saturated with curiosity.

Curiosity comes with its own risks. That's why it's important that science has a heart. 'Light without warmth is infernal torment', as Grundtvig wrote.

Feel, on these pages, the warmth and curiosity in the meeting between these two visual artists and the Niels Bohr Institute.

Til scrapbogen om Niels Bohr Institutet

Peter Høeg

En ven af mig fulgte som studerende Niels Bohrs forelæsninger.

Bohr mærkede den unge matematikers passion for fysik, gav ham generøst af sin tid og opmærksomhed og talte ofte med ham efter undervisningen. Engang, da han mærkede min vens andægtighed, sagde han: 'Otto, vi må huske at naturvidenskaben kun beskæftiger sig med et ganske smalt udsnit af summen af menneskelig erfaring.'

I det statement hører man en videnskabsmand hvis overblik og format er stort nok til at indrømme sin egen og fagets begrænsning.

Ydmyghed er ikke selvudslettelse. Det er på én gang at kende og vedstå sin betydning og at indrømme at al forståelse altid er stykkevis og delt. Det er at være åben og respektfuld vendt mod alt det man ikke forstår.

Åbenheden og respekten går hånd i hånd med nysgerrigheden. Med interessen for andre, med viljen til dialog.

Denne bog er en del af en sådan dialog.

Den er blevet til ved at Niels Bohr Institutet har inviteret to kunstnere, billedhuggeren Rikke Raben og fotografen Anne Prytz Schaldemose, ikke bare inden for døren, men ind i institutets hjerte.

Denne scrapbog er en billedberetning om dette hjerte- og bevidsthedsmøde.

Beretningen har flere sider:

Bogen er dels en opdagelsesrejse. Som to kunstantropologer er Rikke og Anne rejst ind i et kontinent som vi alle har hørt om, men få af os besøgt. Her har de mødt et folkeslag, videnskabskvinderne og -mændene, og respektfulde og bevidste om at al kontakt også er indblanding, intervention, rapporterer de fra denne rejse. Bogen her er denne rapport.

Den er også en historisk dokumentation. På en nænsom og samtidig insisterende måde, præcis og alligevel åben for fortolkninger, peger billeder, collager og citater på hovedtemaer fra de 30 år der rystede fysikken. Og på den moderne forvaltning og videreførelse af denne kolossale impuls.

Læg mærke til hvordan fotografierne indfanger det bløde fysiske lys i disse bygninger der har været ramme om en sjælden udfoldelse af den positive vision fra oplysningstiden: foreningen af viden, kreativitet og etik.

Det er påfaldende hvor megen humor og almindelig menneskelighed der fletter sig ind i videnskabelig stringens. Hvordan forskernes personlige liv kan anes som det trivselsunderlag de lever på.

Bemærk sideordningen af miljøets hygge og de kræfter det gemmer: Privatliv, forskerrejser, naturvidenskab, politik og interesser fletter sig sammen i Bohrs og institutets liv.

Billederne dokumenterer også den dialog på tværs af jerntæppet som institutet opretholdt. Under den kolde krig var Blegdamsvej 17 et af de steder – måske det eneste? – hvor videnskabskvinder og -mænd fra hver deres side af jerntæppet kunne mødes. Rygter fortæller at KGB sponsorerede vodkaen til institutfesterne. Uden at få noget ud af det.

Internationalismen på Niels Bohr Institutet – før som nu – vises fint i det humoristiske møde mellem det hjemmesnedkererede og det højteknologiske som naturvidenskabelig forskning også er.

En anden side af denne bog er den historiske dokumentation af de fysiske rammer. Niels Bohr Institutet er under flytning, bygningerne skal forlades.

Blegdamsvej 17 er et *powerspot*, det er en verdenshistorisk adresse. Fra jeg var dreng hørte vi, hjemme og i skolen, om de 30 år på Blegdamsvej der rystede fysikken. Om Bohrs lege med westernpistoler, om julerevyerne der parafraserede Faust, om Heisenbergs forhold til nazismen, om cyklotronen under Fælledparken og om atombombens udvikling. Når vi spillede bold i parken eller kørte ad Blegdamsvej, så vi ind mod instituttet med ærefrygt.

Og med varme. Danmark er lille, vi har ikke meget af det helt store. Niels Bohr Institutet er stort. Og samtidigt hyggeligt, man kan se det på bygningerne, de er menneskelige i formatet, de er ikke utilnærmelige. De fik den forbipasserende dreng til at tænke at dér turde man godt vove sig ind for at få en tår vand. Eller for at spørge om man måtte låne toilettet. Selv om vi var børn og ikke havde ord for det, var udstrålingen fra instituttet human, humanistisk. Vi kunne mærke – selv om vi ikke kendte ordet – at disse bygninger og den forskning de rummede, havde en etik, en sjæl.

Denne bog er – også – en historisk dokumentation af denne sjæl og dens arkitektur.

Niels Bohrs personlighed, videnskabelige format, lederevner og karisma er en væsentlig del af stedets sjæl.

Denne bog er derfor, selvfølgelig, også en hyldest, et udtryk for taknemmelighed. Dens essens, mødet mellem kunst og videnskab, det at instituttet har ønsket og tilladt dette møde, er i sig selv et udtryk for den strøm af åben, hjertelig nysgerrighed Bohr satte i bevægelse og som siden er fortsat med at flyde.

Måske kan man, som lægmand inviteret ind i denne dialog mellem kunst og videnskab, vove sig et skridt ud over sprechstallmeisterens beføjelser og antydende pege på noget af den virkelighed som ikke kan ses på billederne. Men som er til stede rundt om Niels Bohr Institutet og kvantemekanikken:

Af det ganske smalle udsnit af summen af menneskelig erfaring som naturvidenskaben beskæftiger sig med, beskæftiger kvantefysikken sig igen med et smalt udsnit. Altså et smalt udsnit af et smalt udsnit.

Men hvilket udsnit!

I februar 2001 bragte tidsskriftet *Scientific American* en artikel hvor man sandsynliggjorde at en tredjedel af den samlede globale omsætning, 30.000 milliarder dollars, var afkast af produkter og emner der hvilede direkte på kvantefysikrelateret forskning.

30.000 milliarder dollars!

Der er meget få mennesker, om nogen, på kloden i dag hvis eksistens ikke på den ene eller anden måde er påvirket af kvantefysikken. Den er en afgørende faktor bag den udvikling der gør at man i dag taler om den antropocæne tidsalder. Menneskeheden råder nu over magt til at tilvejebringe fysiske forandringer som tidligere kun naturkræfterne formåede.

Jo større magt des større ansvar. Jo større ansvar des vigtigere bliver den etik der kræves for at løfte det ansvar.

I 1955 skrev John von Neuman, matematisk geni, kvantefysiker og væsentlig i udviklingen af den amerikanske atombombe i Los Alamos, i *Fortune* en profetisk artikel med titlen *Kan vi overleve den teknologiske udvikling?*

Det er mig bekendt én af historiens tidligste forudsigelser af global opvarmning. Af at kloden er ved at nå grænsen for den måde vi udnytter dens ressourcer på. I den skriver von Neuman:

'Nye teknologier er altid konstruktive og af værdi, enten direkte eller indirekte. Men deres konsekvenser har en tendens til at virke destabiliserende.'

Disse sætninger er berørende. I deres tillid til videnskab og teknologi.

Og i deres forundrede konstatering af at selv om videnskaben har en indbygget godhed, fører den ofte til ubalance.

Da jeg voksede op, i 60erne, var der en følelse af at verden var ung, måske sådan en sytten-atten år, og på vej fremad og ud i livet.

Jeg tror at den følelse blandt andet kom af at den materielle velfærd i den vestlige verden var ung og i vækst. At videnskaben var. Og kunsten. Vi vidste ikke – ingen, eller kun meget få, vidste – at velfærdsstaten voksede delvist på forventet efterbevilling. At den finansierede sig selv på det overforbrug af naturressourcer der nu for alvor begynder at tynge den samlede menneskehed.

Oplevelsen af at livet er, eller kan være, ét langt fremskridt – med de uundgåelige midlertidige tilbageskridt – er en forestilling som det har været lettest at opretholde i den rige del af verden. Og som nu, med mængden og dybden af de stadig hyppigere globale kriser, kommer på sin måske hidtil alvorligste prøve.

For mange af os lægfolk er naturvidenskabens historie som romanen over alle romaner:

År 1800 stablede Volta en række galvaniske celler oven på hinanden til den såkaldte Voltasøjle, historiens første batteri. År 1820 viste Ørsted at strøm fra Voltas batteri har en effekt på en kompasnål og etablerede dermed fundamentet under blandt andet elektromotoren. I løbet af 1832 og 1833 viste den selvlærte eksperimentelle fysiker Faraday at en magnetisk feltændring skaber et elektrisk felt og åbnede derved vejen til vekselstrømsgeneratoren, kraftværker og vindmøller. I 1860 samlede Maxwell i sine ligninger disse erfaringer i elektromagnetismen, videnskaben om magnetfelters fysiske egenskaber, hvorved vejen var banet mod opdagelsen og udnyttelsen af radiobølger og al kontrolleret anvendelse af strøm. Fra 1880erne og frem gik Tesla og Edison i gang med at elektrificere verden. I år 1900 var Planck i stand til at beskrive den elektromagnetiske stråling fra varme legemer (solen) ved at antage at den er kvantiseret, i 1905 beviste Einstein, i sin beskrivelse af den fotoelektriske effekt, at det rent faktisk forholder sig sådan. I 1913 udkommer Bohrs tre artikler der forener Plancks beskrivelse af kvantet med en model af energiforhold i atomet. Fra 1920-40 grundlægges den moderne elektronik. I 60erne opfindes laseren. Transistoren. Den industrielle udnyttelse af kernekraft, der har rødder i relativitetsteorien, tager fart. I dag taler man, blandt andet med den mulige udvikling af kvantecomputeren, om en mulig anden kvantefysisk revolution.

Det er sket på meget kort tid. I disse punktnedslag – samlet fra amatørens optagethed af videnskabshistorien – er endda bare nævnt nogle få af de opdagelser der, set i bakspejlet, viser sig direkte at pege mod kvantefysikken.

Min bedstemor var født i 1886, hun kunne have mødt Maxwell.

Min oldefar, hvis sølvlommeur jeg arvede, var født i 1843, han kunne have mødt Ørsted.

Udviklingen er gået meget, meget stærkt.

Der er ingen grund til at tro at den fremover kommer til at gå langsommere.

Véd vi hvor vi er på vej hen?

I de afsluttende linjer af sin gennemgang af (især) den menneskelige videns historie *Sapiens* skriver historikeren – og pessimisten – Yuval Noah Harari:

'Vi har bevæget os fra kanoer til gallejer til dampskibe til rumfartøjer – men ingen véd hvor vi er på vej hen. Vi er mere magtfulde end nogensinde, men har meget lidt begreb om hvad vi skal stille op med den magt.

Værre endnu, menneskeheden synes at være mere uansvarlig end nogensinde. Som selverklærede guder med alene fysikkens love til at holde os med selskab, står vi ikke til ansvar for nogen. Konsekvent nedkalder vi død og ødelæggelse over vores medskabninger og de omgivende økosystemer, uden at søge stort andet end vores egen tryghed og forlystelse, og uden nogensinde at oplevelse tilfredsstillelse. Findes der noget farligere end utilfredse og uansvarlige guder som ikke véd hvad de ønsker?'

Vi mennesker ønsker at opleve vores liv som meningsfyldt.

For de fleste af os betyder det at vi ønsker at opleve glæde, kærlighed og én eller anden form for fremskridt. Vi ønsker, mens vores liv står på og mod dets slutning, at kunne sige at vi får, og har fået, noget ud af det. At vi har gennemløbet en udvikling mod det bedre, en progression.

Vi ønsker at se historiens gang på samme måde. Vi ønsker at tro, eller vide, at vi er en del af et globalt fremskridt.

Drømmen om at se historien som en progression har fået os til at give oplysningstiden navnet oplysningstiden. Vi har givet den navn efter det vidensspring der fandt sted.

Men den tid havde også andre sider.

En af disse var at videnskab, politik, kunst, etik og spiritualitet delvist blev skilt fra hinanden.

Når vi må sige 'delvist' er det fordi eksempelvis videnskab og politik altid forblev nært forbundne. Men den adskillelse mellem eksempelvis videnskab og religion, der muliggjorde videnskabens eksplosive erkendelsesudvikling, havde også den følge at videnskaben på mange måder distancerede sig fra spørgsmål om etik.

At mærke sit ansvar er at føle empati, at mærke andre mennesker og deres virkelighed. Hvilket forudsætter at man mærker at man selv er menneske.

Udefra ser det ud som om naturvidenskaben indtil Bohr stort set havde glemt subjektet. I sin understregning af at videnskabelig objektivitet, altså faglig enighed, forudsætter at den enkelte sætter sig selv til side til fordel for de arbejdsregler og det fagsprog man er enedes om, havde videnskaben så at sige glemt at det er mennesker der forsker.

Hvis vi bruger et billede og forestiller os at den samlede videnskabelige erfaring og kunnen var samlet i én person, én videnskabskvinde, så havde den kvinde i 500 år stirret koncentreret på sine forskningsopstillinger og sine formler og resultater uden at spørge sig selv om der, på trods af objektiviteten, var noget af hende selv der havde sneget sig ind i videnskaben.

Her pegede Bohr på sproget.

Igen og igen hen gennem sit liv blev han ved med at gentage: 'Naturvidenskaben siger ikke noget om naturen. Den siger noget om hvad man kan *sige* om naturen.'

Videnskab er båret af sproget.

Men er den også spærret inde i det?

Det er et vigtigt spørgsmål. For i det er problemet om forholdet mellem sprog og virkelighed gemt.

Som børn, eller i hvert fald i gymnasiet, hørte vi at én af kvantefysikkens afgørende erkendelser er at de fleste målinger har indflydelse på det der måles.

Vi har hørt dette så mange gange, at det truer med at blive udenadslære. Med den deraf følgende risiko for at vi glemmer at være spørgende nysgerrige:

Al menneskelig iagttagelse og forståelse af verden forudsætter sproget. Vi ser på verden ud gennem sproget som vi ser ud gennem vores pupiller.

Lige så lidt som vi kan se vores egne pupiller – hvis vi ikke har et spejl – kan vi se hvordan sproget farver virkeligheden.

Dette er Kants paradoks, en af de vigtigste erkendelser i europæisk bevidsthedshistorie: Den ydre og indre verden, som vi mener at opleve den, er allerede farvet af visse, på forhånd givne, oplevelsesformer. Tid og rum er, som Kant og Einstein – og vel også Bohr – sagde, anskuelsesformer. De er kreative måder hvorpå bevidstheden organiserer virkeligheden. Vi er, sagde Bohr, i *Atomteori og naturbeskrivelse* (Kbh 1929), når vi skal beskrive virkeligheden 'altid henvist til at udtrykke os gennem et Maleri med Ord, der benyttes på en uanalyseret måde.' En formulering der igen peger på at det vi kalder virkeligheden også er en kreativ fabrikation.

Hvad der føder spørgsmålet: Hvad sker der hvis vi, om så bare et øjeblik, holder op med at fabrikere?

De fleste mennesker tænker før eller siden på hvad der ville ske med universet hvis menneskeheden – hvad vi beder til ikke sker med det første – uddør.

På det spørgsmål er der traditionelt to svar: Det ene er at universet vil gå videre som om intet var hændt. Det andet er at spørgsmålet er meningsløst, for det kan aldrig besvares, for er vi væk, er der ingen til at undersøge sagen.

Med Bohrs erkendelse af sprogets betydning vil jeg foreslå en tredje mulighed: Universet ville med sikkerhed ikke fortsætte som om intet var hændt. For universet som vi kender det, er delvist lavet af sprog. Uanset hvordan vi opfatter og sanser verden, om vi lader sandskorn glide gennem hænderne på Dueodde eller ser på Sombrerogalaksen gennem et spejlteleskop, så har vi sproget med os. Sprog indgår i den måde vi føler på, det er bygget ind i teleskoperne, vi ser, som Bohr sagde, aldrig virkeligheden som sådan, vi ser en virkelighed der er et møde mellem et eller andet vi ikke véd hvad er, og vores sproglighed.

Sprog er bevidsthed. Der er intet sprog uden bevidsthed. Så uanset hvad vi ser på, uden for og indeni os selv, uanset hvor langt borte det synes at være, så er der i det vi betragter, et bidrag fra vores sproglighed og vores bevidsthed.

Skulle vi forsvinde, forsvinder denne bevidsthed. Hvorved universet, på måder vi end ikke kan forestille os, ville være berøvet et grundstof hvis væsen vi ikke forstår, og hvis forhold til omverdenen vi sandsynligvis knapt er begyndt at begribe, men som er mere fundamentalt end stofferne i det periodiske system.

Vores udviklingsskridt til trods står vi som menneskehed kun ved tærsklen til et levedygtigt moderne samfund. Hverken kunst, videnskab eller politik har endnu kunnet skabe et sprog for, eller tiltag der tilgodeser, en bæredygtig udvikling på kloden.

Vi har heller ikke endnu kunnet etablere, eller give et billede på, eksistentiel visdom. Der findes i dag endnu ingen visdomsskikkelser i Danmark. Politikerne kan, håber vi, forvalte en vis ansvarlighed og fornuft. Kunstnerne kan være heldige at give publikum en oplevelse. Men en oplevelse er jo langt fra et bud på hvordan man bevæger sig mod et meningsfuldt liv. Og til videnskaben er vi nødt til at sige at Bohrs og Neumans tiltro til at bare viden spredes grænseløst, vil dens iboende velsignelse sætte sig igennem, ikke har vist sig holdbar.

Denne indsigt i at vi som menneskehed på afgørende områder kun er ved den spæde begyndelse, er en del af grunden til den dialog mellem forskellige fagområder som vi ser i disse år. Vi er nødt til at tale sammen.

Der er også en mere positiv grund til denne samtale: Vi lever, i den rige del af verden, også i en blomstringstid. Vi blomstrer på afgrundens rand. Der har aldrig været så mange kunstnere, aldrig været så meget videnskab, så meget politisk erfaring og teori og så mange kræfter at sætte bag samfundsforandringer. Dialogen mellem kunst, videnskab, politik og spiritualitet er også et udtryk for et samfundsmæssigt overskud.

En bog som denne er vel både et udtryk for overskuddet og foruroligelsen.

Naturvidenskaben har, af forståelige og historiske grunde hvoraf flere er nævnt ovenfor, ikke direkte beskæftiget sig med hvordan man når frem til et meningsfuldt liv.

Jeg oplever at de fleste kvantefysikere gerne vedgår at man ikke siden Bohr for alvor har taget aktivt stilling til de filosofiske – og mulige eksistentielle – konsekvenser af kvantefysikkens indsigter. Videnskabskvinder og -mænd har, indtil nu, først og fremmest set forskning som mulige tekniske landvindinger.

Denne begrænsning er ved at ændre sig. Naturvidenskaben tager, frivilligt og presset af den globale udvikling, i tiltagende grad spørgsmålet om eksistensens kvalitet, og videnskabens medansvar for denne, op.

Måske har kvantefysikken her et muligt enestående bidrag at komme med.

Ordet *spiritus* betyder på latin ånd eller essens, at være optaget af spiritualitet forudsætter ikke at man er religiøs, men kan betyde at man udogmatisk beskæftiger sig med spørgsmålet om hvad der er det vigtigste i tilværelsen, det mest meningsfulde.

Naturvidenskaben holder oftest spiritualitet på mere end en armslængdes afstand. Det er under 300 år siden at moderne videnskab begyndte at vikle sig ud af religiøs undertrykkelse. Det har skabt et traume, en angst for at spiritualitet skal vise sig at være trosforestillinger og dogmatik i ny forklædning.

Dette er måske en del af grunden til at det videnskabelige miljø ofte har stillet sig tvivlende eller kritisk over for Bohrs optagethed af østlig filosofi.

Bohr var interesseret i specielt taoismen. Som, i sin mere avancerede form, hører til den esoteriske bevidsthedstræning, i lighed med vadrajanabuddhismen, med advaita vedanta, med høj zen og med sufismen.

Disse træningssystemer understreger gøren og erfaring som det primære. Herved kan de minde om vestlig naturvidenskab i den forstand at de bygger på ganske få, eller ingen, trossætninger. De er beskrivelser af procedurer man kan foretage, i lighed med naturvidenskabens eksperimenter, som kan læres videre, gentages, og som vil afsætte en række resultater som er nøje beskrevet. Den højere spiritualitet har, ligesom naturvidenskaben, en objektivitet, forstået som en intersubjektiv konsensus, en enighed mellem fagfolk som kan formidles videre.

Dér hvor bevidsthedstræningens og naturvidenskabens veje skilles, er i forholdet til sproget. Videnskaben mener ikke det er muligt at komme forbi, at transcendere sproget. Eller rettere: De fleste videnskabsmænd og -kvinder beskæftiger sig enten ikke med spørgsmålet, eller de er enige med Bohrkenderen David Faurholdt når han, i en artikel om Bohrs filosofi, skriver at 'Man vil aldrig blive i stand til at transcendere sine egne tanker og beskrivelser af virkeligheden' (*Bohr på ny* (Kbh. 2013)).

Er det muligt at naturvidenskaben, og måske især kvantefysikken, på det punkt er for beskeden?

Den sprogvirkelighed vi lever i, skiller bestandigt subjekt og objekt. Vi er herinde i os selv, verden er derude.

Bohr gjorde opmærksom på at denne adskillelse dybest set er en illusion. I sin fødselsdagstale til Max Planck i 1929 sagde han det på følgende måde:

'En beskrivelse af vores tankevirksomhed forlanger på den ene side, at et objektivt givet indhold stilles overfor et betragtende subjekt, medens på den anden side (...) ingen skarp adskillelse mellem objekt og subjekt kan opretholdes, da jo også det sidstnævnte begreb tilhører vores tankeindhold.'

Det er krystalklart: Der er i ethvert objekt, fra den ydre eller den indre verden, altid et bidrag fra vores bevidsthed.

Er det muligt, som taoismen og de store spirituelle traditioner beskriver, at overskride adskillelsen mellem subjekt og objekt? At nå en nondual erkendelsesform? Kant mente ja og kaldte i *Kritik af den rene fornuft* en sådan bevidsthedsindstilling for *apperception*.

Jeg vælger at tro at også Bohr, i hvert fald intuitivt, anede denne mulighed: at der er en anden 'anskuelsesform' end den sproglige, at sproget også er en indespærring og en forsnævring der dæmper den eksistentielle intensitet. At kvantefysikken peger i denne retning. Ved på det snævre, men afgørende vigtige, udsnit af virkeligheden den beskæftiger sig med at presse vores sprog og virkelighedsopfattelse til grænsen for sammenbrud ved at insistere på at vi må acceptere komplementaritet, hver for sig sande udsagn der gensidigt udelukker hinanden. Ved at insistere på at den kontinuitet vi synes vi oplever når vi ser ud ad vinduet, den kontinuitet vi synes vi finder i tidens ubrudt flydende strømmen, i hvert fald inden for kvantemekanikkens område ikke er sand, for dér er virkeligheden diskontinuert, kvantiseret.

Det er svært ikke her at se en linje tilbage til Sørens Kierkegaard hvis forfatterskab, ud over hvad det ellers er, også er en omfattende undersøgelse af hvad der sker når sproget og den dermed forbundne virkelighedsforståelse presses til sin yderste grænse og fremtvinger et 'spring' som det hedder både hos Kirkegaard og i kvantefysikken. Som når Kirkegaard, efter i en af sine opbyggelige taler, *Den Ulykkeligste*, at have vist at det ulykkeligste menneske i verden samtidig er det lykkeligste, at virkeligheden er komplementær, udbryder: 'Sproget brister, tanken forvirres.'

I antologien *Kvantespørgsmål* (*Quantum Questions*. Boulder 2001) har filosoffen Ken Wilber samlet hvad en række af de berømte kvantefysikere har skrevet om spiritualitet. De synes at være bemærkelsesværdigt enige. Om tre ting: at den naturvidenskabelige forskning dybest set er drevet af en intuitiv, spirituel oplevelse af at kosmos er meningsfuldt. Et forhold Einstein udtrykte ved at sige: 'Jeg fastholder at den kosmiske religiøse følelse er det stærkeste og ædleste motiv bag videnskabelig forskning.' Og at naturvidenskab hverken kan bekræfte eller afkræfte transcendente oplevelser. For, som Schroedinger skriver: 'Fysik har intet at gøre med mystik. Fysik tager afsæt i erfaringer af den almindelige virkelighed, erfaringer som fysikken udvider med stadig mere forfinede midler. Den forbliver tæt beslægtet med denne almindelige virkelighed, overskrider den ikke generisk og kan ikke trænge ind i et andet erkendelsesområde.' Den tredje enighed mellem – mange af – de store fysikere vedrører det billede de bruger om den moderne fysiks erkendelser: at det videnskaben beskriver, er et 'skyggebillede' af virkeligheden og ikke virkeligheden selv. Som Schroedinger siger: 'Læg mærke til at fremskridtene indenfor kvantefysik og relativitetsteori ikke ligger i at fysikken nu har antaget denne skyggekarakter. Det har den haft siden Demokrit og før. Men vi fysikere har ikke tidligere været klar over det. Vi har troet at det var verden selv vi beskrev.'

I sin tiltagende interesse for etik og for andre måder at forstå sin egen situation på vender naturvidenskaben sig i disse år mod kunst – og mod spiritualitet – for at høre hvad de har at sige om de menneskelige grundvilkår.

Denne bog er en del af en sådan dialog. Som måske med tiden kan imødekomme et håb som John Bell udtrykte i et interview med Tor Nørretranders (gengivet i bogen *Det udelelige*): 'Jeg véd meget vel at bevidsthedens problem kun er blevet meget overfladisk behandlet af videnskaben. Jeg er ikke i tvivl om at den ultimative teori må sætte bevidstheden i centrum.'

Kunne kvantefysikken være et fornemt eksempel på at videnskaben, og det dagligsprog den hviler på, kan pege i retning af at virkeligheden, og menneskets forhold til denne virkelighed, det vi kalder eksistensen, har mulighed for at udfolde sig langt mere vågent, omfattende og meningsfuldt end det er tilfældet nu?

Videnskabens historie er på den ene side fortællingen om en succes uden sidestykke. Man bliver målløs når man læser om kvantemekanikkens udvikling. Hvor få mennesker der skabte den, hvor inspirerede de var, hvilket fagligt og menneskeligt overskud der foldede sig ud omkring dem. Hvor megen gensidig hjælpsomhed der manifesterede sig. Hvor mange videnskabsmænd Bohr hjalp til København og siden til stillinger i udlandet. Hvor meget legende kreativitet der blev plads til.

George Gamow, de 30 fantastiske års kronikør, skrev noveller der den dag i dag fremtræder visionære. Niels Bohrs bror, Harald Bohr, var, samtidig med at han var professor på Matematisk Institut, som havde sin egen bygning på matriklen få meter fra Niels' institut, målmand på fodboldlandsholdet. Man får, når man ser ind i den højintense, kreative gruppeproces som den første kvantefysiske revolution også var, indtryk af at det også er en flok børn der leger.

Dette skal forstås positivt, Niels Bohr Institutet har været hjemsted for en fuldstændig åben, undrende og parat nysgerrighed og legende forskningsglæde af den slags børn har når de leger.

Af denne bogs collager, billedforløb og fotografier, af den virkelighed de rejser fra siderne, fremgår det at denne åbne forundringsparathed er intakt. Sammen med den hjertelighed der var så tydelig mellem de kvantefysiske legekammerater Bohr samlede på institutet.

Niels Bohr Institutet er stadig et globalt *powerspot*. På grænsen til en ny mulig videnskabelig revolution.

På den anden side er noget anderledes. Tiden er anderledes.

Bohrs klassekammerater finansierede institutet i dets tidlige år. I dag er kravene til finansiering hinsides hvad velmenende venner kan klare, budgettet er på op mod 400 millioner og mere end 70 procent skal institutet selv finansiere. Det betyder at man skal ud at finde investorer.

Det koster noget at vokse. Penge er energi, og forøget indstrømning af energi kalder på mere hierarkiske strukturer. Er der noget legeglæden lider under, så er det hierarkier.

Der er også spørgsmålet om etik. Man kan spørge om ikke den etiske diskussion, som var så intenst levende i årene efter anden verdenskrig, og som Bohr og mange af de, der havde været involveret i fremstillingen af atombomben, blev ved med at insistere på, i dag er gledet over til biologien, til datalogerne og deres forvaltning af de sociale mediers algoritmer, og til klimaforskerne. Diskussionen om kernekraft er, ikke mindst efter de store globale uheld, gået i sig selv. Niels Bohrs berømte brev *Open Letter* til De Forenede Nationer fra 1950, rystende af bekymring, bliver sjældent eller aldrig nævnt. Selvom den samlede atomare ødelæggelseskapacitet er langt større i dag end da Bohr skrev brevet.

Alligevel er det indtryk man i dag, som lægmand, får af institutet, en intens livfuldhed. Denne, undskyld, X-faktor er synlig i denne bog.

Mellem videnskabens internationale og benhårde konkurrence, mellem udtrykkene for den uundgåelige stress der gør det særlig hårdt for kvinder, der måske også ønsker at være mødre, at klare sig i den kamp som kvantefysikken i dag også er, mellem den tunnelagtige fokusering som Bohr i samtalen med min ven Otto kaldte 'et ganske smalt udsnit af virkeligheden,' er her også en enestående åbenhed.

Man kan også mærke Grundtvig på Blegdamsvej. Arven fra Bohr er selvfølgelig delvist patriarkalsk og hierarkisk, sådan var tiden i 30erne også, men den er også vandret og hjertelig. Institutet tager del i folkelig oplysning. Og har nu fået sin første professor for offentlighedens forståelse af naturvidenskaben. Stemningen på gangene og mellem mennesker er, som man kan se det af billederne i denne bog, en interaktion mellem ligeværdige. Når man besøger institutet kan man kun vanskeligt, eller slet ikke, gætte om de man møder på gangene er lærere, administrative medarbejdere, dele af ledelsen eller studerende. Man får, i og uden for denne bog, et indtryk af en summende hjertelig, travl, vandret, ofte humoristisk, ikke unørdet, flad struktur. Oven på en kolossal menneskelig og videnskabelig dybde.

En dybde der er gennemtrængt af nysgerrighed.

Det er ikke ufarligt at være nysgerrig. Derfor er det vigtigt at der er hjerte i videnskab, 'lys uden varme er helvedes kval' sagde Grundtvig.

Mærk, på disse sider, varmen og nysgerrigheden i mødet mellem to billedkunstnere og Niels Bohr Institutet.

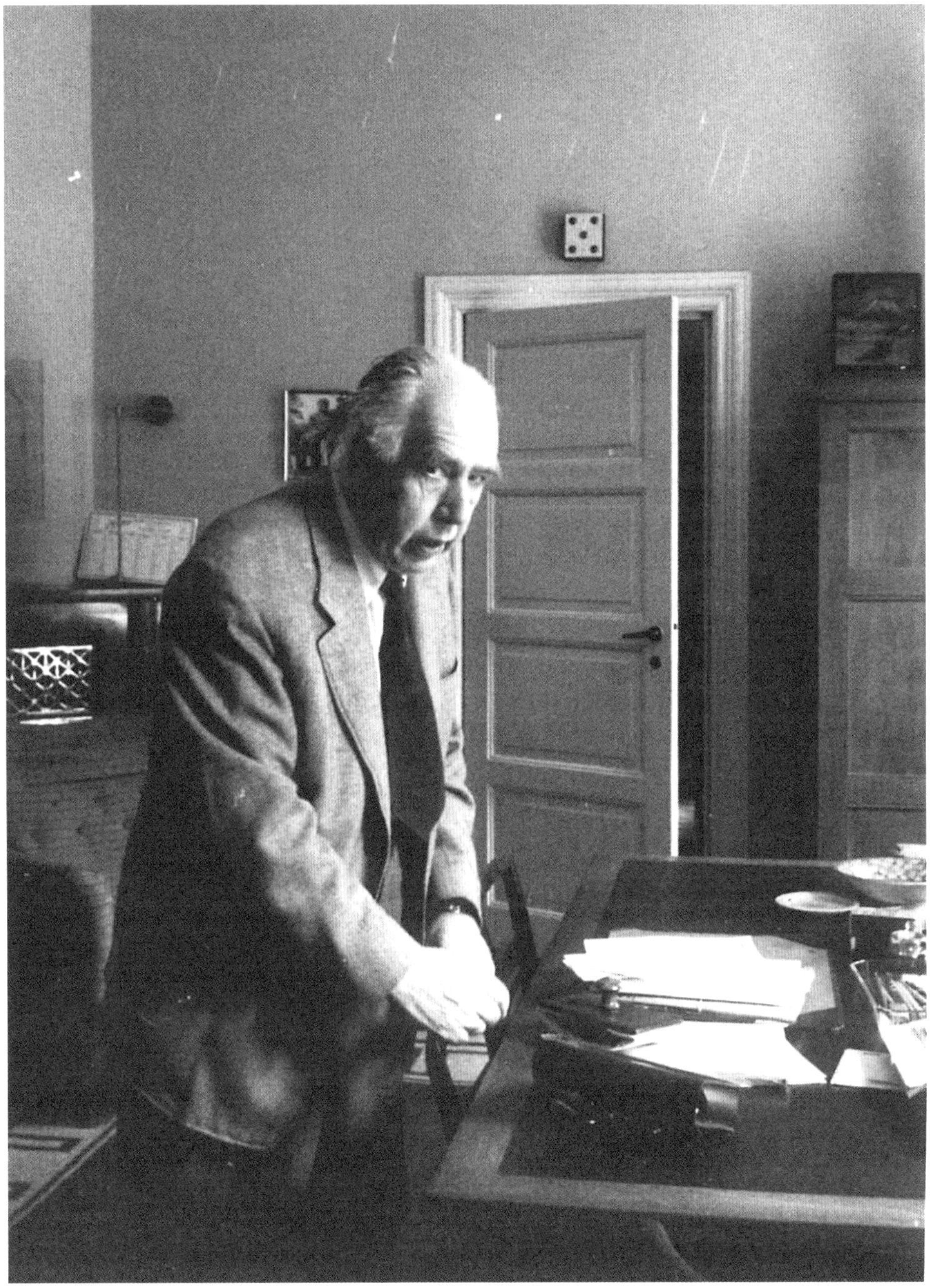

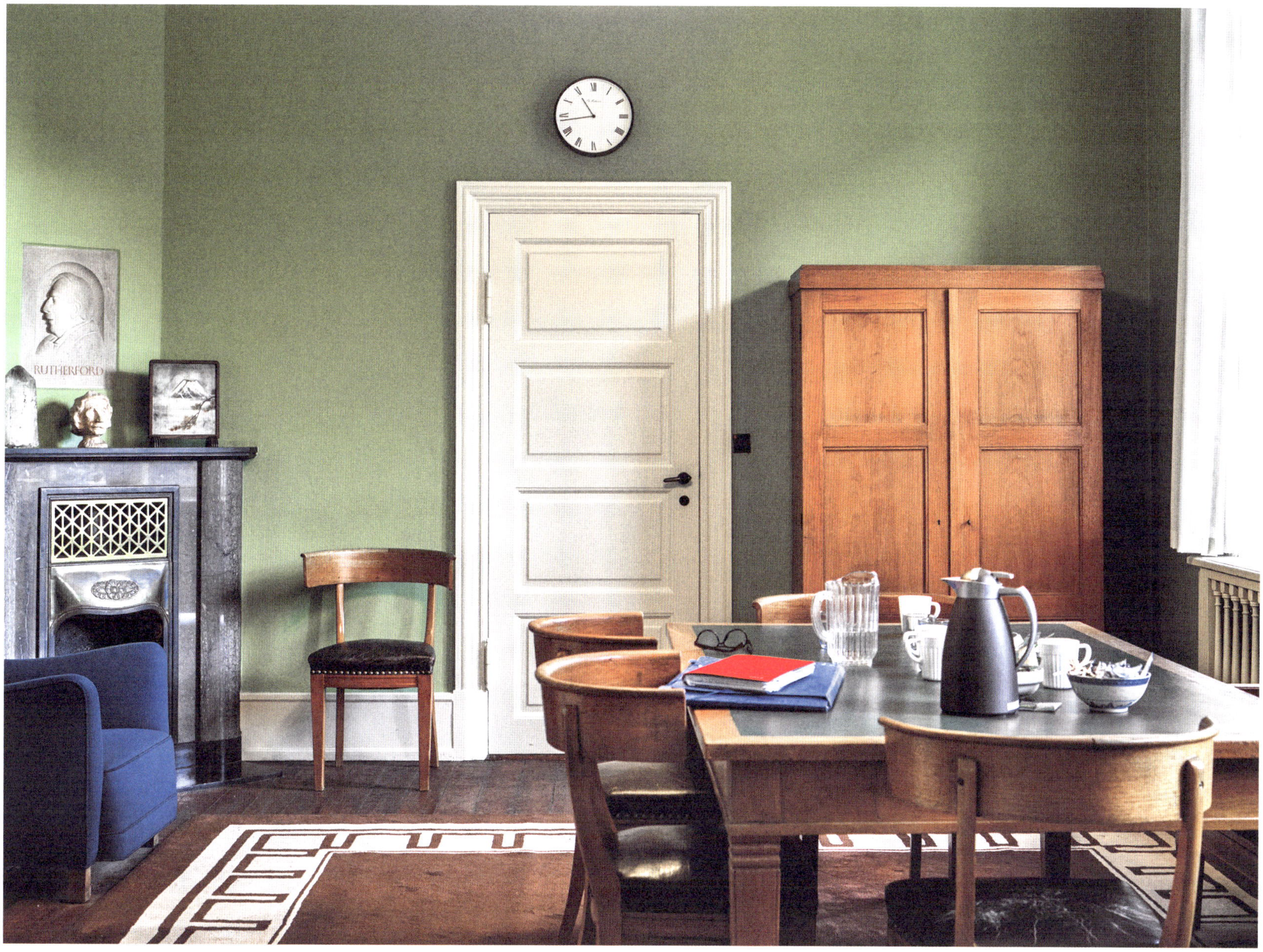
RUTHERFORD

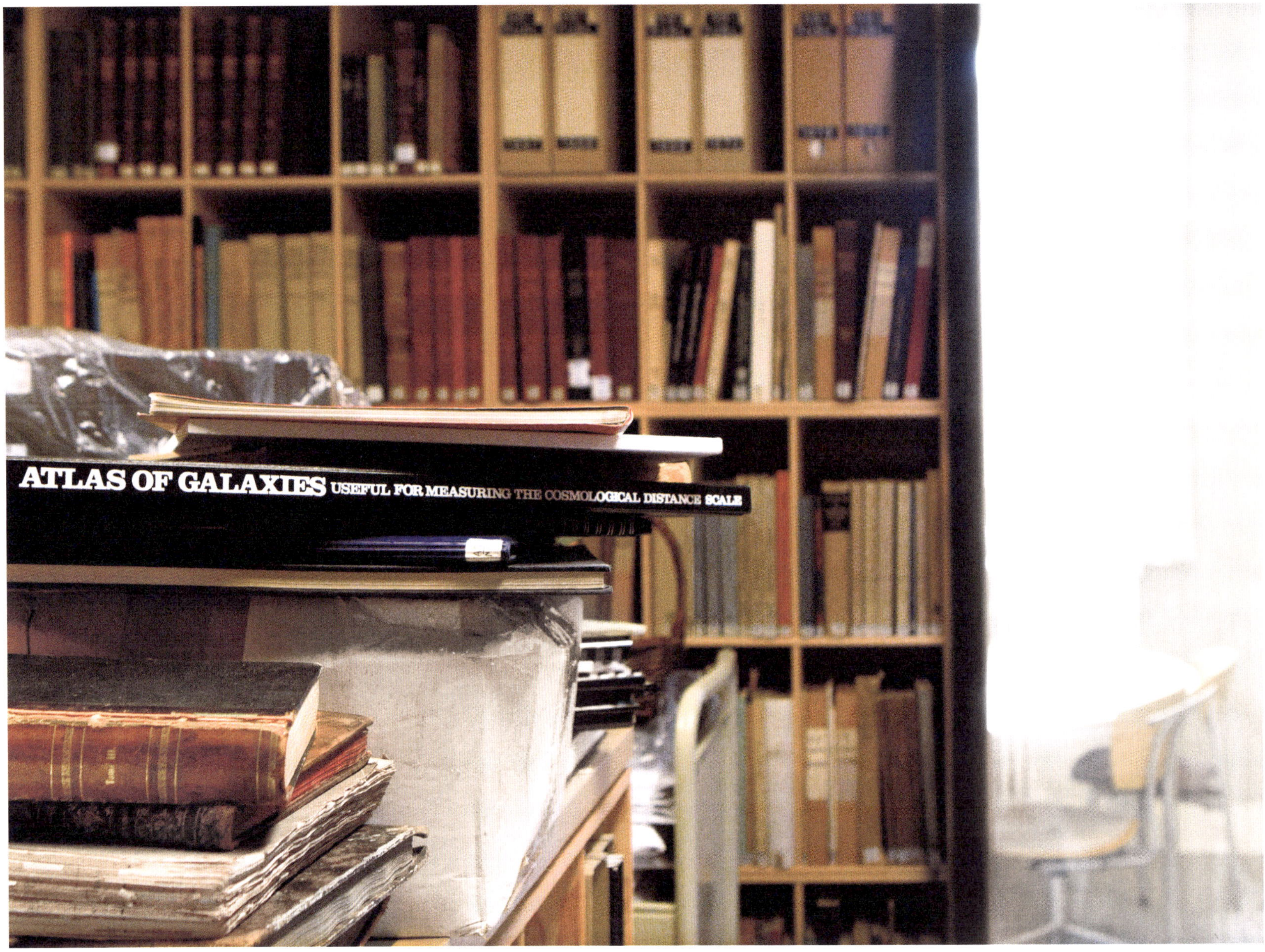
ATLAS OF GALAXIES USEFUL FOR MEASURING THE COSMOLOGICAL DISTANCE SCALE

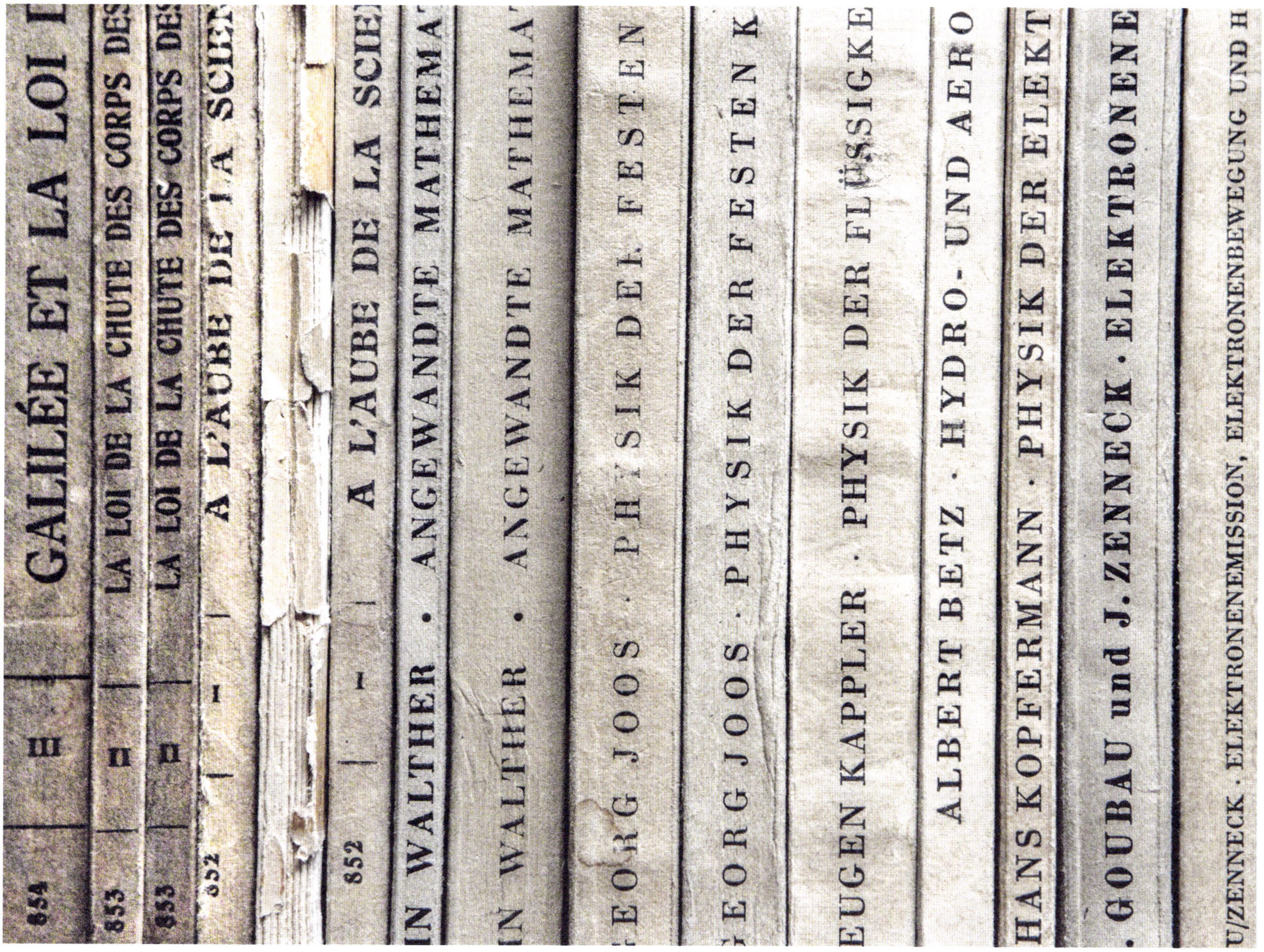
854 III GALILÉE ET LA LOI
853 II LA LOI DE LA CHUTE DES CORPS DES
853 II LA LOI DE LA CHUTE DES CORPS DES
852 I A L'AUBE DE LA SCIE
852 I A L'AUBE DE LA SCIE
IN WALTHER · ANGEWANDTE MATHEMA
IN WALTHER · ANGEWANDTE MATHEMA
EORG JOOS · PHYSIK DER FESTEN
GEORG JOOS · PHYSIK DER FESTEN K
EUGEN KAPPLER · PHYSIK DER FLÜSSIGKE
ALBERT BETZ · HYDRO- UND AERO
HANS KOPFERMANN · PHYSIK DER ELEKT
. GOUBAU und J. ZENNECK · ELEKTRONENE
U/ZENNECK . ELEKTRONENEMISSION, ELEKTRONENBEWEGUNG UND H

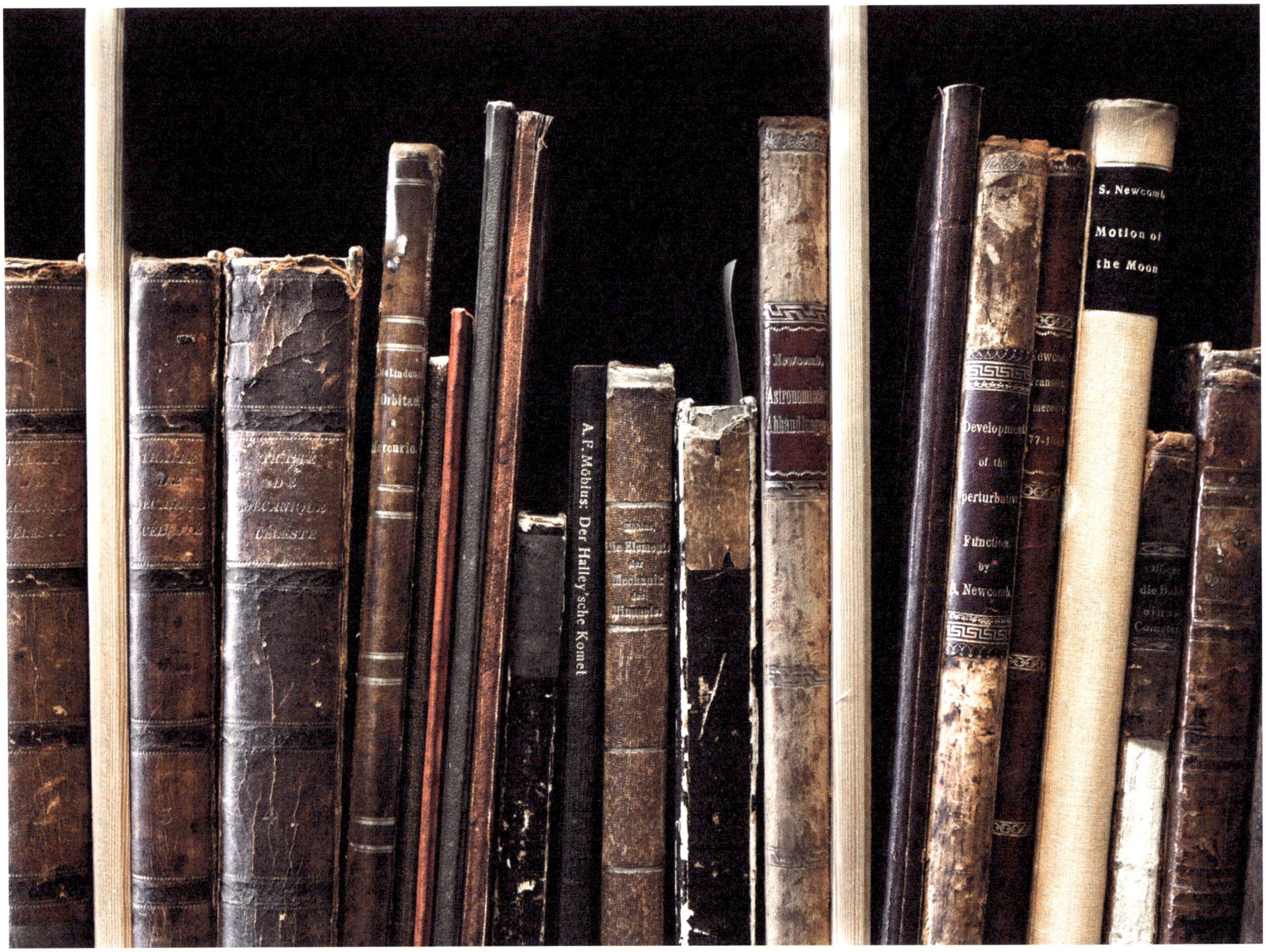
TRAITÉ DE MÉCANIQUE CÉLESTE
A.F. Möbius: Der Halley'sche Komet
Newcomb, Astronomische Abhandlungen
S. Newcomb
Motion of the Moon

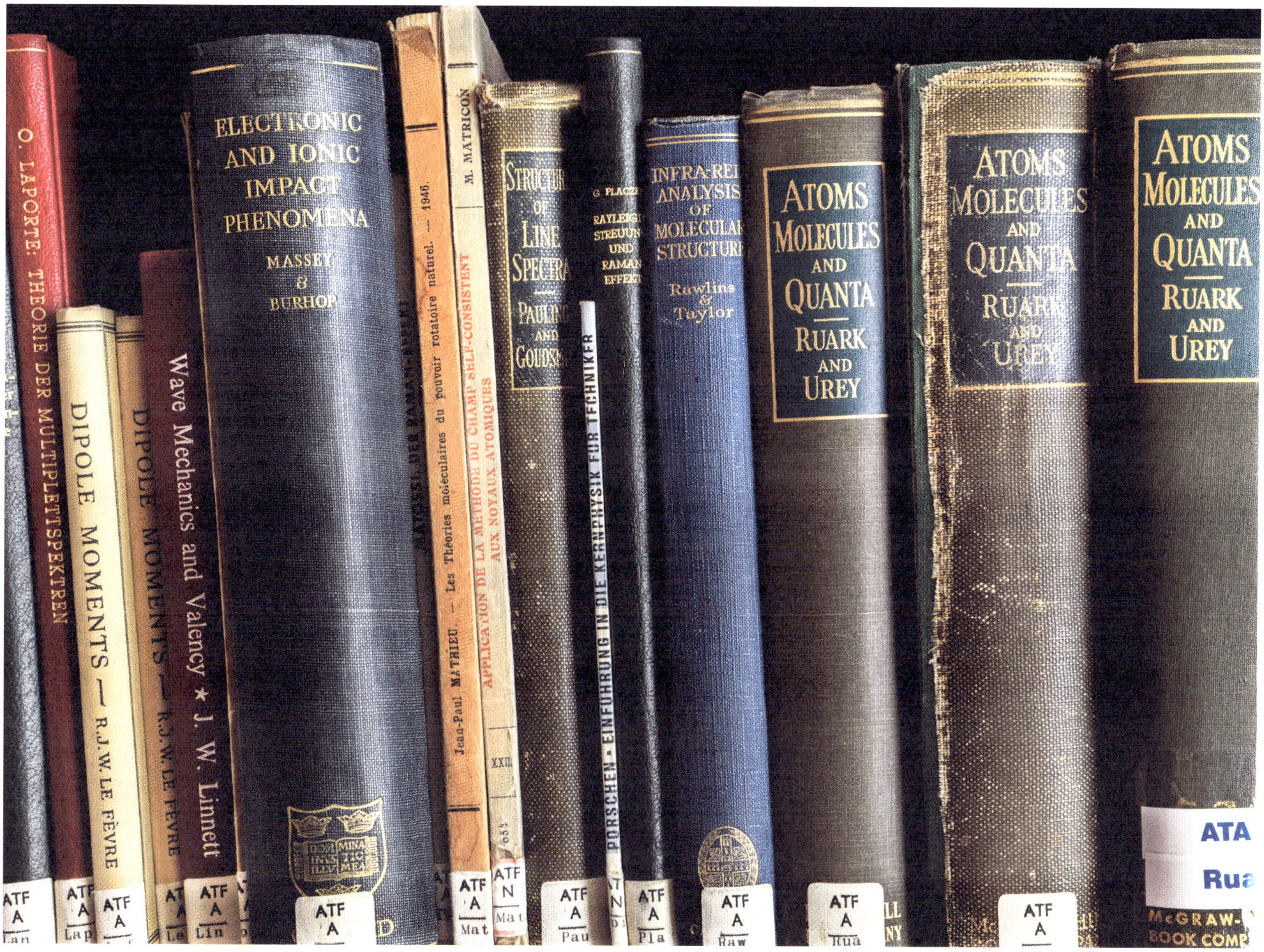
O. LAPORTE: THEORIE DER MULTIPLETTSPEKTREN
DIPOLE MOMENTS — R.J.W. LE FÈVRE
DIPOLE MOMENTS — R.J.W. LE FÈVRE
Wave Mechanics and Valency ★ J. W. Linnett
ELECTRONIC AND IONIC IMPACT PHENOMENA
MASSEY & BURHOP
Jean-Paul MATHIEU. — Les Théories moléculaires du pouvoir rotatoire naturel. — 1946.
M. MATRICON
APPLICATION DE LA METHODE DU CHAMP SELF-CONSISTENT AUX NOYAUX ATOMIQUES
PORSCHEN · EINFÜHRUNG IN DIE KERNPHYSIK FÜR TECHNIKER
INFRA-RED ANALYSIS OF MOLECULAR STRUCTURE
Rawlins & Taylor
ATOMS MOLECULES AND QUANTA
RUARK AND UREY
ATOMS MOLECULES AND QUANTA
RUARK AND UREY
ATOMS MOLECULES AND QUANTA
RUARK AND UREY

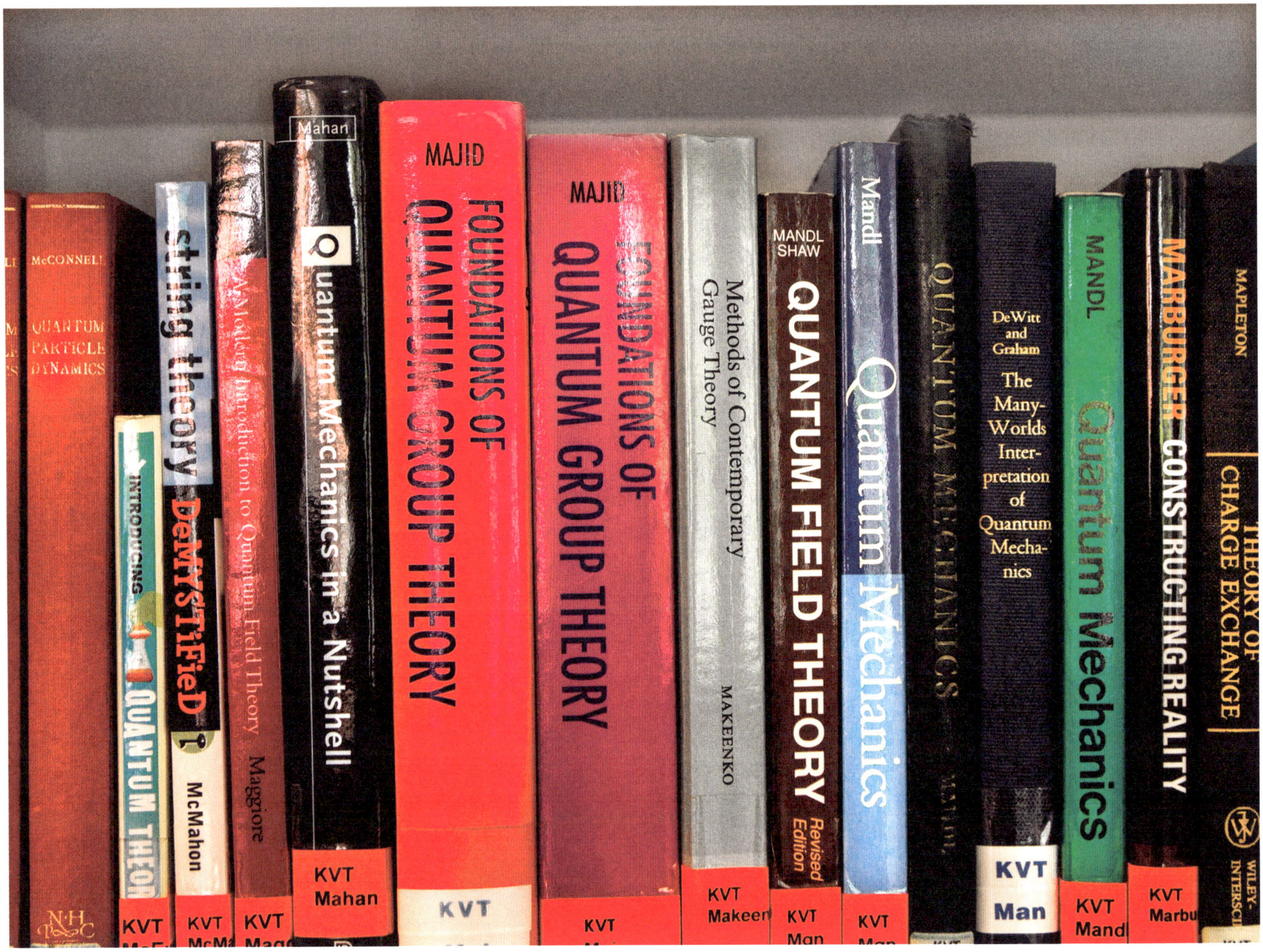
McCONNELL
QUANTUM PARTICLE DYNAMICS
INTRODUCING
QUANTUM
string theory
DeMYSTiFieD
McMahon
A Modern Introduction to Quantum Field Theory
Maggiore
Mahan
Quantum Mechanics in a Nutshell
KVT
Mahan
MAJID
FOUNDATIONS OF QUANTUM GROUP THEORY
KVT
MAJID
FOUNDATIONS OF QUANTUM GROUP THEORY
KVT
Methods of Contemporary Gauge Theory
MAKEENKO
KVT
MANDL SHAW
QUANTUM FIELD THEORY
Revised Edition
KVT
Mandl
Quantum Mechanics
KVT
QUANTUM MECHANICS
DeWitt and Graham
The Many-Worlds Interpretation of Quantum Mechanics
KVT
Man
MANDL
Quantum Mechanics
KVT
MARBURGER
CONSTRUCTING REALITY
KVT
MAPLETON
THEORY OF CHARGE EXCHANGE

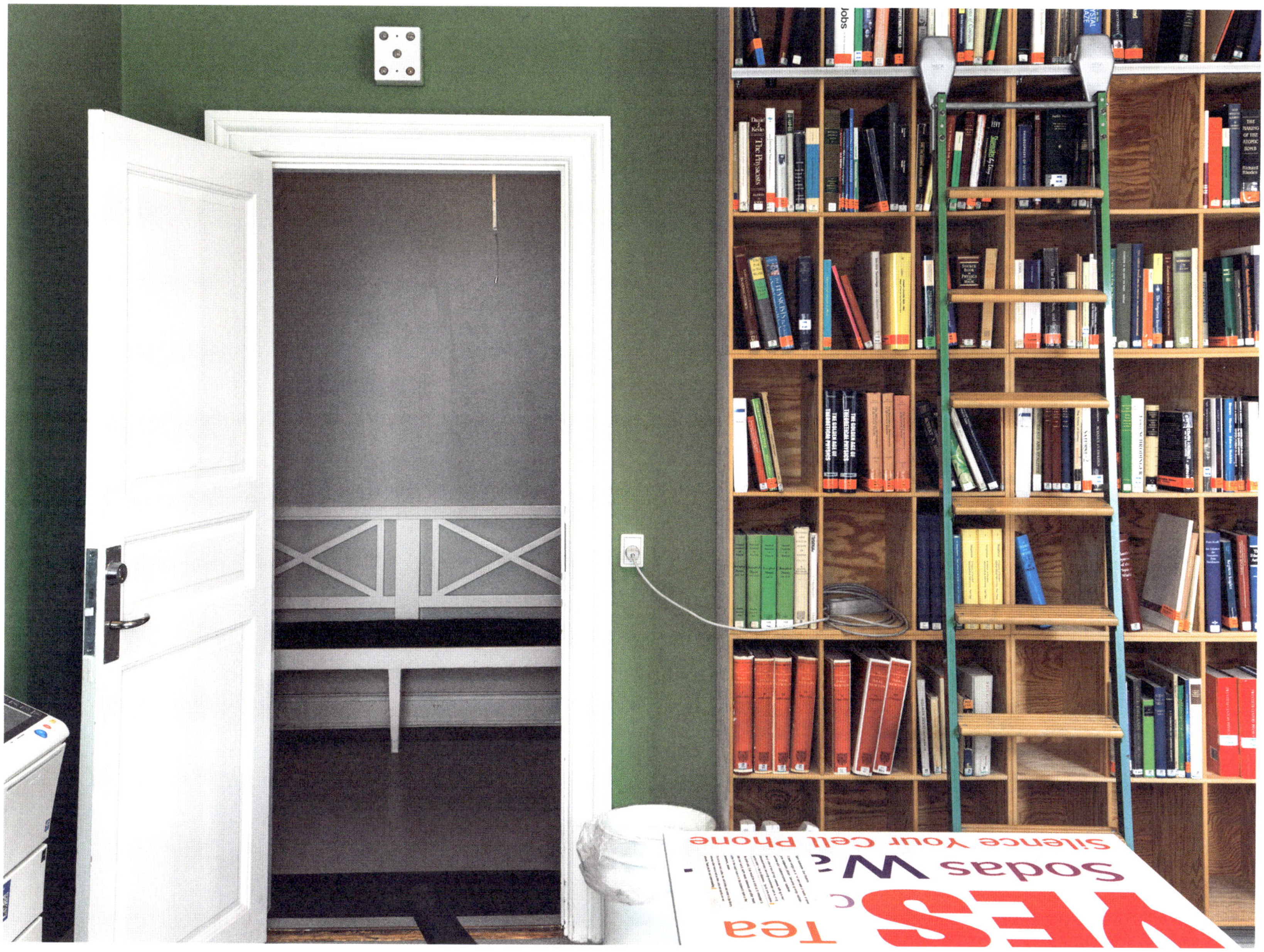
Silence Your Cell Phone
Sodas
YES
Tea

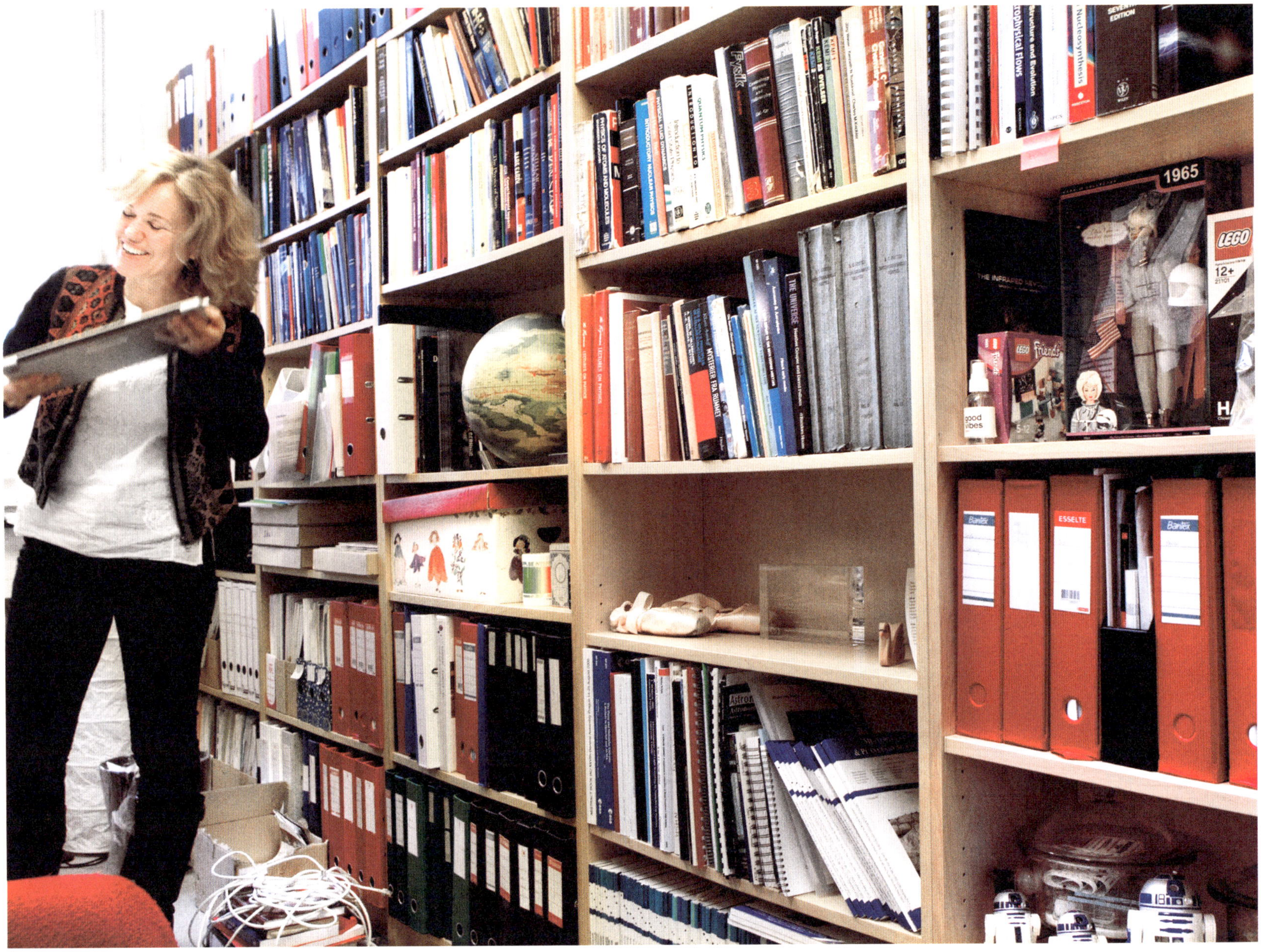
1965
LEGO
12+
ESSELTE
Bantex
Nucleosynthesis
Structure and Evolution
SEVENTH EDITION
THE UNIVERSE
MYSTERIER FRA RUMMET
Friends
good vibes

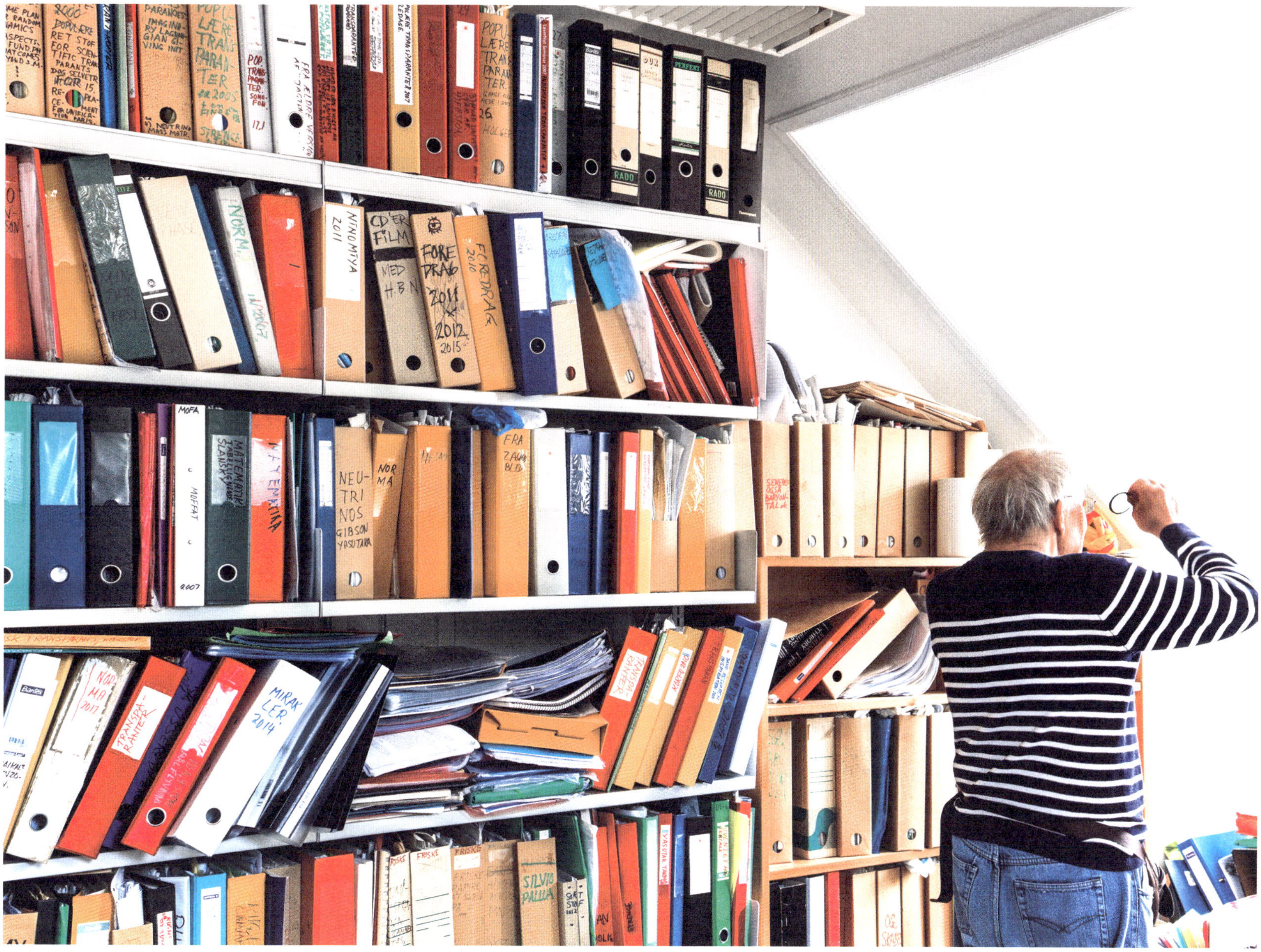

RADO
PERFEKT
NINOMIYA 2011
CD'ER FILM
FOREDRAG 2010
MOFA
MOFFAT
NEU-TRI NOS GIBSON YASUTAKA
MIRAK LER 2014
SILVIO PALLIA
FRISKE

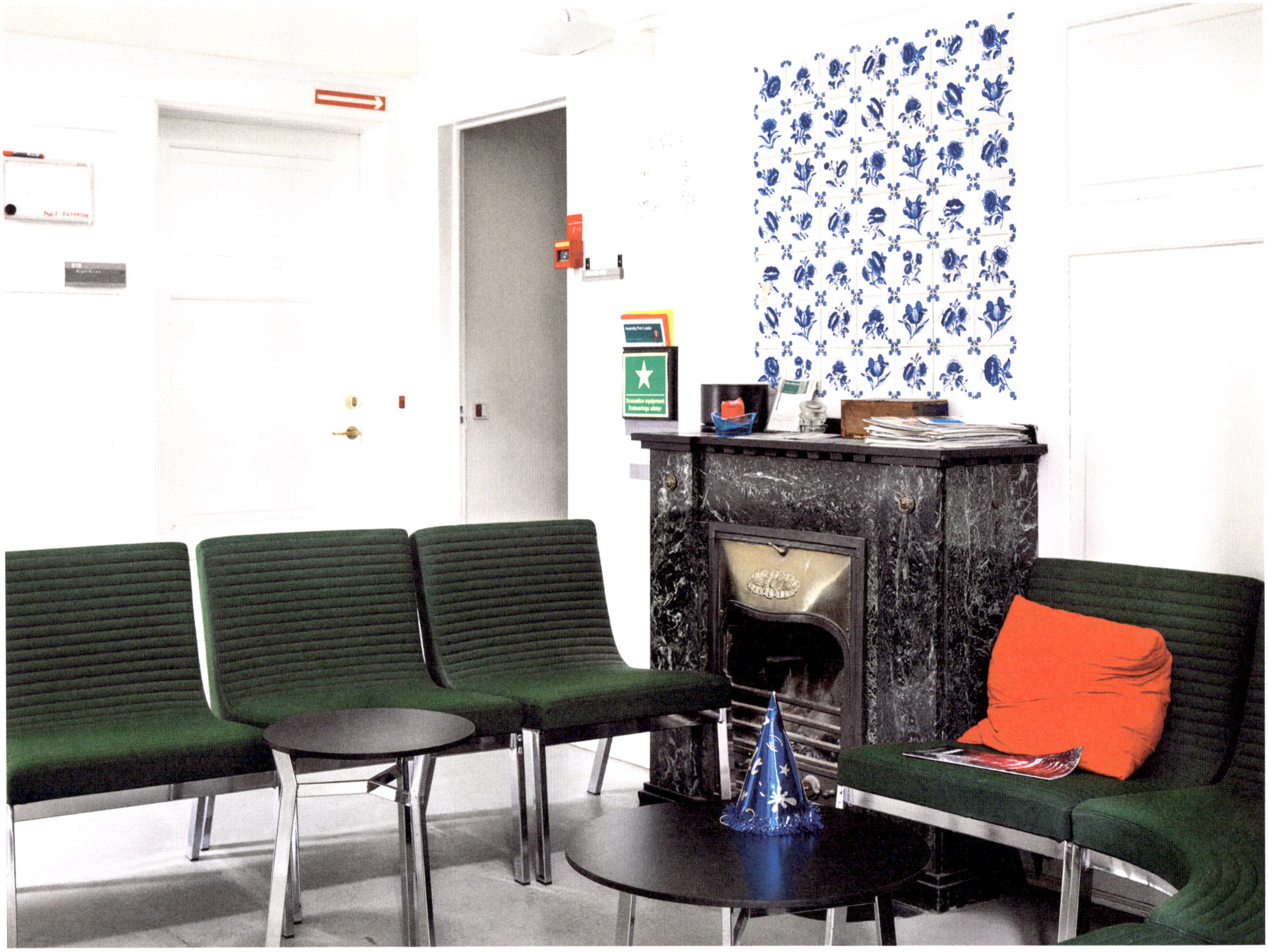

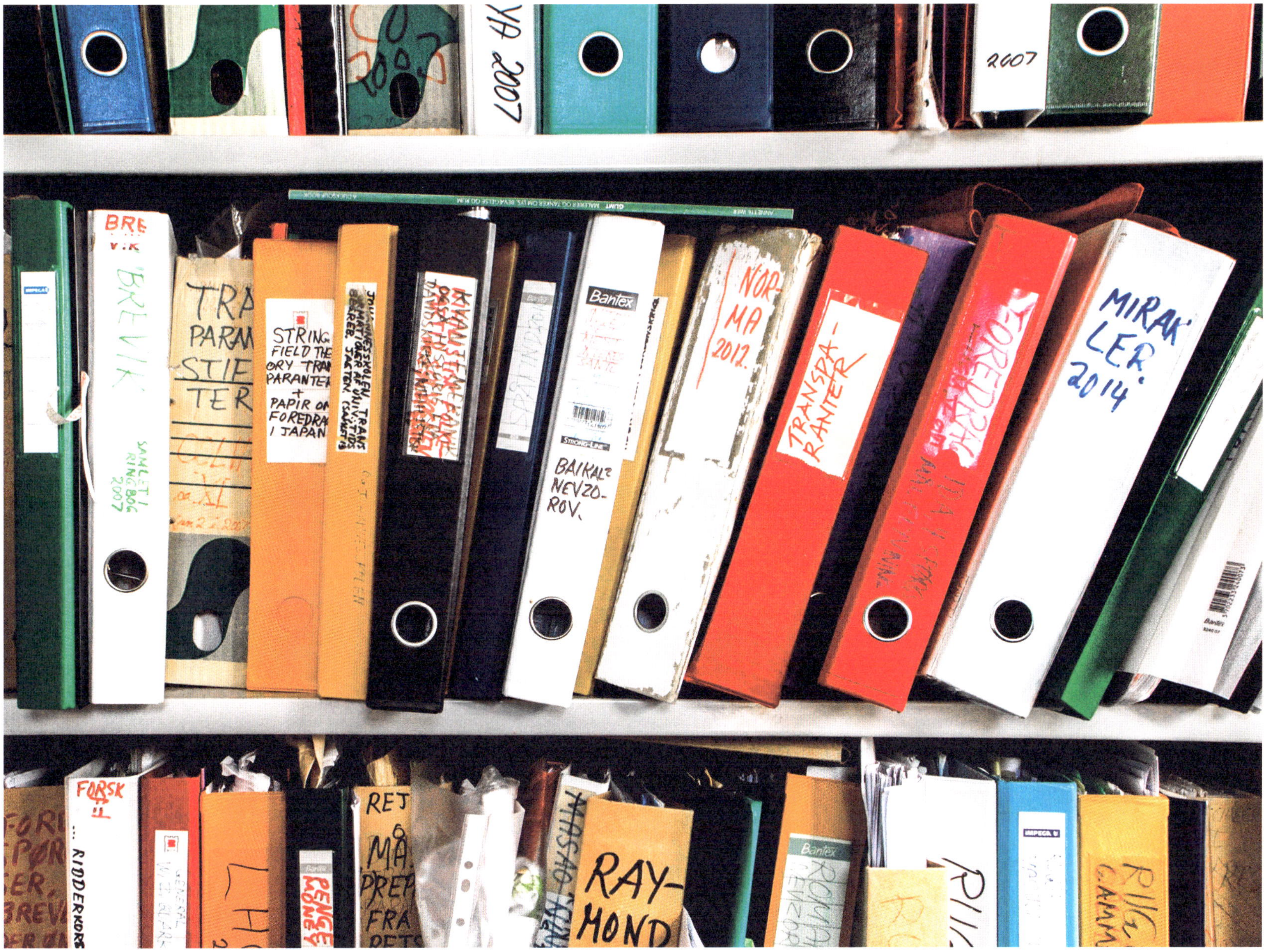
YA 2007
2007
BREVIK
SAMLET I RINGBOG 2007
Bantex
BAIKAL NEVZO-ROV.
NOR MA 2012
TRANSPA-RANTER
FOREDRAG
MIRAK LER. 2014
RAY-MOND

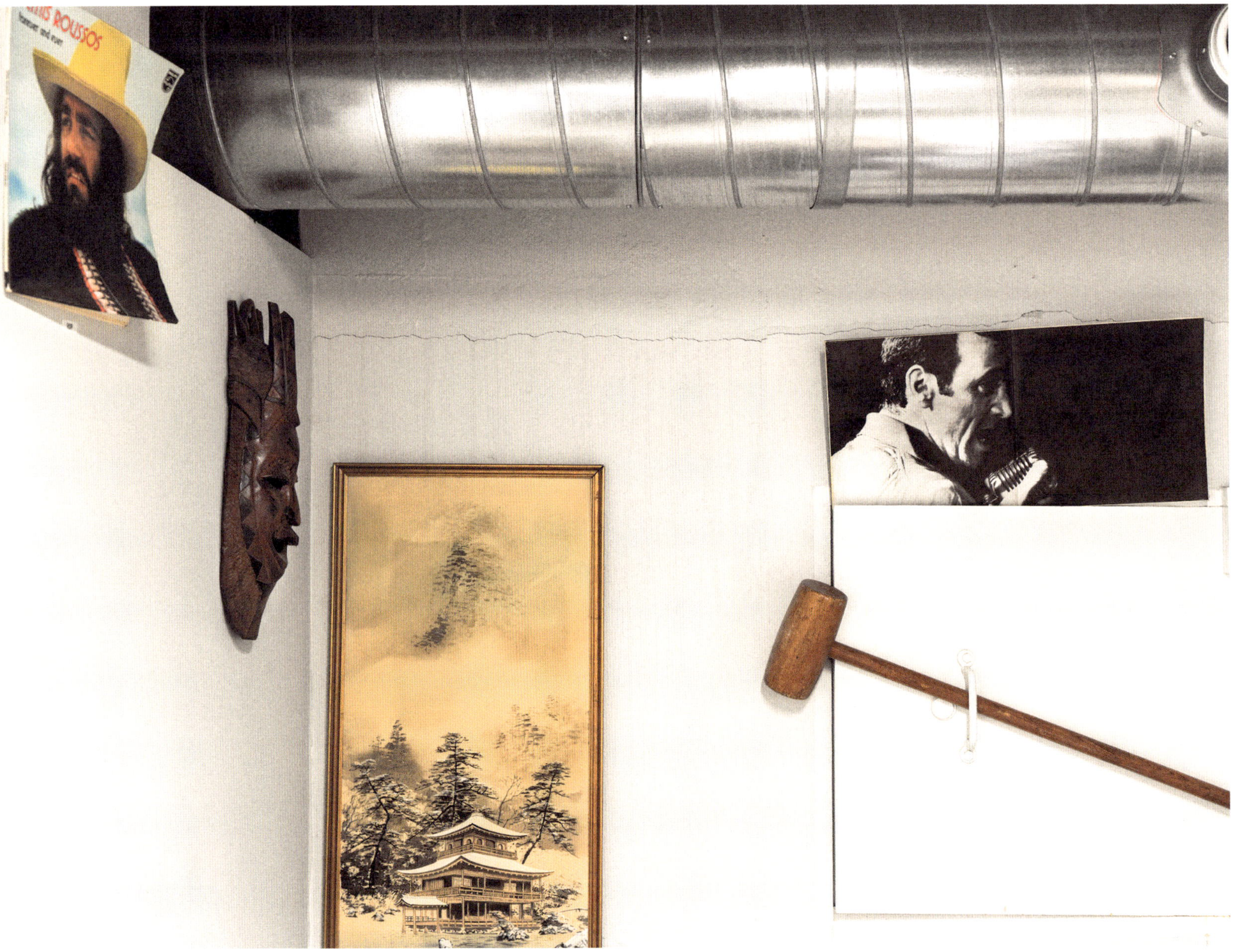
ROUSSOS

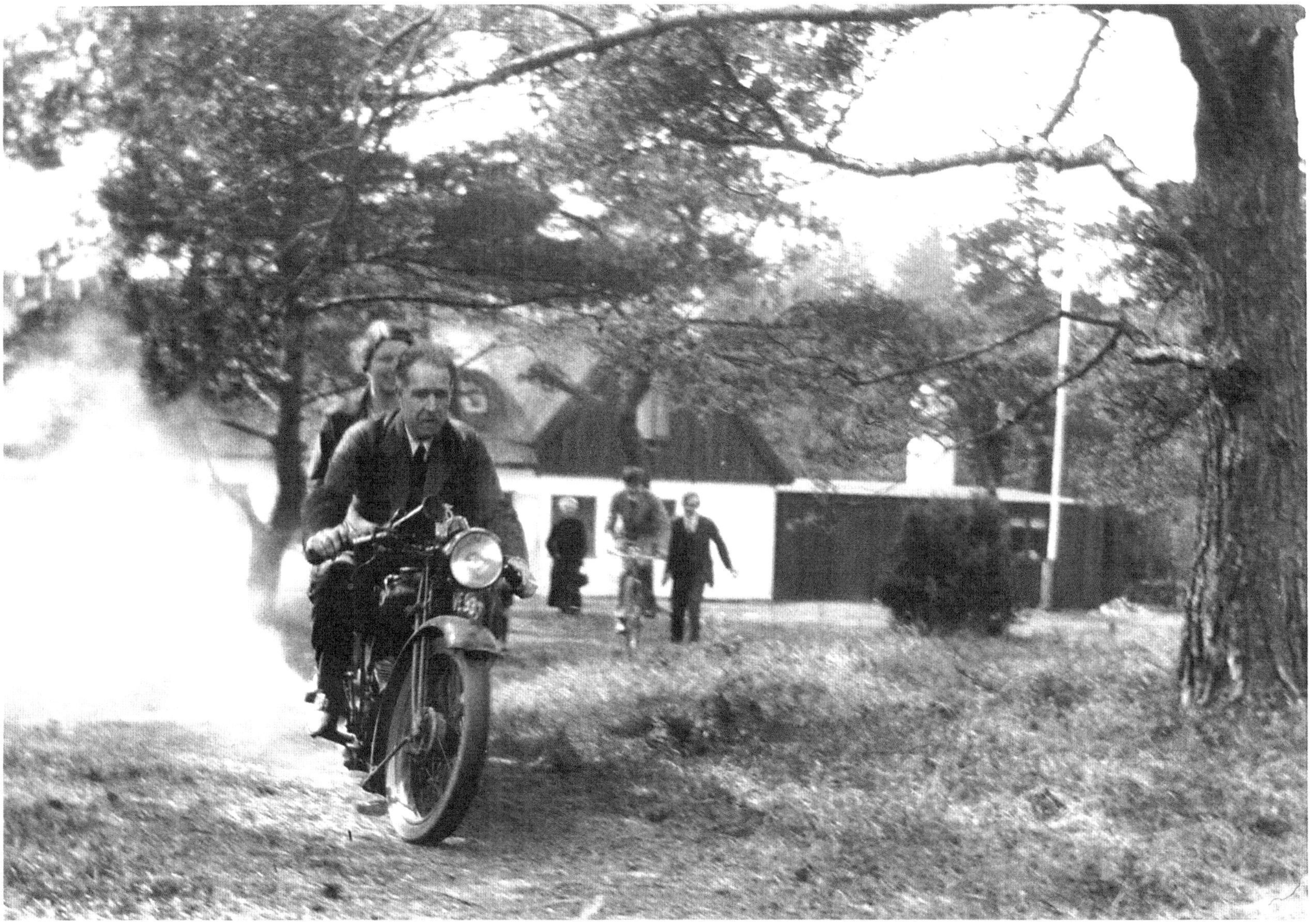

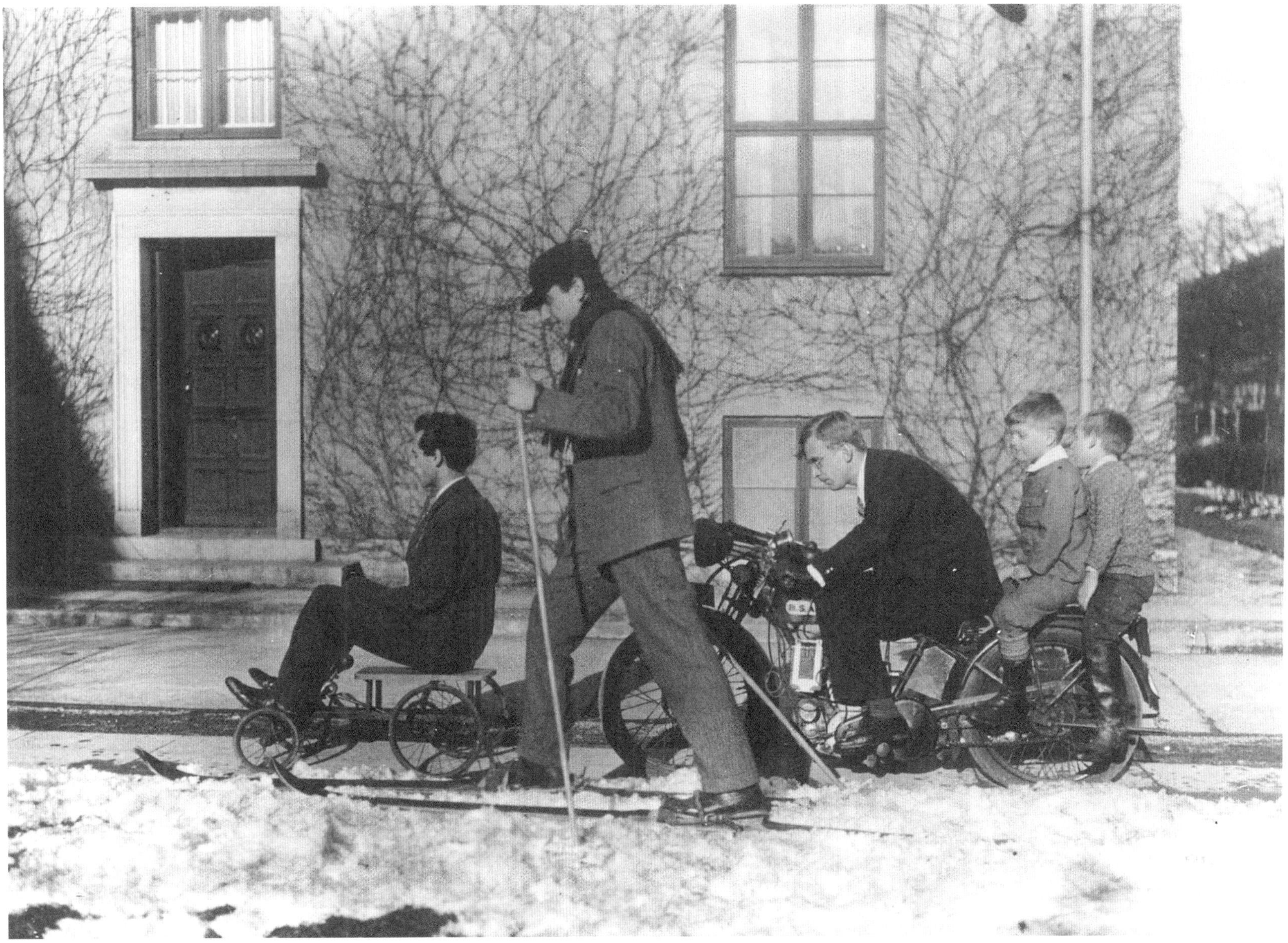

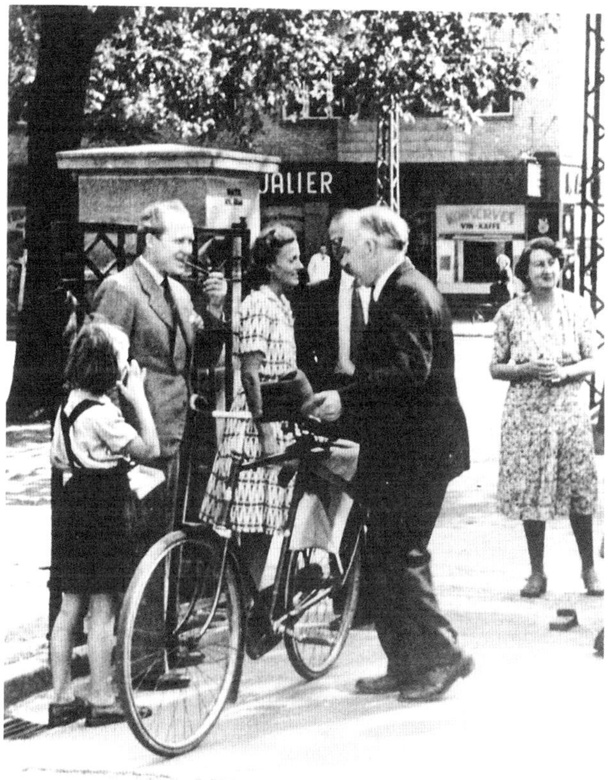
JALIER
VIN · KAFFE

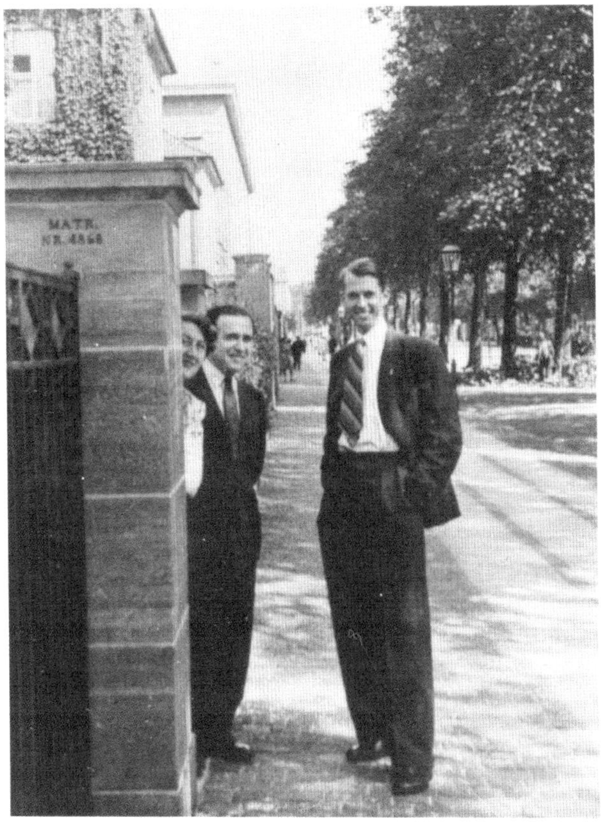
MATR.

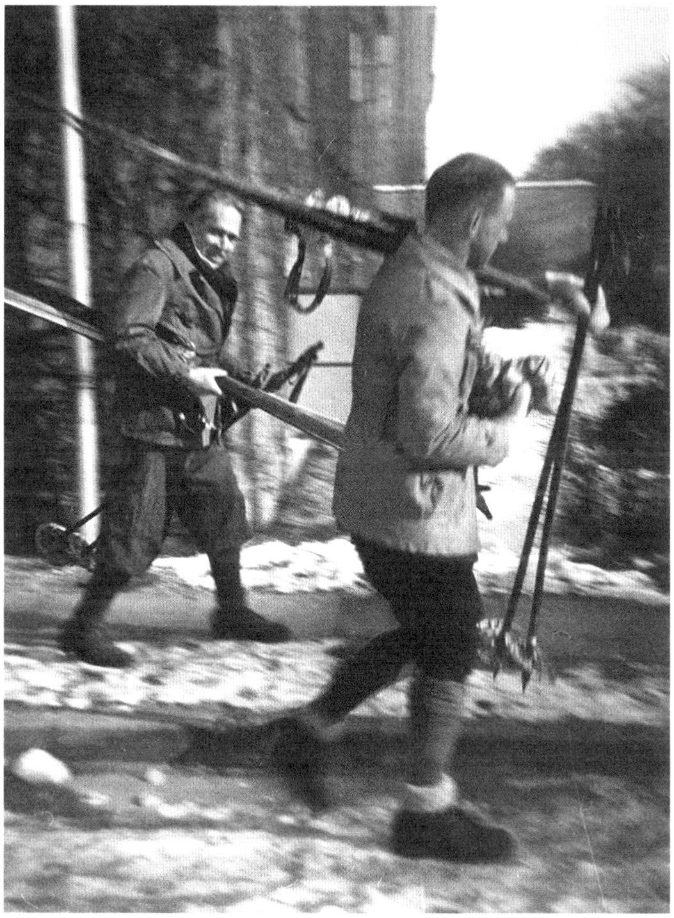

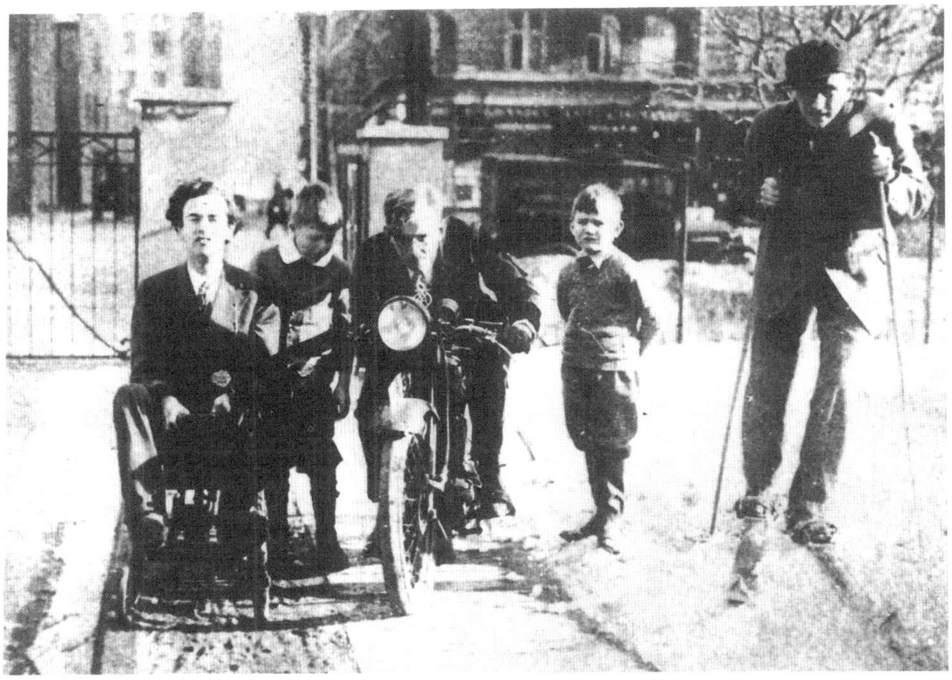

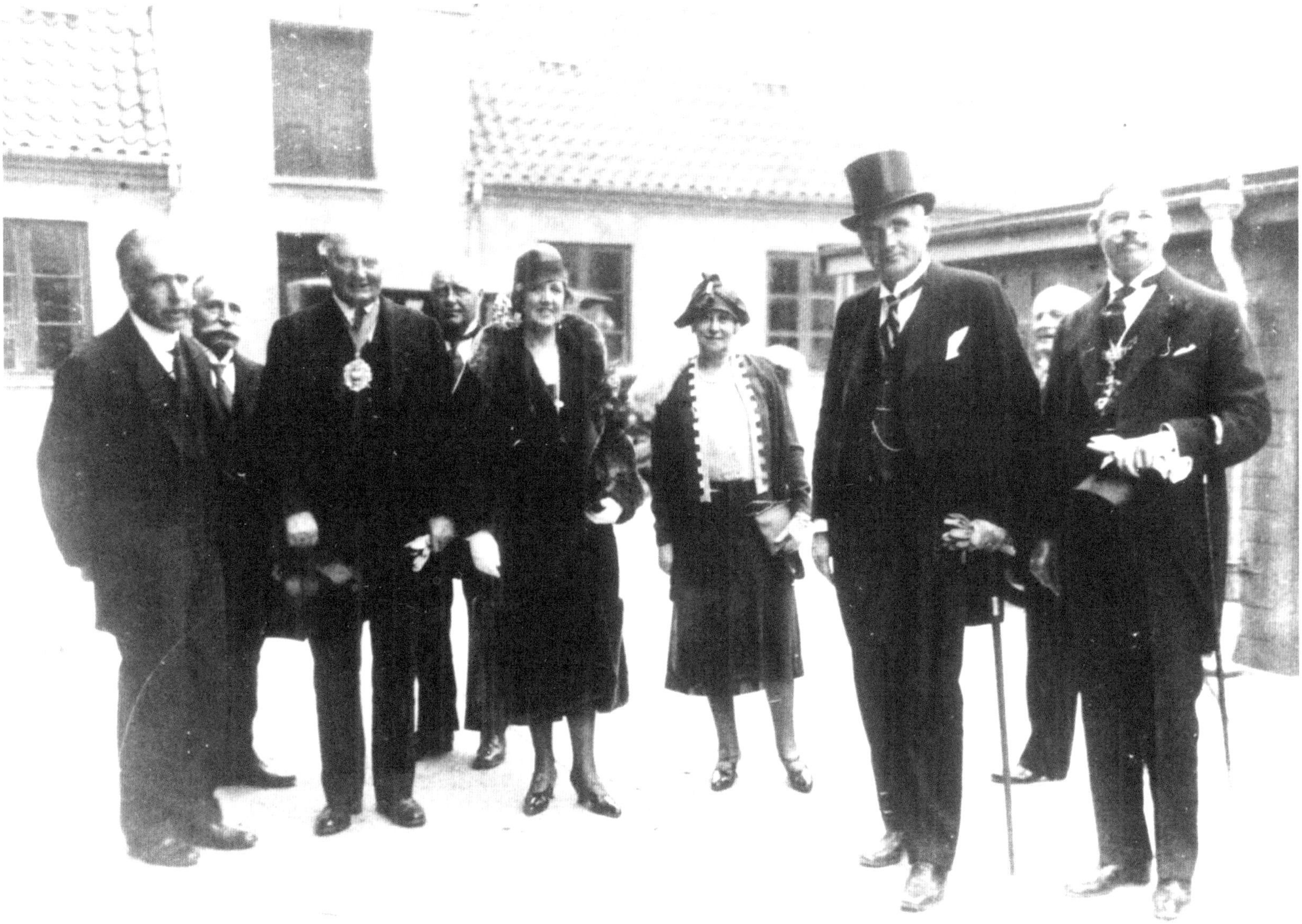

THE OLD SAYING OF THE TWO KINDS OF TRUTH:
TO THE ONE KIND BELONGS STATEMENTS SO SIMPLE AND CLEAN THAT THE OPPOSITE ASSERTION OBVIOUSLY COULD NOT BE DEFENDED.

THE OTHER KIND,
THE SO CALLED DEEP TRUTHS',
ARE STATEMENTS IN WHICH THE OPPOSITE
ALSO CONTAINS
DEEP TRUTH.

Quoted in Hans Bohr, 'My Father', *Niels Bohr: His Life and Work* (1967).

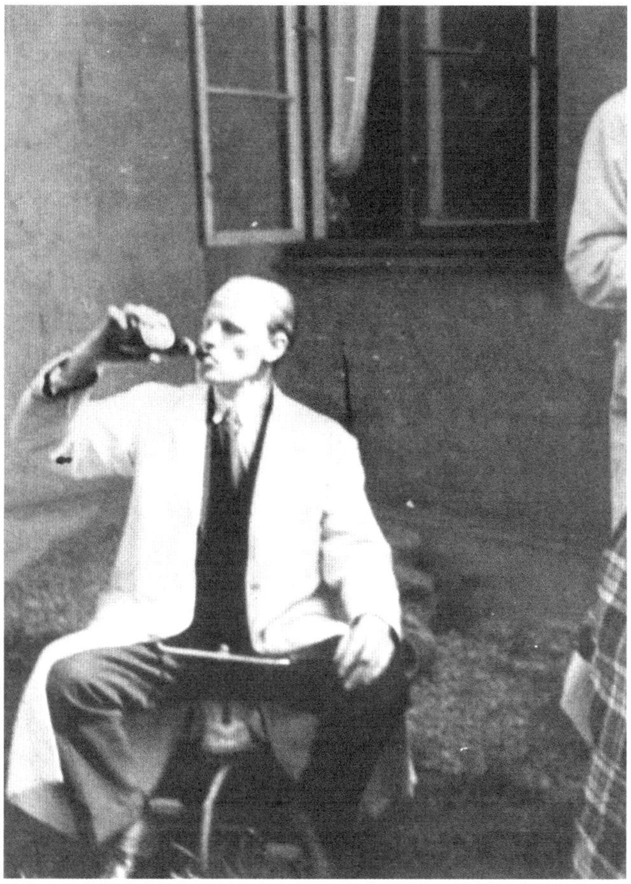

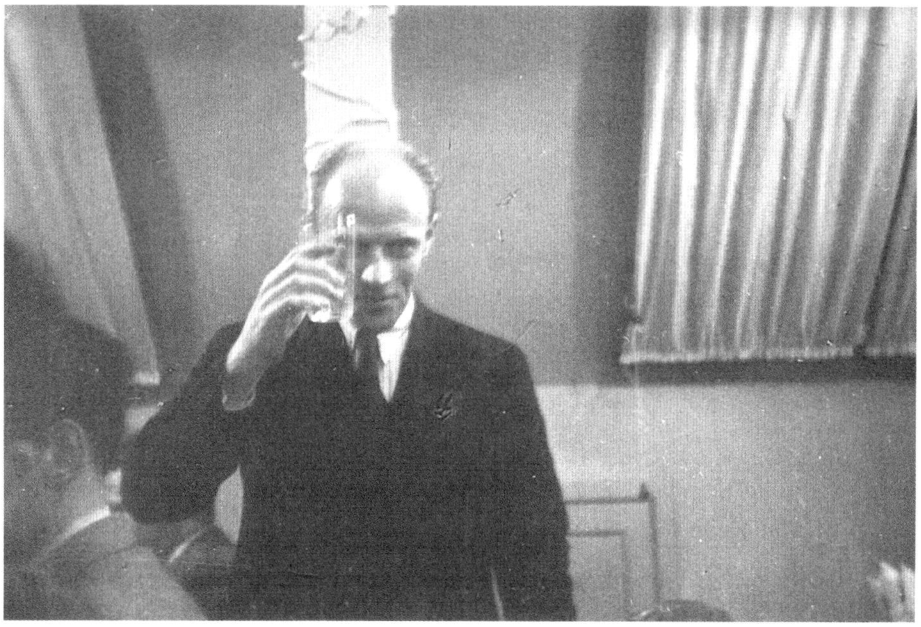

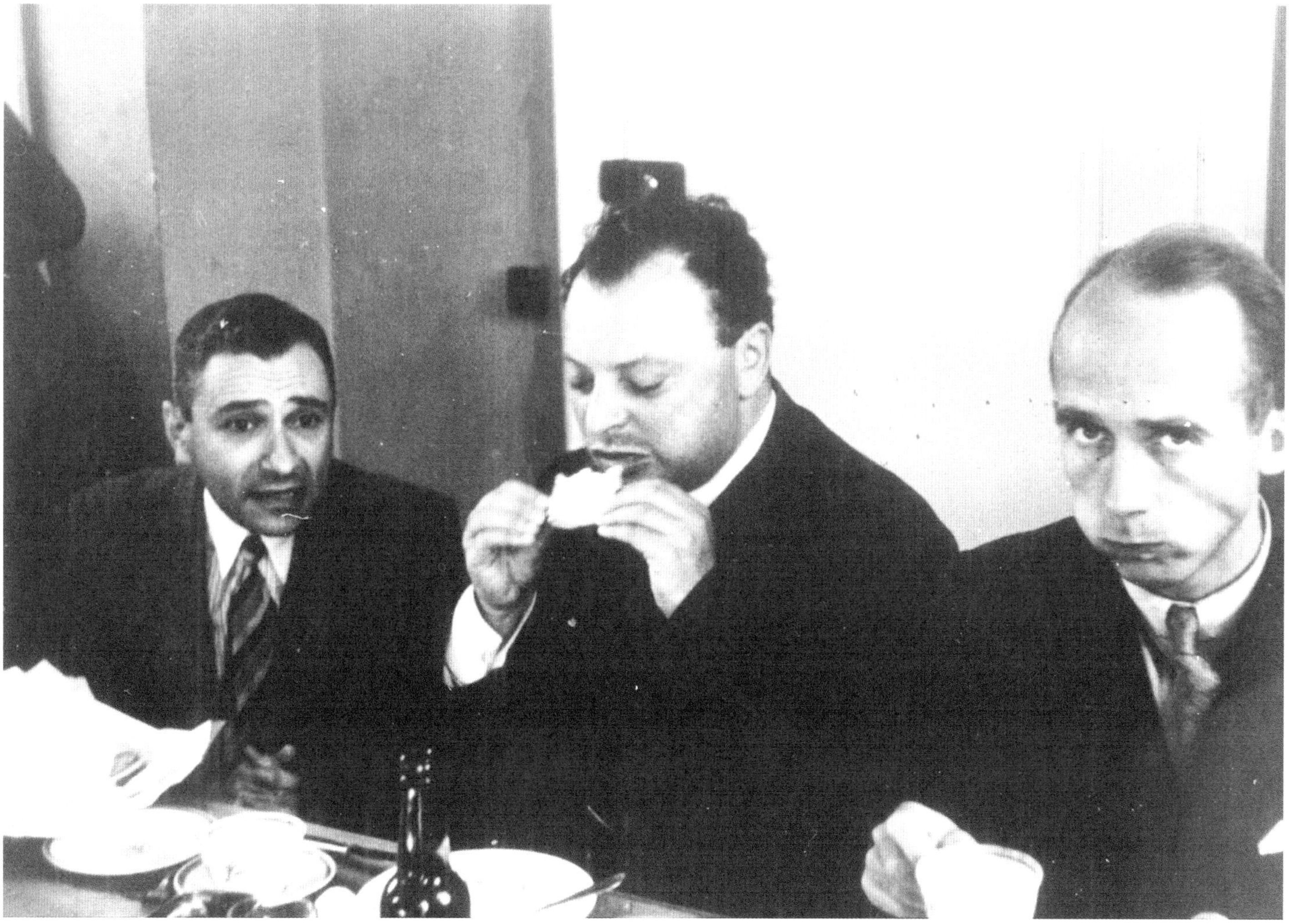

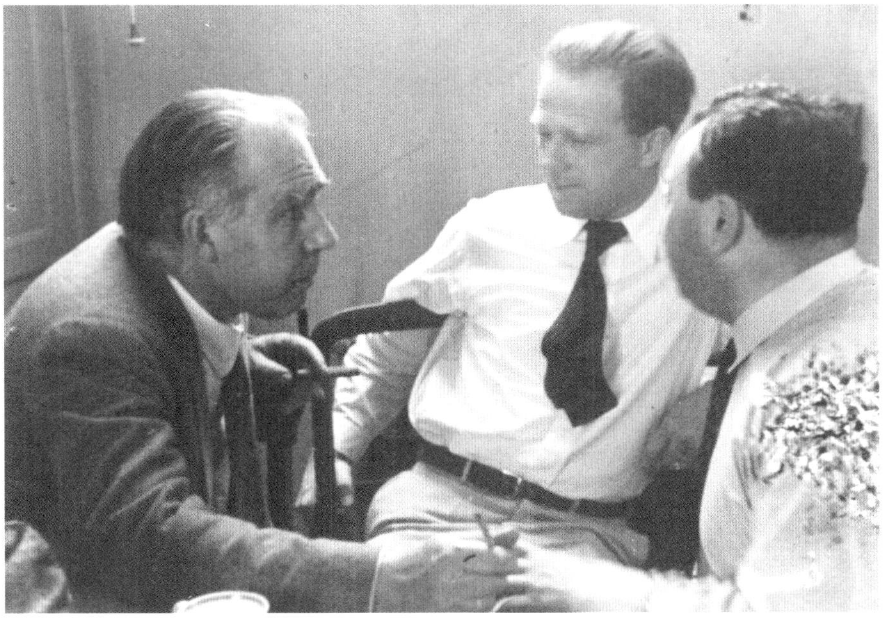

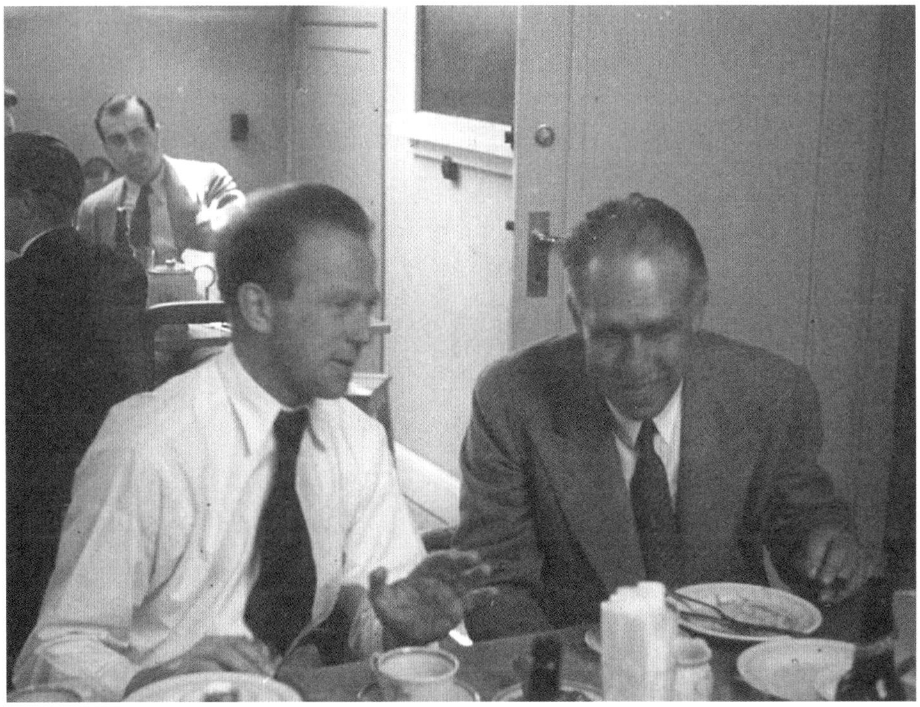

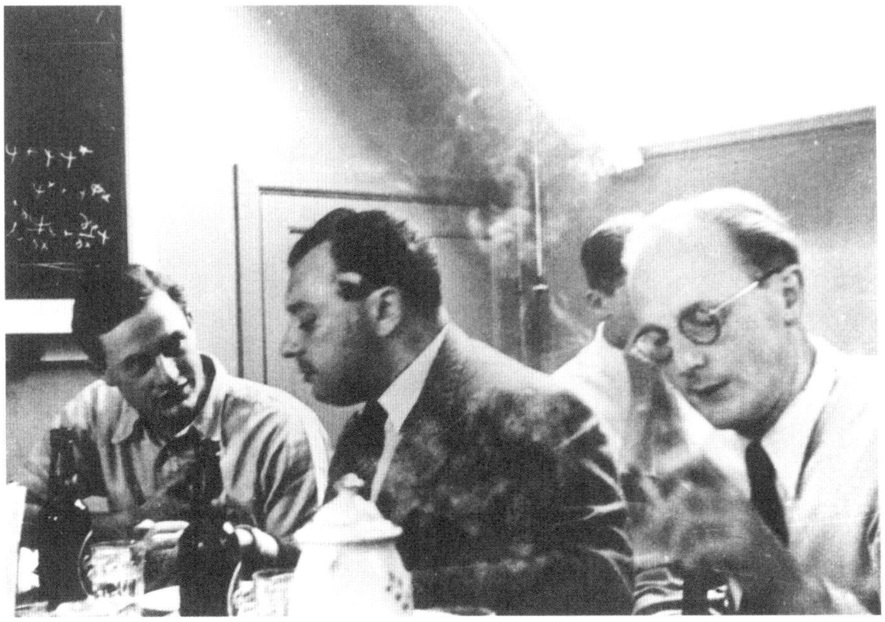

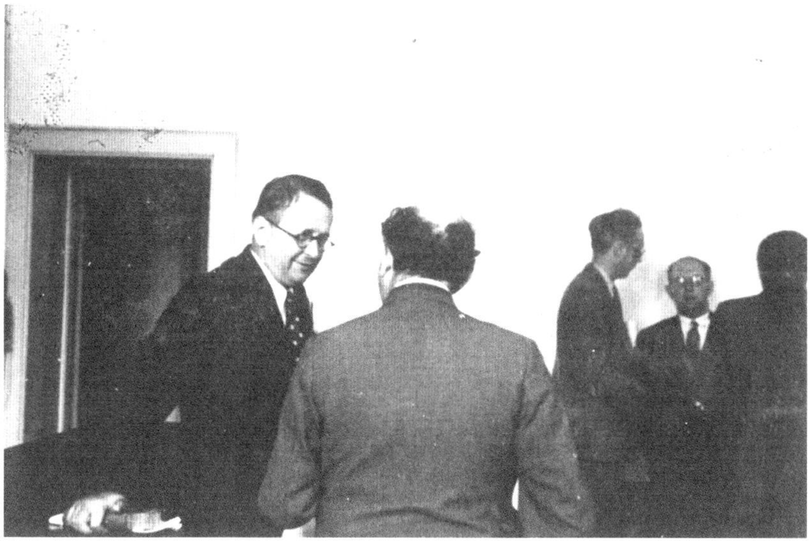
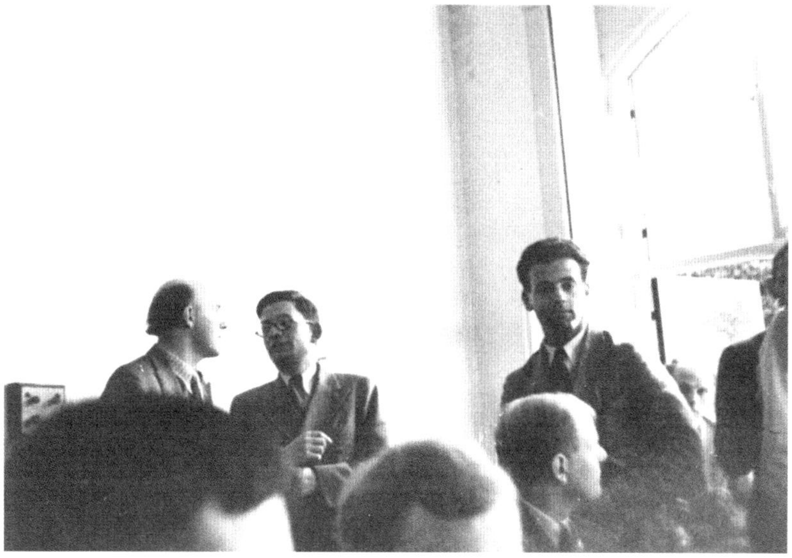
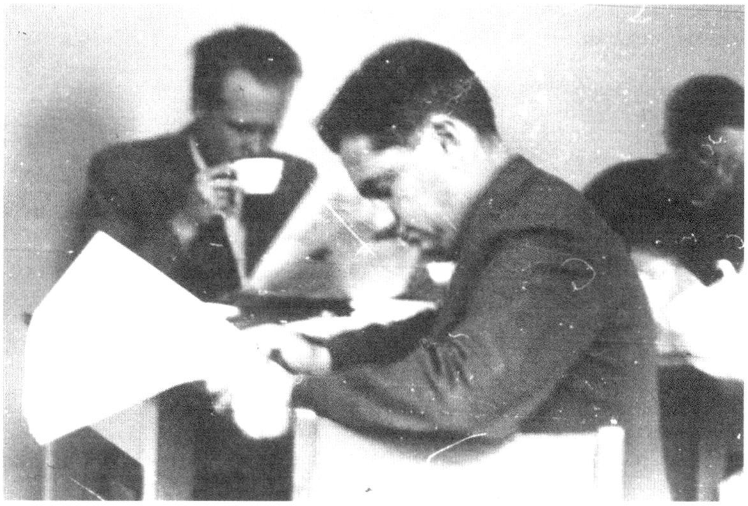
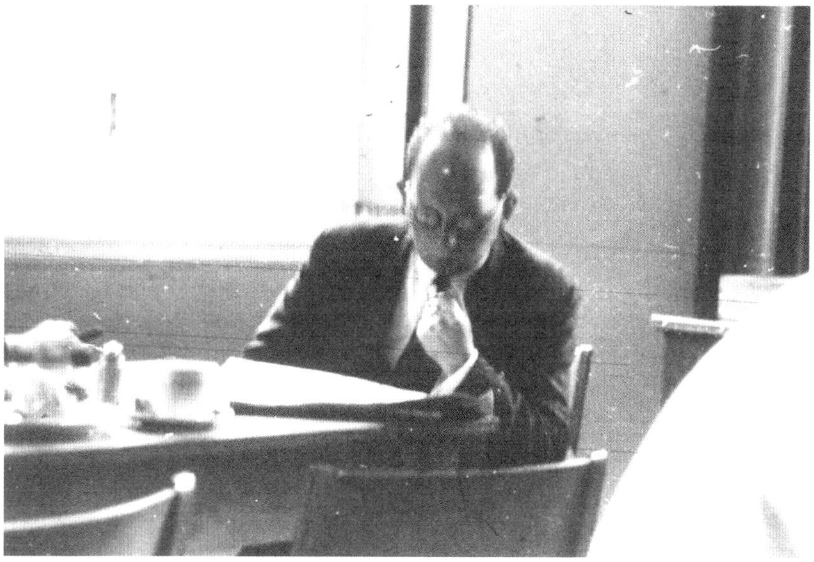
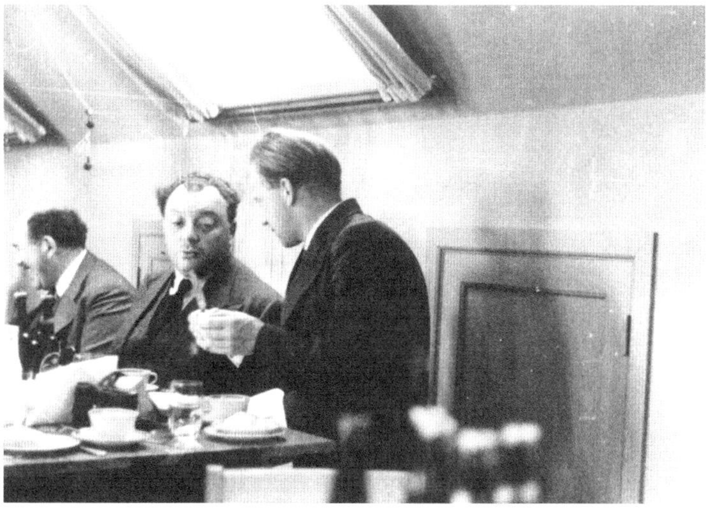
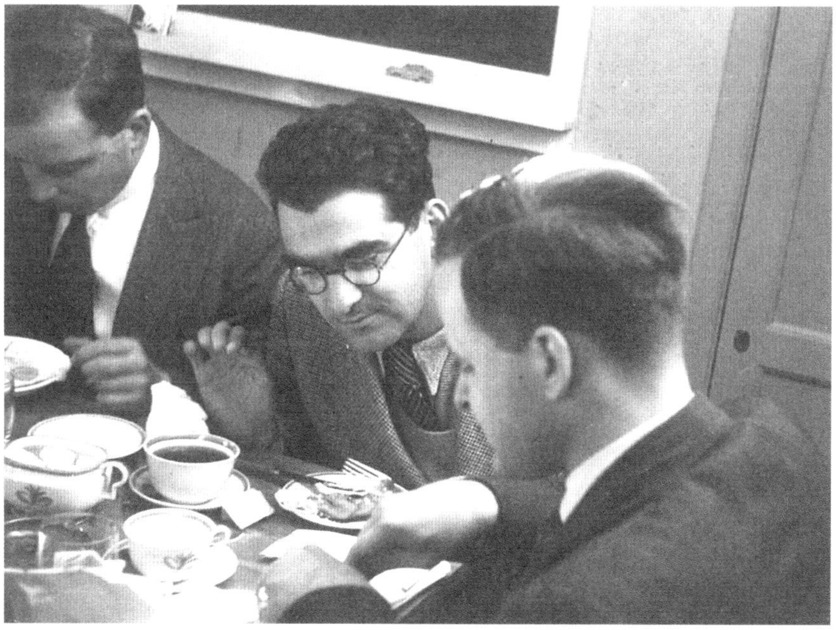

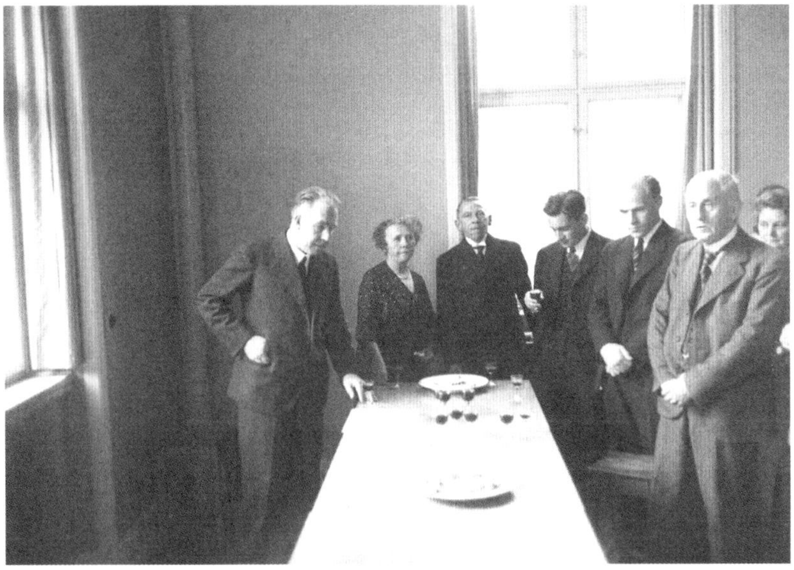
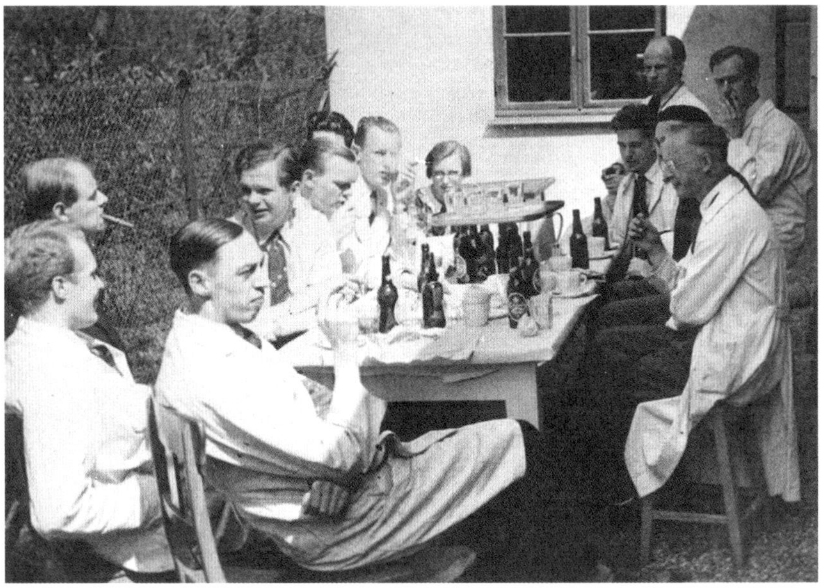
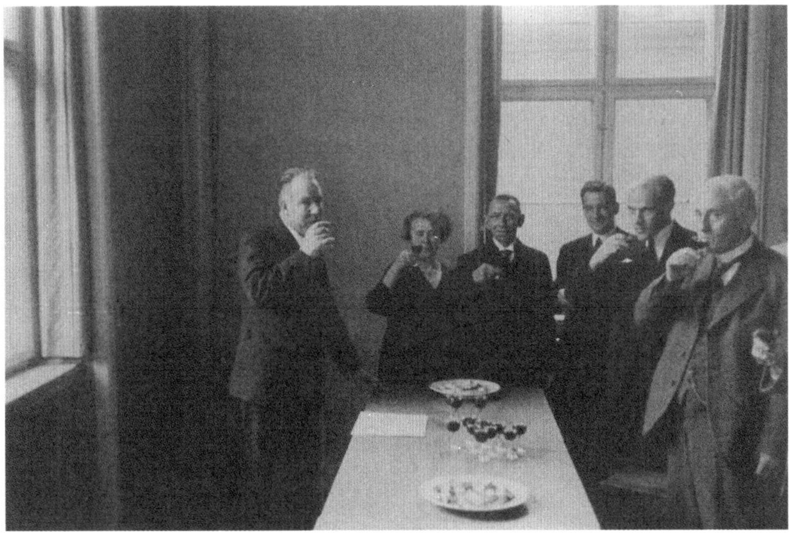
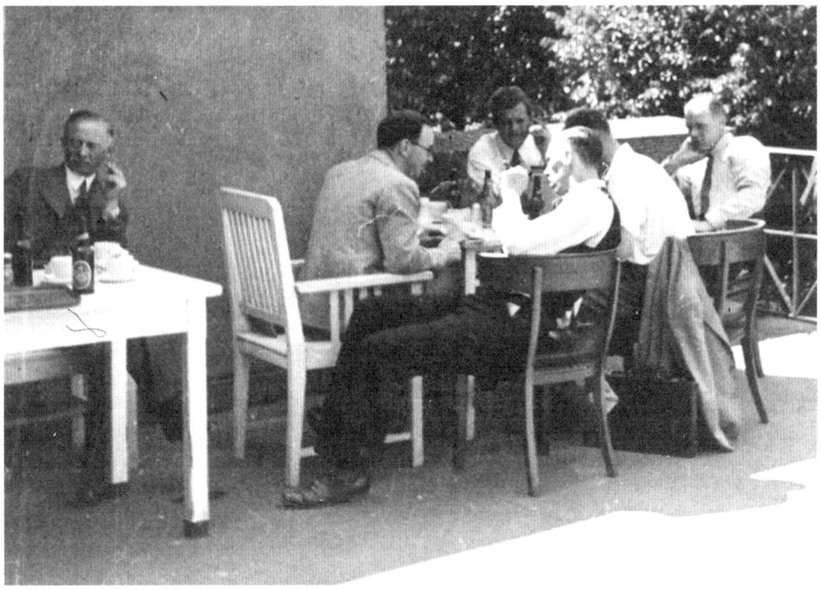

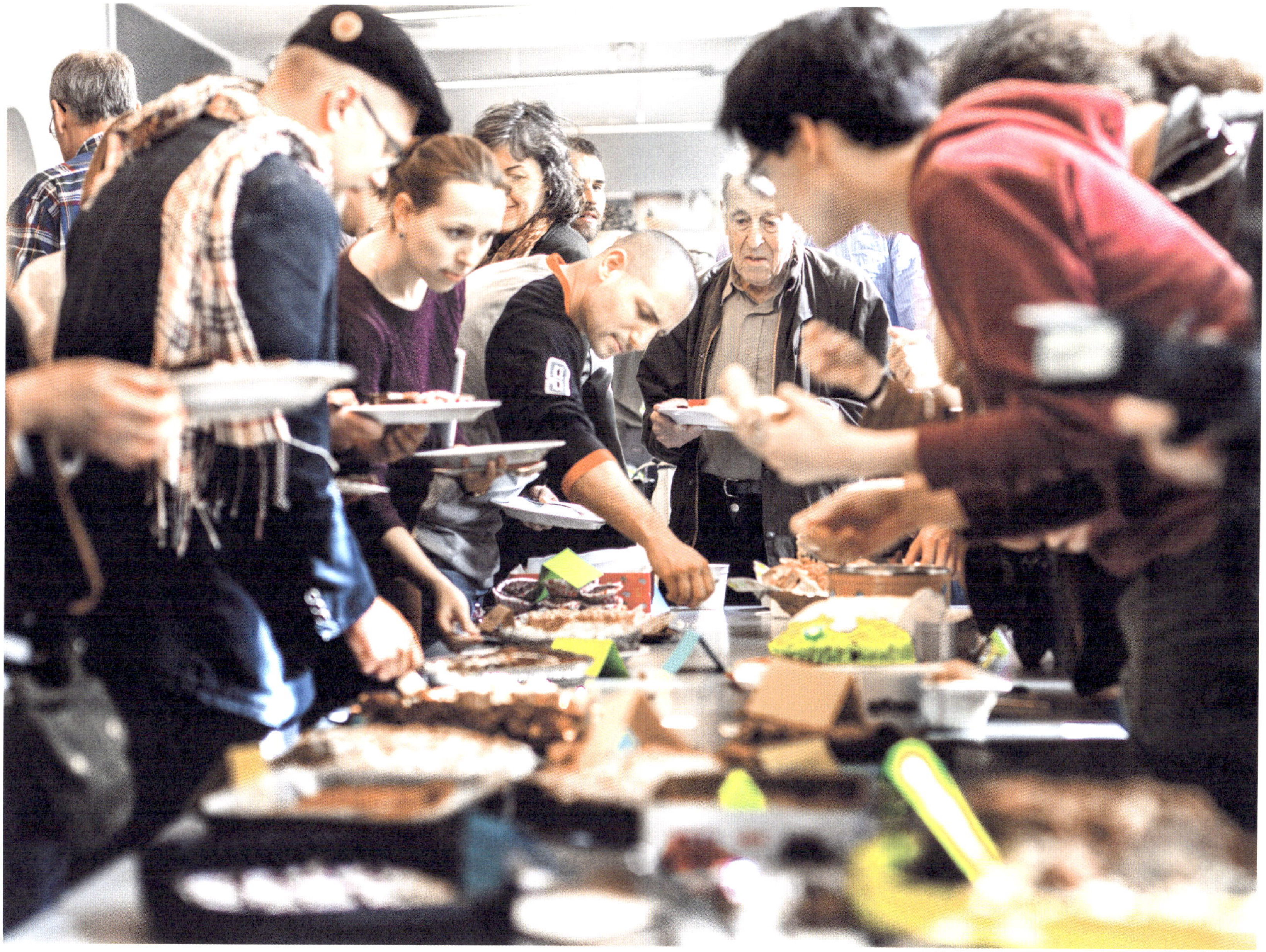

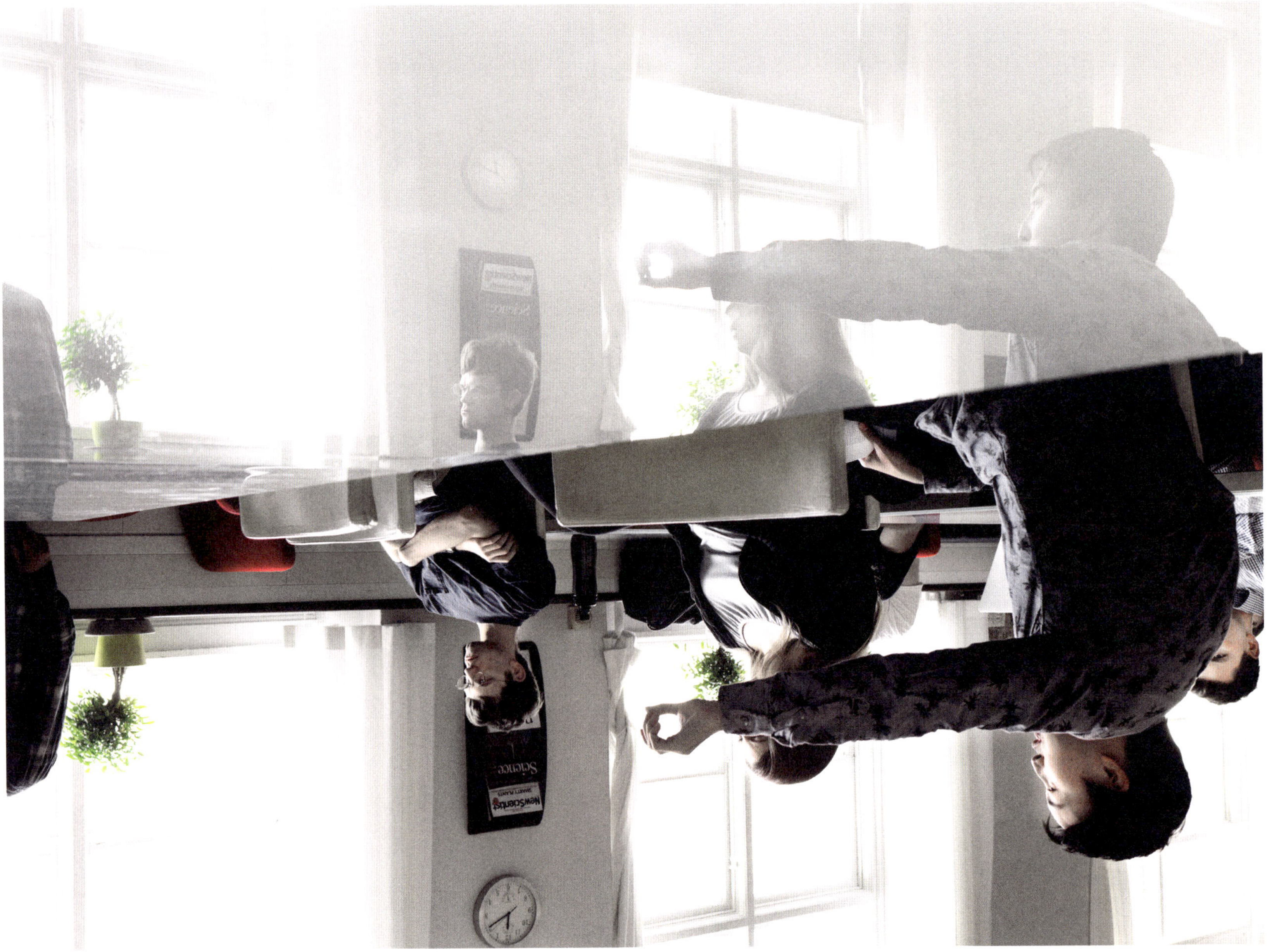

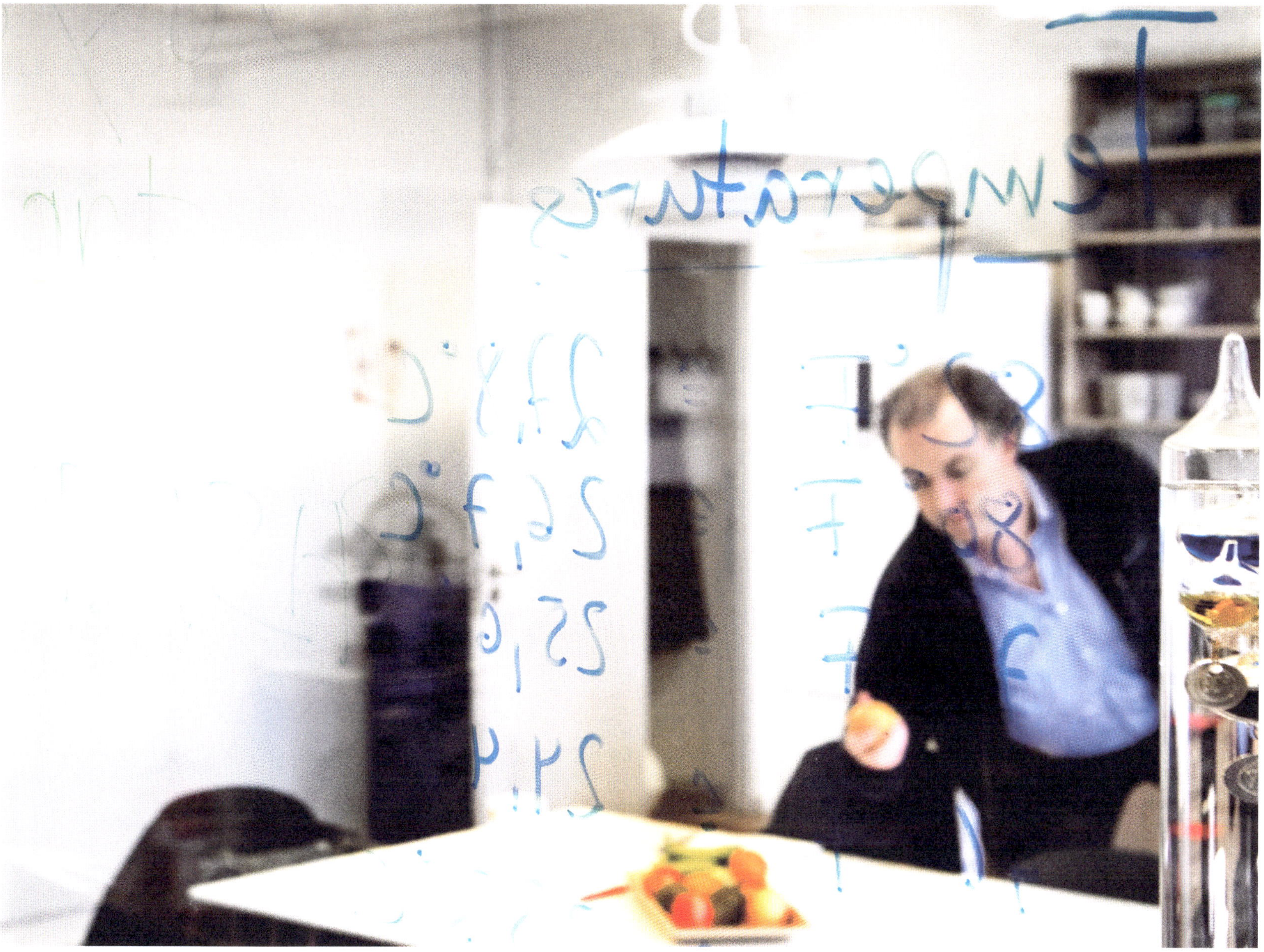

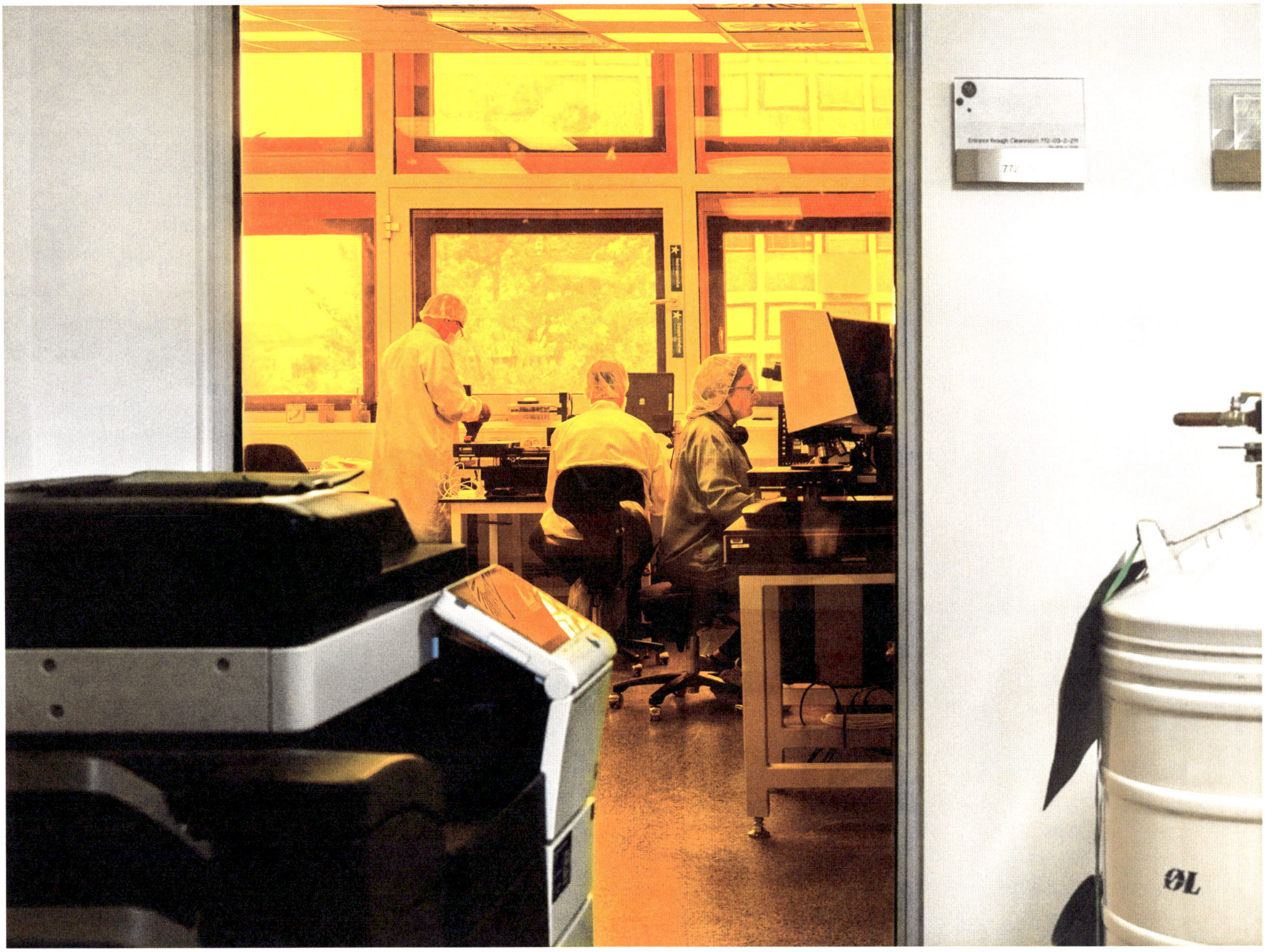

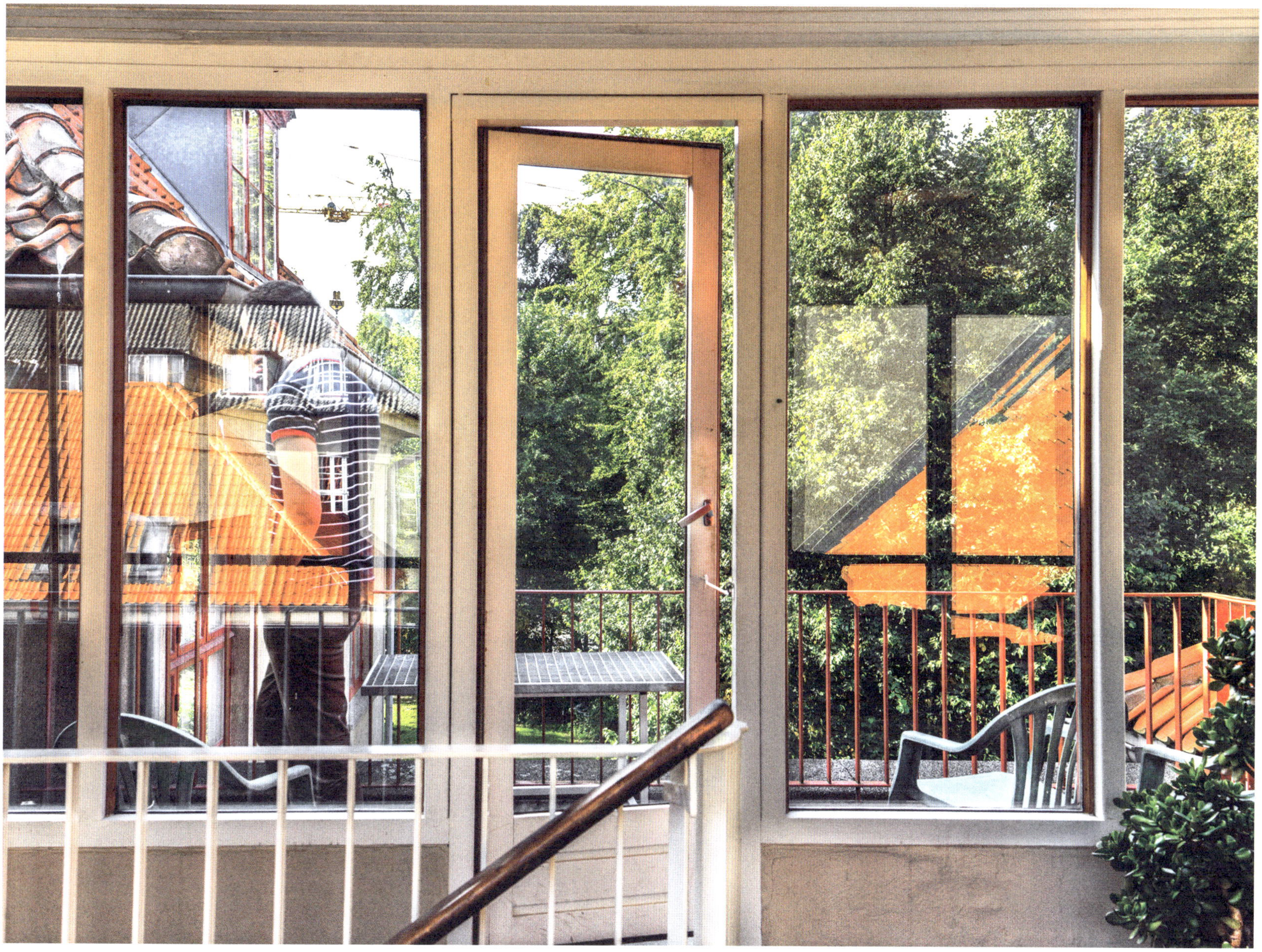

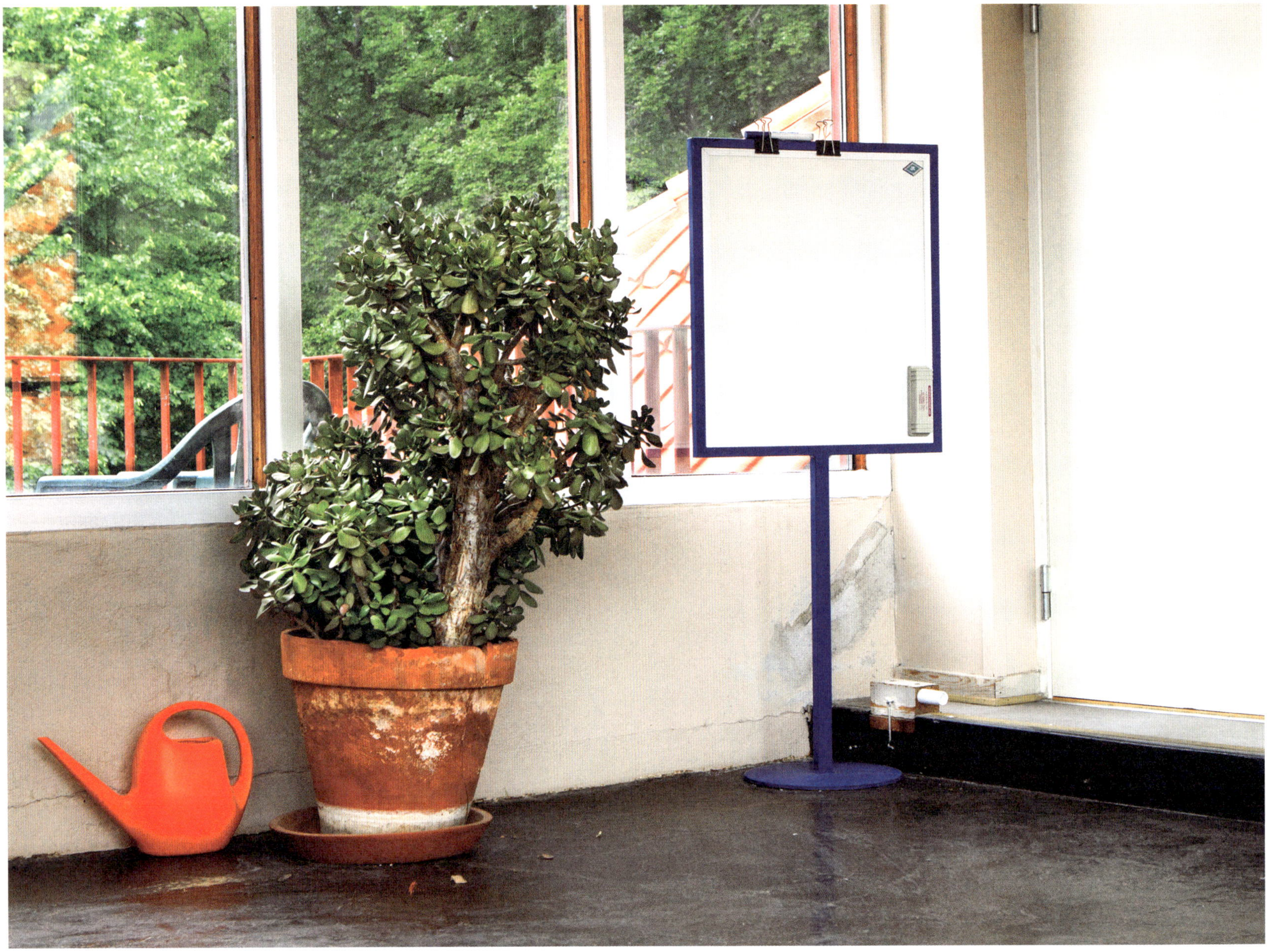

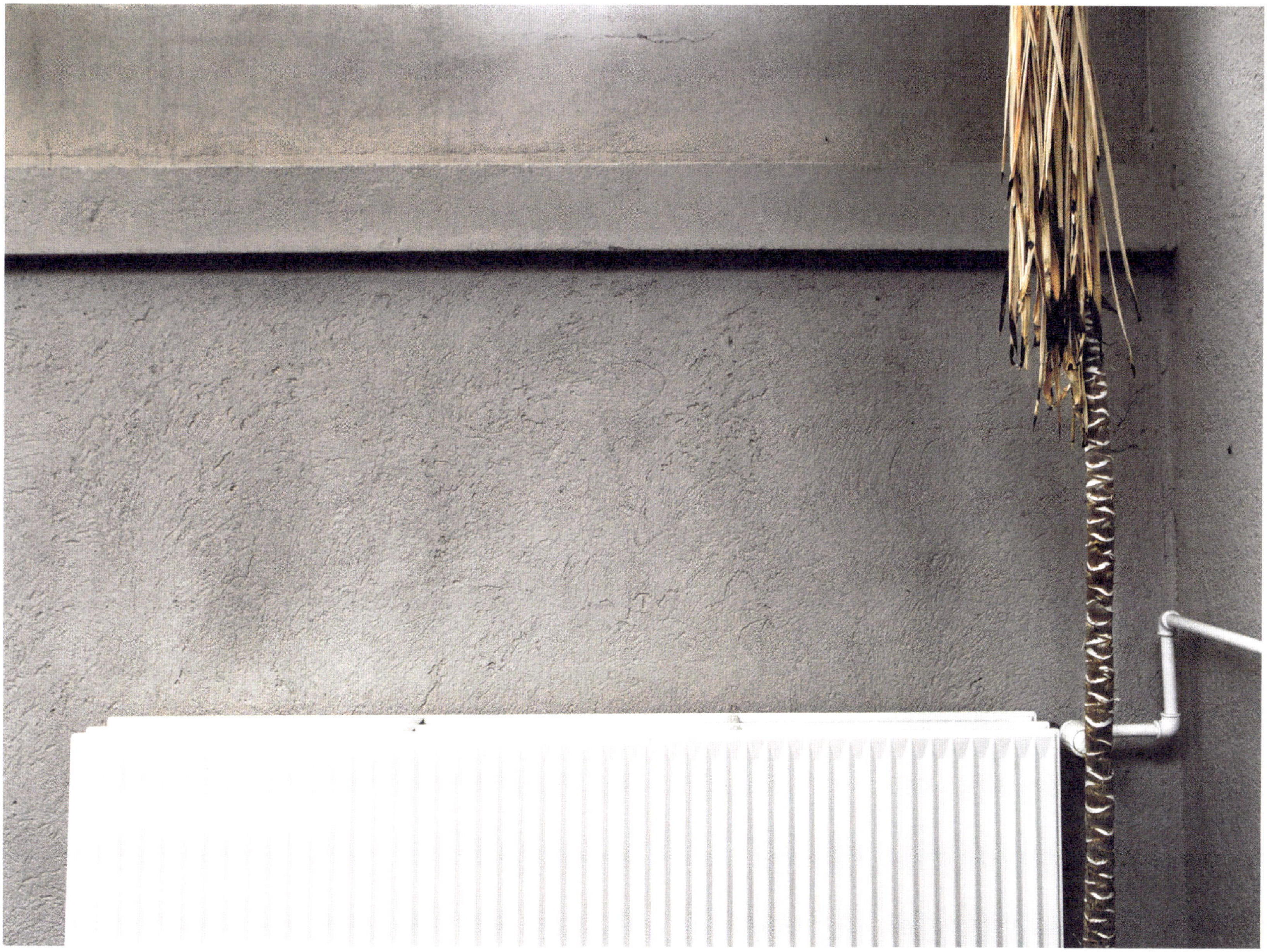

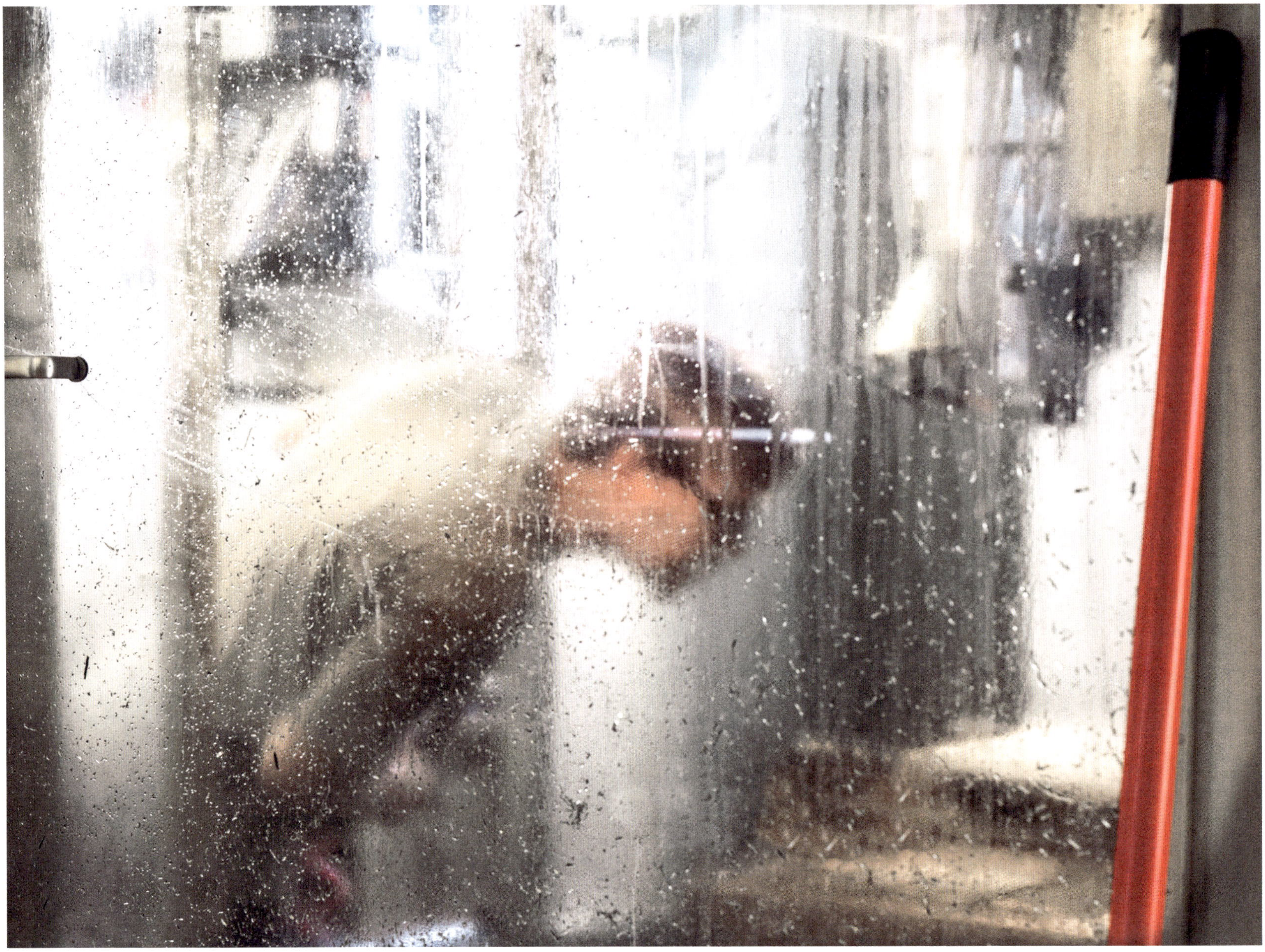

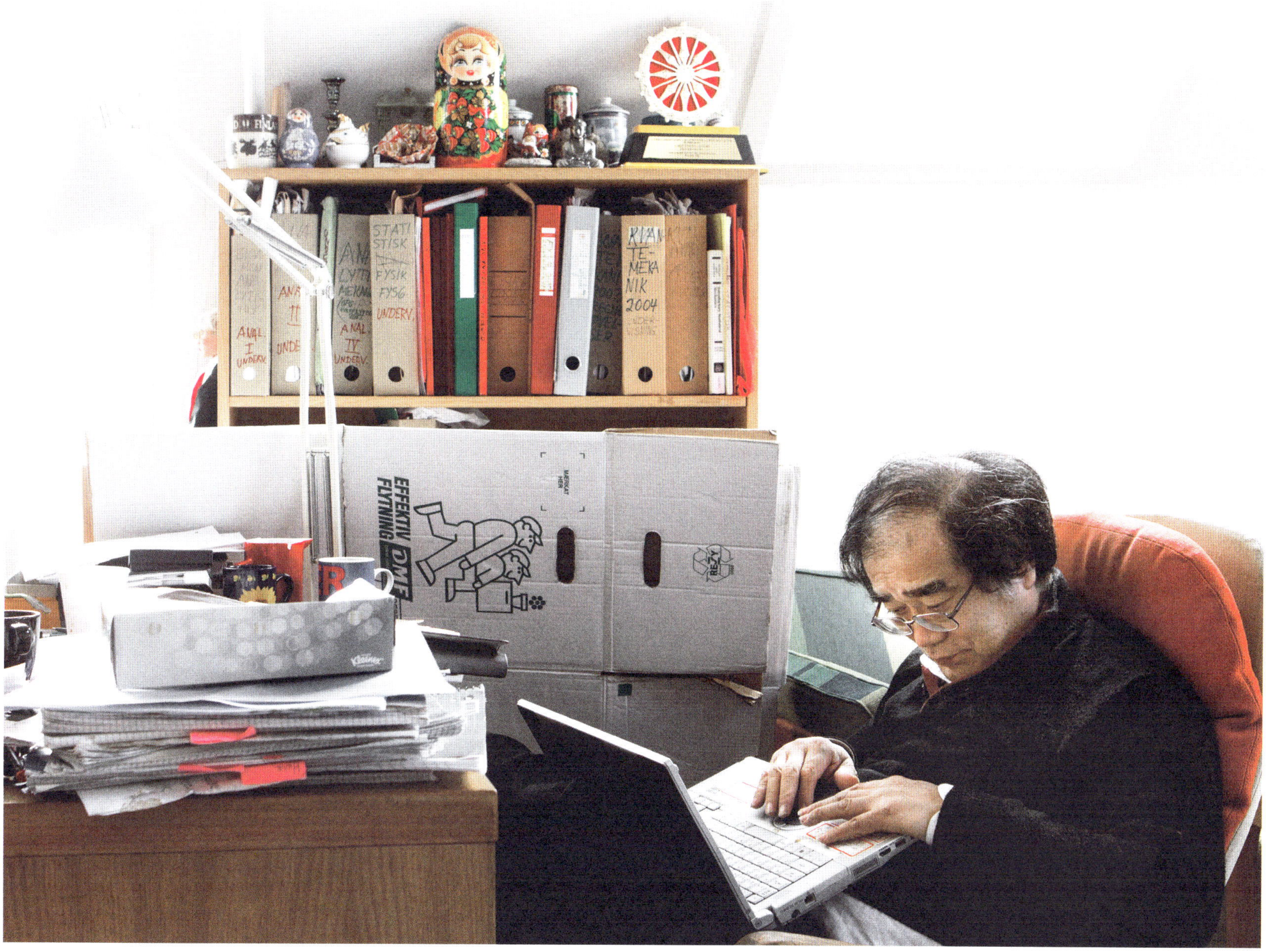
EFFEKTIV
FLYTNING
DMF

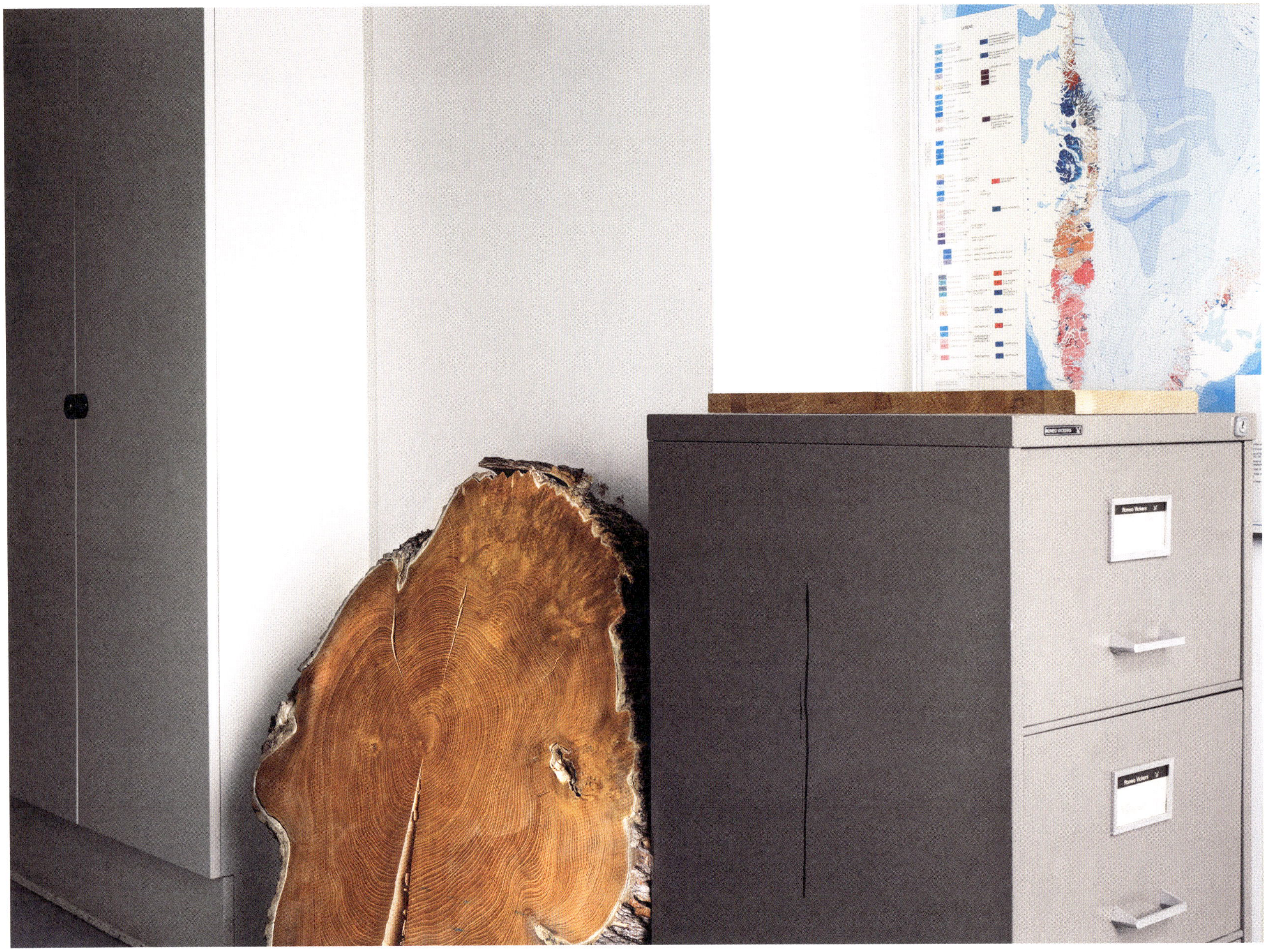

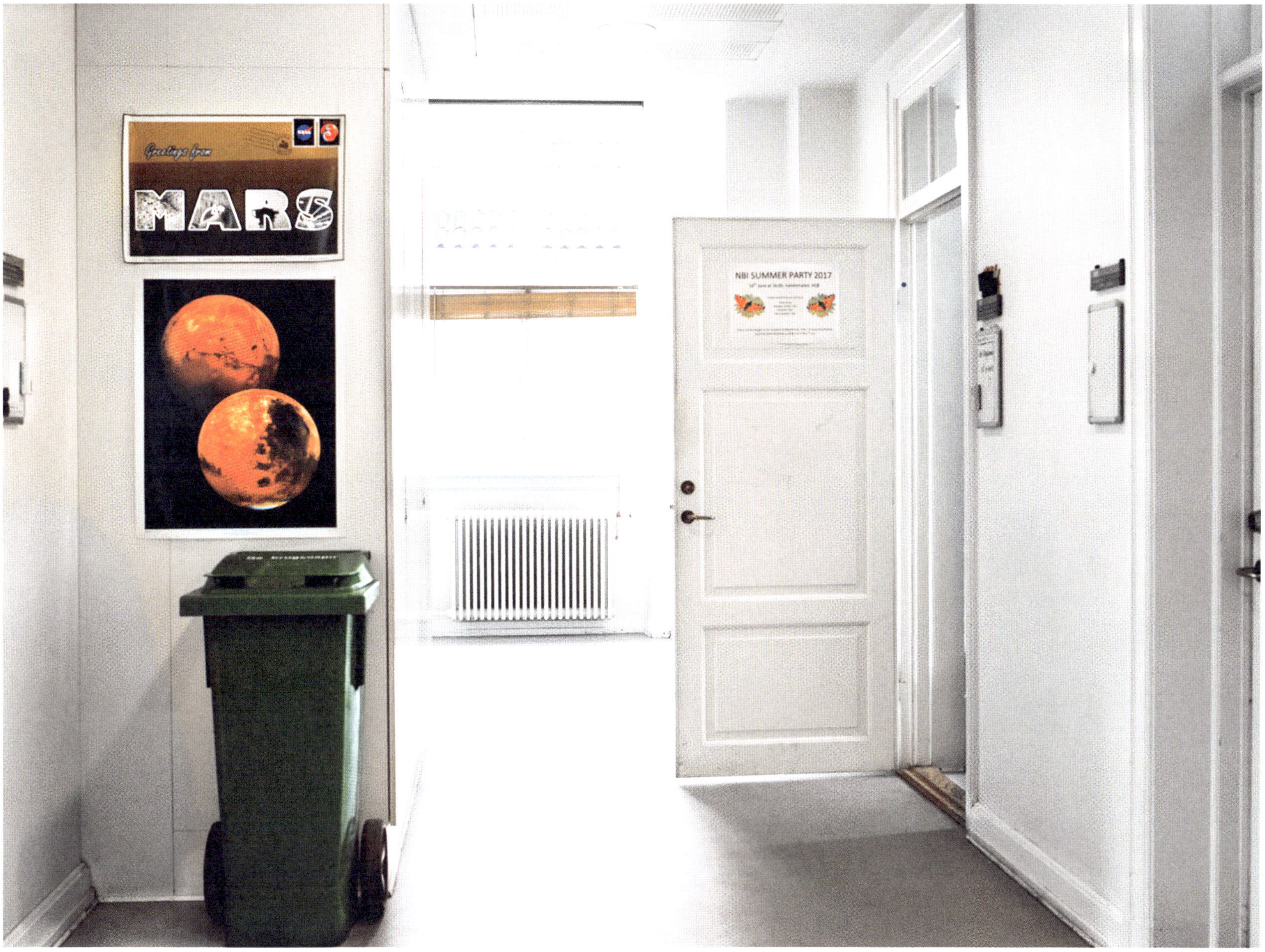
Greetings from
MARS
NBI SUMMER PARTY 2017

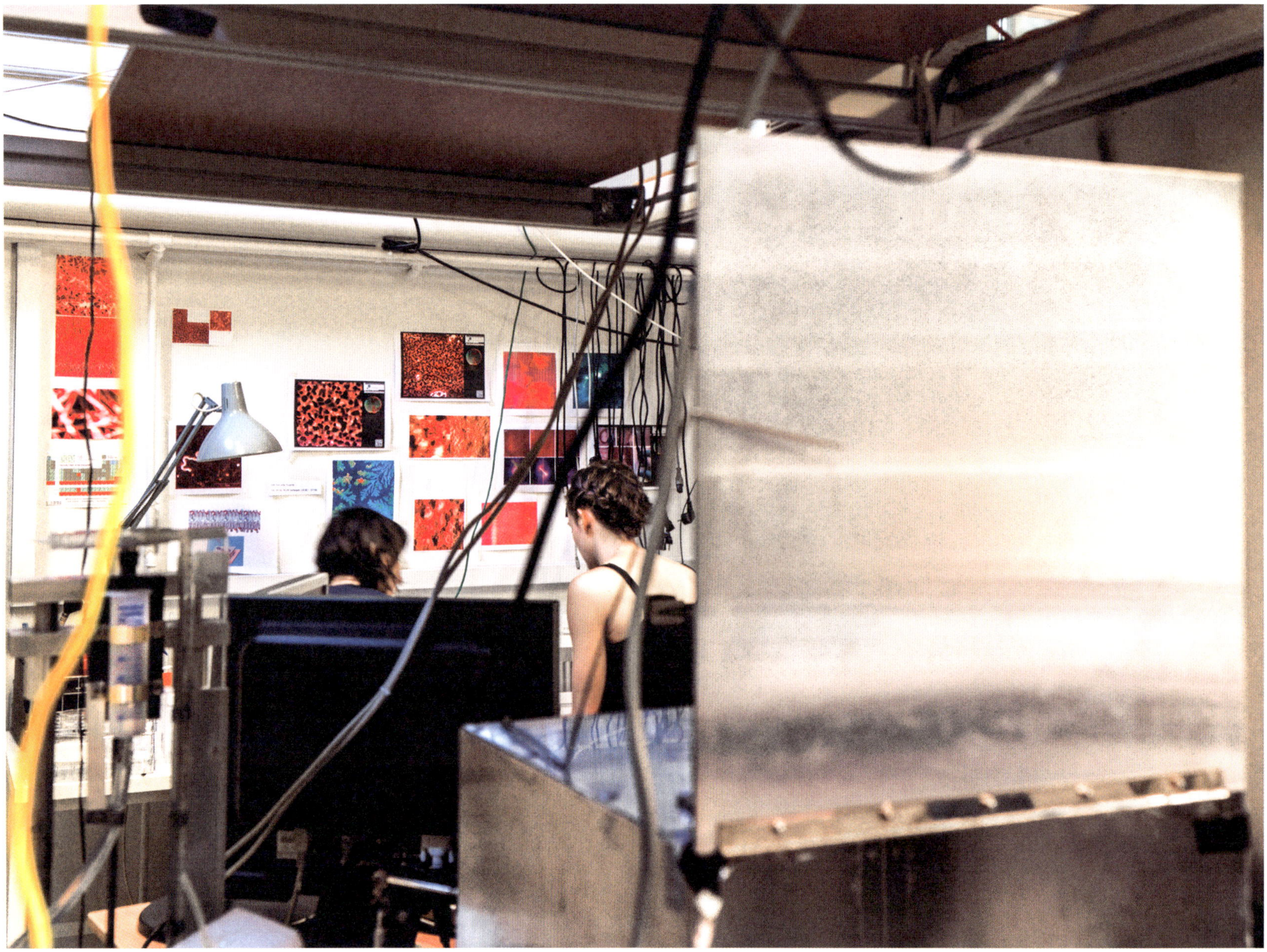

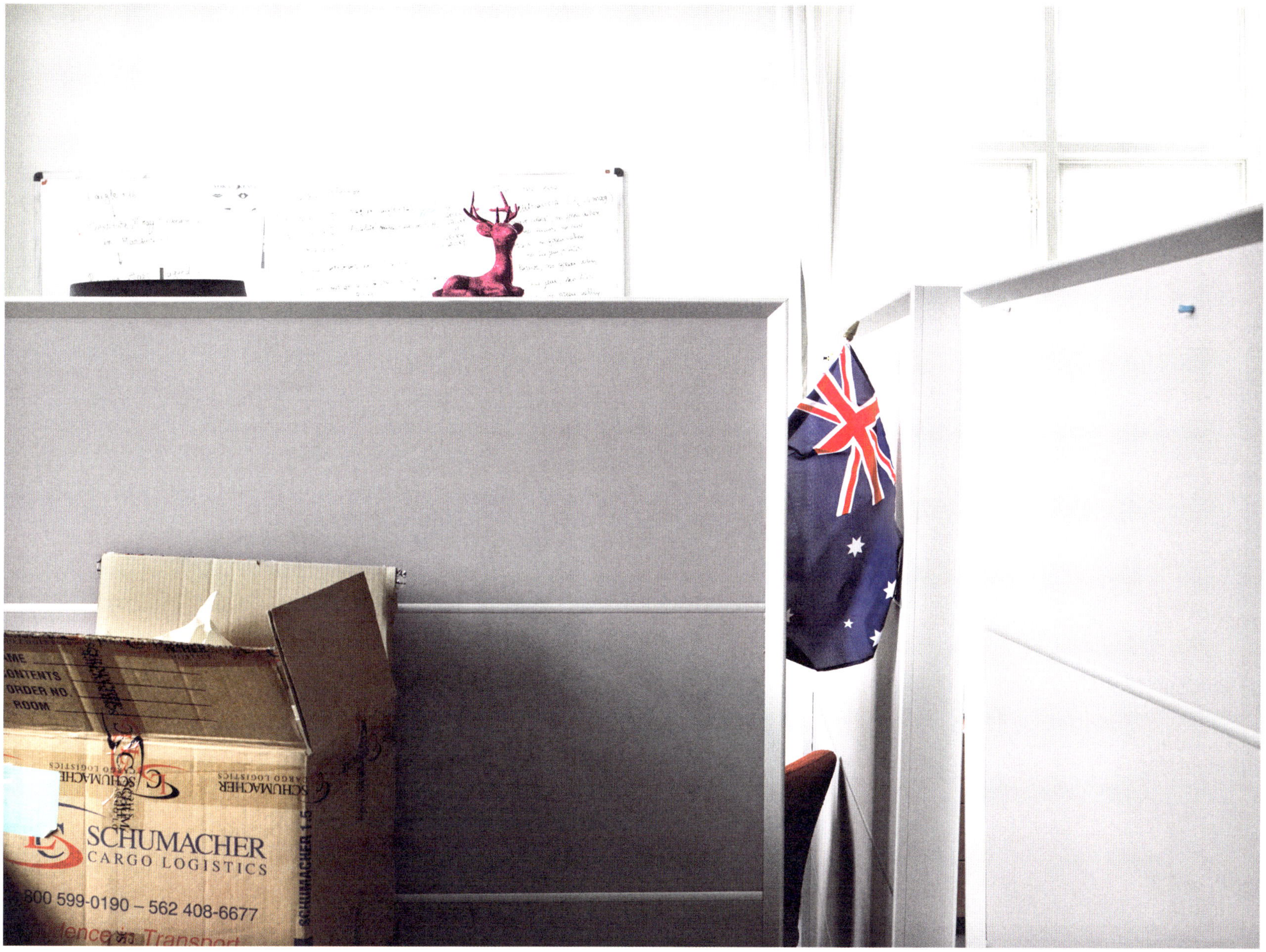
CONTENTS
ORDER NO.
ROOM
SCHUMACHER
CARGO LOGISTICS
800 599-0190 – 562 408-6677

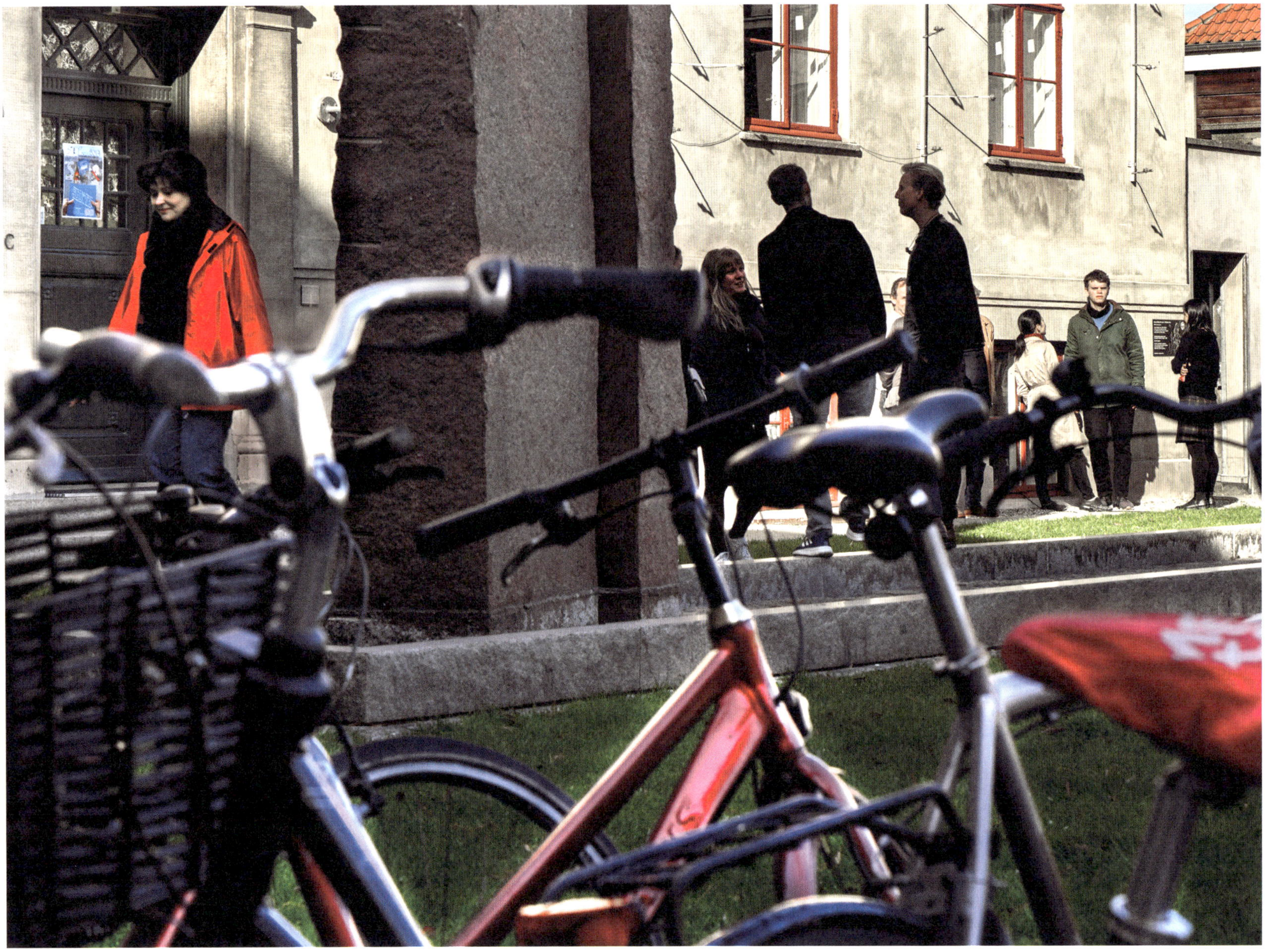

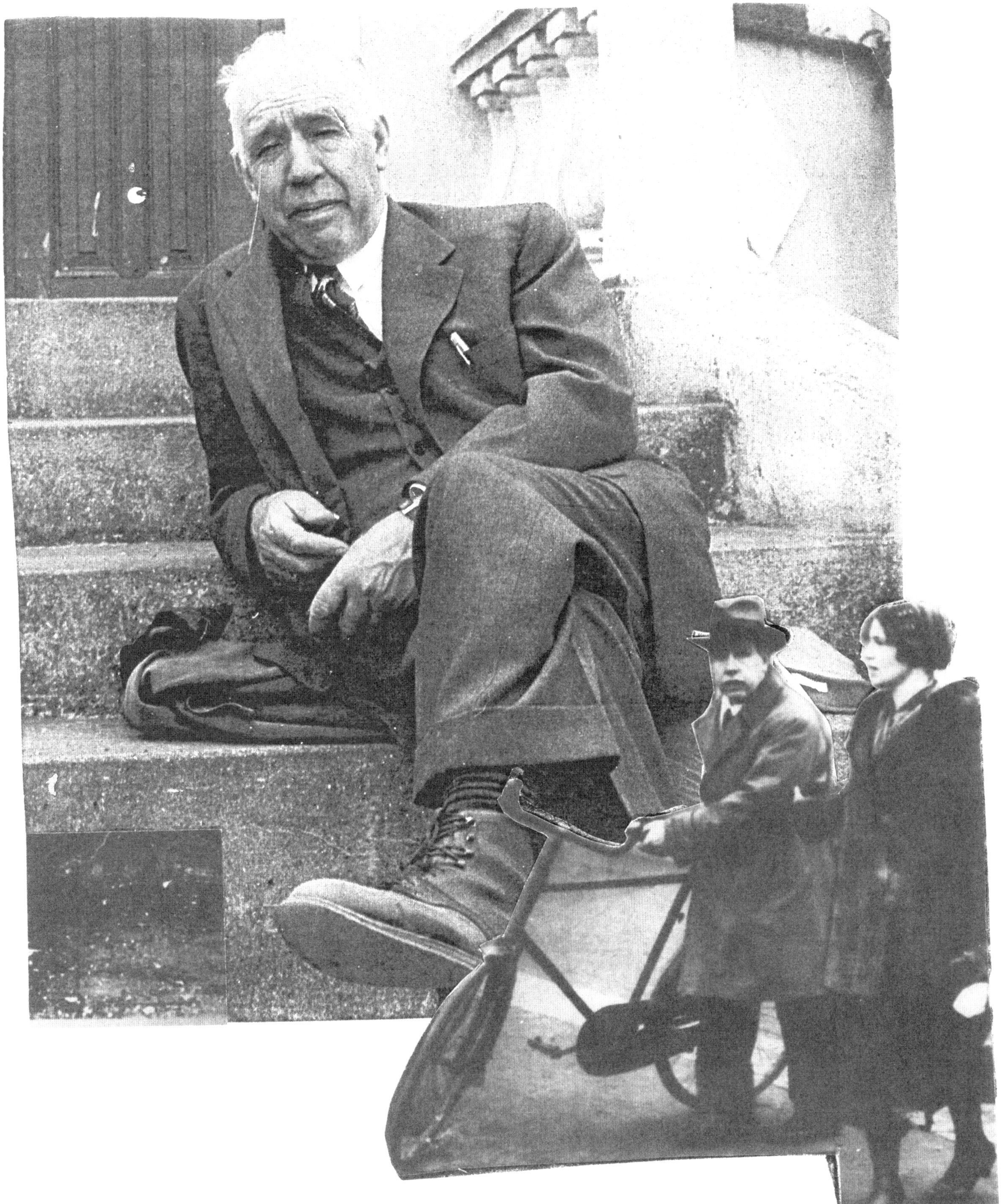

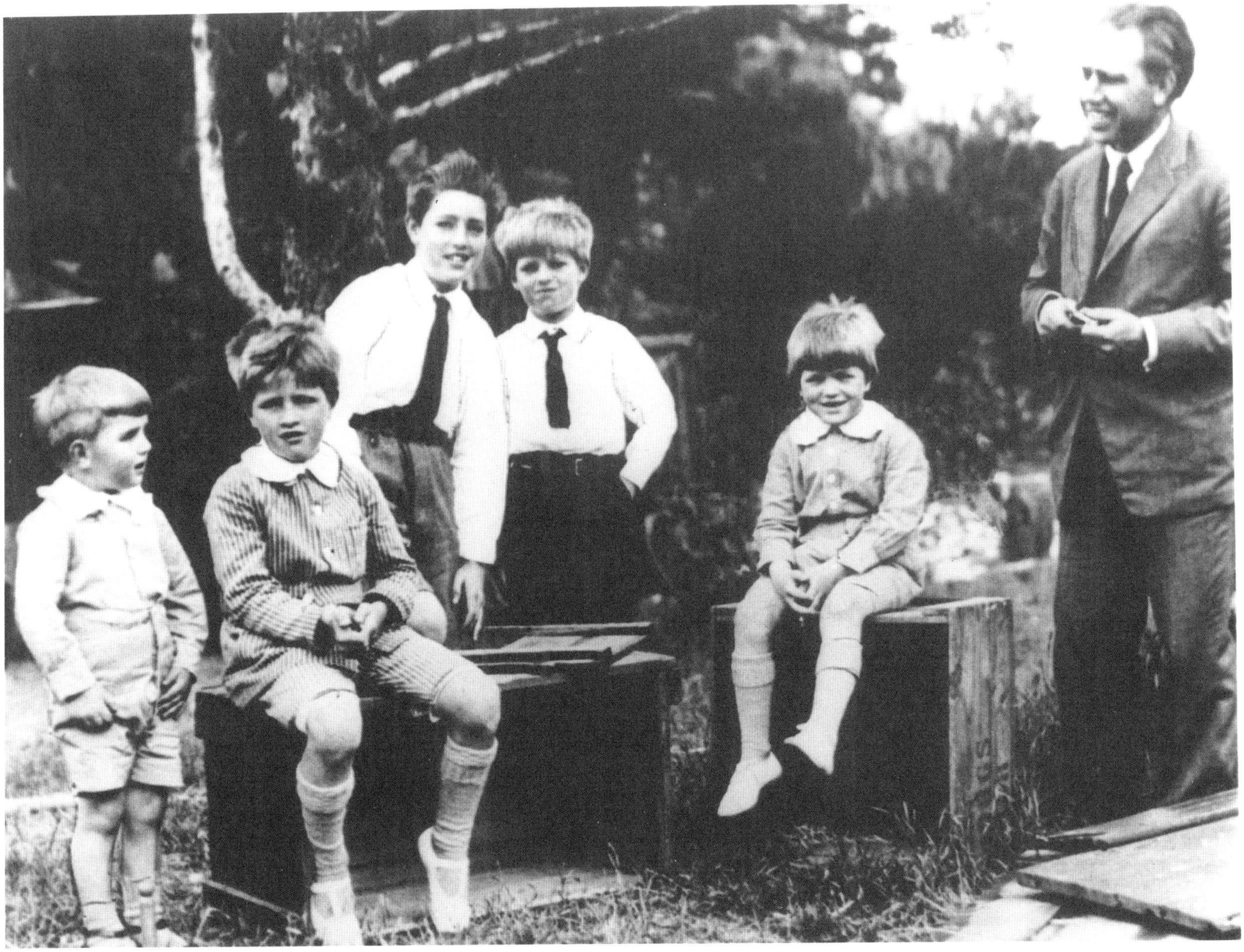

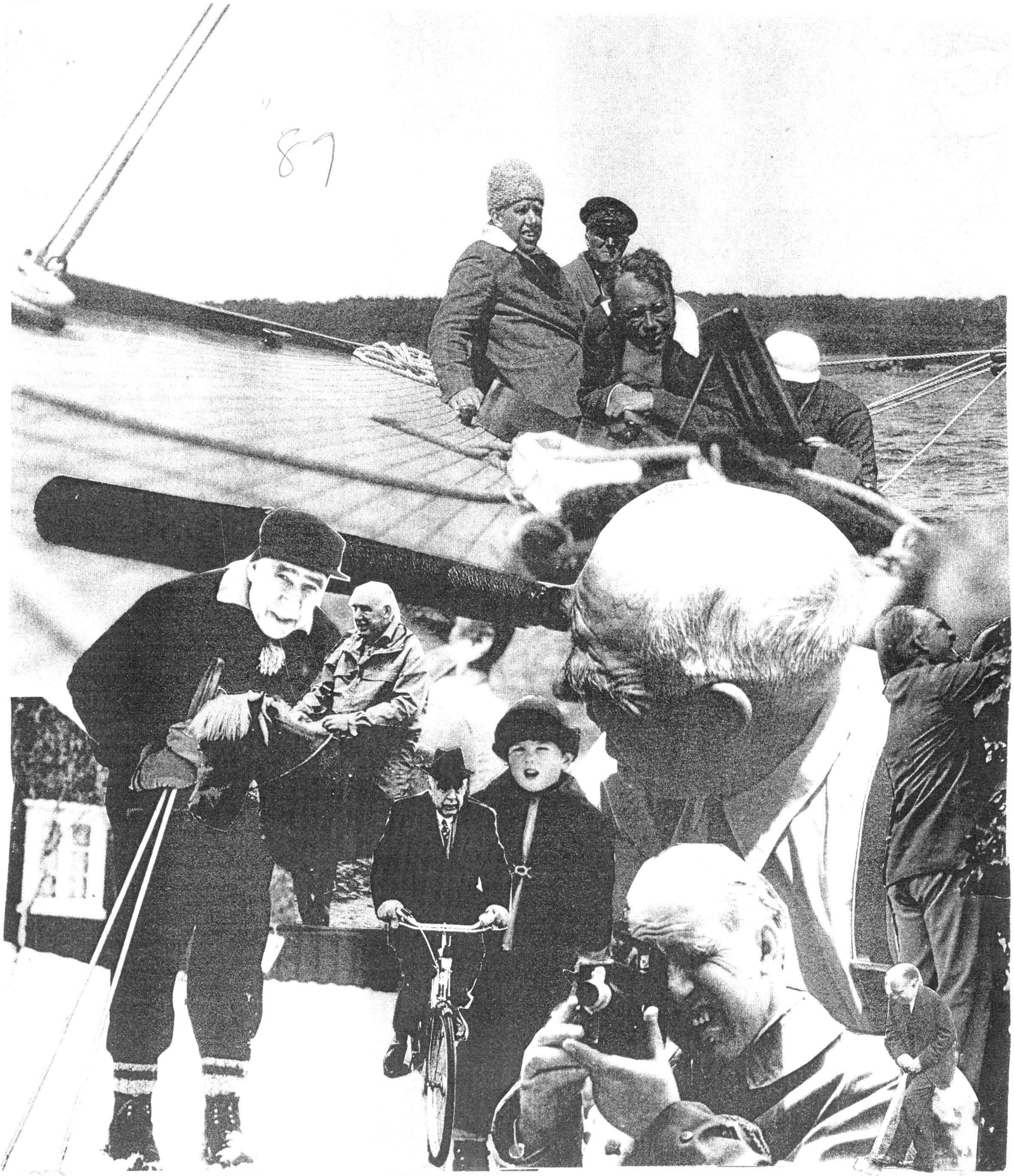
87

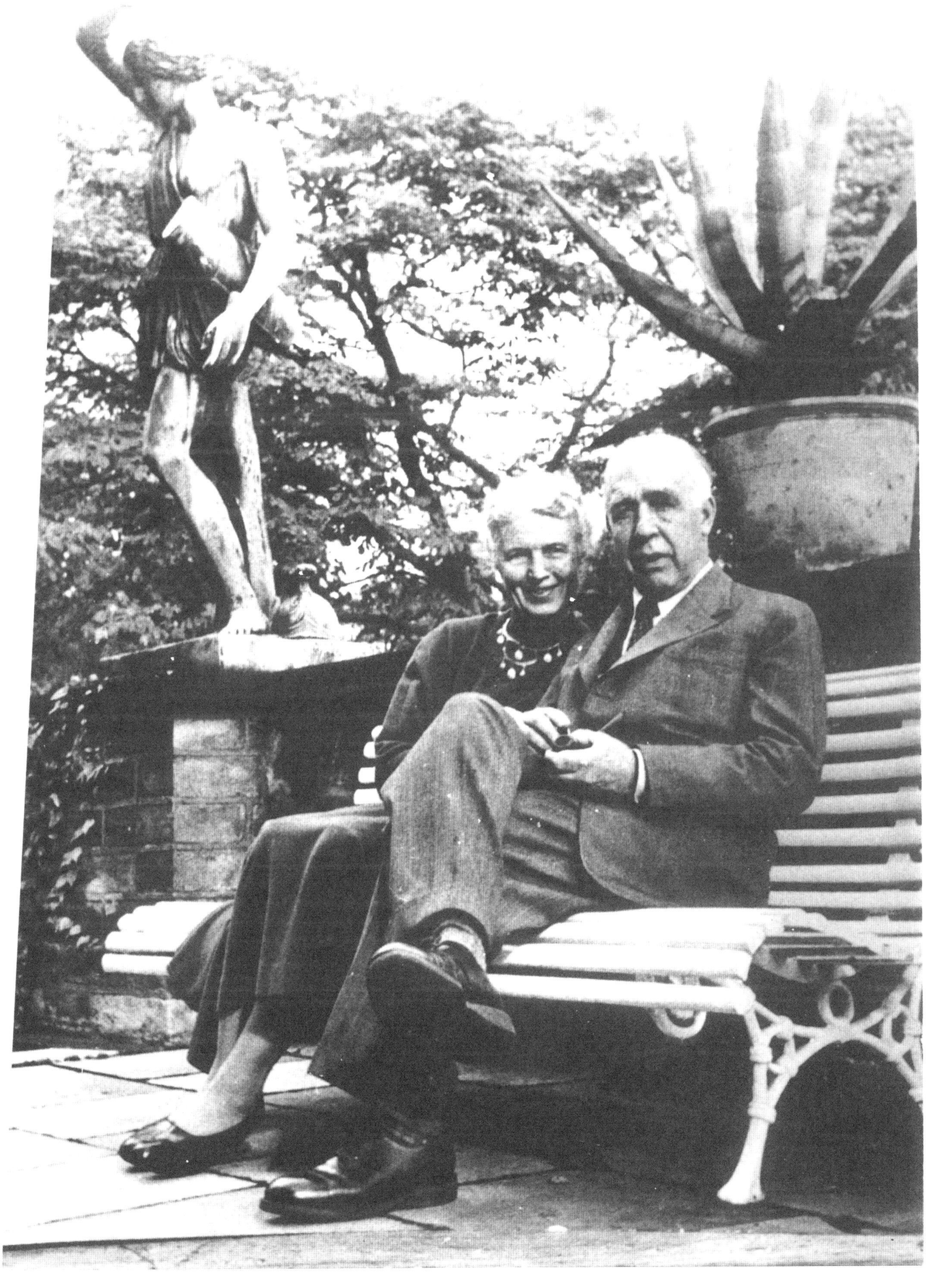

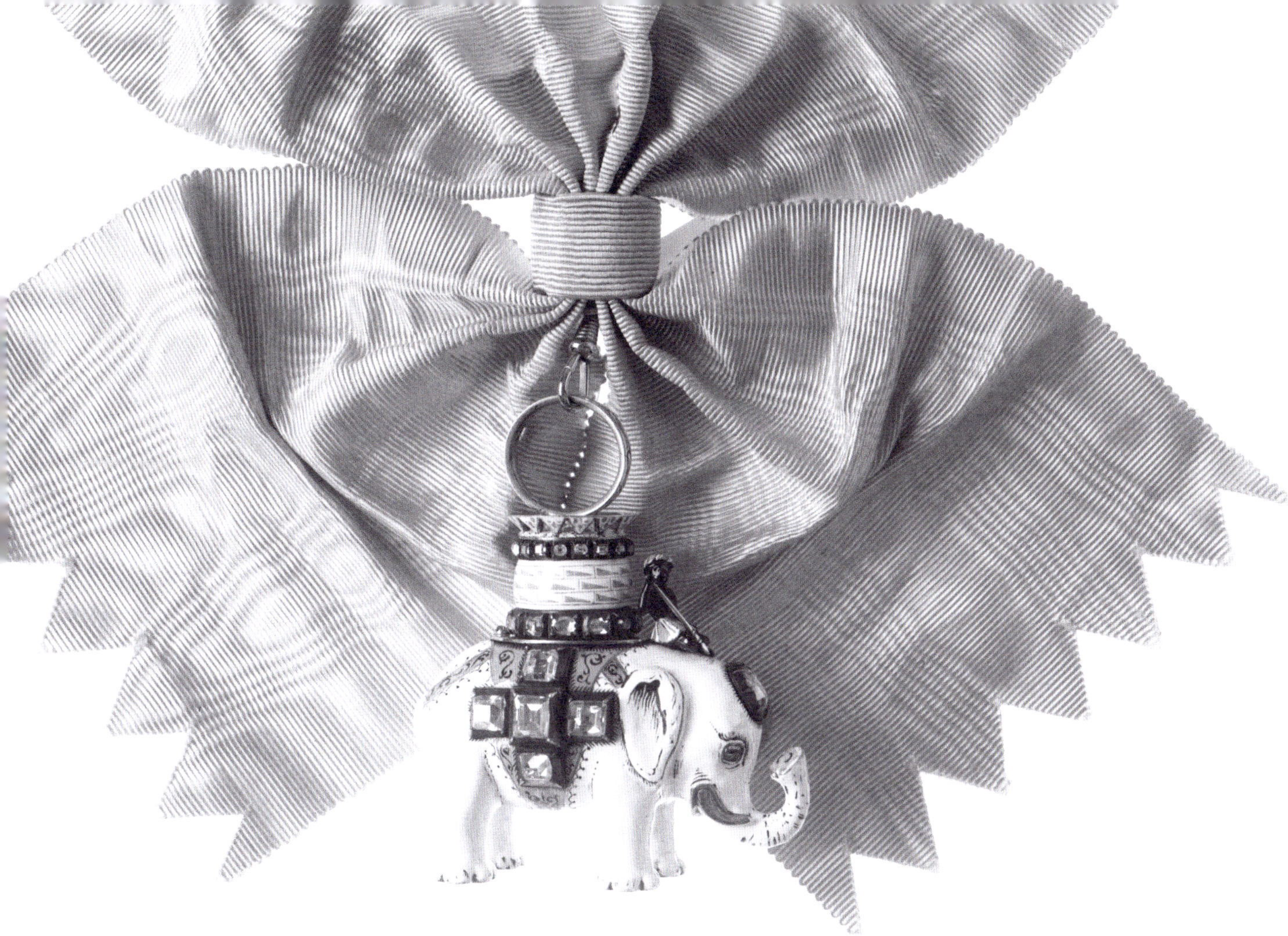

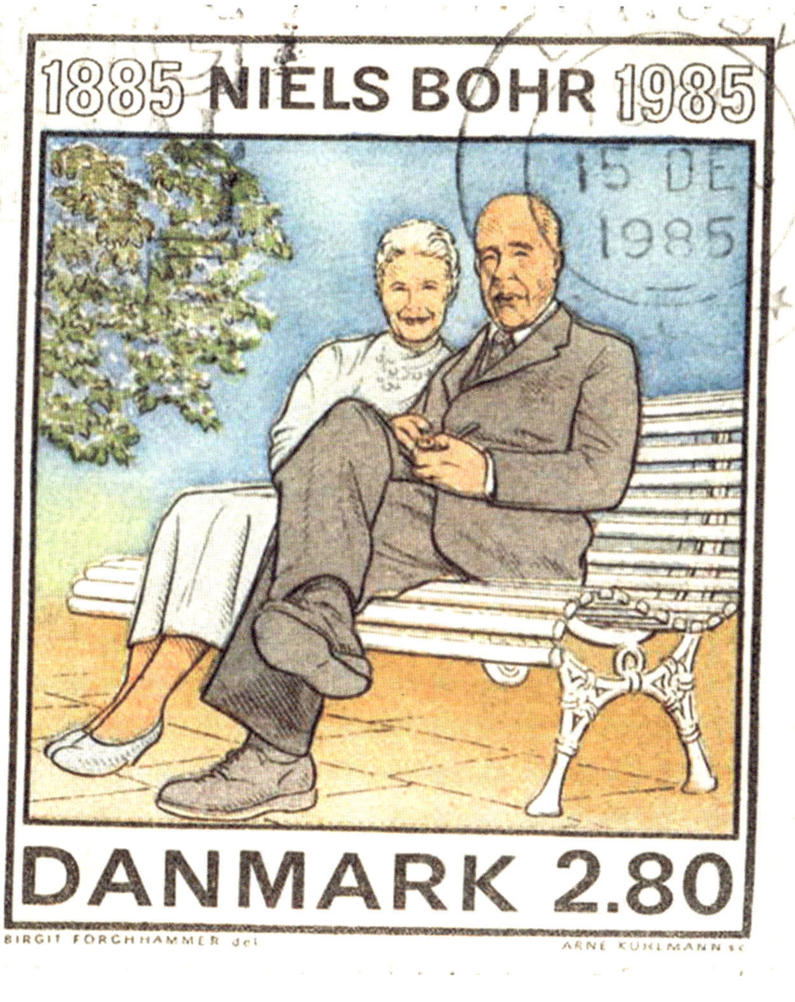
1885 NIELS BOHR 1985
15 DE
1985
DANMARK 2.80

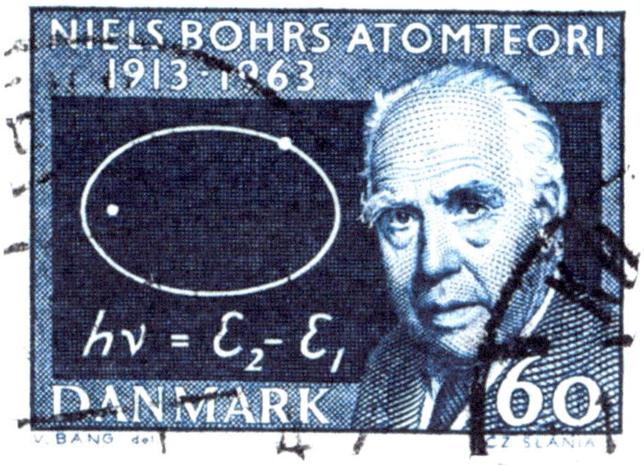
NIELS BOHRS ATOMTEORI
1913-1963
$h\nu = \mathcal{E}_2 - \mathcal{E}_1$
DANMARK
60

29 Sept 43

Kære Fru Professorinde
Bohr

Hermed de Billeder jeg tog af Deres Mand i Sommer. Jeg lod Büsten sende igaar. Den skal staa i Ovenlys og noget højere end Legemshøjde.

Venlige Hilsener til Deres Mand og Sønner.

Deres hengivne

Johannes V. Jensen

Niels Bohr Archive, Copenhagen 1

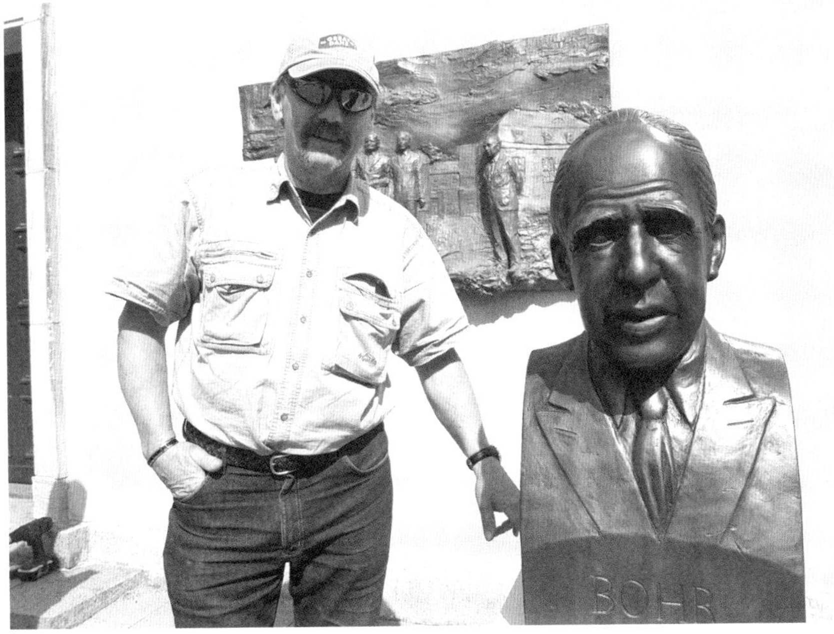

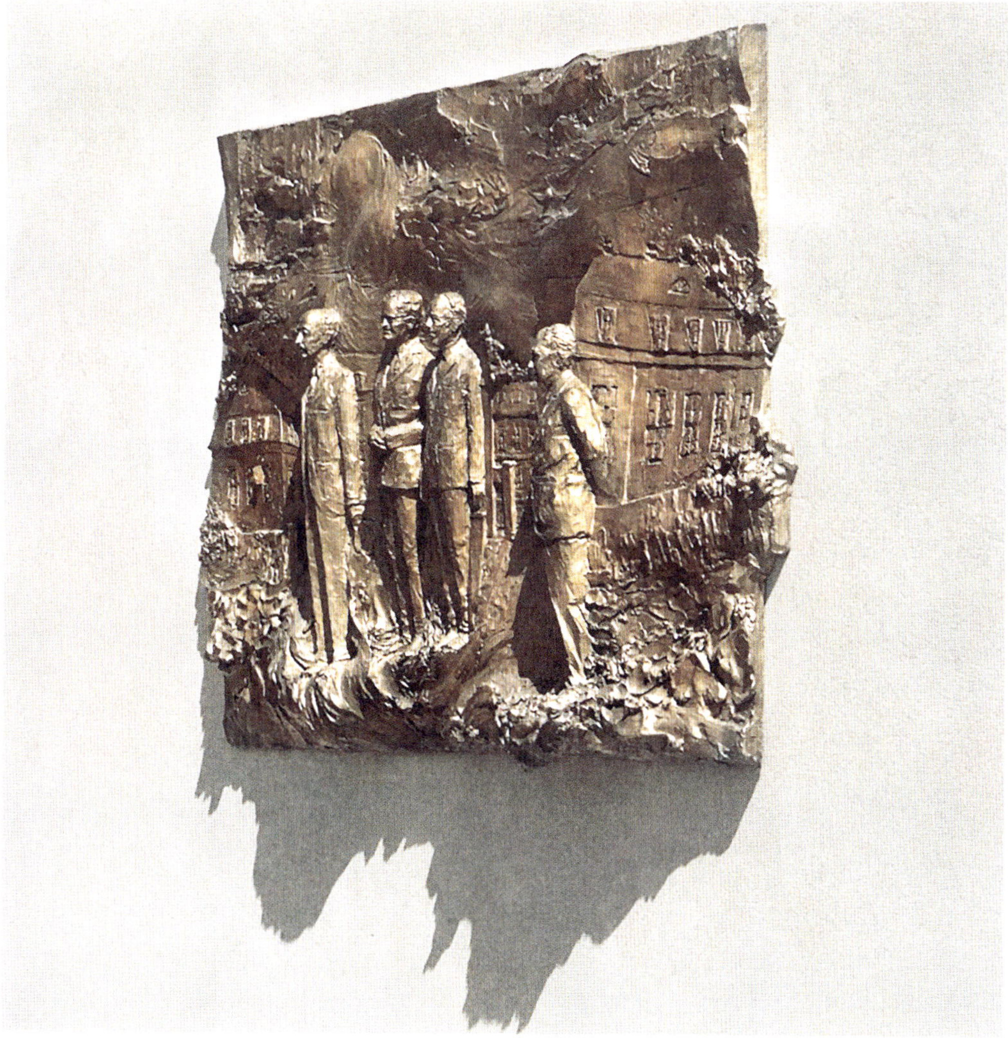

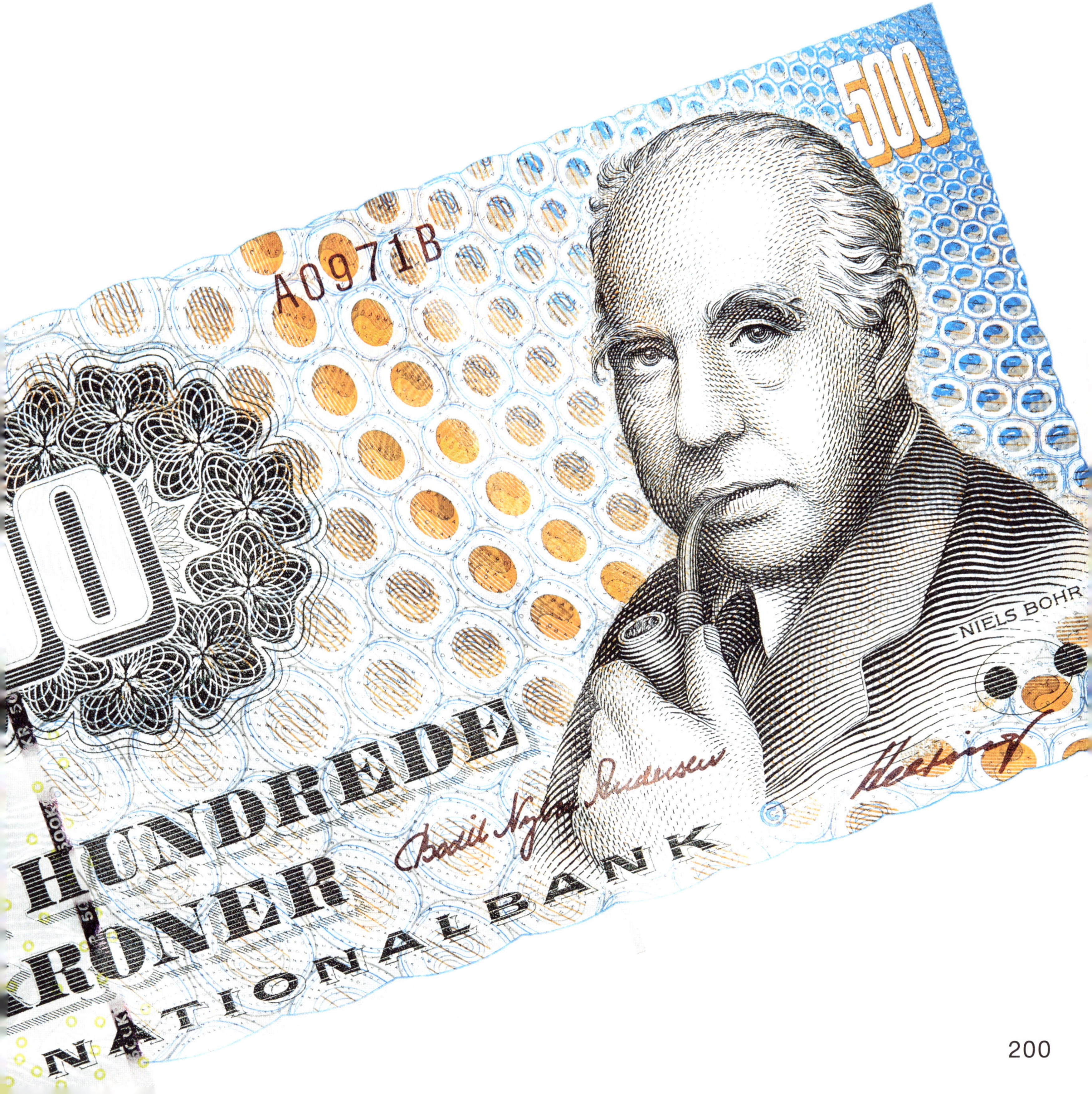
500
A0971B
NIELS BOHR
HUNDREDE
KRONER
NATIONALBANK

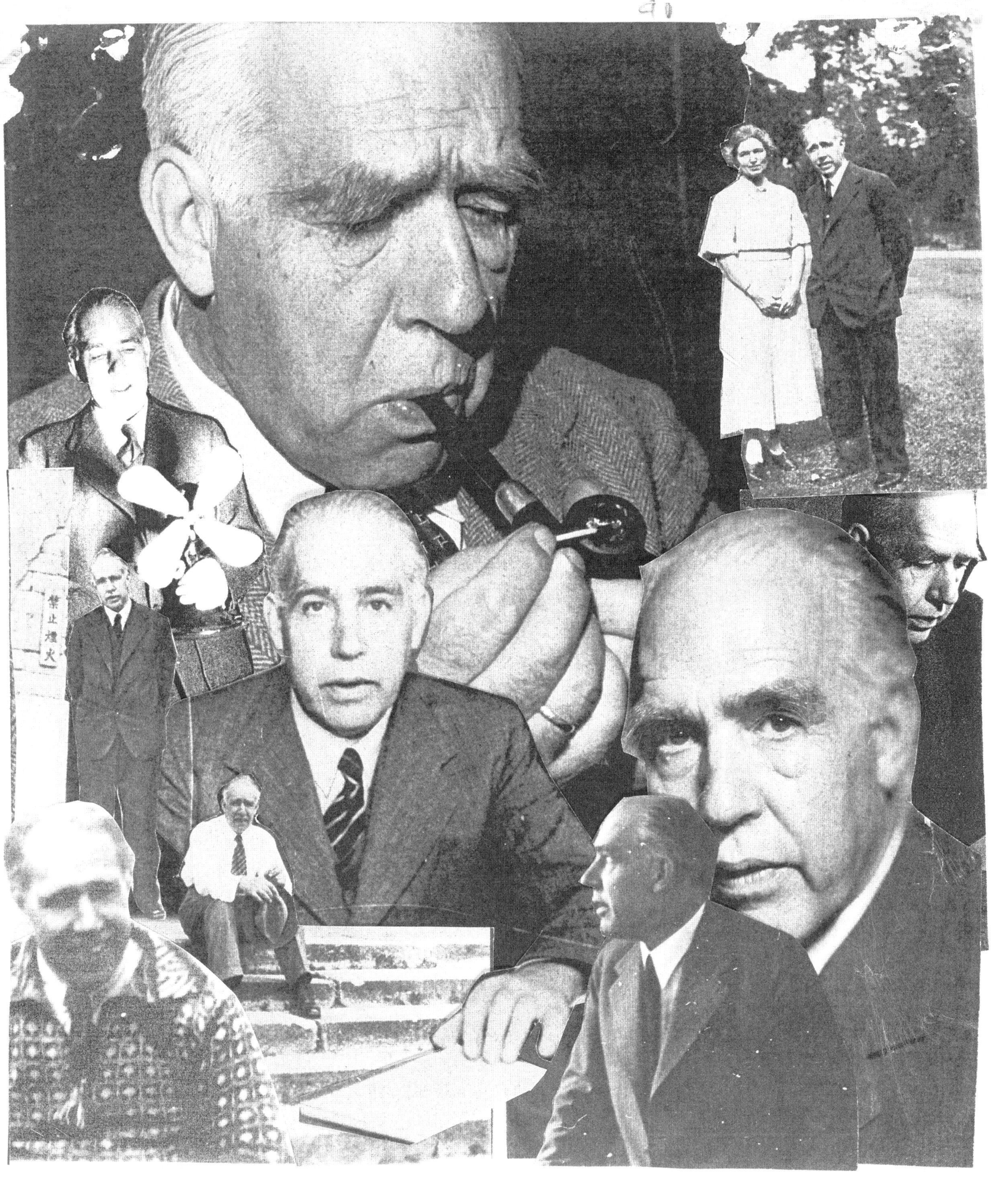
禁止煙火

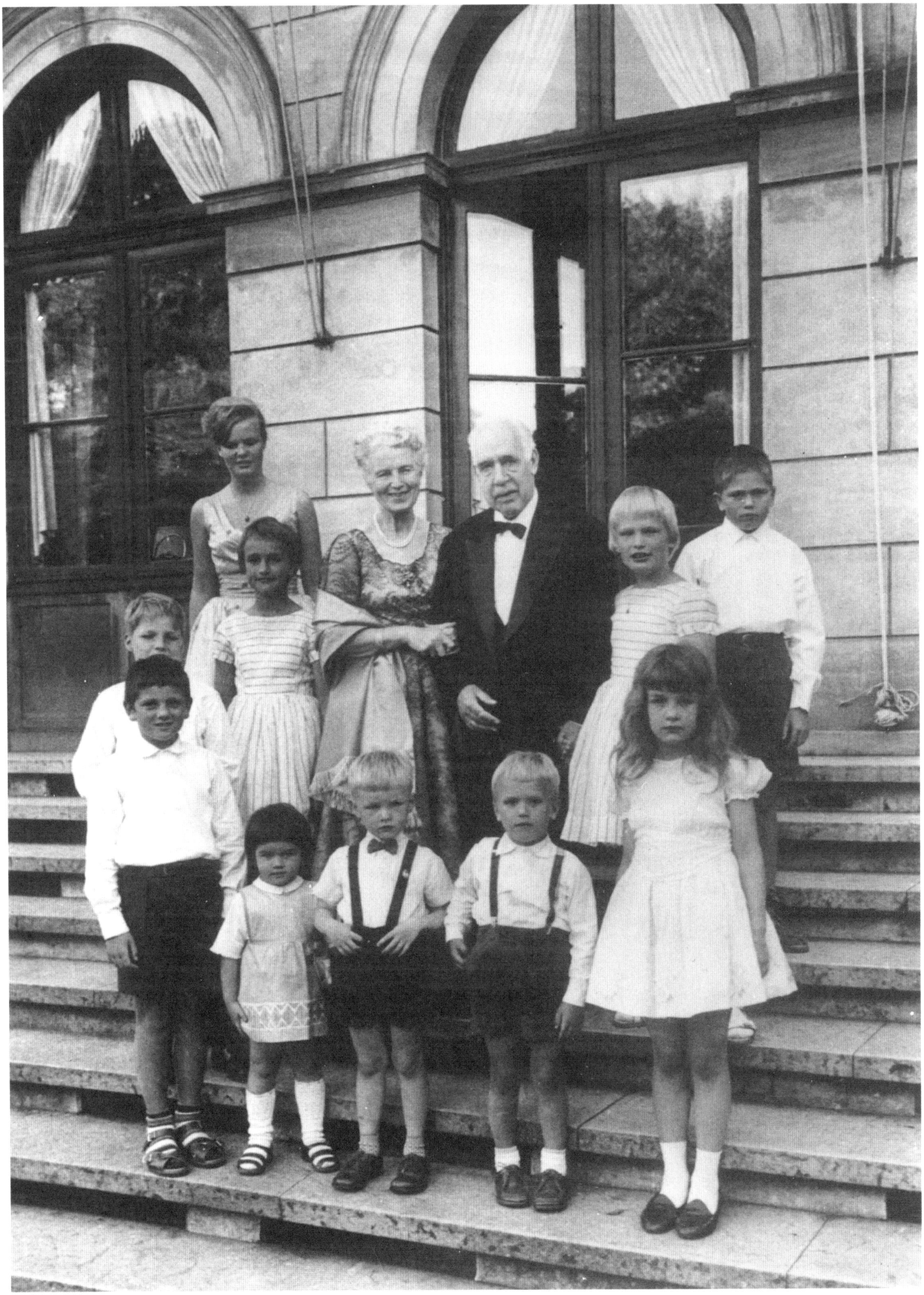

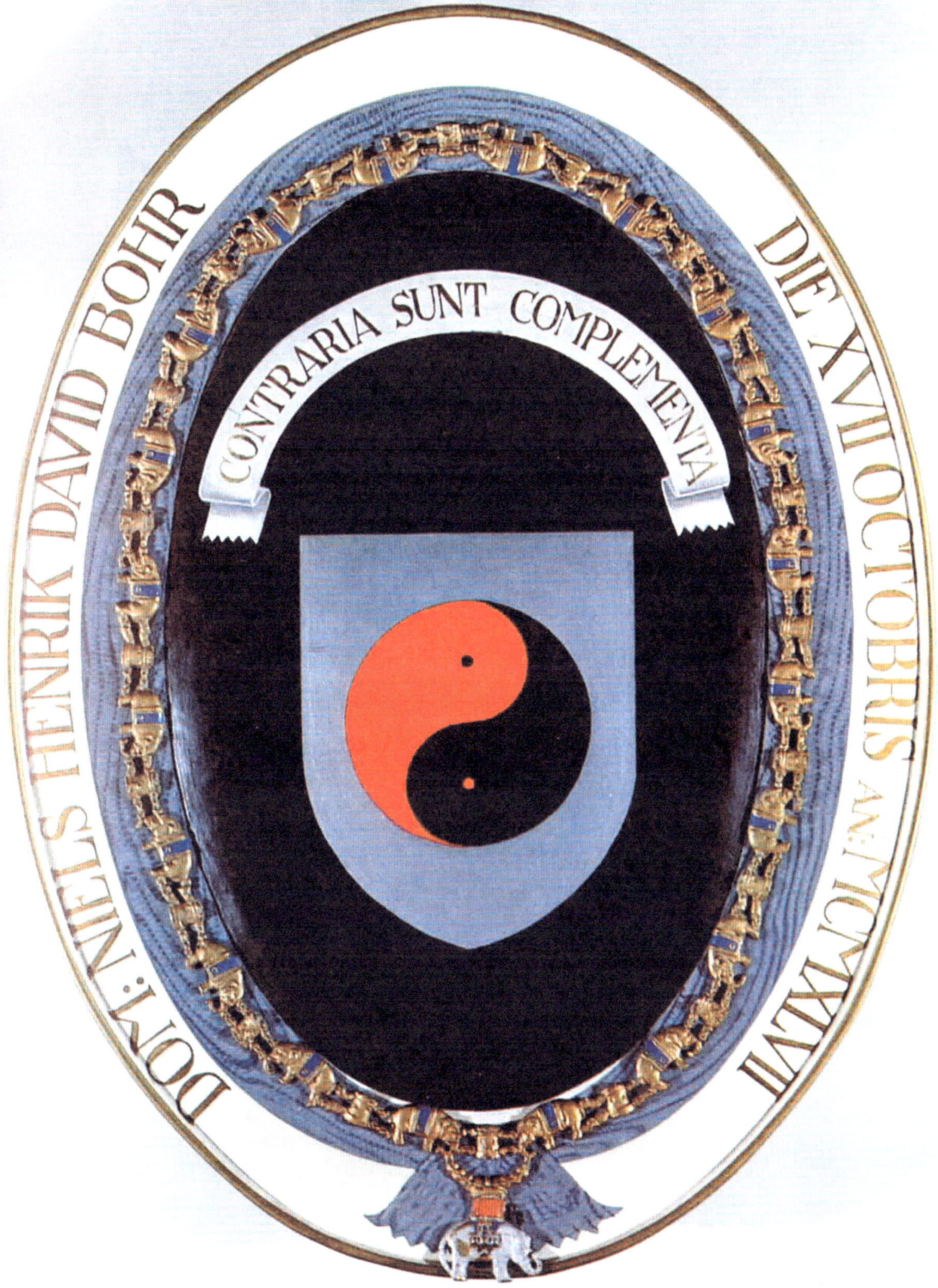
DOM: NIELS HENRIK DAVID BOHR
DIE XVII OCTOBRIS AN: MCMXLVII
CONTRARIA SUNT COMPLEMENTA

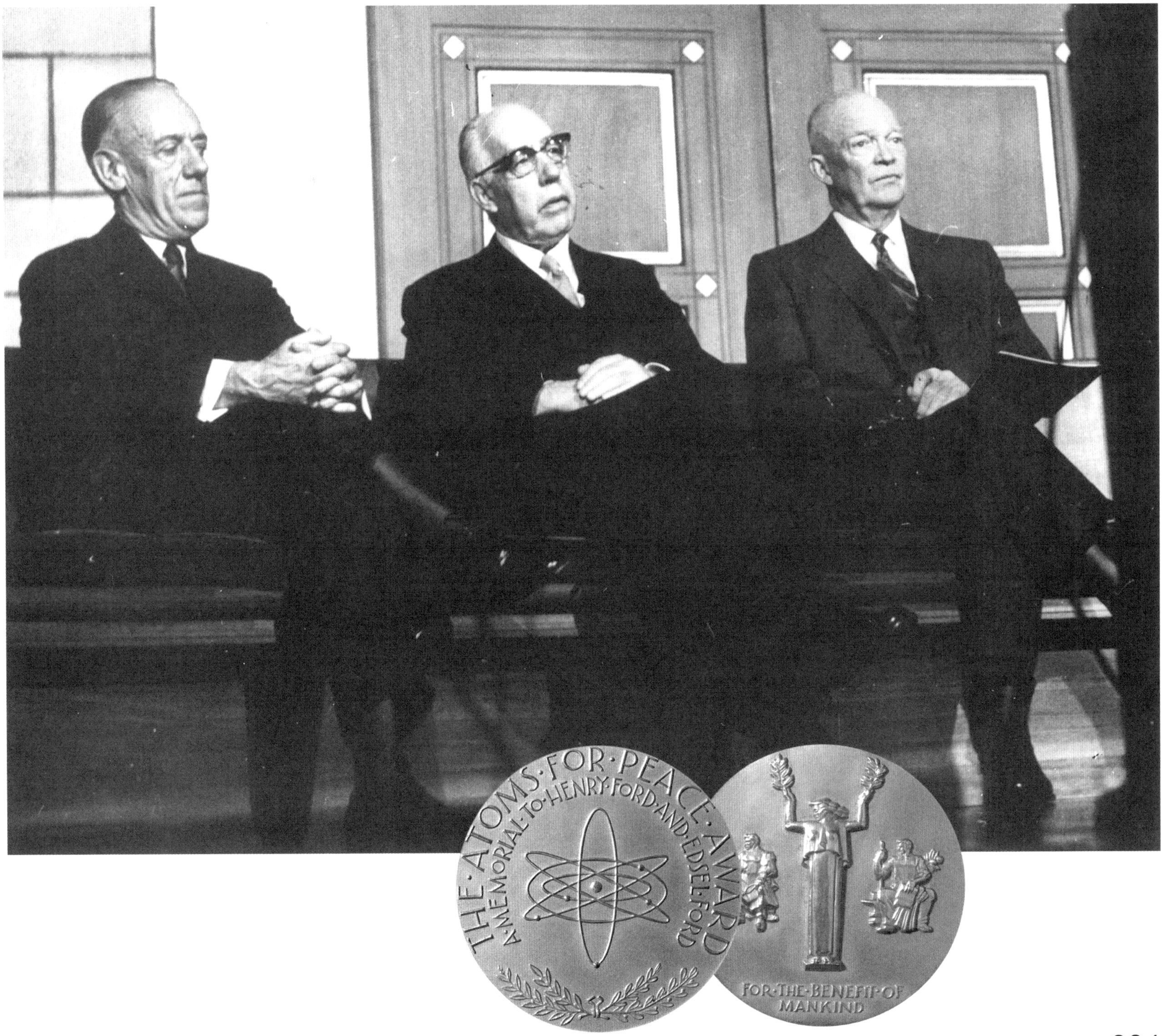
THE·ATOMS·FOR·PEACE·AWARD
A·MEMORIAL·TO·HENRY·FORD·AND·EDSEL·FORD
FOR·THE·BENEFIT·OF
MANKIND

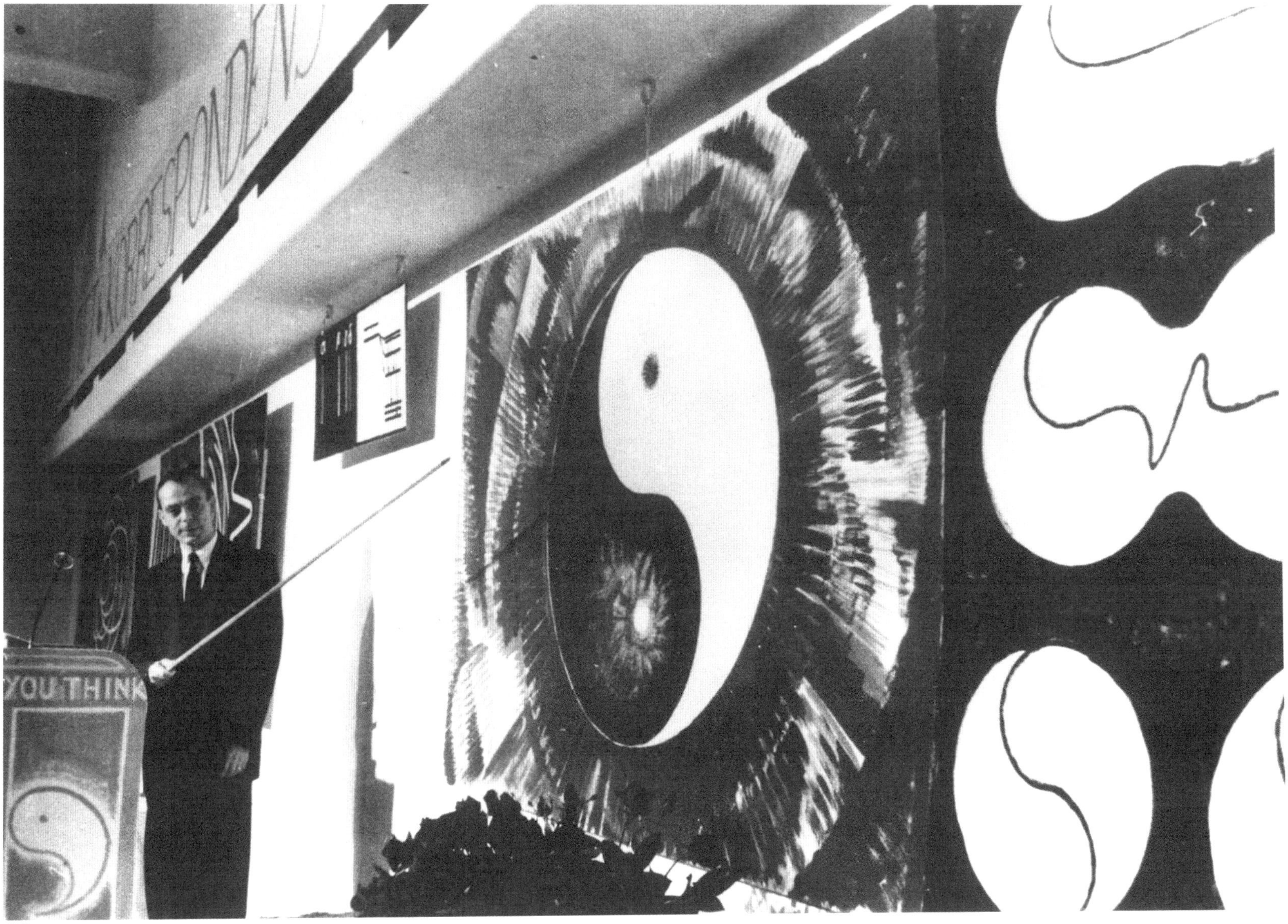
YOU THINK

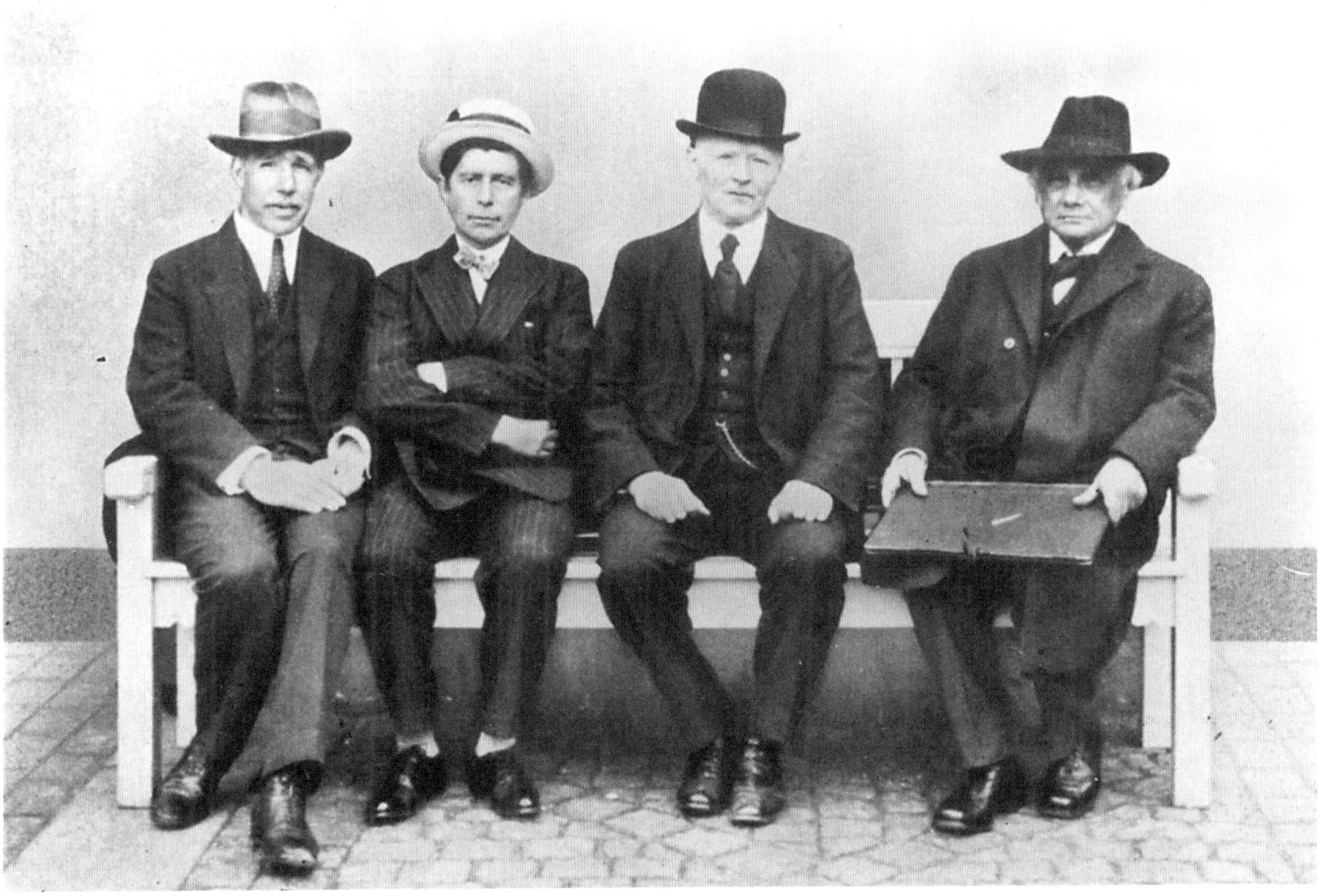

YOU ARE NOT THINKING;
YOU ARE JUST BEING LOGICAL.

Niels Bohr said to Otto R. Frisch in *What Little I Remember* (1979).

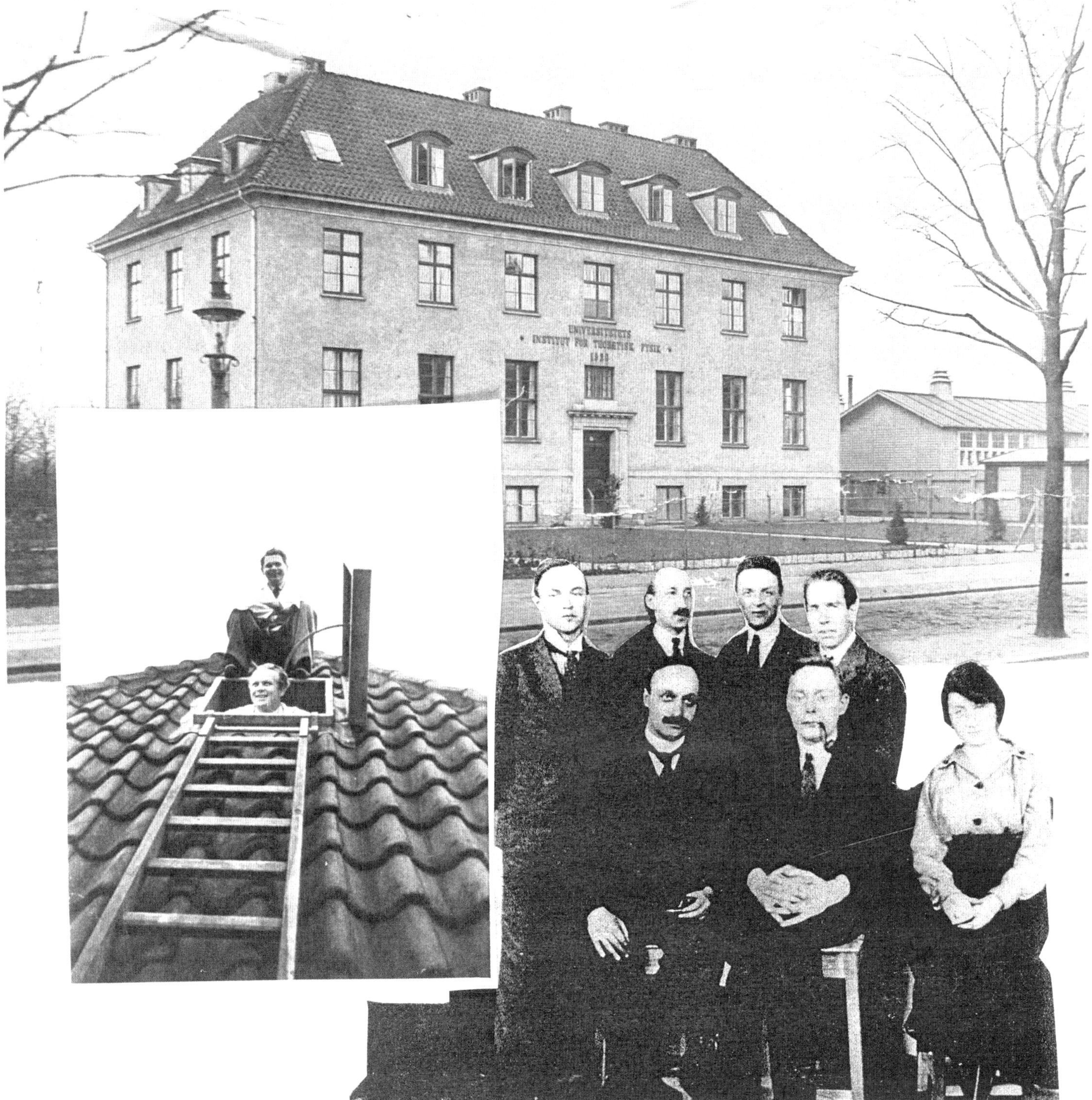
UNIVERSITETETS
INSTITUT FOR TEORETISK FYSIK

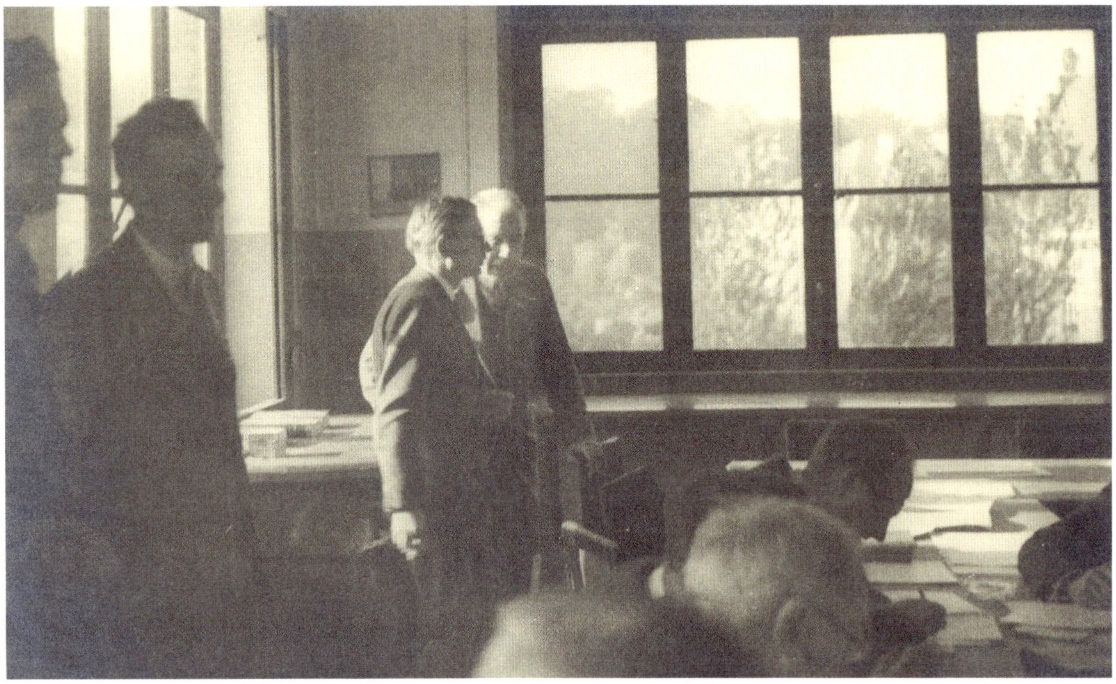

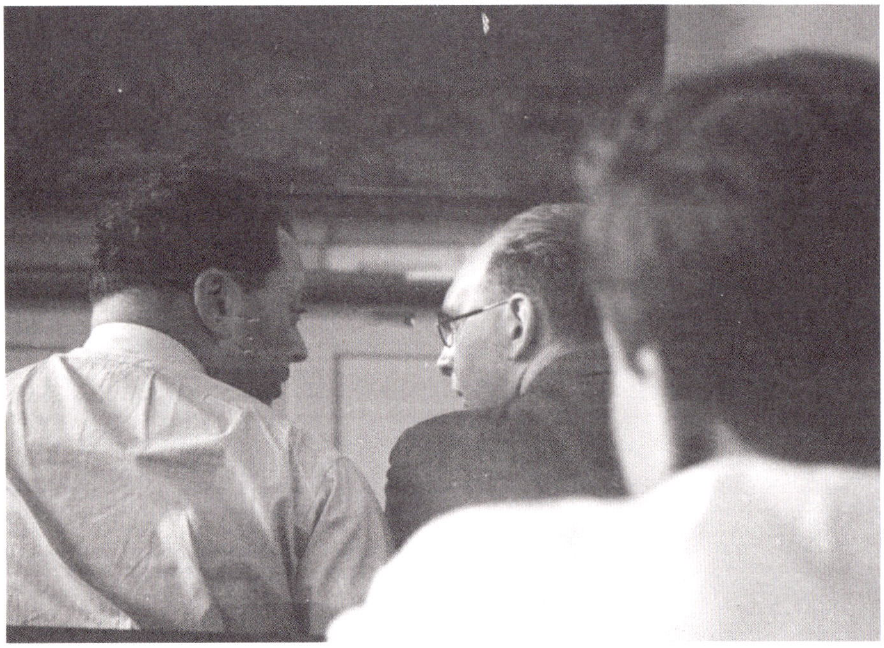

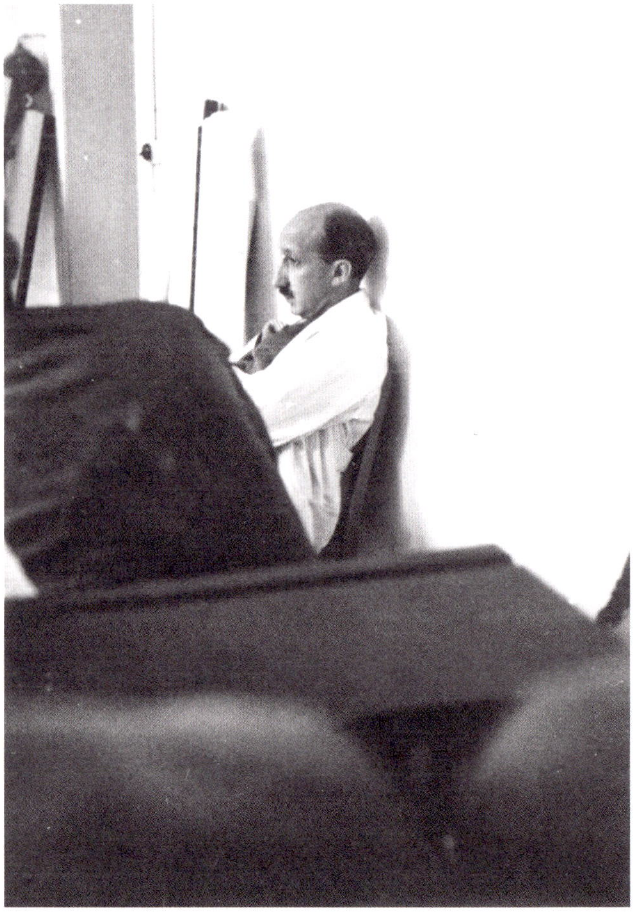

WE MUST BE CLEAR
THAT WHEN IT COMES TO ATOMS,
LANGUAGE CAN ONLY BE USED
AS IN POETRY,
THE POET TOO,
IS NOT NEARLY SO CONCERNED WITH DESCRIBING FACTS
AS WITH CREATING
IMAGES
AND ESTABLISHING MENTAL CONNECTIONS.

Niels Bohr in *Discussions about languages* (1933)
(Reported conversation with Heisenberg 1920).

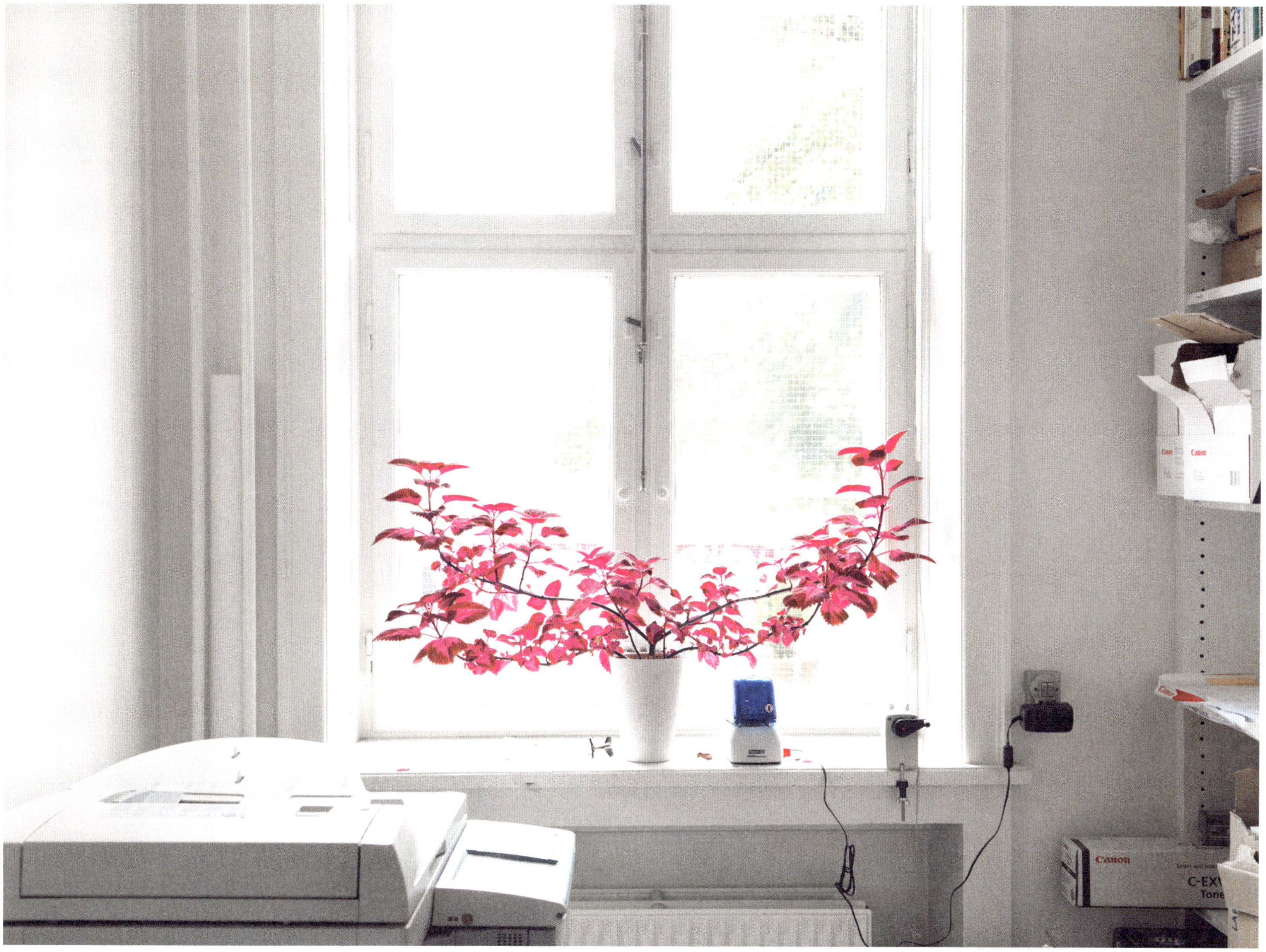
Canon

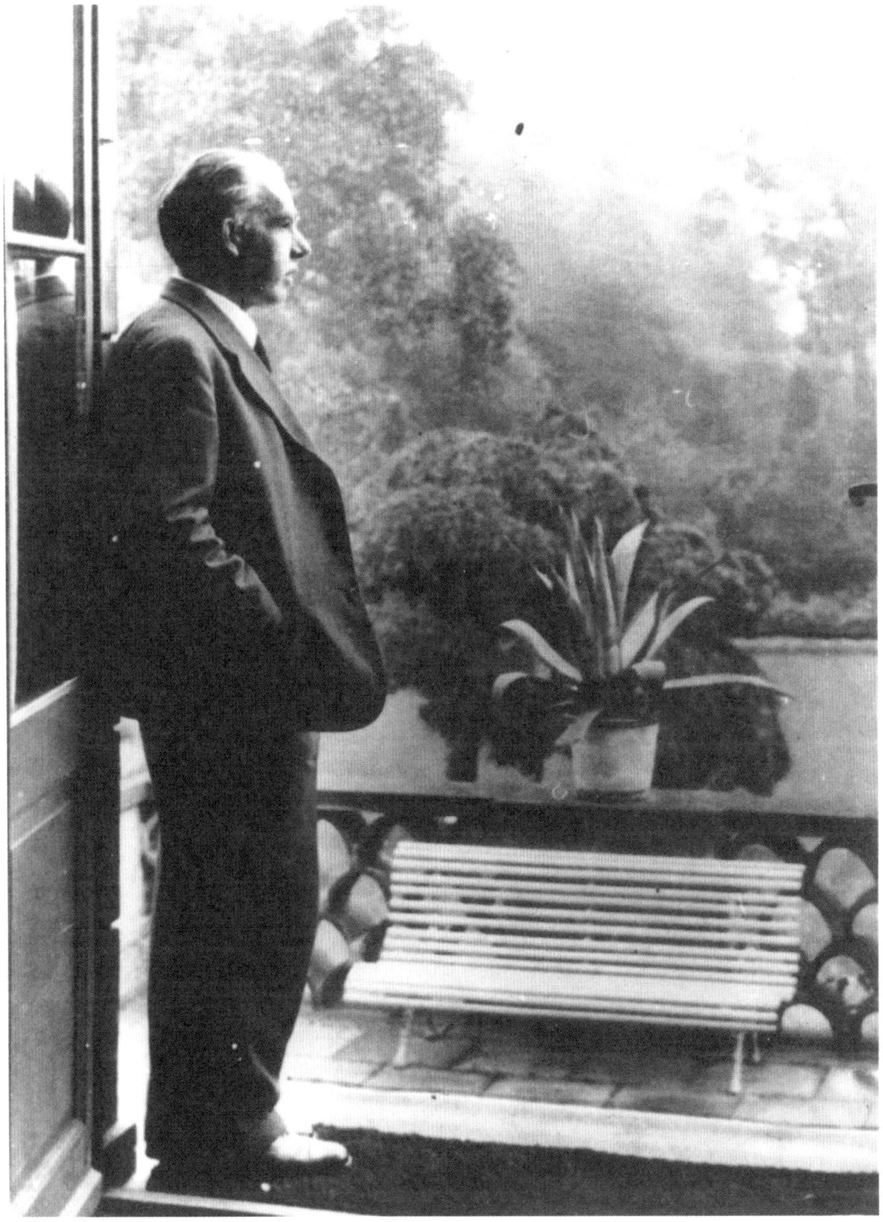

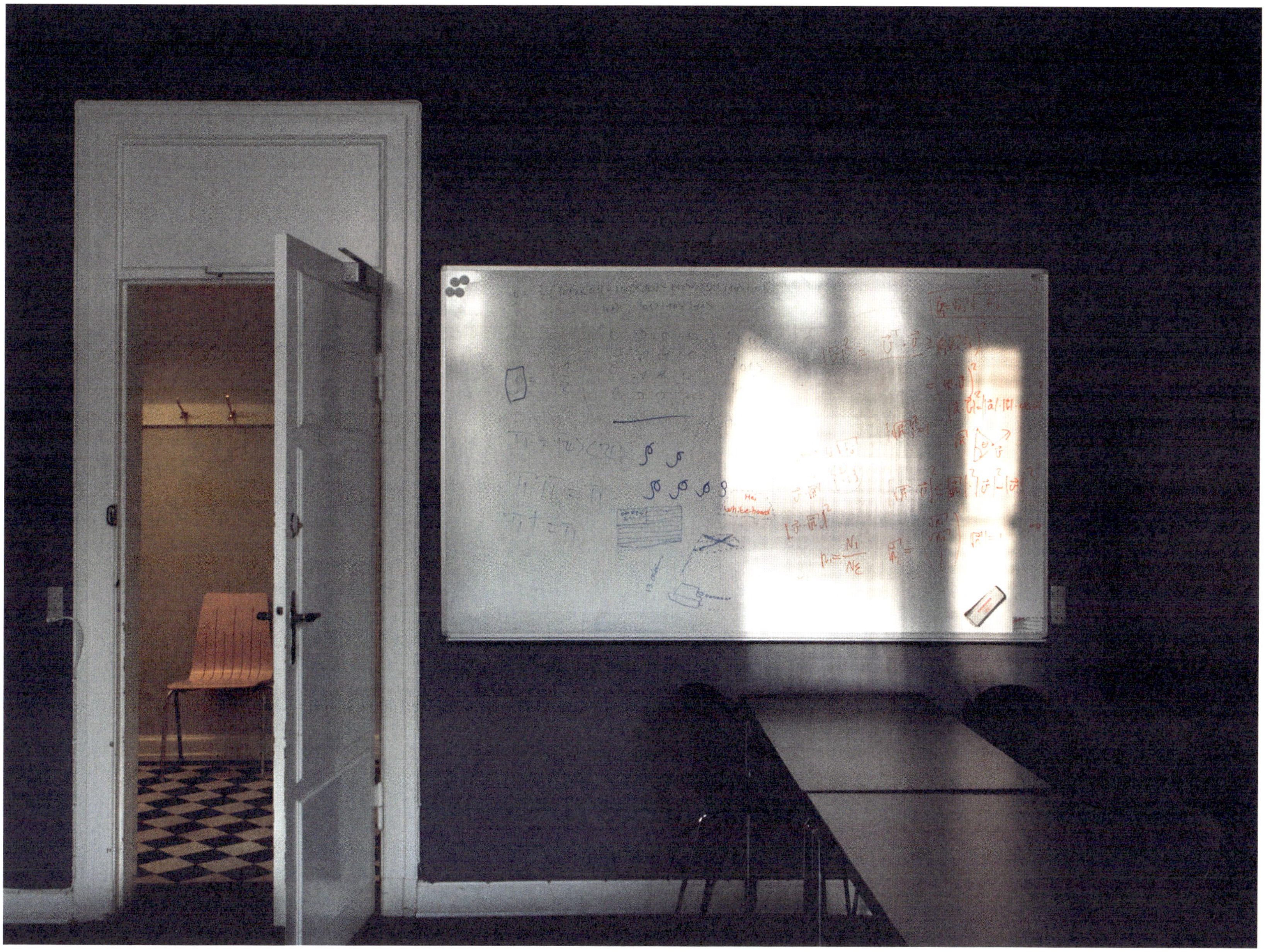

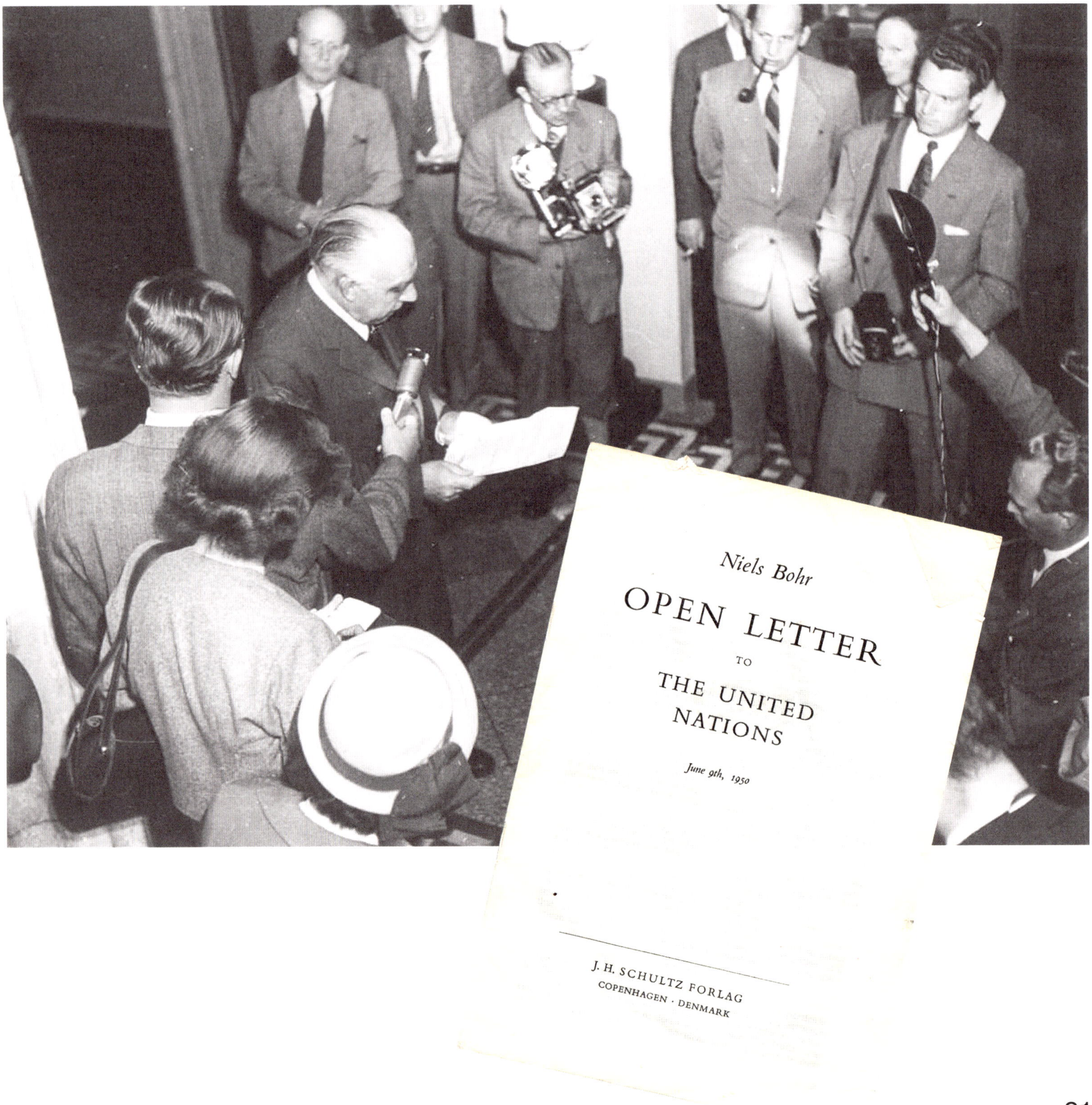
Niels Bohr

OPEN LETTER

TO

THE UNITED NATIONS

June 9th, 1950

J. H. SCHULTZ FORLAG
COPENHAGEN · DENMARK

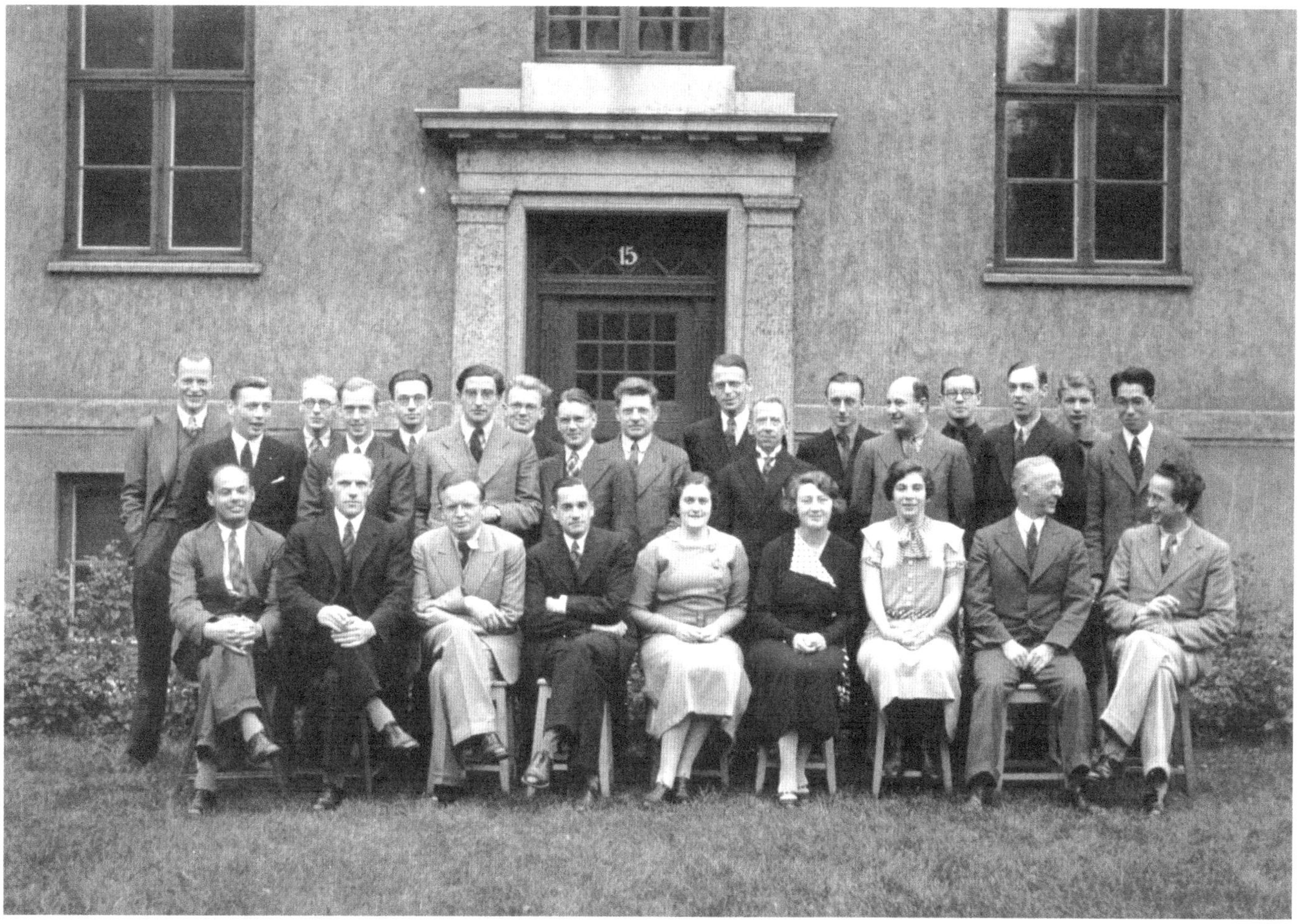
15

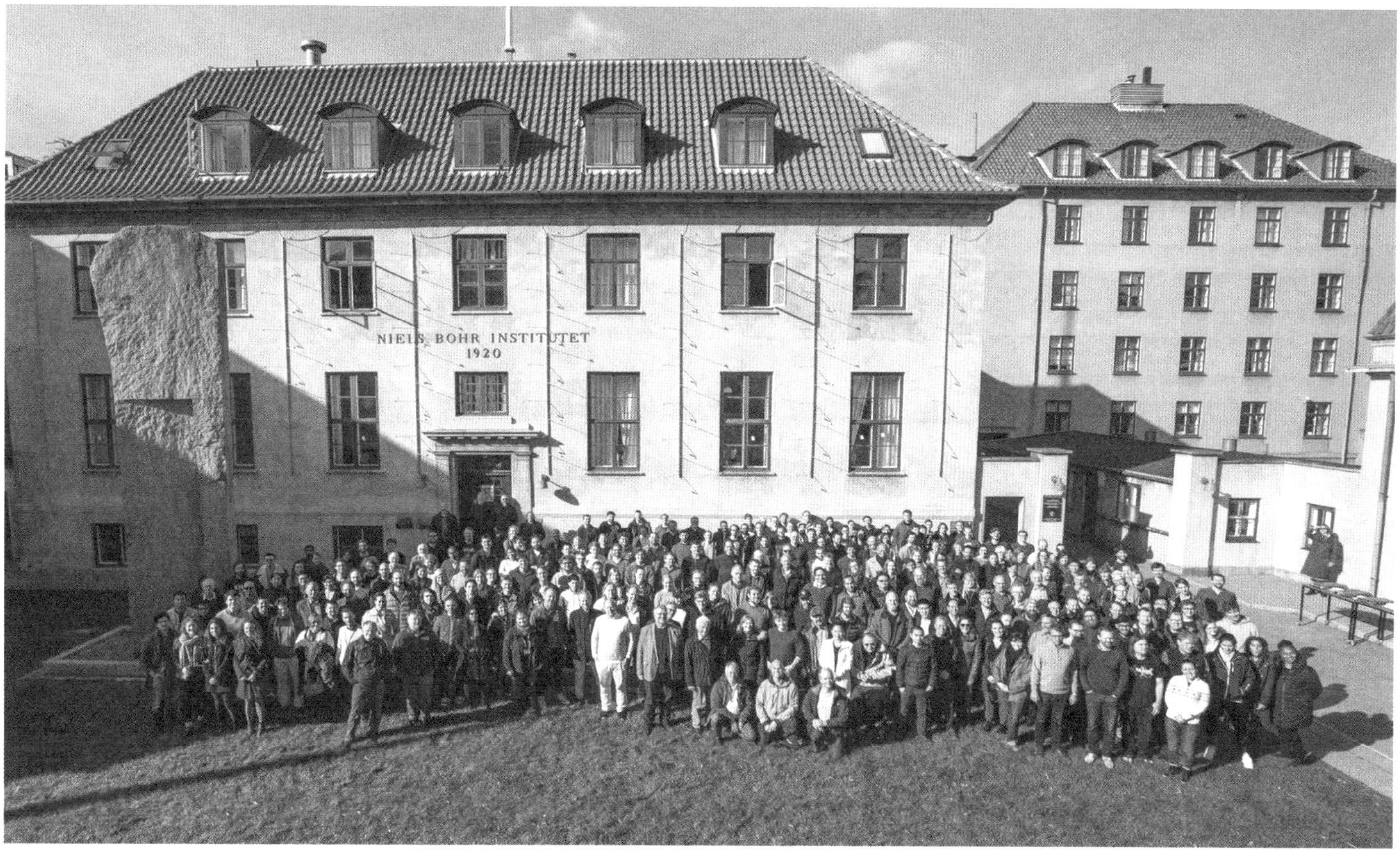
NIELS BOHR INSTITUTET
1920

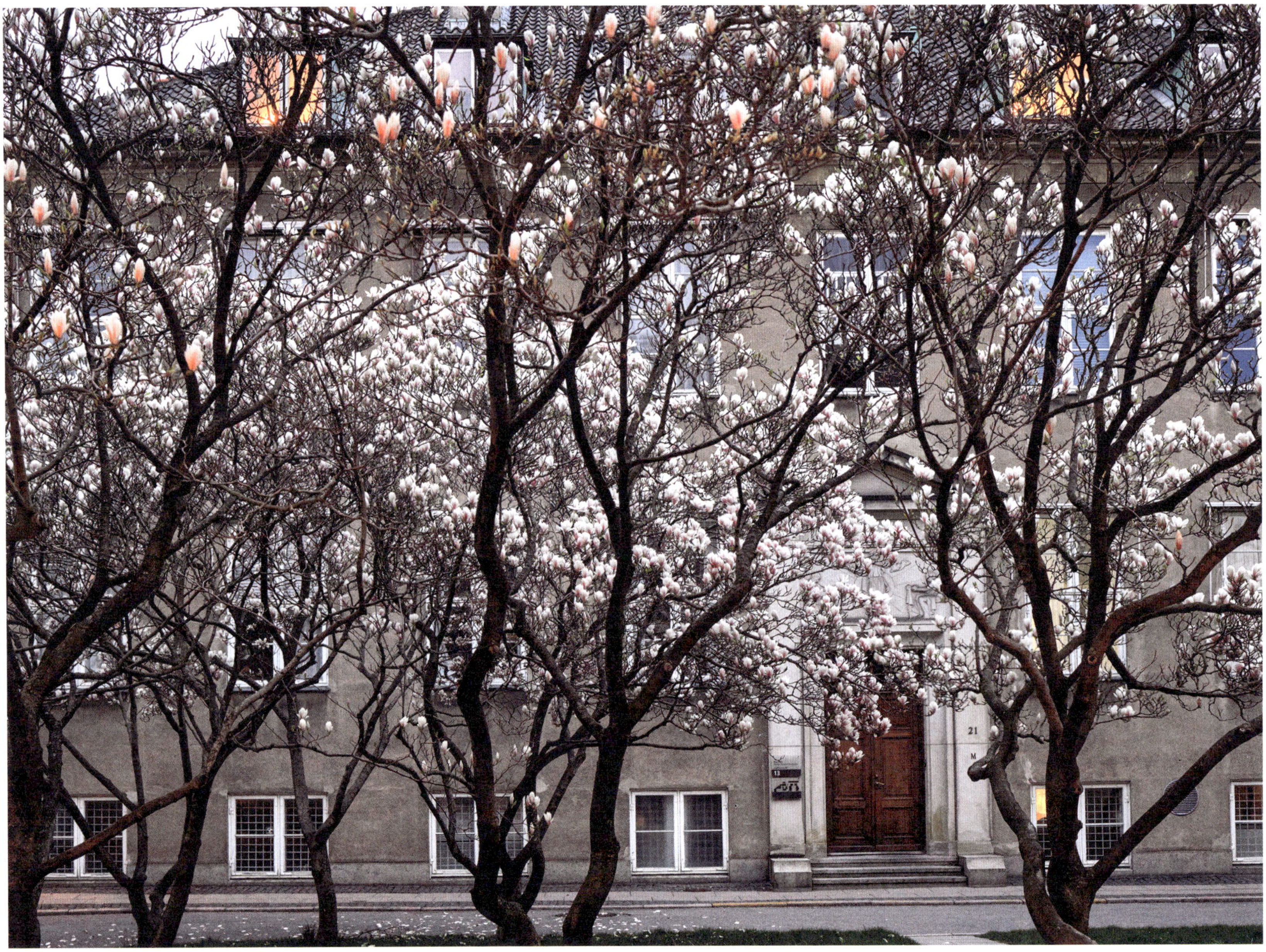
21
M

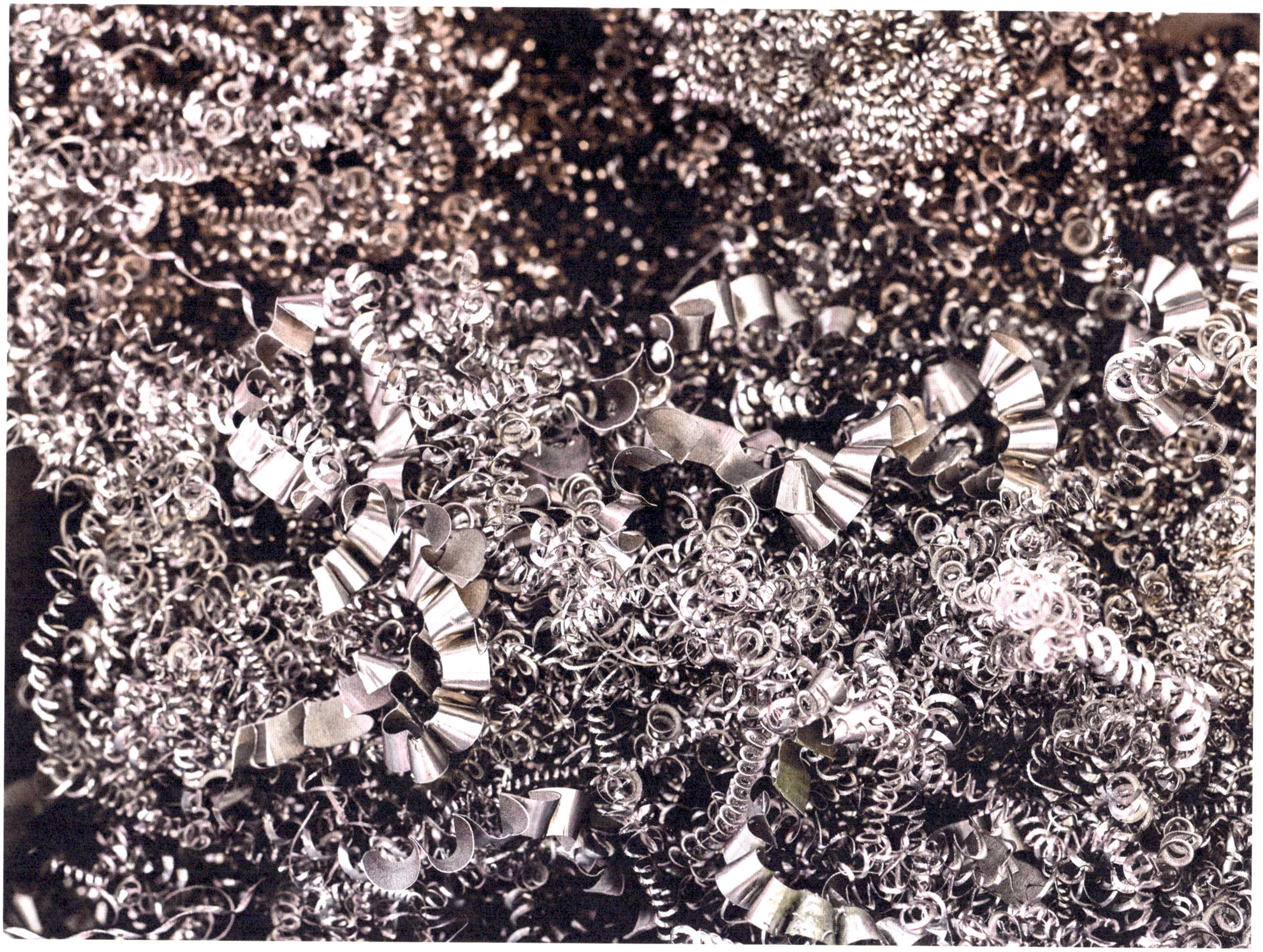

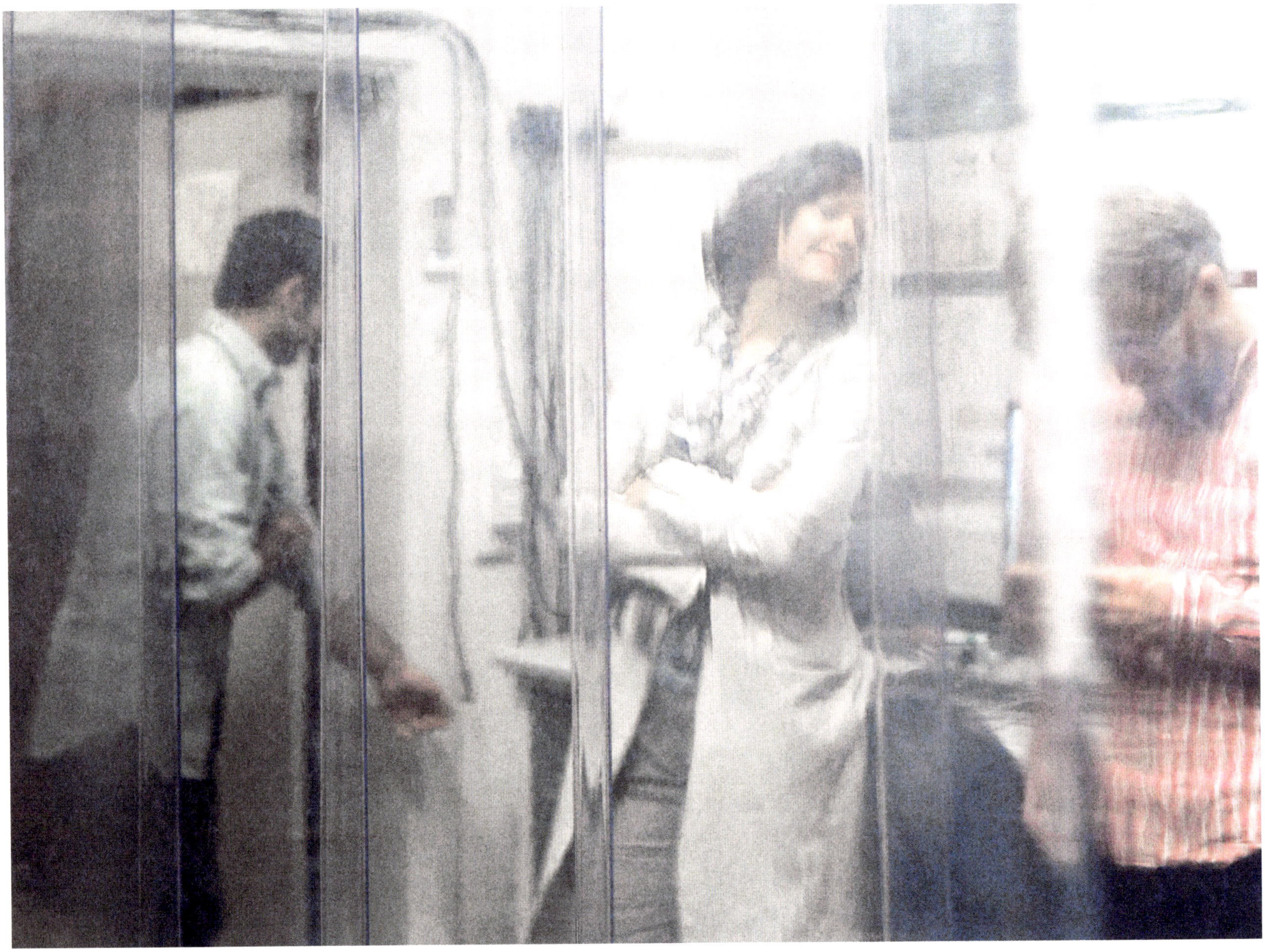

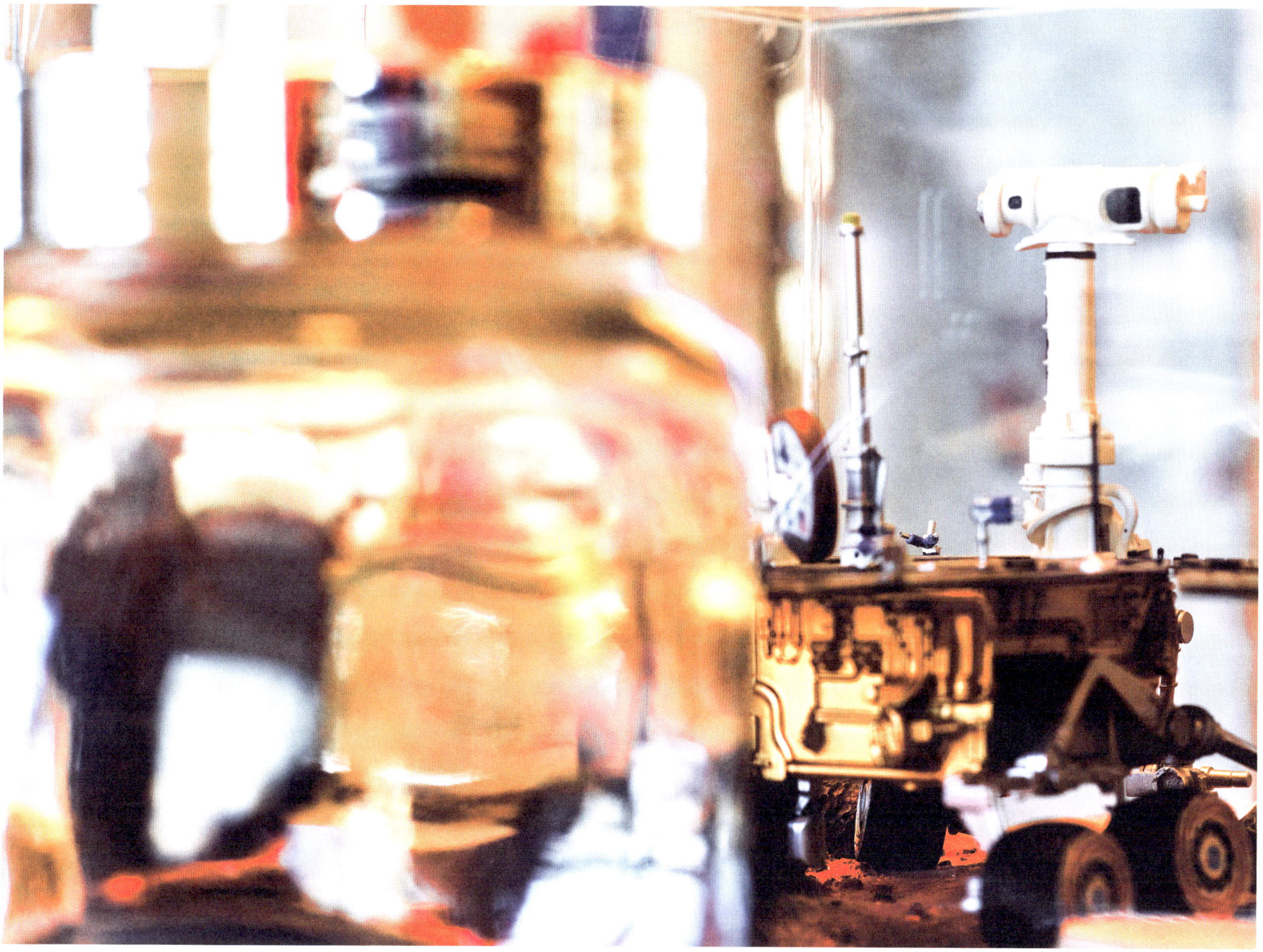

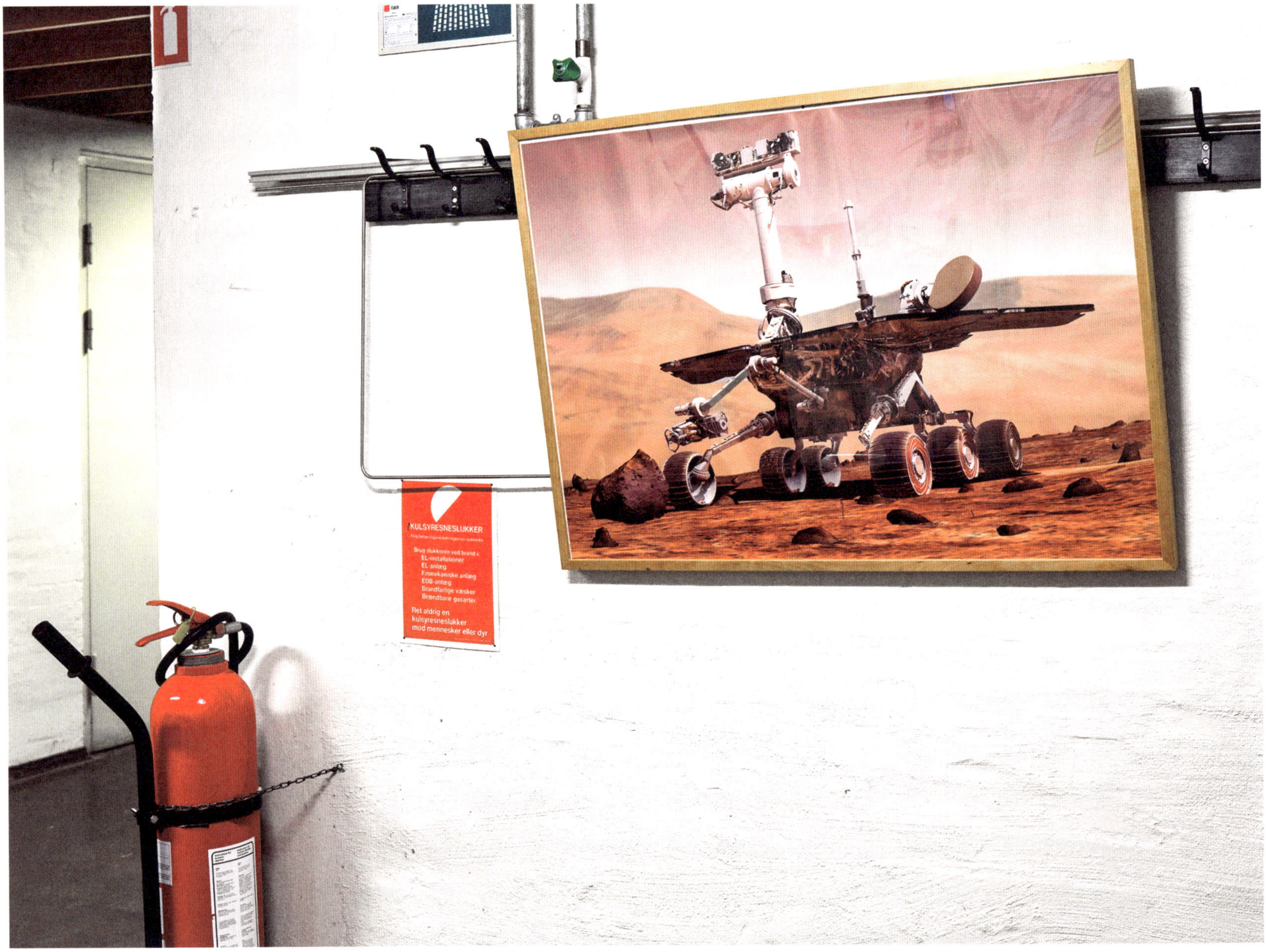
KULSYRESNESLUKKER
Brug slukkeren ved brand i:
EL-installationer
EL-anlæg
Finmekaniske anlæg
EDB-anlæg
Brandfarlige væsker
Brændbare gasarter.
Ret aldrig en kulsyresneslukker mod mennesker eller dyr

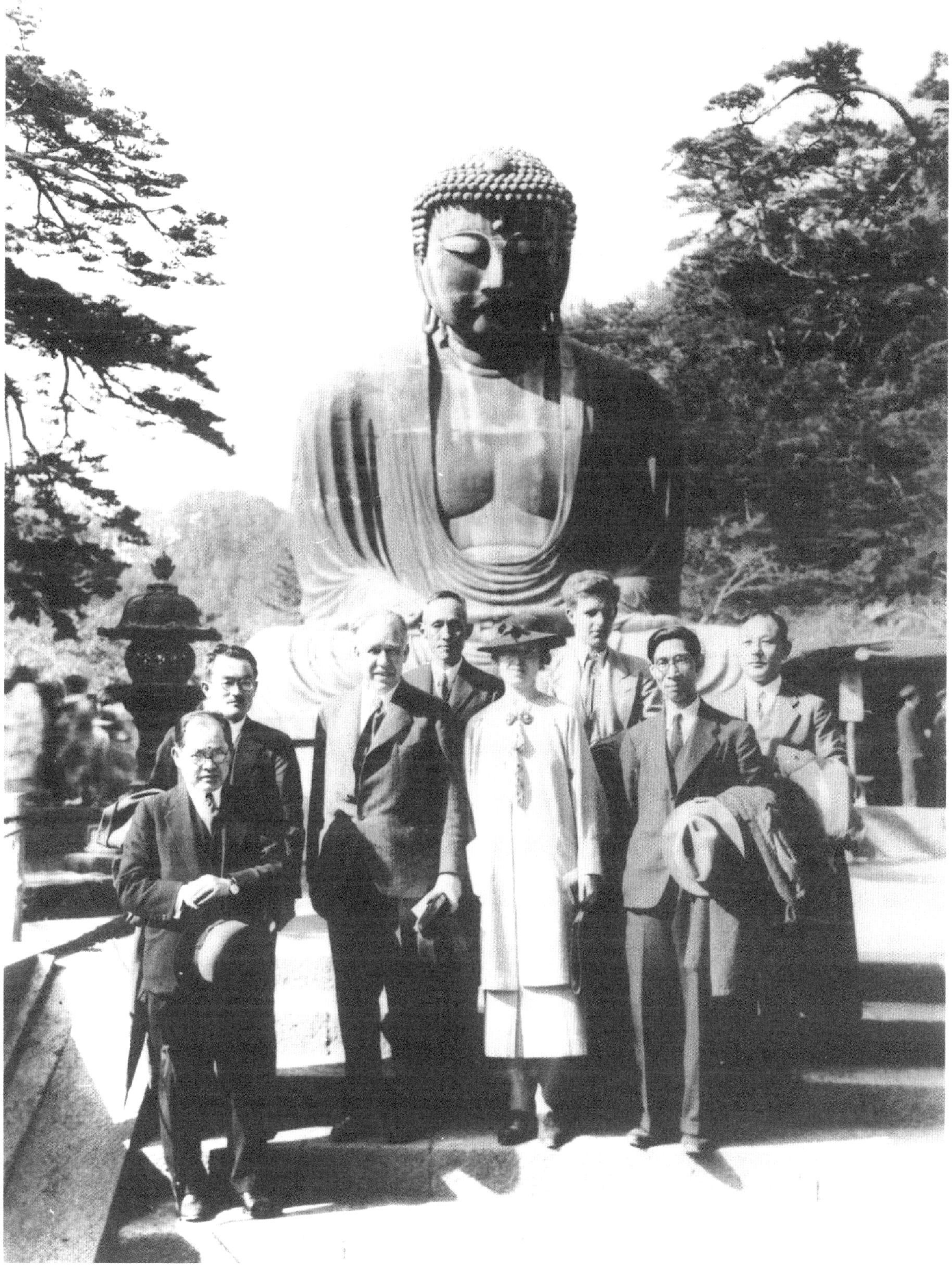

CERTAINLY, EVERY INCREASE IN KNOWLEDGE AND POTENTIALITIES HAS ALWAYS IMPLIED A GREATER RESPONSIBILITY, BUT AT THE PRESENT MOMENT, WHEN THE FATE OF ALL PEOPLES IS INSEPARABLY CONNECTED, A COLLABORATION IN MUTUAL CONFIDENCE, BASED ON APPRECIATION OF EVERY ASPECT OF THE COMMON HUMAN POSITION, IS MORE NECESSARY THAN EVER BEFORE IN THE HISTORY OF MANKIND.

Niels Bohr, 'The Unity of Human Knowledge' in *Essays 1958–1962 on Atomic Physics and Human Knowledge* (1963).

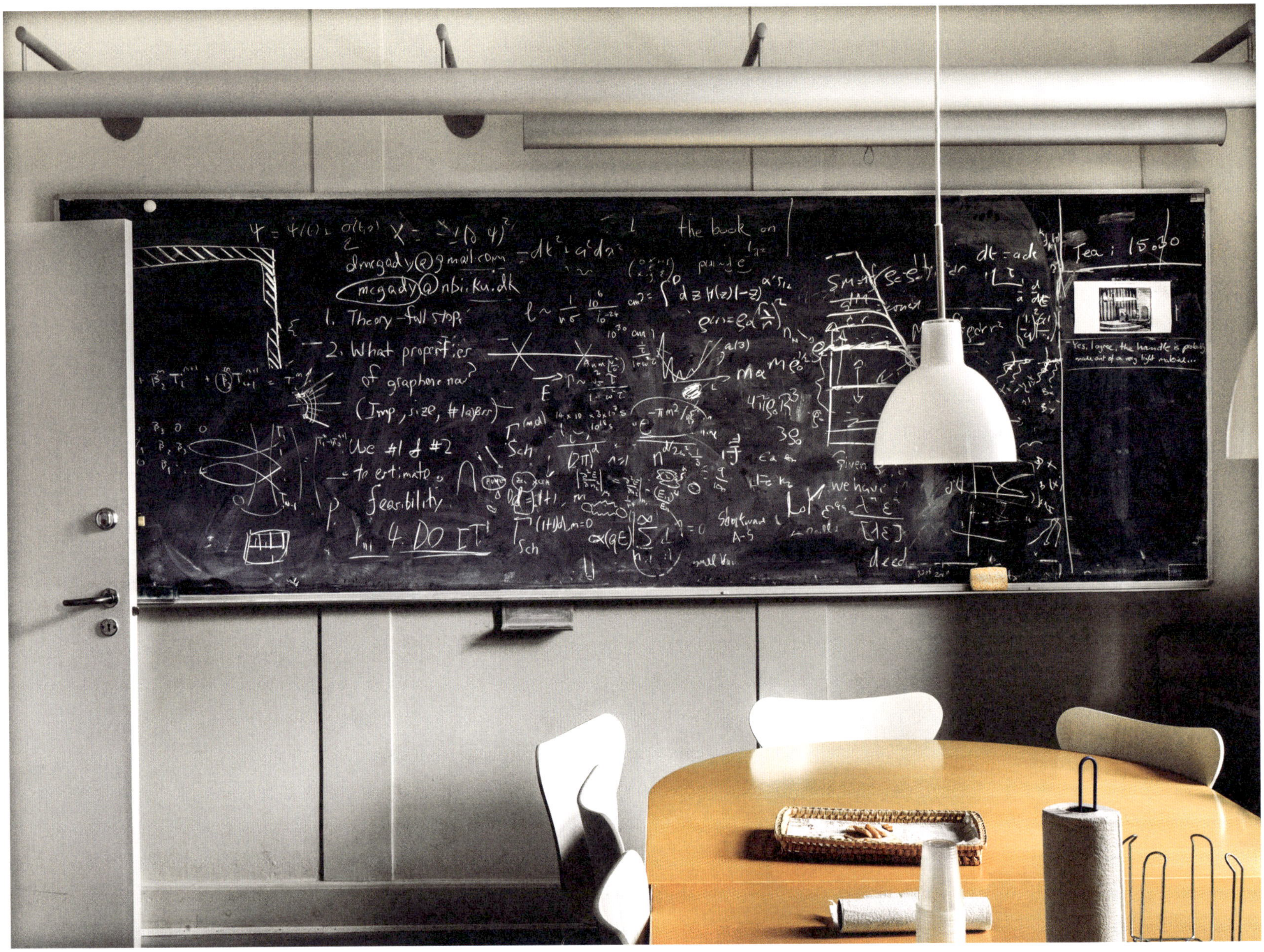
the book on
dmcgady@gmail.com
mcgady@nbi.ku.dk
1. Theory - full stop
2. What properties of graphene now?
(Imp, size, # layers)
Use #1 & #2
to estimate
feasibility
4 DO IT
Tea : 15.30
Yes, I agree, the handle is probably made out of a very light material...

IT IS INDEED,
PERHAPS THE GREATEST PROSPECT OF HUMANISTIC STUDIES
TO CONTRIBUTE AN INCREASING KNOWLEDGE OF
THE HISTORY OF CULTURAL DEVELOPMENT,

TO THE GRADUAL REMOVAL OF PREJUDICES

WHICH IS THE COMMON AIM OF ALL SCIENCE.

Niels Bohr in *Atomic Physics and Human Knowledge* (1958).

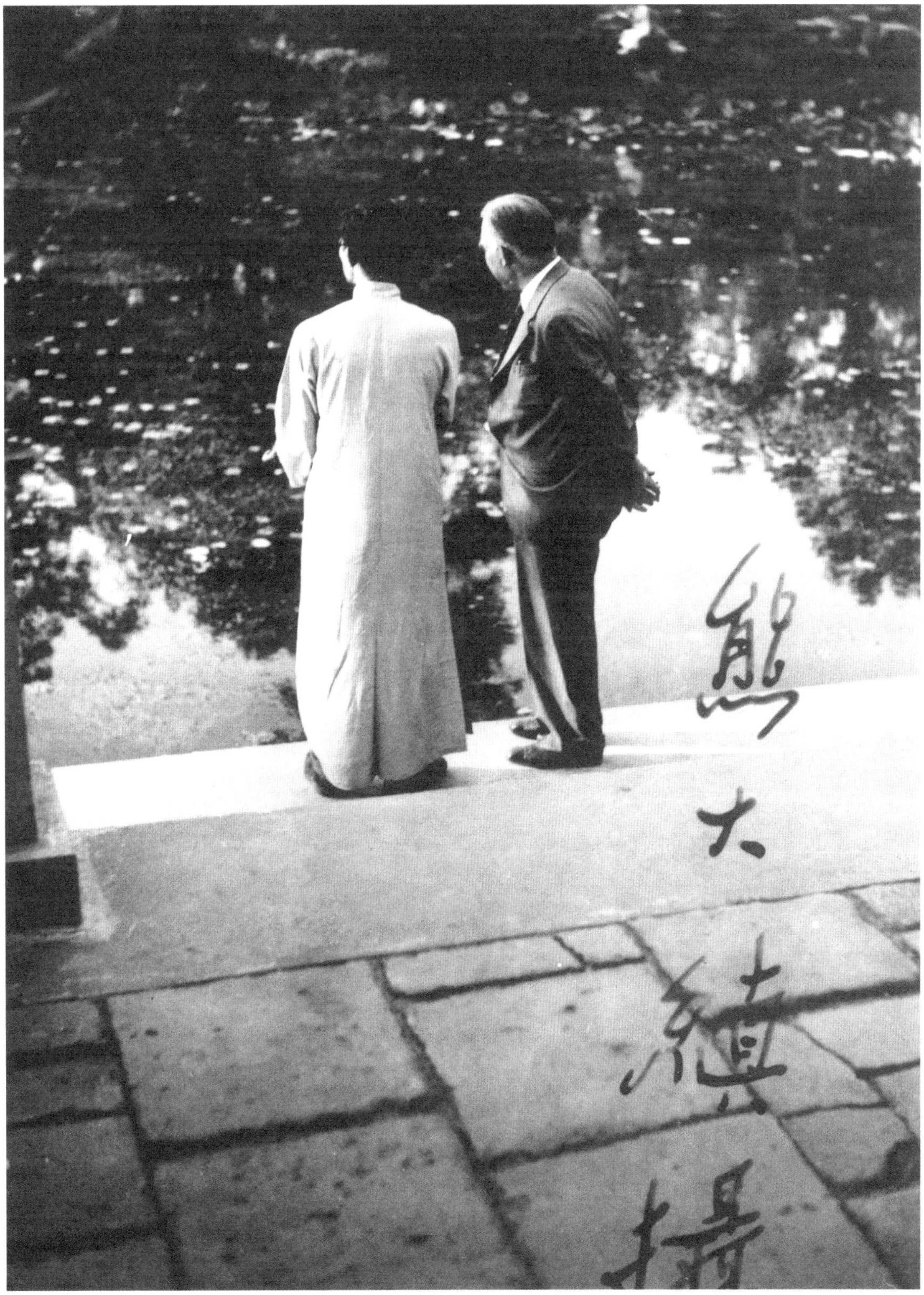

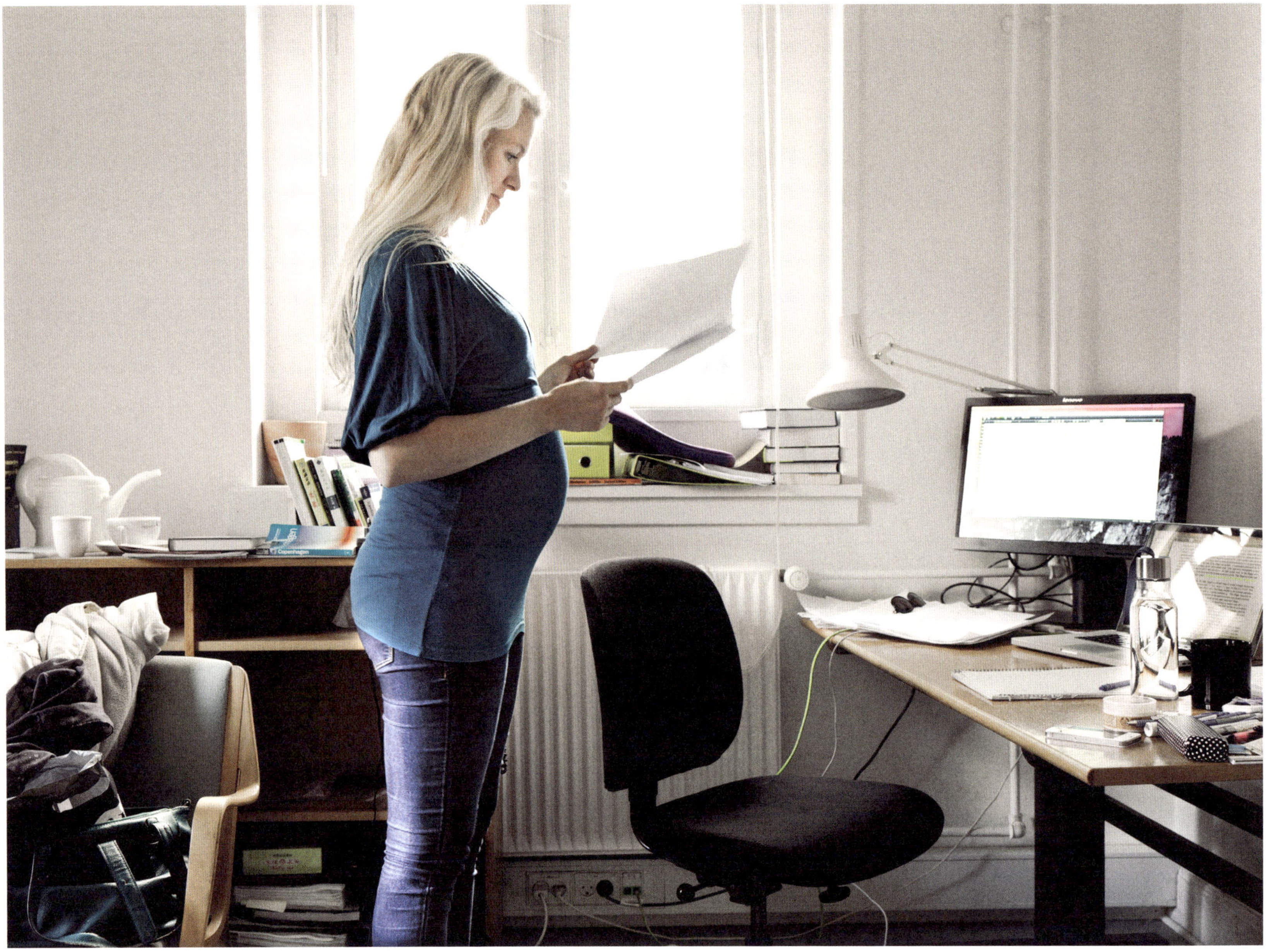

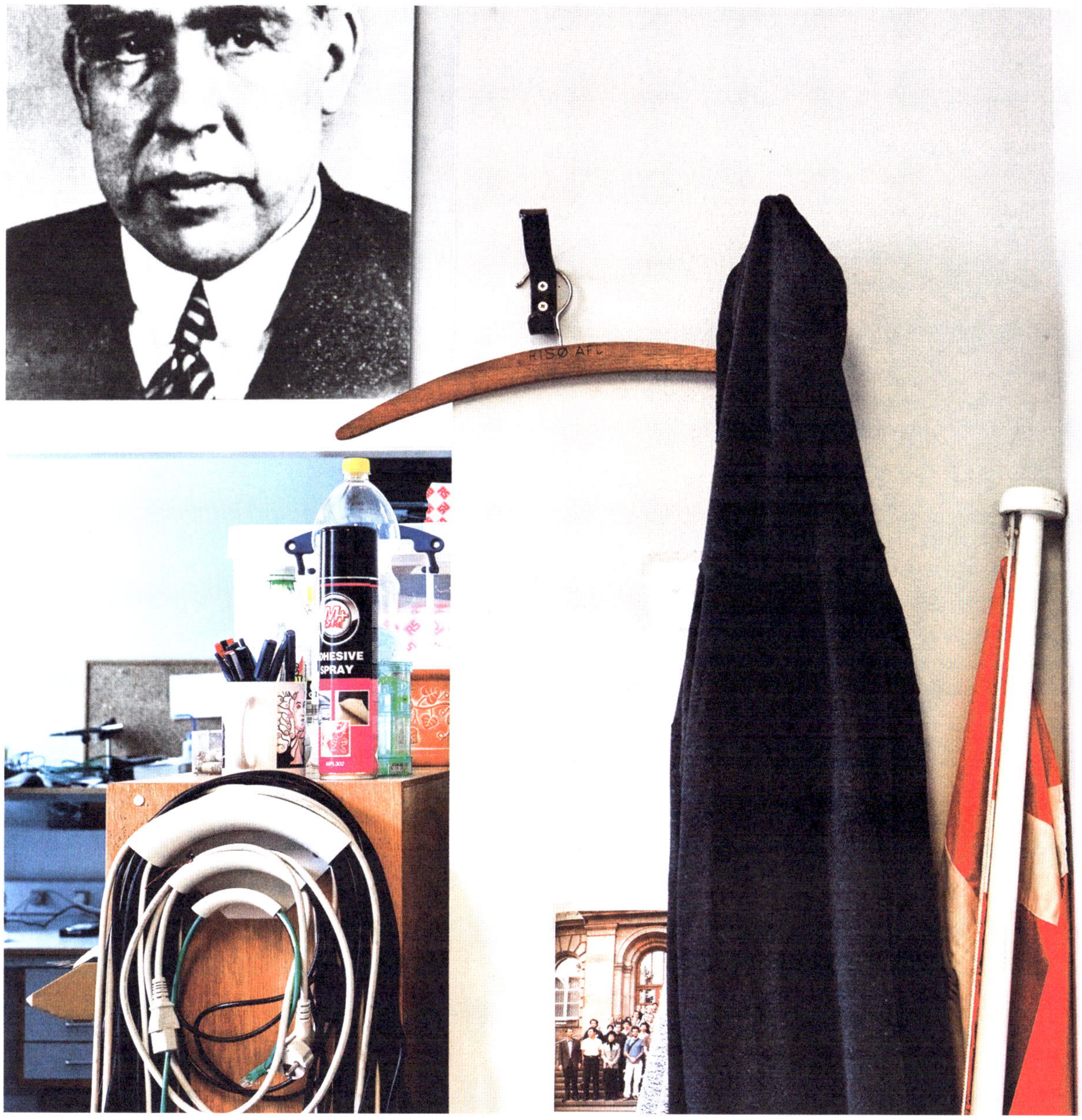
RISØ AFL
SPRAY

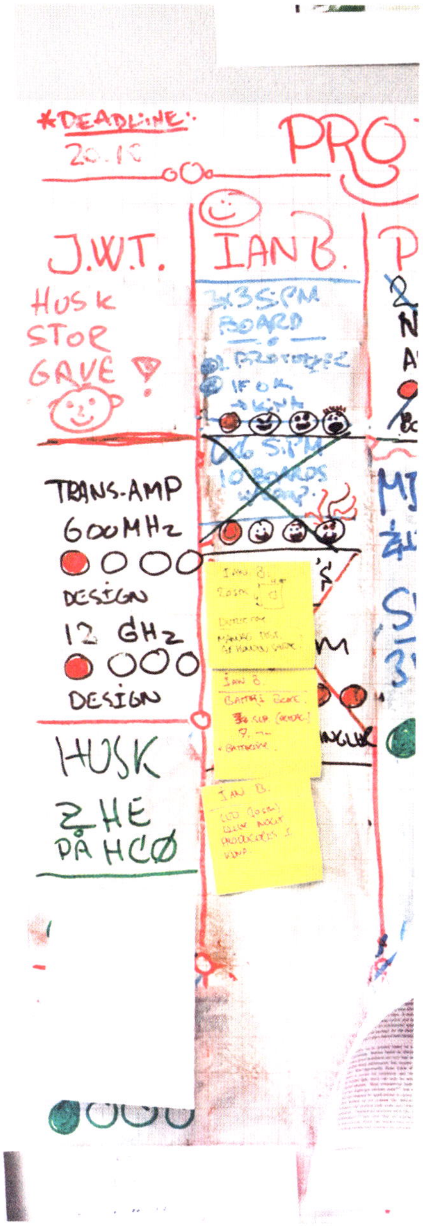
*DEADLINE:
J.W.T.
IAN B.
HUSK
STOP
GAVE
TRANS-AMP
600MHz
DESIGN
12 GHz
DESIGN
HUSK
2 HE
PÅ HCØ

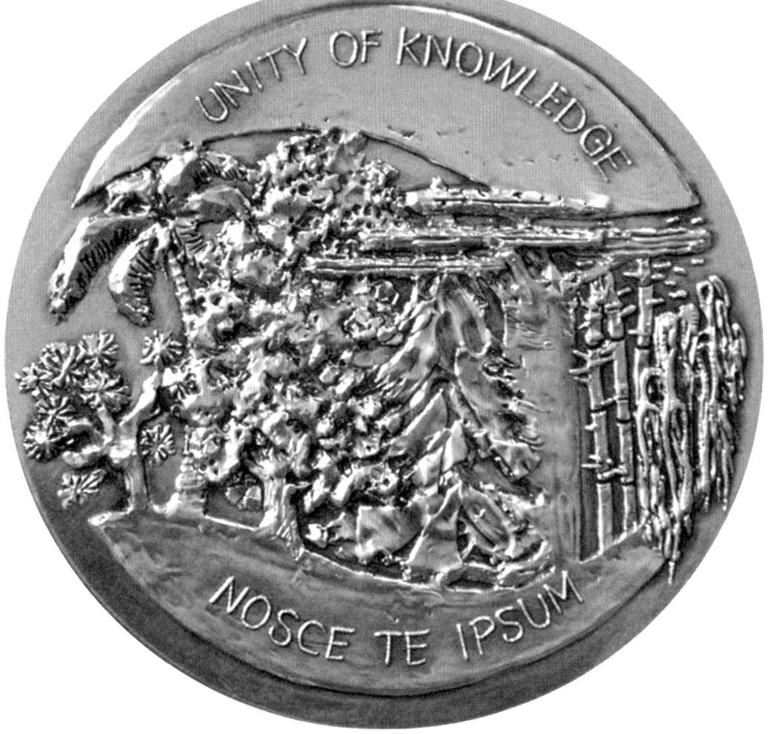
UNITY OF KNOWLEDGE
NOSCE TE IPSUM

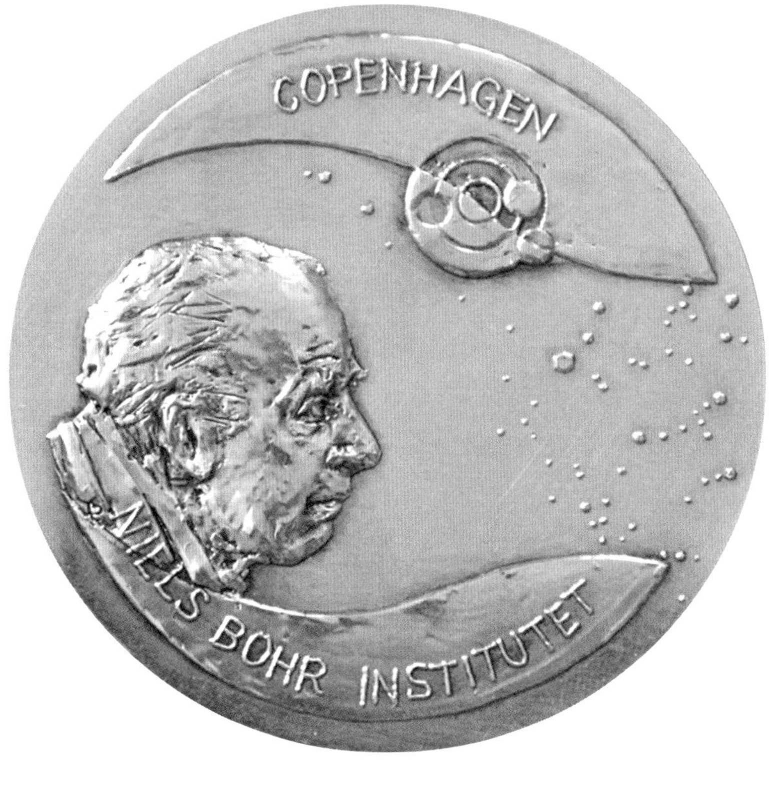
COPENHAGEN
NIELS BOHR INSTITUTET

IN RECOGNITION OF CONTRIBUTIONS TO
THE OPEN EXCHANGE OF
IDEAS AND EXPERIENCE

TO FURTHER AND ENCOURAGE
CO-OPERATION
BETWEEN INDIVIDUALS AND NATIONS
THROUGH THE ADVANCEMENT OF SCIENCE

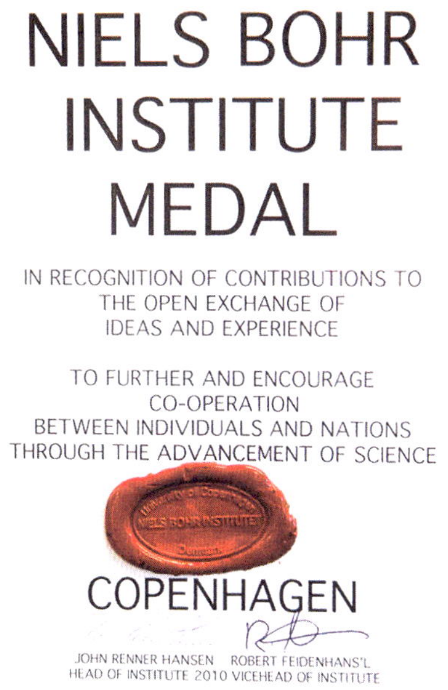
NIELS BOHR
INSTITUTE
MEDAL

IN RECOGNITION OF CONTRIBUTIONS TO
THE OPEN EXCHANGE OF
IDEAS AND EXPERIENCE

TO FURTHER AND ENCOURAGE
CO-OPERATION
BETWEEN INDIVIDUALS AND NATIONS
THROUGH THE ADVANCEMENT OF SCIENCE

COPENHAGEN

JOHN RENNER HANSEN ROBERT FEIDENHANS'L
HEAD OF INSTITUTE 2010 VICEHEAD OF INSTITUTE

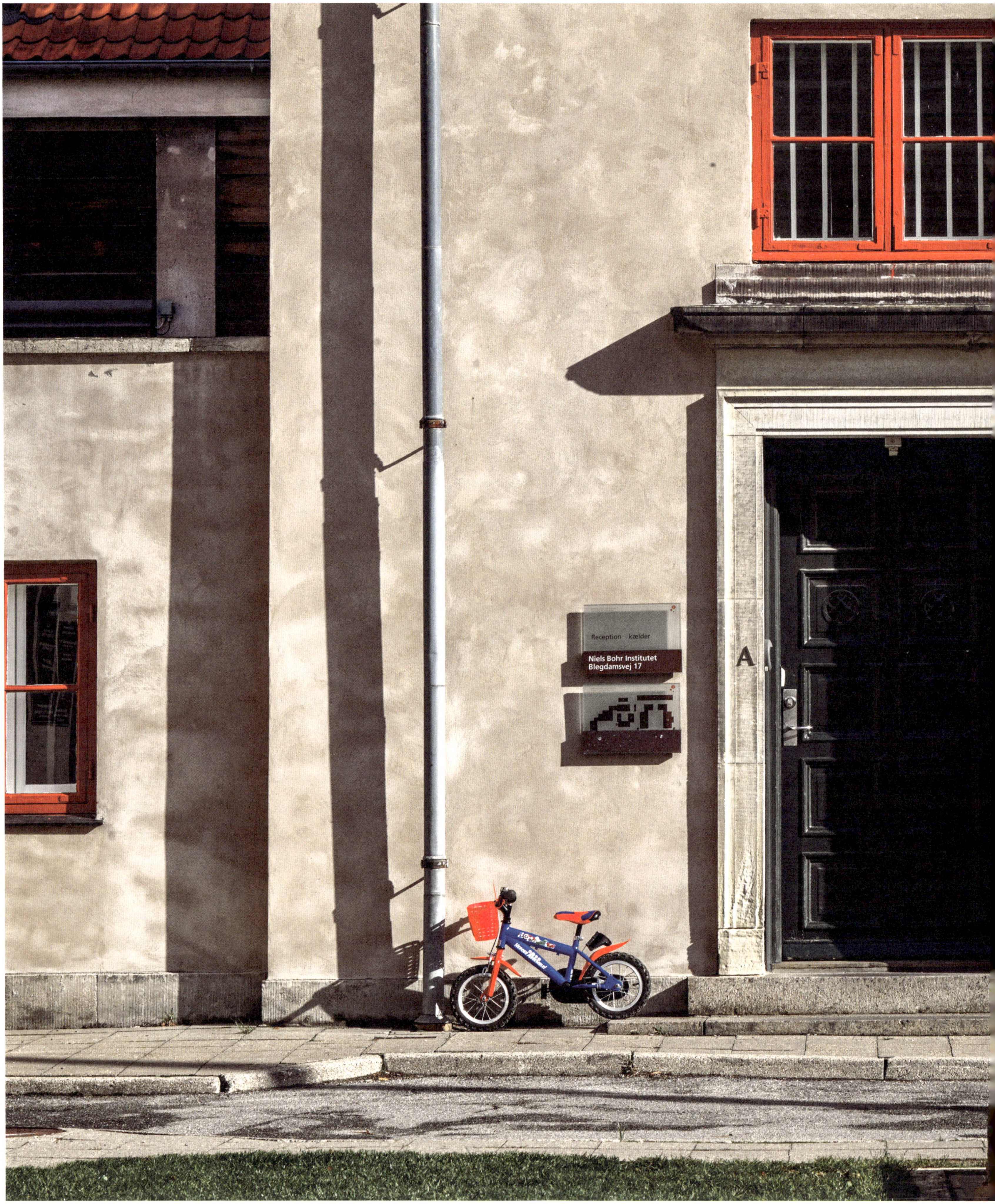
Reception kælder
Niels Bohr Institutet
Blegdamsvej 17
A

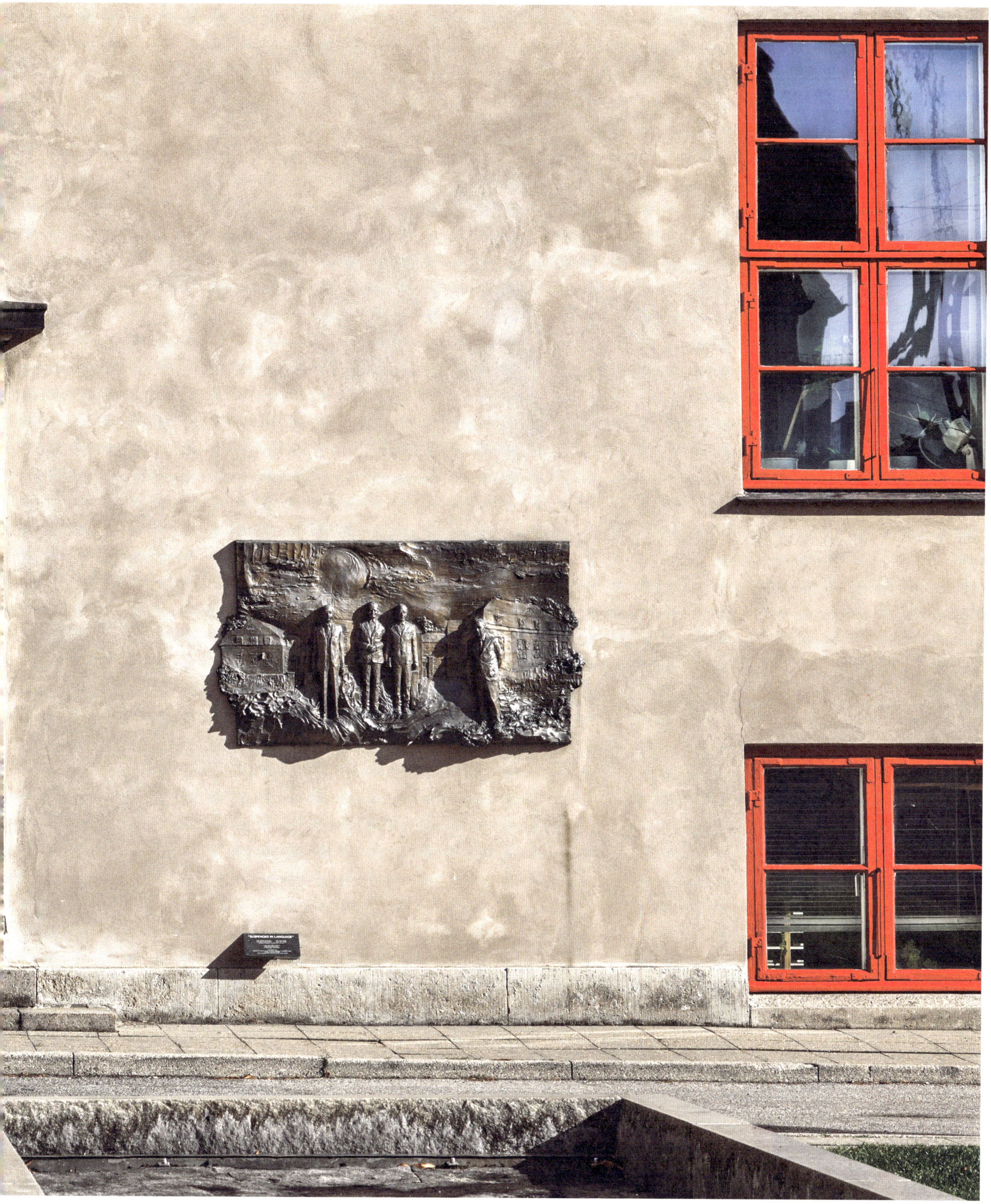
"SUSPENDED IN LANGUAGE"

UNITY OF KNOWLEDGE
– Scrapbook from the Niels Bohr Institute

Collages: Rikke Raben
Photos: Anne Prytz Schaldemose
Graphic design and cover: Spine Studio
Project management: Mille Bjørnstrup
Translator: Charlotte Barslund
Proofreader: Wendy Brouwer (UK) and Anne Matthiesen (DK)
Image research: Mathilde Lilkær
The book was set with Helvetica Now, Bradford LL and Geneva
Paper: Munken Lynx, 150g
Image processing, printing, and binding: Narayana Press, Gylling

Printed in Denmark 2020
1st edition, 1st printing
ISBN 978-87-93604-84-1

CREDITS
All black-and-white images and quotes are from the Niels Bohr Archive, Copenhagen

© VISDA

(p. 42) Per Pejstrup/Ritzau Scanpix
(p. 76, 111) Emilio Segre Visual Archives/Science Photo Library/Ritzau Scanpix
(p. 90) A.E. Andersen/Ritzau Scanpix
(p. 110) Copyright Status Unknown. Coloured By Science Photo Library From A Monochrome Courtesy Of American Photograph By Paul Ehrenfest/Science Photo Library/Ritzau Scanpix
(p. 133) Polfoto/Ritzau Scanpix
(p. 191) Skarland Knut/Ritzau Scanpix
(p. 193, 196, 199) Creative Commons
(p. 193) Granger/Bridgeman Images
(p. 194, 209) Ola J. Joensen
(p. 197) Ulf Nilsen/Ritzau Scanpix
(p. 200) © 2010 The Regents of the University of California, Lawrence Berkeley National Laboratory
(p. 203) Holger Damgaard/Margrethe Bohr Collection/Science Photo Library/Ritzau Scanpix
(p. 220) Rasmus H. Nielsen, Royal Collection of Coins and Medals, National Museum of Denmark

Strandberg Publishing A/S
Gammel Mønt 14
DK-1117 Copenhagen K
www.strandbergpublishing.dk

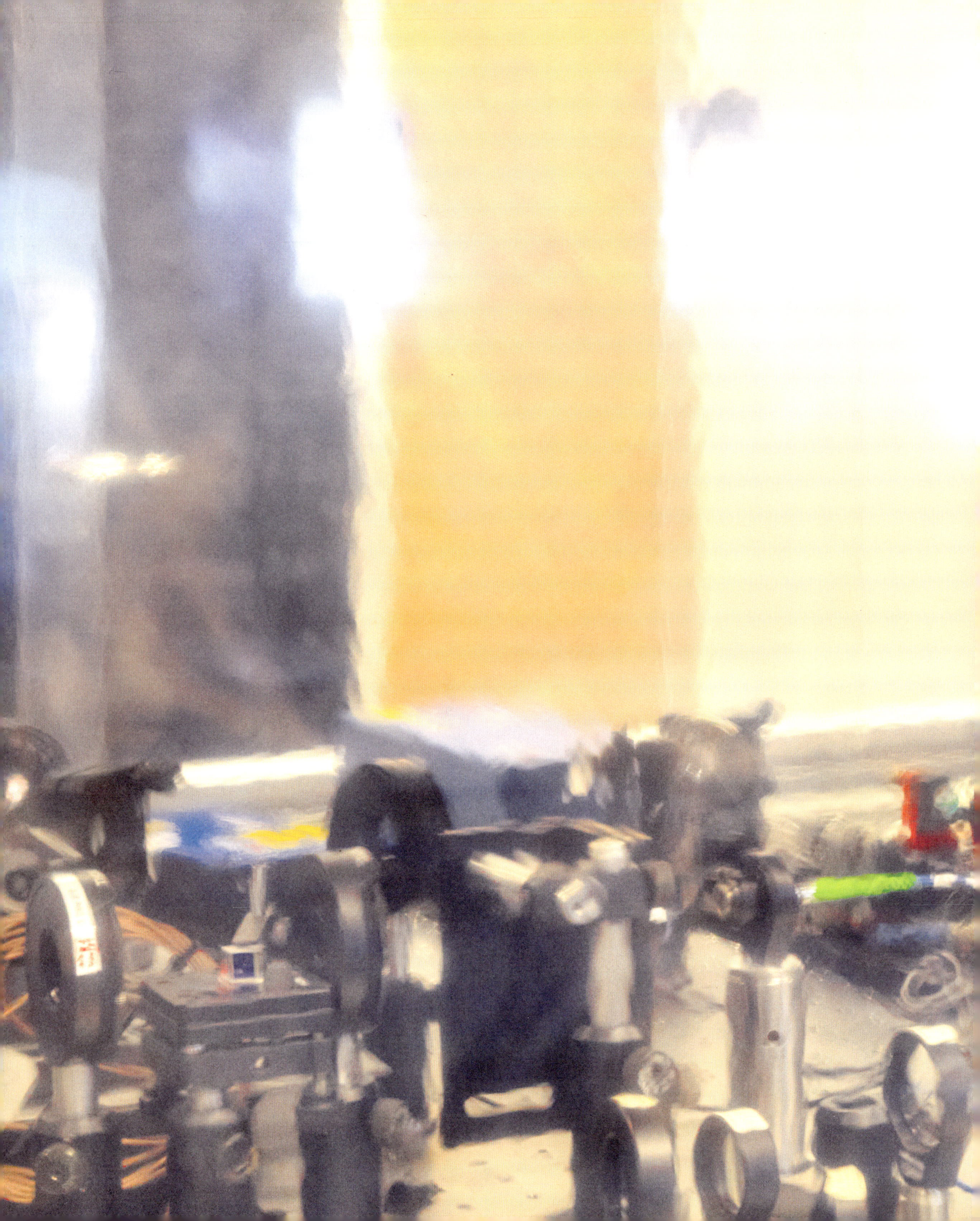